Taschenbuch der Statistik

von

Professor Dr. Horst Rinne

Mit 140 Abbildungen und 49 Tabellen

Verlag Harri Deutsch

Dr. Horst Rinne ist Universitätsprofessor an der Justus-Liebig-Universität Gießen und Inhaber der Professur für Statistik und Ökonometrie am Fachbereich Wirtschaftswissenschaften

CIP - Kurztitelaufnahme der Deutschen Bibliothek
Taschenbuch der Statistik : mit 49 Tabellen / von Horst Rinne.
Thun ; Frankfurt am Main : Deutsch, 1995
ISBN 3-8171-1421-4

ISBN 3-8171-1421-4

Druck: Interdruck, Leipzig

Teil A Deskriptive Statistik und explorative Datenanalyse

Teil B Wahrscheinlichkeitsrechnung

Teil C Inferentielle Statistik

Teil D Tabellen und Verzeichnisse

Vorwort

Im Verlag Harri Deutsch erschien 1982 erstmals meine Statistische Formelsammlung, die dann – auch in der ehemaligen DDR – mehrere Auflagen erlebte. Dieses Taschenbuch ist die Fortführung der Formelsammlung, allerdings in beträchtlicher Erweiterung sowohl bezüglich des Inhalts als auch des Umfangs.

Adressaten dieses Buches sind in erster Linie Studenten und Praktiker aus dem wirtschafts- und sozialwissenschaftlichen Bereich. Es eignet sich aber auch für Wissenschaftler, die in anderen Disziplinen arbeiten, als Referenzwerk zu den grundlegenden Methoden und Prinzipien der Statistik. Dieser Text kann und will kein Lehrbuch sein oder gar ersetzen; es soll vielmehr ein Nachschlagewerk sein, sei es in Klausuren an Universitäten oder Fachhochschulen oder sei es beim empirischen Arbeiten in der Praxis. Ich könnte mir gut vorstellen, daß es seinen Platz neben dem Handbuch zu einer Statistik-Software am PC findet.

Außer dem Verfasser, der die Verantwortung für das Werk trägt, sind am Gelingen eines solch komplizierten Textes, der vornehmlich aus Formeln besteht und von zahlreichen Abbildungen und Tabellen durchsetzt ist, viele Helfer beteiligt. All diesen möchte ich hiermit sehr herzlich für ihre Arbeit und Geduld danken. Meine wissenschaftlichen Mitarbeiter Dr. Dr. Wolfgang Gohout, Dipl.-Kauffrau Dorothea Lodders und Dipl.-Kaufmann Ingo Kuhnert waren primär an der inhaltlichen Gestaltung und der Auswahl des Stoffes beteiligt, aber auch – insb. Frau Lodders – an den redaktionellen Arbeiten. Meine Sekretärin, Frau Inge Bojara, erledigte mit Bravour den größten Teil der Erfassung des Textes als LaTeX-File. Unterstützt wurde sie dabei durch studentische Mitarbeiter (Holger Bahr, Achim Günzel, Stefan Markus Neubüser, Holger Pachl und Katja Specht), die auch eine größere Anzahl von Graphiken erstellten. Herrn Harri Deutsch und Herrn Bernd Müller vom Verlag danke ich für die unkomplizierte Art der verlegerischen Zusammenarbeit.

Gießen im August 1994 — Prof. Dr. Horst Rinne

Einleitung

Gegenstand und Gliederung der Statistik

Statistik als wissenschaftliche Disziplin ist die Lehre von den Methoden zum Umgang mit quantitativen Informationen. Letztere heißen **Daten**. Statistik ist eine der Möglichkeiten, eine systematische Verbindung zwischen Erfahrung (Empirie) und Theorie herzustellen. Außer den reinen **Formalwissenschaften** wie z. B. Logik und Mathematik hat jede **Substanzwissenschaft** empirische und theoretische Bestandteile. Das Einsatzgebiet statistischer Methoden reicht so von den Naturwissenschaften (Astronomie, Biologie, Chemie, Medizin, Physik usw.) bis hin zu den Geistes- und Gesellschaftswissenschaften (Betriebs- und Volkswirtschaftslehre, Soziologie, Psychologie, Geschichte, Linguistik usw.). Gelegentlich sind aus der Verbindung der Statistik mit einer Substanzwissenschaft neue wissenschaftliche (Teil-) Disziplinen entstanden, etwa die Archäometrie, Biometrie, Ökonometrie, Psychometrie, Soziometrie.

Jeder Substanzwissenschaftler müßte eigentlich mit seiner Wissenschaft auch die zugehörigen statistischen Methoden lernen. Bei genauerer Betrachtung zeigt sich aber, daß die statistischen Methoden in den diversen Substanzwissenschaften einiges gemeinsam haben. Die **theoretische Statistik** befaßt sich – unabhängig vom speziellen Einsatzgebiet – mit diesem Gemeinsamen. Zu unterscheiden von der theoretischen ist die **praktische Statistik**. Während die theoretische Statistik die Darstellung und Beurteilung der Daten zum Gegenstand hat, befaßt sich die praktische Statistik mit der Methodik der Datenerhebung. Theoretische und praktische Statistik lassen sich zur **allgemeinen Statistik** zusammenfassen, von der die **speziellen Statistiken** zu unterscheiden sind, da sie nur auf die spezifischen statistischen Probleme einer Substanzwissenschaft eingehen. Spezielle Statistiken in diesem Sinne sind etwa die Bevölkerungs-, die Wirtschafts-, die Medizin- oder die technische Statistik.

In der allgemeinen Statistik lassen sich folgende Teilgebiete ausmachen:

- **Deskriptive Statistik** – Sie befaßt sich mit der Gewinnung, Aufbereitung, Darstellung sowie graphischen und numerischen Beschreibung der Daten als solche. In diesem Kontext werden die Daten als quantitative historische Fakten gesehen.
- **Explorative Datenanalyse** (EDA) – Hierunter versteht man die Untersuchung eines gegebenen Datensatzes mit verschiedenen, z. T. neuartigen, primär graphisch orientierten Verfahren, die sich jedoch zwanglos der deskriptiven Statistik zuordnen lassen, weshalb sie auch in Teil A gemeinsam behandelt werden. Die EDA geht auf J. W. TUKEY (1977) zurück. Sie soll den Informationsgehalt eines Datensatzes dem menschlichen Verständnis gut erschließen, daher die Dominanz der Graphik, und einerseits Strukturen in den Daten entdecken (Modellfindung) und andererseits Abweichungen davon aufdecken. EDA ist eine Philosophie für den flexiblen Umgang mit Daten.
- **Inferentielle Statistik** – Sie hat zum Ziel, aus den vorliegenden Daten Schlüsse auf die Ursachenkomplexe zu ziehen, die diese Daten hervorgebracht haben könnten. Die statistische Inferenz, auch induktive Statistik genannt, versucht, einerseits zwischen konkurrierenden Erklärungshypothesen für die beobachteten Daten zu unterscheiden (statistische **Testtheorie**) und andererseits bei unstrittigem Erklärungsmodell die unbekannten Werte der Modellparameter aus den Daten bestmöglich zu ermitteln (statistische **Schätztheorie**). Zur inferentiellen Statistik läßt sich auch die statistische **Entscheidungstheorie** rechnen, die sich mit der Herleitung „optimaler" Entscheidungen auf der Basis statistischer Daten und Bewertungen (Nutzen, Verlust, Gewinn) der Entscheidungskonsequenzen befaßt.
- **Wahrscheinlichkeitsrechung** – Bindeglied zwischen deskriptiver und inferentieller Statistik ist der **Zufall**, denn Gegenstand der Inferenzstatistik sind stochastische Modelle für die Daten. Im Gegensatz zu deterministischen Modellen treten in stochastischen Modellen Zufallseinflüsse auf. Methoden zur Behandlung des Zufalls in Form von Zufallsereignissen, Zufallsvariablen und Zufallsfunktionen stellt die Wahrscheinlichkeitsrechnung zur Verfügung. Diese ist eigentlich eine rein mathematische Disziplin, nämlich ein Teilgebiet der Maßtheorie im Rahmen der Mengenlehre.

Die folgende Übersicht faßt noch einmal alle bisher behandelten Begriffe und deren Beziehungen zusammen.

Abb. 0/1: Gliederung der Statistik als Methodenlehre

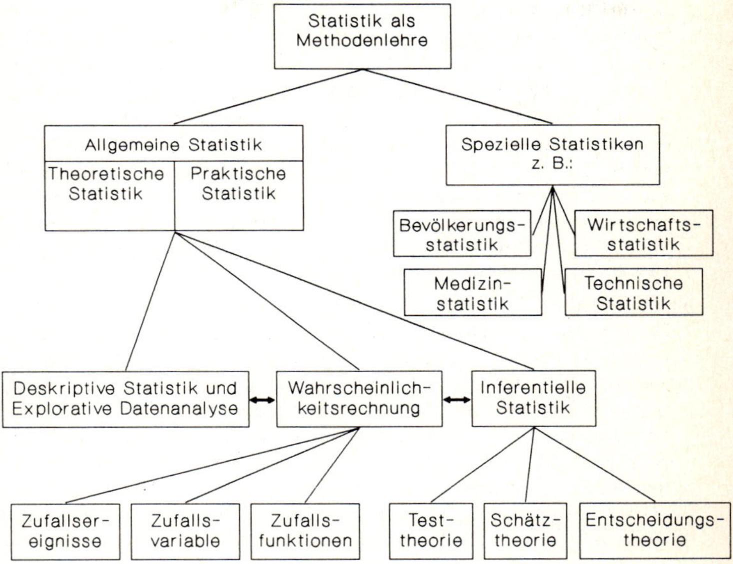

Teil A

Deskriptive Statistik und explorative Datenanalyse

Kapitel 1

Grundlegende Konzepte

In diesem Kapitel 1 werden eine Reihe von Definitionen und Begriffe zusammengestellt, die von grundlegender Bedeutung für den gesamten Teil A sind.

1.1 Statistische Einheiten und statistische Massen

Merkmalsträger (syn.: Erhebungs-, Untersuchungseinheit, Element): natürliche Einheiten (Personen, Tiere, Pflanzen), sozio-ökonomische Einheiten (Familien, Haushalte, Unternehmen), Gegenstände, Tätigkeiten oder Ereignisse, die Gegenstand einer statistischen Untersuchung sind und die bestimmte meßbare Eigenschaften – Merkmale genannt – tragen, von denen die Ausprägungen zu erheben sind.
Symbol: e_ν mit ν als laufender Nummer des Elements

Auswahleinheit (syn.: Stichprobeneinheit): unter Erfassungs- und Erreichungsaspekten gebildete Einheit, die im Rahmen einer statistischen Untersuchung – i. d. R. auf Stichprobenbasis – ausgewählt wird. Eine Auswahleinheit umfaßt i. a. mehrere Merkmalsträger. Es gibt aber auch Situationen, in denen eine Auswahleinheit nur Teile eines Merkmalsträgers enthält.

Aufbereitungseinheit (syn.: Zähleinheit): im Rahmen der Aufbereitung gebildete Einheit, deren Merkmalswerte nebst Häufigkeiten festgestellt werden. Eine Aufbereitungseinheit kann einerseits mehrere Merkmalsträger umfassen, andererseits aber auch nur Teile eines Merkmalsträgers.

Grundgesamtheit (syn.: Bevölkerung, Gesamtheit, Kollektiv, Population, statistische Masse, statistische Menge): sachlich, örtlich und zeitlich wohl abgegrenzte Menge von Merkmalsträgern. Die Abgrenzungskriterien ergeben sich aus der jeweiligen Aufgabenstellung, wobei die sachliche Abgrenzung i. a. die komplizierteste ist.
Symbol: $G = \{e_\nu \mid \text{auf } e_\nu \text{ treffen die Abgrenzungskriterien zu}\}$

Umfang der Grundgesamtheit: Anzahl der Elemente von G
Symbol: $N = \#G$ bzw. $N = |G|$ [1]

[1] # bzw. |.| stehen für die Kardinalität oder Mächtigkeit der Menge.

Auswahlgesamtheit: Menge von Auswahleinheiten, die unter Erfassungsaspekten gebildet wird.

Aufbereitungsgesamtheit: Menge von Aufbereitungseinheiten, die im Zuge der Datenaufbereitung gebildet wird.

Überhöhte Gesamtheit: enthält auch Einheiten, die von der Aufgabenstellung her nicht zur Grundgesamtheit gehören, die man aber mangels einer adäquaten Auswahlgrundlage bei der Erhebung zunächst mit erfaßt.

Teilgesamtheit: Teilmenge der Grundgesamtheit, die

- aufgrund eines Erhebungsmerkmals mit k Ausprägungen/Klassen gebildet wird,
  Symbol: G_i; $i = 1, \ldots, k$;
  mit $G_i \cap G_j = \emptyset \quad \forall\, i \neq j$ und $\bigcup_{i=1}^{k} G_i = G$
  $N_i = \#G_i$ und $\sum_{i=1}^{k} N_i = N$
- aufgrund einer Teilerhebung von $n < N$ Elementen entstanden ist.

Nach dem **Umfang** der Grundgesamtheit unterscheidet man:

- **endliche Gesamtheiten**,
- **unendliche Gesamtheiten** ($N \to \infty$).

Nach dem **Coverage** unterscheidet man:

- **Zielgesamtheit** (= Grundgesamtheit),
- **Realgesamtheit** (= erfaßte Gesamtheit).

Die Realgesamtheit ist um

- Doppel- und Mehrfacherfassung von Einheiten und
- fehlerhaft erfaßte, d. h. nicht zur Zielgesamtheit gehörende Einheiten

größer als die Zielgesamtheit und um

- Auslassungen im Erhebungsplan,
- Ausfälle während des Erhebungsprozesses

kleiner als die Zielgesamtheit.

Nach der **Stufigkeit** bei der Erhebung unterscheidet man

- **einstufige** Gesamtheiten,
- **mehrstufige** (hierarchisch geordnete) Gesamtheiten.

Nach der Art der **räumlichen Abgrenzung** unterscheidet man:

- **punktuelle** (= Punkt-bezogene) Massen,
- **Strecken-** (= Strecken-bezogene) Massen,
- **Flächen-** (= Flächen-bezogene) Massen,
- **Grenz-** (= Grenz-bezogene) Massen.

Nach der **zeitlichen Abgrenzung** unterscheidet man:

- **Bestandsmassen**, syn.: Streckenmassen (Ihre Einheiten weisen eine zeitliche Verweildauer auf. Bestandsmassen werden zu einem Zeitpunkt erfaßt.)
- **Bewegungsmassen**, syn.: Ereignis- oder Punktmassen (Ihre Einheiten sind Ereignisse, die keine zeitliche Verweildauer aufweisen. Bewegungsmassen werden für eine vorgegebene Zeitspanne erfaßt/gezählt.)

1.2 Skalen und statistische Merkmale

Merkmal: meßbare Eigenschaft statistischer Einheiten, die zu einer Klasseneinteilung (= Zerlegung) der Grundgesamtheit führt.

Merkmalsausprägungen (syn.: Modalität, Merkmalswert): die verschiedenen Kategorien, Abstufungen oder Werte eines Merkmals. Eine Merkmalsausprägung ist eine **Eigenschaft**, die zur Kennzeichnung der Elemente einer Klasse dient.

Messung: Abbilden einer Menge empirischer Objekte (= Merkmalsträger) auf ein mathematisches System, wobei möglichst viele Aussagen über die Relationen zwischen den empirischen Objekten aus den entsprechenden Relationen zwischen den Objekten des gewählten mathematischen Systems folgen sollen. Das für Messungen allgemeinste und zweckmäßigste mathematische System ist die Menge der reellen Zahlen, $\mathbb{R}$. **Messen** heißt dann **Zuordnen** von reellen Zahlen zu den Merkmalsträgern auf der Basis ihrer Merkmalsausprägungen.

Skala: relationstreue Abbildung empirischer Objekte in ein System von reellen Zahlen.

Skalentypen: ergeben sich aus der Menge der Transformationen, die im Zahlenbereich zulässig sind, so daß die natürliche Relation zwischen den empirischen Objekten erhalten bleibt. Man unterscheidet u. a.:

- **Nominalskala** – Zulässig ist jede umkehrbar eindeutige (= eineindeutige, **bijektive**) Transformation, d. h. die den empirischen Objekten zugeordneten Zahlen können so verändert werden, daß verschiedene Objekte wieder verschiedene Zahlen erhalten. Die zugeordneten Zahlen sind **Kodierungen** oder **Schlüsselzahlen**.
- **Ordinalskala** – Zulässig ist jede streng monoton steigende (= **isotone**) Transformation, d. h. die Reihenfolge (= Ordnung) der den empirischen Objekten zugeordneten Zahlen bleibt erhalten. Die zugeordneten Zahlen sind im einfachsten Fall **Rangzahlen** oder **Platznummern**.

- **Intervallskala** – Zulässig ist jede **positive Lineartransformation**

$$y = a\,x + b \quad \text{mit} \quad a > 0, b \in \mathbb{R},$$

so daß der Nullpunkt der Skala (gewählt über b) und die Skaleneinheit (gewählt über a) frei wählbar sind.

- **Differenzenskala** – Zulässig ist jede **Verschiebungstransformation**

$$y = x + b \quad \text{mit} \quad b \in \mathbb{R},$$

so daß nur der Nullpunkt frei wählbar ist.

- **Verhältnisskala** – Zulässig ist jede **Ähnlichkeitstransformation**

$$y = a\,x \quad \text{mit} \quad a > 0,$$

so daß nur die Skaleneinheit frei wählbar ist.

Hinweis: Differenzen- und Verhältnisskala sind Spezialfälle der Intervallskala.

- **Absolutskala** – Zulässig ist nur die **identische Transformation**

$$y = x,$$

d. h. hier gibt es einen natürlichen Nullpunkt und eine natürliche Skaleneinheit.

Topologische Skala: umfaßt die Nominal- und Ordinalskala.

Kardinalskala (syn.: metrische Skala): umfaßt die Intervall-, Differenzen-, Verhältnis- und Absolutskala.

Der Typ der Skala, auf dem ein statistisches Merkmal gemessen wird, bestimmt die Vorgehensweise und die zulässigen Operationen bei der Erhebung, Aufbereitung, Präsentation und Analyse der Daten. Unter diesem Aspekt werden u. a. folgende **Merkmalsarten** gebildet, über die zusammenfassend Tab. A1/1 informiert.

- **nominales Merkmal** (syn.: artmäßiges, kategoriales, klassifikatorisches oder qualitatives Merkmal) – gemessen auf einer Nominalskala

Symbolik: **Großbuchstaben** vom Anfang des Alphabets für die **Merkmale**, also

$$A,\ B,\ C,\ \dots \quad \text{oder} \quad A_1,\ A_2,\ A_3,\ \dots,$$

zugehörige **indizierte Kleinbuchstaben** für die **Merkmalsausprägungen**, also

$$a_i \text{ bzw. } a_{1i} \quad \text{mit} \quad i = 1, \dots, I$$

und I als Anzahl der Ausprägungen von A bzw. A_1.

Tab. A1/1: Übersicht über Skalen- und Merkmalstypen

Skalentyp	**Nominalskala**	**Ordinalskala**	**Intervallskala, Differenzenskala**	**Verhältnisskala, Absolutskala**
Definierte Relationen und Operationen	$= \neq$	$= \neq$; $< >$	$= \neq$; $< >$; $+ -$	$= \neq$; $< >$; $+ -$; $\times$ /
Interpretation	Unterscheidung gleich/ungleich möglich	Unterscheidung kleiner/größer möglich ⋆	Differenzen haben einen Sinn. ⋆	Verhältnisse haben einen Sinn. ⋆
Zulässige Tranformationen	bijektive Transformationen wie Umbenennungen, Permutationen	isotone oder rangerhaltende Transformationen	Lineartransformationen $y = a\,x + b$ mit $a > 0$ für Intervall- oder Translation $y = b + x$ für Differenzenskala	Ähnlichkeitstransformation $y = a\,x$ mit $a > 0$ für Verhältnis- oder Identität $y = x$ für Absolutskala
Alternative Skalenbezeichnung	topologisch		metrisch oder kardinal	
Zugehöriger Merkmalstyp	**Nominalmerkmal**	**Ordinalmerkmal**	**Kardinalmerkmal**	
Beispiele für Merkmale	Familienstand, Geschlecht, Postleitzahl, Artikelbezeichnung, Religionszugehörigkeit	Zeugnisnoten, Sozialstatus, Produktgüteklassen, MERCALLI-Erdbebenskala	Temperatur in $°C$ oder $°F$, Kalenderzeit, geographische Höhe	Temperatur in $°K$, Einkommen, Lebensalter, Messungen im $cm - g - sec$–System, Fehlerzahl, Beschäftigtenzahl
Merkmalsausprägungen	Namen, Symbole, Code- oder Schlüsselzahlen	Ordinalzahlen, i. d. R. ganze Zahlen	reelle Zahlen	i. d. R. nicht-negative reelle Zahlen
Zulässige statistische Maßzahlen	Häufigkeiten (absolut, relativ), Modus, Assoziationskoeffizienten	kumulierte Häufigkeiten, Quantile, Rangkorrelationskoeffizienten, Kontingenzmaße ⋆	arithm. Mittel, Varianz, Standardabweichung, Produktmomentenkorrelation ⋆	geometrisches Mittel, Variationskoeffizient ⋆
Informationsgrad	gering ——→ hoch			
Empfindlichkeit gegenüber Meßfehlern	gering ——→ hoch			

⋆) zusätzlich zu dem, was in dieser Zeile links steht

- **ordinales Merkmal** (syn.: intensitätsmäßig abgestuftes, komparatives oder Rangmerkmal) – gemessen auf einer Ordinalskala

  Symbolik: **Großbuchstaben**

  $$U,\ V,\ W \text{ oder } U_1,\ U_2,\ U_3, \ldots$$

  für die **Merkmale**, zugehörige **indizierte Kleinbuchstaben** für die **Ausprägungen**, also

  $$u_i \text{ bzw. } u_{1i} \text{ mit } i = 1, \ldots, I.$$

- **kardinales Merkmal** (syn.: metrisches oder quantitatives Merkmal) – gemessen auf einer Kardinalskala

  Symbolik: **Großbuchstaben** vom Ende des Alphabets für die **Merkmale**, also

  $$X,\ Y,\ Z \text{ oder } X_1,\ X_2,\ X_3,\ \ldots$$

  zugehörige **Kleinbuchstaben** für die **Ausprägungen**, also

  $$x_i \text{ bzw. } x_{1i} \begin{cases} i = 1, 2, \ldots, I & \text{– bei abzählbar endlicher Anzahl von Ausprägungen} \\ i = 1, 2, \ldots & \text{– bei abzählbar unendlicher Anzahl von Ausprägungen} \end{cases}$$

  $$x \text{ bzw. } x_1 \qquad \text{– bei überabzählbarer Anzahl von Ausprägungen}$$

Merkmalshierarchie: Nominal-, Ordinal- und Kardinalmerkmale bilden in dieser Reihenfolge eine aufsteigende Hierarchie in dem Sinne, daß der Informationsgehalt zunimmt. Der Übergang von einer höheren auf eine niedrigere Merkmalsstufe (**Niveauregression**) ist jederzeit möglich, aber mit Informationsverlust verbunden. Der umgekehrte Übergang (**Niveauprogression**) ist selten machbar; er erfordert eine andere Meßtechnik.

Merkmalsausprägungsmenge: Ein Merkmal läßt sich auch durch die Menge seiner Ausprägungen festlegen, z. B.:

$$A = \{a_1, \ldots, a_I\}, \quad I = \#A$$

$$X = \{x_i | i \in N \subseteq \mathbb{N}\},$$

$$X = \{x | x \in M \subseteq \mathbb{R}\}.$$

Weitere Einteilung der Merkmale:

- nach ihrer Rolle im Erhebungs- und Aufbereitungsprozeß:
  - ▷ **Identifikationsmerkmale** (syn.: Begriffsmerkmale, kollektivbestimmende, oder mengenbildende Merkmale) dienen der Abgrenzung der Grundgesamtheit, nämlich als
    - * **sachliches** Identifikationsmerkmal (wer, was, wie),
    - * **räumliches** Identifikationsmerkmal (wo, woher, wohin),
    - * **zeitliches** Identifikationsmerkmal (wann).

    Bezüglich eines Identifikationsmerkmals weist jedes Element der Grundgesamtheit dieselbe Ausprägung auf.
  - ▷ **Hilfsmerkmale** dienen der Organisation der Erhebung, der Aufbereitung und der Kontrolle wie z. B.
    - * Name des Merkmalsträgers,
    - * Telefonnummer des Merkmalsträgers,
    - * Anschrift des Merkmalsträgers.
  - ▷ **Prädikatsmerkmale** (syn.: Erhebungs- oder Untersuchungsmerkmal) sind Gegenstand einer statistischen Untersuchung

- nach der Anzahl der gleichzeitig je Träger erhobenen Merkmale:
  - ▷ **eindimensionale Merkmale**, wenn je Träger nur die Ausprägung eines Merkmals registriert wird, was zu einer einfachen Zerlegung der Grundgesamtheit führt,
  - ▷ **mehrdimensionale Merkmale**, wenn je Träger gleichzeitig zwei oder mehrere Merkmale mit ihren Ausprägungen registriert werden, was zu einer mehrfachen Zerlegung der Grundgesamtheit führt.

Weitere Einteilung der *Nominalmerkmale*:

- nach der **Anzahl der Ausprägungen des Merkmals**
  - ▷ **dichotomes Merkmal** (syn.: binäres Merkmal, Indikator- oder Null-Eins-Variable) mit nur zwei Ausprägungen
  - ▷ **trichotomes Merkmal** (syn.: trinäres Merkmal) mit drei Ausprägungen
  - ▷ **polytomes Merkmal** mit mehr als drei Ausprägungen

- nach der **Anzahl der je Träger gleichzeitig auftretenden Ausprägungen eines Merkmals**
  - ▷ **nicht-häufbares Merkmal**: gleichzeitig nur eine Ausprägung
  - ▷ **häufbares Merkmal**: gleichzeitig mehrere Ausprägungen

    Hinweis: Häufbare Merkmale führen nicht zu einer Zerlegung (Klasseneinteilung) der Grundgesamtheit.

Weitere Einteilung der *Kardinalmerkmale*:

- nach der **Mächtigkeit der Ausprägungsmenge**
  - ▷ **diskretes Merkmal** (syn.: Zählvariable): Menge der Ausprägungen ist endlich oder abzählbar unendlich.
  - ▷ **stetiges Merkmal** (syn.: Meßvariable): Menge der Ausprägungen ist überabzählbar, d. h. alle reellen Zahlen oder alle reellen Zahlen eines bestimmten Intervalls sind als Ausprägungen möglich.
  - ▷ **quasi-stetiges Merkmal**: diskretes Merkmal, das wie ein stetiges Merkmal behandelt wird, weil die Einheit, in der gezählt wird, vernachlässigbar klein ist gegenüber der Höhe der auftretenden Ausprägungen.
- nach dem **Sinn der Summenbildung**
  - ▷ **extensives Merkmal**: Summenbildung der Ausprägungen ist sinnvoll (Beispiel: Umsatz, Entfernung).
  - ▷ **intensives Merkmal**: Summenbildung macht keinen Sinn, sondern nur eine Durchschnittsbildung (Beispiel: Preis, Geschwindigkeit).

1.3 Phasen einer statistischen Analyse

Fragestellungen einer Substanzwissenschaft, auf die eine empirisch-quantitativ gestützte Antwort zu geben ist, erfordern eine statistische Untersuchung mit den folgenden, logisch unterscheidbaren Arbeitsstufen oder Arbeitsschritten:

- Datengewinnung,
- Datenaufbereitung,
- Datenkontrolle,
- Datenpräsentation,
- Datenanalyse.

Die ersten drei Schritte sind Teil der praktischen Statistik, die letzten beiden gehören zur theoretischen Statistik.

1.3.1 Datengewinnung

Datengewinnung (syn.: Erhebung): systematische Sammlung und Aufzeichnung der Ausprägungen vorgegebener Merkmale an den statistischen Einheiten einer Gesamtheit

Sekundärstatistik: Bereits vorhandene Informationen (in Registern, Dateien, Archiven, Katastern, Dokumentationen anderer Art wie z. B. Anlagen- oder Lohnbuchhaltung), die zunächst für andere Zwecke gesammelt worden sind, werden im nachhinein statistisch aufbereitet und ausgewertet.

Primärstatistik: Die statistischen Einheiten werden unmittelbar befragt oder beobachtet und die entstehende Datensammlung dient ausschließlich statistischen Zwecken, d. h. die erhobenen Daten werden nicht für andere Zwecke, die u. U. für die statistische Einheit Nachteile bringen könnten, verwendet, also nicht für Zwecke der öffentlichen Verwaltung (Fiskus, Meldebehörde, Polizei).

Formen der Primärstatistik sind:

- die **Befragung**, in den Wirtschafts- und Sozialwissenschaften dominierend, und zwar als
    - ▷ **persönliche Befragung** durch **Interviewer** vor Ort oder telefonisch mit frei- oder vorformulierten Fragen,
    - ▷ **schriftliche Befragung** unter Verwendung von Frage- oder Erhebungsbogen,
    - ▷ **kombinierte Befragung** durch Interviewer und Fragebogen,
- die **Beobachtung** realer Abläufe und Ereignisse in Wirtschafts- und Sozialwissenschaften sowie in den Naturwissenschaften, die vom Statistiker ungeplant und unbeeinflußt sind (= *passive Beobachtung*),
- das **Experiment**, in den Naturwissenschaften dominierend, mit dem geklärt werden soll, ob, wie stark und in welcher Weise Einflußgrößen (= Faktoren), deren Werte vom Experimentator oder Statistiker festgesetzt werden, auf eine Zielgröße einwirken (= *aktive Beobachtung*).

Zählung: Erhebung von Bestandsmassen

Registrierung: Erhebung von Bewegungs- und Ereignismassen

Nach dem **Erhebungsumfang** unterscheidet man:

- **Vollerhebung** (syn.: Totalerhebung, Totalstatistik, erschöpfende Erhebung): Alle Einheiten der Grundgesamtheit werden erfaßt oder sollen erfaßt werden.
- **Teilerhebung**: Eine Teilmenge der Grundgesamtheit wird erfaßt.

Formen der Teilerhebung sind:

- **nicht-zufällige Teilerhebungen** als
    - ▷ Auswahl nach Gutdünken oder aufs Geratewohl
    - ▷ bewußte Auswahlverfahren wie
        - ∗ Erhebung typischer Fälle
        - ∗ Abschneide- oder Konzentrationsverfahren mit Erhebung nur der „großen" Einheiten
        - ∗ Quotaverfahren der Markt- und Meinungsforschung
- **zufällige Teilerhebungen** (syn.: **Stichproben**) als
    - ▷ **einstufige Stichproben**, bei denen die Untersuchungseinheiten unmittelbar und in einem Zufallsvorgang der Gesamtheit entnommen werden (Auswahleinheit = Erhebungseinheit),

- ▷ **mehrstufige Stichproben**, bei denen mindestens zwei hintereinander geschaltete Zufallsvorgänge mit *verschiedenen* Auswahleinheiten (Primär-, Sekundäreinheiten usw.) stattfinden,
- ▷ **mehrphasige Stichproben**, bei denen aus einer Stichprobe eine Unterstichprobe, daraus u. U. eine weitere Unterstichprobe gezogen wird, wobei *dieselben* Auswahleinheiten Verwendung finden.

Kennzeichen einer nicht-zufälligen Teilerhebung: Die Auswahlwahrscheinlichkeit der Gesamtheitselemente ist nicht bekannt und/oder gelegentlich für bekannte Gruppen von Elementen sogar gleich Null.

Kennzeichen einer zufälligen Teilerhebung: Jedes Element der Gesamtheit hat eine bekannte und von Null verschiedene Auswahlwahrscheinlichkeit, und der Auswahlmechanismus hängt nicht mit den Ausprägungen des Erhebungsmerkmals zusammen.

Bei den Stichproben unterscheidet man:

- nach dem Abhängigkeitsstatus der gezogenen Einheiten:
  - ▷ **Stichproben mit Zurücklegen**,
  - ▷ **Stichproben ohne Zurücklegen**,
- nach der Auswahlwahrscheinlichkeit der Einheiten:
  - ▷ Stichproben mit **konstanter Wahrscheinlichkeit**,
  - ▷ Stichproben mit **variierender Wahrscheinlichkeit**,
- nach der Realisierungstechnik
  - ▷ **echte Zufallsauswahlen** mit Losen, Würfeln oder Verwendung von Zufallszahlen,
  - ▷ **Pseudo-Zufallsauswahlen** als systematische Auswahl mit Zufallsstart, Schlußziffernverfahren, Buchstabenauswahl bei Namen, Geburtstagsauswahl bei Personen.

Bei den zweistufigen Stichproben unterscheidet man:

- **echte zweistufige Stichproben** mit einer Teilerhebung sowohl auf der ersten wie auf der zweiten Stufe,
- **unechte zweistufige Stichproben** und zwar
  - ▷ **Klumpenstichprobe** mit einer Teilerhebung von Primäreinheiten (= *Klumpen*), aber Vollerhebung der Sekundäreinheiten in den ausgewählten Primäreinheiten,
  - ▷ **Schichtenstichprobe** mit einer Vollerhebung aller Primäreinheiten (= *Schichten*) und einer Teilerhebung in jeder Schicht.

Nach dem Zeitaspekt unterscheidet man:

- **einmalige** oder selten stattfindende Erhebungen, die **Querschnitte** liefern,

- **wiederholte**, i. a. regelmäßig wiederkehrende Erhebungen, die **Längsschnitte** liefern, und zwar als
  - ▷ **Panel**: regelmäßig wiederholte Stichprobenerhebung mit denselben, anfangs ausgewählten Einheiten,
  - ▷ **Rotation**: regelmäßig wiederholte Stichprobenerhebung mit Austausch eines Teiles der ausgewählten Einheiten durch Neuauswahl bei den Wiederholungen.

1.3.2 Datenaufbereitung

Aufbereitung: Transformation des in Zählpapieren, Fragebogen, Erhebungsprotokollen stehenden individuellen Datenmaterials in eine strukturierte Anonymform.

Anonymform: die Hilfsmerkmale werden entfernt und die Daten werden weiter so zusammengefaßt, daß das Reidentifikationsrisiko möglichst gering ist (= **Datenschutz**).

Strukturierung erfolgt durch Bilden von:

- **Reihen**,
- **Gruppen**,
- **Größenklassen**.

1.3.2.1 Gruppen, Größenklassen und Reihen

Aufbereitung von *Erhebungen kleineren Umfangs* besteht in der Bildung statistischer Reihen.

Statistische Reihe: eindimensionale Anordnung der beobachteten Modalitäten eines Merkmals oder auch der Werte einer statistischen Maßzahl.

Unechte Reihe: Das Reihungsmerkmal hat nominales Meßniveau, so daß die Reihenfolge nur auf Konvention und nicht auf einer natürlichen Ordnung beruht (etwa beim Familienstand: ledig, verheiratet, verwitwet, geschieden).

Echte Reihe (syn.: Rangreihe): Das Reihungsmerkmal hat mindestens ordinales Meßniveau, so daß es eine natürliche (aufsteigende oder absteigende) Reihenfolge der Ausprägungen gibt.

Nach dem Zeitaspekt unterscheidet man:

- **Querschnittreihen** mit einem sachlichen oder geographischen Reihungsmerkmal, wobei alle Daten gleichen Zeitbezug haben,
- **Längsschnittreihen** (syn.: **Zeitreihen**) mit der Zeit als Reihungsmerkmal.

Aufbereiten von *Erhebungen größeren Umfangs* umfaßt

- Bilden einer **Klasseneinteilung** (= *Zerlegung*) der Gesamtheit auf der Basis eines oder mehrerer Merkmale,
- **Auszählen** der Merkmalsträger je Klasse,
- **Summierung** der Merkmalswerte je Klasse, sofern nach einem kardinalen Merkmal aufbereitet wird, um z. B. Klassenmittelwerte zu berechnen.

Klassenbezeichnungen sind:

- **Gruppe** bei Verwendung nominaler Merkmale,
- **Größenklasse** bei Verwendung ordinaler oder kardinaler Merkmale.

Prinzip der Gruppenbildung bei einem *nicht-häufbaren Nominalmerkmal*:

- **Zerlegung** der Menge A der Merkmalsausprägungen a_i in k Teilmengen A_j

$$\mathcal{Z} = \{A_1, \ldots, A_k\}; \ k \geq 2.$$

  ▷ $A_i = \{a_i\}; \ i = 1, \ldots, \#A \ \Leftarrow$ (feinste Zerlegung)

  ▷ $A_1, \ A_2$ mit $A_2 = \overline{A}_1 = A \setminus A_1 \ \Leftarrow$ (gröbste Zerlegung).

- **Abbildung** der Menge G der Merkmalsträger in die Menge $\mathcal{Z}$

$$f : G \to \mathcal{Z},$$

  d. h. die Teilmengen A_j von A definieren Teilmengen oder **Äquivalenzklassen** G_j in G.

- **Auszählung** der **Gruppenstärke** (syn.: Besetzungszahl, absolute Häufigkeit) $\#G_j$. Es gilt

$$\#G = \sum_{j=1}^{k} \#G_j \,.$$

Eindimensionale Häufigkeitsverteilung: Zusammenstellung der Paare $(A_j; \#G_j)$.

Vorgehensweisen bei einem *häufbaren Nominalmerkmal*:

- **Mehrfachzählung** – Ein Merkmalsträger wird in jeder Gruppe j gezählt, aus der er Ausprägungen aufweist, u. U. mehrmals je Gruppe, wenn mehrere seiner Ausprägungen aus einer Gruppe stammen. Hier gilt:

$$\#G \leq \sum_{j=1}^{k} \#G_j =: \#F.$$

  Das Prinzip der umkehrbar eindeutigen Zuordnung der Träger zu den Gruppen ist hierbei verletzt, nicht jedoch bei den nachfolgenden Möglichkeiten.

- **Schwerpunktbildung** – Jedem Element $e_\nu \in G$ wird die „wichtigste" seiner Ausprägungen zugeordnet.
- **Einführung von Kombinationsfällen** – Jede vorkommende Kombination von Ausprägungen wird als eigenständige, weitere Ausprägung definiert.
- **Übergang zu einer neuen Grundgesamtheit** – Von der Menge G der **„realen Einheiten"** (= ursprüngliche Merkmalsträger) geht man über zur Menge F der **„Fälle"**, d. h. der Nennungen oder Antworten mit $\#F \geq \#G$.
- **Konstruktion eines mehrdimensionalen Merkmals** – Hat das häufbare Merkmal A insgesamt $\#A$ Ausprägungen, so führt man ein $\#A$-dimensionales Merkmal D mit den Merkmalen D_i ein. Es ist D_i eine **Dummy-Variable** (syn.: Indikator- oder Null-Eins-Variable) mit

$$D_i = \begin{cases} 1, & \text{falls Ausprägung } a_i \text{ vorhanden,} \\ 0, & \text{falls Ausprägung } a_i \text{ nicht vorhanden.} \end{cases}$$

  Für jeden Träger $e_\nu \in G$ besteht D aus einem Vektor von Nullen und Einsen mit so vielen Einsen, wie der Träger gleichzeitig Ausprägungen von A besitzt.

Gruppierung bei mehreren Merkmalen A, B, ...:

- Zerlegung jeder Ausprägungsmenge A, B, ... in Teilmengen:

$$\mathcal{Z}_A = \{A_a | a = 1, \ldots, k_A\}, \; \mathcal{Z}_B = \{B_b | b = 1, \ldots, k_B\}, \; \ldots$$

- Bildung des Kreuzprodukts

$$\mathcal{Z} = \mathcal{Z}_A \times \mathcal{Z}_B \times \ldots$$

  mit den Elementen Z_j ; $j = 1, \ldots, \#\mathcal{Z}$ (wobei $\#\mathcal{Z} = k_A \cdot k_B \cdot \ldots$), Abbildung der Menge G in die Menge $\mathcal{Z}$ und Auszählung der Häufigkeiten $\#G_j$.

Mehrdimensionale **Kontingenztabelle**: Bei m Merkmalen A, B, ..., M bilden die $(m+1)$-Tupel

$$\{Z_j;\ \#G_j\};\ j = 1, \ldots, \#\mathcal{Z}$$

mit

$$Z_j = \{A_{a_j},\ B_{b_j},\ \ldots,\ M_{m_j}\}$$

eine m-dimensionale Kontingenztafel.

Terminologie und Symbolik der Klassenbildung:

k – Anzahl der Klassen

i – Klassennummer

x_i^u – untere Klassengrenze der i-ten Klasse

x_i^o – obere Klassengrenze der i-ten Klasse

$\Delta x_i := x_i^o - x_i^u$ – Klassenbreite der i-ten Klasse

$x_i := \frac{x_i^u + x_i^o}{2}$ $= x_i^u + 0,5\,\Delta x_i$ – Klassenmitte der i-ten Klasse

$= x_i^o - 0,5\,\Delta x_i$ – Klassenmitte der i-ten Klasse

n_i mit $\sum_{i=1}^{k} n_i = n$ – Besetzungszahl der i-ten Klasse bei Teilerhebung

N_i mit $\sum_{i=1}^{k} N_i = N$ – Besetzungszahl der i-ten Klasse bei Vollerhebung (syn.: Frequenz, absolute Häufigkeit der i-ten Klasse)

Prinzipien der Klassenbildung:

- **äquidistante** Klassen: $\Delta x_i = x_{i+1} - x_i =$ const $\forall\, i$
- **nicht-äquidistante** Klassen mit einer geringen Breite dort, wo die x_ν dicht liegen, und großer Breite, wo die x_ν dünn liegen.
- **äquifrequente** Klassen: $n_i =$ const $\forall\, i$ (Äquifrequente Klassen sind i. d. R. nicht äquidistant.)

Probleme der Klassenbildung

- Wahl der **Klassenanzahl** k
  Einige Faustregeln:

$$k \approx \sqrt{n}\,; \quad k \approx 5 \lg n\,; \quad k \approx 1 + 3,3 \lg n$$

- **Offene Flügelklassen** – Die erste Klasse ($i = 1$) und letzte Klasse ($i = k$) werden häufig auf einer Seite völlig offen gelassen:
  $]-\infty; x_1^o]$; Sprechweise: „höchstens/bis zu x_1^o“
  $]x_k^u; +\infty[$; Sprechweise: „über/mehr als x_k^u“
  Um Auswertungsprobleme zu umgehen, sollte auf offene Flügelklassen entweder verzichtet oder die Summe der Merkmalswerte in solchen Klassen bei der Aufbereitung ermittelt werden.

Klassenbildung bei einem **stetigen** Merkmal:

- **Zerlegung** von $\mathbb{R}$ in $k \geq 2$ **links-offene Intervalle**

$$I_i^s := \,]x_i^u; x_i^o]\,;\ i = 1, \ldots, k-1$$
$$I_k^s := \,]x_{k-1}^o; \infty[\,.$$

  (Die Wahl eines links-offenen Intervalls ist konsistent zur später definierten rechtsseitigen Stetigkeit der empirischen Verteilungsfunktion.)

$$x_\nu \in I_i^s \;\Leftrightarrow\; x_i^u < x_\nu \leq x_i^o$$

- **Festlegung der Klassengrenzen** $x_i^o = x_{i+1}^u$ so, daß sie auf Rundungsgrenzen fallen, die bei der Angabe der Meßwerte x_ν Verwendung finden. (Beispiel: Bei Meßwerteangabe in vollen *cm* sollten die Klassengrenzen auf ,5 *cm* enden.)

Klassenbildung bei einem **diskreten** Merkmal:

- Sei b der Abstand der **Gitterpunkte** auf der diskreten Skala.
- **Zerlegung** des Wertebereichs von X in $k \geq 2$ Teilmengen

$$I_i^d = \{x_i^u, x_i^u + b, \ldots, x_i^o\}$$

mit

$$x_{i+1}^u = x_i^o + b \quad \text{für} \quad i = 1, \ldots, k-1\,,$$

wobei x_i^u, x_i^o Gitterpunkte der Skala sind.

Klassenbildung bei **m-dimensionalen** ordinalen und/oder kardinalen Merkmalen: Zerlegung des $\mathbb{R}^m$ in m-dimensionale Intervalle ($m = 2 \Rightarrow$ Rechteck; $m = 3 \Rightarrow$ Quader; $m > 3 \Rightarrow$ Hyperquader).

1.3.2.2 Tabellen und Tabellenaufbau

Symbole, die das **Statistische Bundesamt** in seinen Tabellen verwendet:

0	=	weniger als die Hälfte von 1 in der letzten besetzten Stelle, jedoch mehr als nichts
–	=	nichts vorhanden
...	=	Angaben fallen später an
/	=	keine Angabe, da Zahlenwert nicht sicher genug
(Zahl)	=	Aussagewert eingeschränkt, da der Zahlenwert statistisch relativ unsicher ist
•	=	Zahlenwert unbekannt oder geheim zu halten
×	=	Tabellenfach gesperrt, weil Aussage nicht sinnvoll
| bzw. —	=	grundsätzliche Änderung innerhalb einer Reihe, die den zeitlichen Vergleich beeinträchtigt

Zusätze an Zahlen:

p = vorläufige Zahl
r = berichtigte Zahl
s = geschätzte Zahl

Einteilung von Tabellen

- nach der Anzahl der dargestellten Merkmale
  - ▷ **eindimensionale** Tabellen (Gliederung nach einem Merkmal)
  - ▷ **mehrdimensionale** Tabellen (Gliederung nach mehreren Merkmalen)
- nach ihrem Verwendungszweck
  - ▷ **Nachschlagetabellen** (syn.: Quellen- oder Materialtabellen) zur möglichst vollständigen Wiedergabe des Datenmaterials
  - ▷ **Übersichtstabellen** zur knappen Wiedergabe
  - ▷ **Spezialtabellen** (syn.: Auswertungstabellen) zur Beantwortung besonderer Fragestellungen

Abb. A1/1: Aufbau einer Tabelle in Anlehnung an DIN 55301

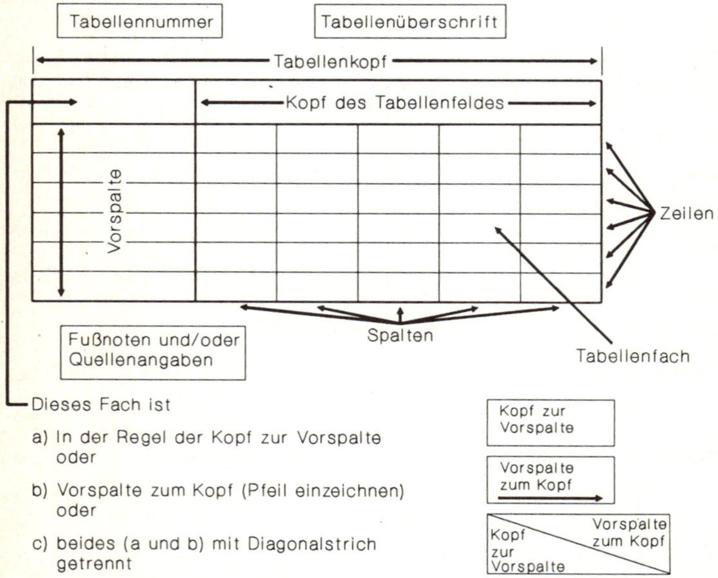

Gliederungsarten in Tabellen

- **Aufgliederung**: Alle Teilgesamtheiten werden in der Tabelle aufgeführt; Zusatz: „davon".
- **Ausgliederung**: Eine oder wenige Teilgesamtheiten werden aufgeführt; Zusatz: „darunter".
- **Zergliederung** (bei mehrdimensionaler Tabelle): Einige Teilgesamtheiten werden aufgeführt; Zusatz: „und zwar".

1.3.2.3 Systematische Verzeichnisse

Systematisches Verzeichnis: organisatorisches Hilfsmittel bei der Aufbereitung nominaler Merkmale.

Inhalt und **Zweck** eines systematischen Verzeichnisses:

- **Definition** und **Beschreibung jeder Ausprägung** des Merkmals inkl. Angabe synonymer Benennungen der Ausprägungen,
- Angabe einer **Schlüsselzahl** für jede Ausprägung.

Vorgehensweise beim **Aufbau einer Systematik**:

- Schaffung einer **hierarchischen Gliederung** in der Ausprägungsmenge A, die von oben nach unten zu immer homogeneren Elementen führt;
- Verwendung einer **dekadischen Schlüsselzahl**, die leicht überschaubar und DV-mäßig gut zu verarbeiten ist;
- **Zuordnung** der hierarchischen Ebenen zu den Stellen der dekadischen Zahl, wobei die höchste Ebene der ersten Stelle, die unterste Ebene der letzten Stelle zugeordnet ist.

Bezeichnung für die Begriffsebenen (am Beispiel der Wirtschaftszweigsystematik 1979 des Statistischen Bundesamtes):

1. Ebene: **Abteilung** (z. B. 2 – Verarbeitendes Gewerbe (ohne Bau))
2. Ebene: **Unterabteilung** (z. B. 27 – Leder-, Textil- und Bekleidungsgew.)
3. Ebene: **Gruppe** (z. B. 276 – Bekleidungsgewerbe)
4. Ebene: **Untergruppe** (z. B. 2761 – Herstellung von Oberbekleidung)
5. Ebene: **Klasse** (z. B. 27612 – Herrenmaßschneiderei)

Gruppen von Systematiken in der amtlichen Statistik:

- **Unternehmens- und Betriebssystematiken** (z. B. Systematik der Wirtschaftszweige)
- **Gütersystematiken** (z. B. für Produktionsstatistiken, für den Außenhandel)
- **Personensystematiken** (z. B. Klassifizierung der Berufe, Verzeichnis der Religionsbenennungen, Staatsangehörigkeitsschlüssel)
- **Regionalsystematiken** (z. B. Gemeindeverzeichnis, Länderverzeichnis für den Außenhandel)
- **Sonstige Systematiken** (z. B. Systematik der Einnahmen und Ausgaben privater Haushalte, Verzeichnis der Todesursachen)

1.3.3 Datenkontrolle

Datenkontrolle i. e. S.: Validitätsprüfung der erhobenen Merkmalsausprägungen.

Datenkontrolle i. w. S. schließt auch die Beurteilung der Angemessenheit der Verfahren auf allen Stufen einer statistischen Analyse ein.

1.3.3.1 Arten statistischer Fehler

Nach dem Ort ihres Entstehens (Fehlerquelle) unterscheidet man:

- **Fehler bei der Adäquation** (syn.: logischer Fehler) – mangelnde Anpassung eines statistischen Konzepts an ein Sachkonzept,
- **Fehler bei der Abgrenzung der Gesamtheit** hinsichtlich Umfang und Inhalt,
- **Fehler im Erhebungsprozeß**,
- **Fehler im Aufbereitungsprozeß**,
- **Fehler bei der Auswertung** durch
  - ▷ inadäquate statistische Methoden,
  - ▷ fehlspezifizierte Modelle.

Fehler **einer** statistischen Messung (syn.: individueller Fehler): **erhobene Merkmalsausprägung** (Ist- oder Beobachtungswert) weicht von der **wahren Merkmalsausprägung** (Sollwert) ab.

Antwortvariabilität: Bei wiederholter Messung/Befragung eines Trägers nach seiner Merkmalsausprägung für einen bestimmten Zeitpunkt oder Zeitabschnitt differieren die gegebenen Antworten.

Fehler einer Totalstatistik: Istwert der Totalstatistik (z. B. Summe der Merkmalswerte, Besetzungszahlen in den Merkmalsklassen) weicht vom wahren Wert oder Sollwert der Totalstatistik ab.

Fehlerkompensation: Individuelle Fehler heben sich gegenseitig auf, so daß die Totalstatistik fehlerfrei ist.

Nach der Art ihrer Erfassung und Behandlung unterscheidet man:

- **systematische Fehler** – Bei gleichem Meßvorgang besitzt die Abweichung immer die gleiche Struktur, d. h. sie geht (bei kardinalem Merkmal) immer um den gleichen Betrag in die gleiche Richtung.
- **zufällige Fehler** – Bei gleichem Meßvorgang unterscheiden sich die Abweichungen (bei kardinalem Merkmal) nach Betrag und Richtung in unterschiedlicher und unvorhersehbarer Weise.

Fehlermaße bei kardinalem Merkmal

μ_ν – wahrer Wert des Merkmals X beim Träger e_ν

μ_ν^* – systematisch verfälschter Wert von X beim Träger e_ν

$b_\nu = \mu_\nu^* - \mu_\nu$ – **Bias** oder **systematischer Fehler**[2]

$x_{i\nu}$ – i-ter Meßwert ($i = 1, \ldots, n$) für μ_ν

$\varepsilon_{i\nu} = x_{i\nu} - \mu_\nu^*$ – zufälliger Fehler der i-ten Messung

$x_{i\nu} = \mu_\nu + b_\nu + \varepsilon_{i\nu}$ = wahrer Wert + Bias + zufälliger Fehler

$\bar{x}_\nu = \frac{1}{n}\sum_{i=1}^{n} x_{i\nu}$ – Schätzwert für $\mu_\nu^* = \mu_\nu + b_\nu$

$s_\nu := \sqrt{\frac{1}{n-1}\sum_{i=1}^{n}(x_{i\nu} - \bar{x}_\nu)^2}$ – **mittlerer Fehler** oder **empirische Standardabweichung** als Maß für den Zufallsfehler

$MSE_\nu := b_\nu^2 + s_\nu^2$ – **mittlerer quadratischer Gesamtfehler** (mean square error)

$RMSE_\nu := \sqrt{MSE_\nu}$ – **Quadratwurzelfehler** (root mean square error)

Fehlermaße bei beliebig skaliertem Merkmal und **Nacherhebung**: Ein Merkmal mit k Ausprägungen/Gruppen/Klassen wird in einer Haupt- und einer Nacherhebung an n Trägern gemessen/erfragt:

i \ j		Ausprägung bei der Nacherhebung 1	2	…	k	$\sum_j$
Ausprägung	1	n_{11}	n_{12}	…	n_{1k}	$n_{1.}$
bei der	2	n_{21}	n_{22}	…	n_{2k}	$n_{2.}$
Haupt-	⋮	⋮	⋮	⋱	⋮	⋮
erhebung	k	n_{k1}	n_{k2}	…	n_{kk}	$n_{k.}$
	$\sum_i$	$n_{.1}$	$n_{.2}$	…	$n_{.k}$	n

n_{ij} – Anzahl der Träger mit Ausprägungsnummer i in der Haupterhebung und j in der Nacherhebung

[2] b_ν ist aus *einer* Meßreihe mit ein und demselben Instrument nicht abzuschätzen. Hierzu müßte eine Kontrollmeßreihe mit einem anderen, erkennbar unverfälschten Instrument ermittelt werden.

$|n_{i.} - n_{.i}|$ – Saldo der „Umsetzungen“ für die Ausprägungsnummer i

$\sum_{i=1}^{k} |n_{i.} - n_{.i}|$ – Saldo aller „Umsetzungen“

$n - \sum_{i=1}^{k} n_{ii}$ – Anzahl der Antwortänderungen

Bei Stichprobenerhebungen treten ebenfalls zufällige und systematische Fehler auf. Tabelle A1/2 zeigt eine Einteilung der Fehler bei Stichproben nach HURWITZ/PRITZKER, 1964.

1.3.3.2 Kontrollverfahren

In der amtlichen Statistik und bei Großzählungen unterscheidet man:

- **Deskriptive Kontrollen**: Kontrollen, bei denen nach der Erhebung und Aufbereitung des Datenmaterials die Größenordnung des Fehlers bestimmt wird unter Verwendung von Daten aus anderen Erhebungen (Kontroll- oder Nacherhebungen) oder aus anderen Dateien, soweit letzteres juristisch zulässig ist (Datenabgleich). Das Ziel deskriptiver Kontrollen ist es, im nachhinein Vollzähligkeit, Vollständigkeit und Güte der vorliegenden Daten festzustellen und eine Angabe über Größe und Richtung des Datenfehlers zu machen.
- **Operative Kontrollen**: Kontrollen, die in den Erhebungs- und Aufbereitungsprozeß eingebaut sind, mit dem operativen Ziel, Fehlerquellen sofort zu entdecken und abzustellen und aufgetretene Fehler zu korrigieren. Das operative Kontrollsystem umfaßt u. a.
  - ▷ Kontrollen von Zählern und Zählbezirken (Vollzähligkeit),
  - ▷ Kontrollen bei der Datenaufnahme (Vollständigkeit),
  - ▷ Kontrollen bei der Zusammenführung der Angaben aus Ordnungs- und Erhebungspapieren,
  - ▷ maschinelle Plausibilitätskontrolle mit ggf. automatischer oder manueller Fehlerbereinigung.

Konzepte der **maschinellen** (DV-mäßigen) **Fehlerbereinigung**:

- **Deck**: Datensatz (= record) mit Informationen über eine Erhebungseinheit, der hinsichtlich sämtlicher Merkmale vollständig widerspruchsfrei ist. Der Datensatz ist nach strukturbestimmenden Merkmalen gegliedert. Wird eine Erhebungseinheit mit unvollständigen oder widersprüchlichen Angaben angetroffen, so werden die im Deck gespeicherten Angaben einer strukturähnlichen Einheit zur Ergänzung und Korrektur der Daten der „beanstandeten“ Einheit verwendet.
- **Hot-deck-Methode**: Fehlende oder unstimmige Angaben werden mit dem Merkmalswert eines vorgegebenen, als richtig anerkannten Falles

Tab. A1/2: Fehlerarten nach HURWITZ & PRITZKER

1 Stichprobenfehler (sampling errors) Diese treten nur bei Stichprobenerhebungen auf.	1.1 Zufällige Stichprobenfehler (sampling variances)	
	1.2 Stichprobenverfälschungen (sampling biases) Sie sind rein systematisch.	1.2.1 Fehler in der Auswahlgrundlage (frame work biases) 1.2.2 Fehler in der Auswahlmethode (biased sampling method) 1.2.3 Falsche Auswahl der Stichprobe (defective selection of the sample) 1.2.4 Verzerrte Schätzung (biased estimate)
2 Nicht-Stichprobenfehler (non-sampling errors) Diese treten auch bei Vollerhebungen auf.	2.1 Erfassungsfehler (coverage errors) Erfassungsfehler sind teils zufällig, teils systematisch.	2.1.1 Erfassungsdefekte (defects in census coverage) wie - fehlende Einheiten (omissions) - Mehrfachzählungen (duplications) - fälschlich erfaßte Einheiten (erroneously included) 2.1.2 Fehlende Antwort (non-response) - Antwortverweigerung - Fragebogen verloren - nicht angetroffen
	2.2 Inhaltsfehler (content errors) Inhaltsfehler sind teils zufällig, teils systematisch.	2.2.1 Bei der Erhebung (collection stage) - Angabefehler (respondent error) - Interviewerfehler (interviewer error) - Aufzeichnungsfehler (recording and copying errors) 2.2.2 Bei der Verarbeitung (processing stage) - Kodierungsfehler - Schreibfehler - Ausgabefehler - Rechenfehler - Tabellierungsfehler

Quelle: H. STRECKER, 1980

ergänzt bzw. ersetzt, wobei der „richtige“ Fall fortlaufend aus dem bereits bearbeiteten Material erneuert wird.

- **Cold-deck-Methode**: Ein Präzedenzfall wird verwendet, der nicht der laufende und nicht jener der zuletzt als widerspruchsfrei erkannten Erhebungseinheit ist.

1.3.3.3 Fehlerrechnung

Dieser Absatz behandelt nicht das Rechnen mit zufallsfehlerbehafteten Daten und die Fortpflanzung von Zufallsfehlern.

Intervallarithmetik

- **Intervallzahl**

$$I := [a; b] \quad \text{mit} \quad a \leq b \quad \text{und} \quad a,\ b \in \mathbb{R}$$

a und b sind i. a. subjektiv festgelegte Grenzen, in denen der wahre Wert einer Messung oder einer statistischen Maßzahl vermutet wird.

- **Grundrechenarten für Intervallzahlen**

$$\begin{aligned}
[a;b] &+ [c;d] = [a+c; b+d] \\
[a;b] &- [c;d] = [a-d; b-c] \\
[a;b] &\cdot [c;d] = [\min(ac, ad, bc, bd);\ \max(ac, ad, bc, bd)] \\
[a;b] &: [c;d] = [a;b] \cdot \left[\frac{1}{d}; \frac{1}{c}\right] \quad \text{mit} \quad 0 \notin [c;d]
\end{aligned}$$

Gesetze der Fehlerfortpflanzung zur Verarbeitung von *systematisch* fehlerbehafteten Größen

x_i – wahrer Wert einer Größe X_i

x_i^* – systematisch fehlerbehafteter Meßwert

- absoluter Fehler Δ_i von x_i

  $\Delta_i := x_i^* - x_i$

- relativer Fehler ϵ_i von x_i

  $\epsilon_i := \dfrac{\Delta_i}{x_i}$

- Fehlerfaktor f_i für x_i

  $f_i := (1 + \epsilon_i)$, d. h. $x_i^* = x_i\, f_i = x_i\,(1 + \epsilon_i) = x_i + \Delta_i$

- Berichtigungsfaktor g_i für x_i

  $g_i := \dfrac{1}{f_i}$, d. h. $x_i = x_i^*\, g_i = \dfrac{x_i^*}{f_i}$

- absoluter Fehler Δ einer Funktion $h(x_1^*, \ldots, x_m^*)$

$$\begin{aligned} \Delta &:= h(x_1^*, \ldots, x_m^*) - h(x_1, \ldots, x_m) \\ &\approx \sum_{i=1}^{m} \Delta_i \cdot \frac{\partial h(x_1, \ldots, x_m)}{\partial x_i} \end{aligned}$$

- relativer Fehler ϵ einer Funktion $h(x_1^*, \ldots, x_m^*)$

$$\epsilon := \frac{\Delta}{h(x_1, \ldots, x_m)}$$

Spezialfälle für $m = 2$

- Summe/Differenz: $h(x_1, x_2) = x_1 \pm x_2$

$$\Delta = \Delta_1 \pm \Delta_2$$

$$\epsilon = \frac{\Delta_1 \pm \Delta_2}{x_1 \pm x_2}$$

- Produkt: $h(x_1, x_2) = x_1 \cdot x_2$

$$\Delta \approx \Delta_1 \, x_2 + \Delta_2 \, x_1$$

$$\epsilon \approx \frac{\Delta_1}{x_1} + \frac{\Delta_2}{x_2} = \epsilon_1 + \epsilon_2$$

- Quotient: $h(x_1, x_2) = \dfrac{x_1}{x_2}$

$$\Delta \approx \frac{\Delta_1}{x_2} - \frac{\Delta_2 \, x_1}{x_2^2}$$

$$\epsilon \approx \frac{\Delta_1}{x_1} - \frac{\Delta_2}{x_2} = \epsilon_1 - \epsilon_2$$

1.3.4 Datenpräsentation und Datenanalyse

Die **Datenpräsentation** erfolgt

- **tabellarisch** in sog. Aussagetabellen, die gegenüber den Quellentabellen aus der Aufbereitungsphase höher aggregiert und weniger detailliert sind, oder
- **graphisch**, um größere Übersichtlichkeit, Einprägsamkeit und Attraktivität zu erreichen als
  - ▷ **Stab- oder Säulendiagramm** durch die Höhe bzw. Länge von „Stäben“ oder „Säulen“ (*höhenproportionale* Darstellung) über einer horizontalen Achse, auf der die Merkmalsausprägungen abgetragen sind. Die Stäbe/Säulen können ggf. unterteilt werden;
  - ▷ **Liniendiagramm** durch Längen von Strecken über einer horizontalen Achse, auf der die Merkmalsausprägungen abgetragen sind;

- ▷ **Flächendiagramm** durch Flächen entsprechender Größe (*flächenproportionale* Darstellung);
- ▷ **Kreisdiagramm** durch sektorale Aufteilung einer Kreisfläche;
- ▷ **Piktogramm** durch unterschiedlich große Bildsymbole oder durch unterschiedliche Anzahl von Bildsymbolen;
- ▷ **Kartogramm** entsprechend der geographischen Zugehörigkeit innerhalb einer Landkarte;
- ▷ **Kurvendiagramm** durch eine Kurve bzw. durch gradlinig verbundene Punkte in einem Koordinatensystem, besonders für Zeitreihen;
- ▷ **Histogramm** durch rechteckige Flächen über den Klassenbreiten eines klassierten quantitativen Merkmals;
- ▷ **Treppenkurve oder Summenpolygon** (syn.: Ogive) für kumulierte Häufigkeiten;
- ▷ **Streuungsdiagramm** für ungruppierte zweidimensionale Datensätze.

Diese und weitere Darstellungsarten, insb. solche der explorativen Datenanalyse, stehen in den folgenden Kapiteln im jeweiligen Sachzusammenhang.

Abb. A1/2: Gliederung der statistischen Maßzahlen

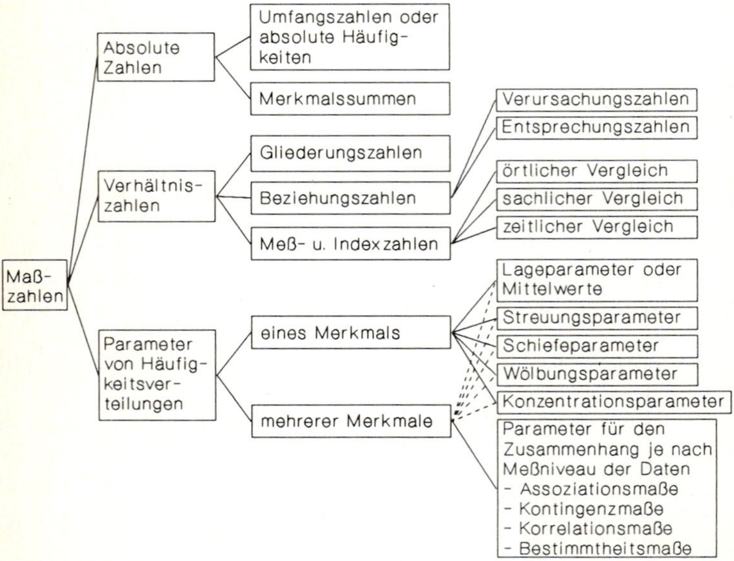

Die **Datenanalyse** kann erfolgen

- im rein **deskriptiven Sinn** durch Berechnung und Interpretation **statistischer Maßzahlen**, vgl. Abb. A1/2. (Eine statistische Maßzahl soll einen Sachverhalt quantitativ, d. h. numeral beschreiben. Als äquivalent erachtete Sachverhalte sollen zum selben Wert der Maßzahl führen.),
- im **inferentiellen Sinn**, wenn eine Stichprobe vorliegt und man in Form einer Schätz- oder Testaussage auf die Grundgesamtheit zurückschließt,
- im **entscheidungstheoretischen Sinn**, wenn unter Einbezug von Prior-Informationen über die Verteilung des Merkmals und Kosten- bzw. Nutzen-Größen auf statistischen Beobachtungen Entscheidungen basiert werden.

Kapitel 2

Darstellung und Beschreibung univariater Datensätze

Die n (bzw. N) Einheiten einer Teilerhebung (bzw. Totalerhebung) sind nach *einem* erhobenen Merkmal aufbereitet, so daß ein eindimensionaler (syn.: univariater) Datensatz vorliegt, der darzustellen und statistisch zu beschreiben ist.

2.1 Verteilungskonzepte

Der Skalentyp des Merkmals bestimmt Methode und Verfahren bei der Darstellung und Beschreibung des Datensatzes.

2.1.1 Nominales Merkmal

Merkmal: A

Ausprägungen: a_i mit $i = 1, \ldots, I$ und $I \geq 2$

Anzahl statistischer Einheiten: n bei einer Teilerhebung

N bei einer Totalerhebung

Arten von Häufigkeiten:

- **absolute Häufigkeit** – **Anzahl** der Einheiten mit Ausprägung a_i

  Symbolik: $n_i := n(A = a_i)$ – bei Teilerhebung

  $N_i := N(A = a_i)$ – bei Totalerhebung

Eigenschaften: $0 \leq n_i,\ N_i \leq N$

$$\left.\begin{array}{lcl} \sum\limits_{i=1}^{I} n_i & = & n \\ \sum\limits_{i=1}^{I} N_i & = & N \end{array}\right\} \text{bei nicht-häufbarem Merkmal}$$

- **relative Häufigkeit** – **Anteil** der Einheiten mit Ausprägung a_i (syn.: Anteilswert, Quote)

  Symbolik: $p_i \ := \ p(A = a_i) \ := \ \dfrac{n_i}{n}$ – bei Teilerhebung

  $P_i \ := \ P(A = a_i) \ := \ \dfrac{N_i}{N}$ – bei Totalerhebung

  Eigenschaften: $0 \leq p_i,\ P_i \leq 1$

  $$\sum_{i=1}^{I} p_i = \sum_{i=1}^{I} P_i = 1$$ – bei nicht-häufbarem Merkmal

- **prozentuale Häufigkeit** – v. H. der Einheiten mit Ausprägung a_i

  Symbolik: $100\,p_i$ bzw. $100\,P_i$

  Eigenschaften: $0 \leq 100\,p_i,\ 100\,P_i \leq\ 100$

  $$\sum_{i=1}^{I} 100\,p_i = \sum_{i=1}^{I} 100\,P_i = 100$$ – bei nicht-häufbarem Merkmal

Häufigkeitsverteilung (syn.: Häufigkeitsfunktion): Zusammenstellung eines der Paare $(a_i; n_i)$, $(a_i; p_i)$, $(a_i; N_i)$ oder $(a_i; P_i)$.

Darstellung von Häufigkeitsverteilungen:

- **formal**, z. B. für die relative Häufigkeitsverteilung

$$p(A) = \begin{cases} p_i & \text{für} \quad A = a_i \\ 0 & \text{sonst} \end{cases}$$

- **tabellarisch** mit einer Spalte für a_i und einer Spalte für die Häufigkeit (n_i, p_i, N_i bzw. P_i),
- **graphisch**, wobei wegen Fehlens einer natürlichen Ordnung und eines Abstands der Ausprägungen deren Wiedergabe auf der Merkmalsachse nicht eindeutig ist.

Formen der Graphik:

- **Stabdiagramm** (Stäbe über den a_i mit einer Länge proportional zur Größe von n_i, p_i, N_i bzw. P_i), vgl. Abb. A2/1a;
- **Balkendiagramm** (Balken gleicher Breite mit einer Länge proportional zur Größe von n_i, p_i, N_i bzw. P_i), vgl. Abb. A2/1b;
- **Rechteckdiagramm** (syn.: Bar-Chart) (Rechteck mit einer horizontalen oder vertikalen Einteilung proportional zur Größe von n_i, p_i, N_i bzw. P_i), vgl. Abb. A2/2a und A2/2b;

Abb. A2/1a: Stabdiagramm

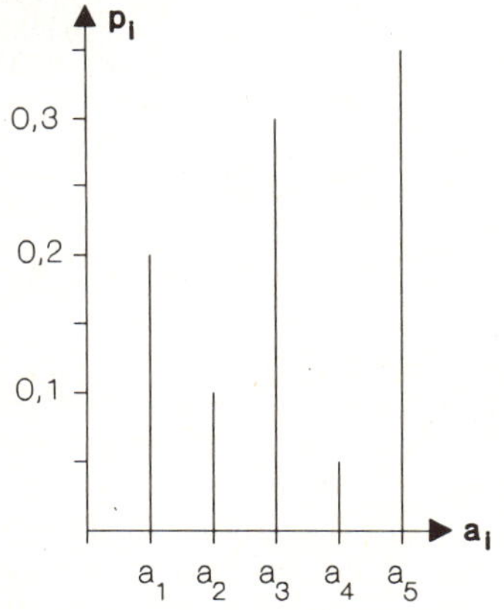

Abb. A2/1b: Balkendiagramm

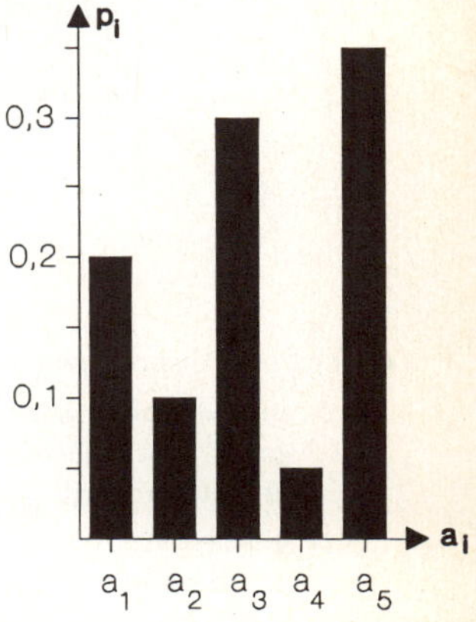

Abb. A2/2a: Rechteckdiagramm (horizontal)

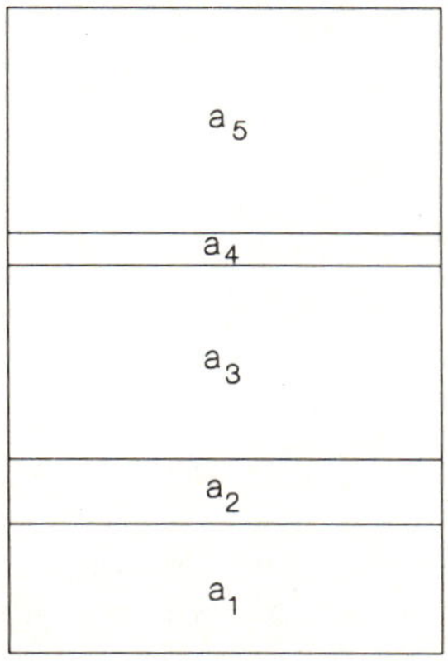

Abb. A2/2b: Rechteckdiagramm (vertikal)

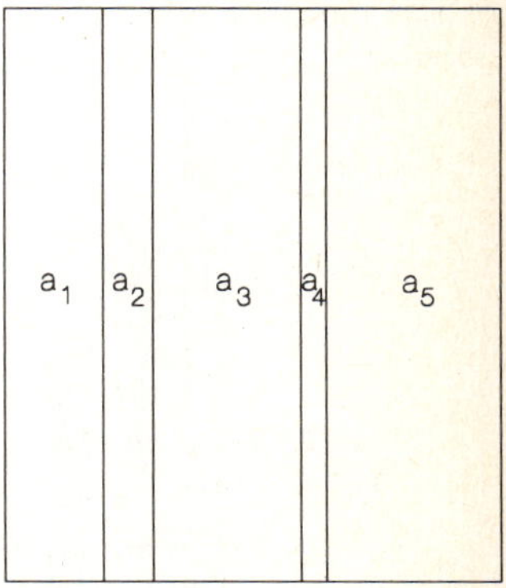

- **Kreisdiagramm** (syn.: Pie-Chart) (Kreis mit einer Sektoreinteilung und Sektorwinkeln proportional zur Größe von n_i, p_i, N_i bzw. P_i), vgl. Abb. A2/3a, (und gelegentlicher Hervorhebung einer Ausprägung), vgl. Abb. A2/3b;

Abb. A2/3a: Kreisdiagramm

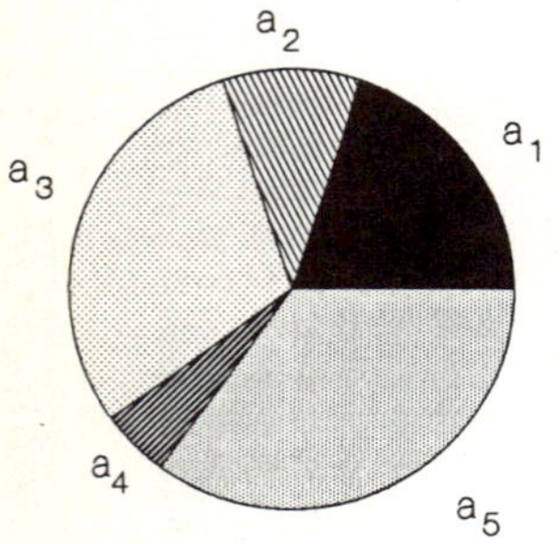

Abb. A2/3b: Kreisdiagramm (Hervorhebung)

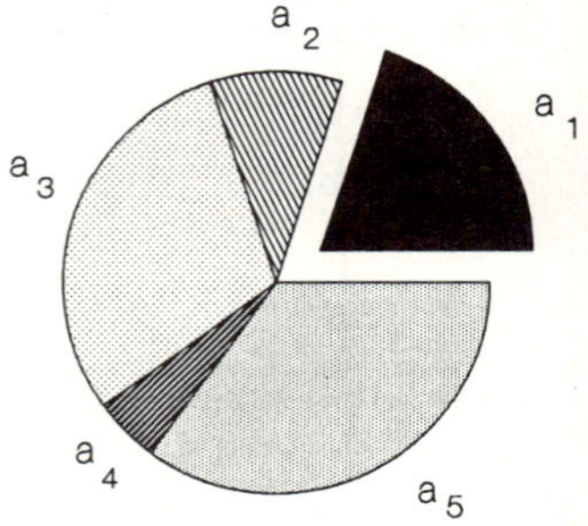

- PARETO-**Diagramm** (VILFREDO PARETO, 1848 – 1923)
  - ▷ **ungestapelt**: Stab- oder Balkendiagramm, in dem die Ausprägungen a_i nach absteigender Häufigkeit auf der Merkmalsachse angeordnet sind, vgl. Abb. A2/4a;
  - ▷ **gestapelt**: Ausprägungen a_i sind nach absteigender Häufigkeit auf der Merkmalsachse angeordnet und darüber ist die bis zur jeweiligen Ausprägung kumulierte Häufigkeit abgetragen, vgl. Abb. A2/4b.

Abb. A2/4a: PARETO-Diagramm

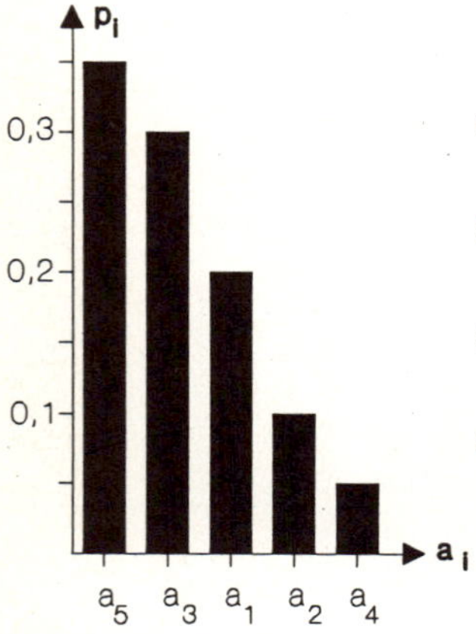

Abb. A2/4b: PARETO-Diagramm (gestapelt)

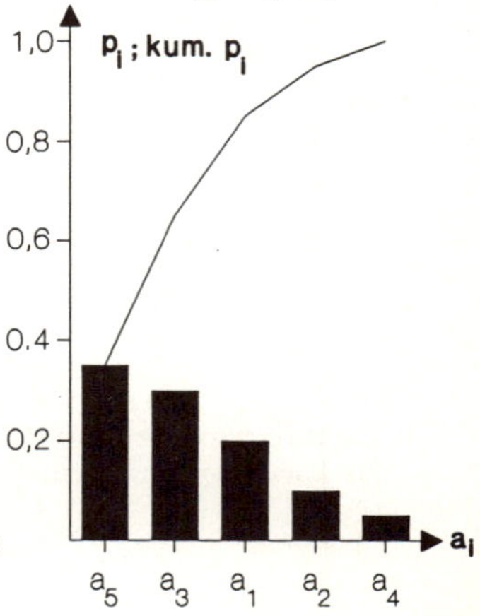

2.1.2 Ordinales Merkmal

Merkmal: U

Ausprägungen: u_i mit $i = 1, \ldots, I$ und $I \geq 2$,

wobei $u_i < u_j \quad \forall\, i < j$.

Anzahl statistischer Einheiten: n bei einer Teilerhebung

N bei einer Totalerhebung

Arten von Häufigkeiten:

- **absolute Häufigkeit** – Anzahl der Einheiten mit Merkmalswert u_i

$$n_i := n(U = u_i) \quad \text{bzw.} \quad N_i := N(U = u_i)$$

- **relative Häufigkeit** – Anteil der Einheiten mit Merkmalswert u_i

$$p_i := p(U = u_i) := \frac{n_i}{n} \quad \text{bzw.} \quad P_i := P(U = u_i) := \frac{N_i}{N}$$

- **prozentuale Häufigkeit** – v. H. der Einheiten mit Merkmalswert u_i

$$100\, p_i \quad \text{bzw.} \quad 100\, P_i$$

- **kumulierte absolute Häufigkeit** – Anzahl der Einheiten mit einem Merkmalswert von **höchstens (bis zu)** u_i

$$h_i := n(U \leq u_i) = \sum_{j=1}^{i} n_j\,; \quad i = 1, 2, \ldots, I \text{ und } h_I = n$$

$$H_i := N(U \leq u_i) = \sum_{j=1}^{i} N_j\,; \quad i = 1, 2, \ldots, I \text{ und } H_I = N$$

- **kumulierte relative Häufigkeit** – Anteil der Einheiten mit einem Merkmalswert von **höchstens (bis zu)** u_i

$$F_n(u_i) := p(U \leq u_i) = \sum_{j=1}^{i} p_j = \frac{h_i}{n}\,; \quad i = 1, 2, \ldots, I \text{ und } F_n(u_I) = 1$$

$$F(u_i) := P(U \leq u_i) = \sum_{j=1}^{i} P_j = \frac{H_i}{N}\,; \quad i = 1, 2, \ldots, I \text{ und } F(u_I) = 1$$

- **kumulierte prozentuale Häufigkeit** – v. H. der Einheiten mit einem Merkmalswert von **höchstens (bis zu)** u_i

$$100\, F_n(u_i) \quad \text{bzw.} \quad 100\, F(u_i)$$

- **invers kumulierte absolute Häufigkeit** – Anzahl der Einheiten mit einer Ausprägung **über** (von **mehr als**) u_i

$$\begin{aligned} \overline{h}_i &:= n(U > u_i) &= n - \sum_{j=1}^{i} n_j \quad &\text{mit} \quad \overline{h}_i + h_i = n \\ \overline{H}_i &:= N(U > u_i) &= N - \sum_{j=1}^{i} N_j \quad &\text{mit} \quad \overline{H}_i + H_i = N \end{aligned}$$

- **invers kumulierte relative Häufigkeit** – Anteil der Einheiten mit einem Merkmalswert **über** (von **mehr als**) u_i

$$\begin{aligned} \overline{F}_n(u_i) &:= p(U > u_i) &= 1 - \sum_{j=1}^{i} p_j \quad &\text{mit} \quad \overline{F}_n(u_i) + F_n(u_i) = 1 \\ \overline{F}(u_i) &:= P(U > u_i) &= 1 - \sum_{j=1}^{i} P_j \quad &\text{mit} \quad \overline{F}(u_i) + F(u_i) = 1 \end{aligned}$$

- **invers kumulierte prozentuale Häufigkeit** – v. H. der Einheiten mit einem Merkmalswert **über** (von **mehr als**) u_i

$$100\,\overline{F}_n(u_i) \text{ bzw. } 100\,\overline{F}(u_i)$$

Häufigkeitsverteilung: Definition analog zum nominalen Merkmal; graphische Darstellung als Stabdiagramm, wobei im Unterschied zum nominalen Merkmal die Reihenfolge der Ausprägungen eindeutig ist.

Summenfunktion: Zusammenstellung der Paare $(u_i; h_i)$ bzw. $(u_i; H_i)$

- **empirische Summenfunktion**

$$S_n(u) := n(U \leq u) := \begin{cases} 0 & \text{für } u < u_1 \\ h_i & \text{für } u_i \leq u < u_{i+1}, \quad i = 1, \ldots, I-1 \\ n & \text{für } u \geq u_I \end{cases}$$

- **theoretische Summenfunktion**

$$S(u) := N(U \leq u) := \begin{cases} 0 & \text{für } u < u_1 \\ H_i & \text{für } u_i \leq u < u_{i+1}; \quad i = 1, \ldots, I-1 \\ N & \text{für } u \geq u_I \end{cases}$$

Komplementäre Summenfunktion: Zusammenstellung der Paare $(u_i; \overline{h}_i)$ bzw. $(u_i; \overline{H}_i)$

- **empirische komplementäre Summenfunktion**

$$\overline{S}_n(u) := n(U > u) = n - S_n(u)$$

- **theoretische komplementäre Summenfunktion**

$$\overline{S}(u) := N(U > u) = N - S(u)$$

Verteilungsfunktion: Zusammenstellung der Paare $[u_i; F_n(u_i)]$ bzw. $[u_i; F(u_i)]$

- **empirische Verteilungsfunktion**

$$F_n(u) := p(U \leq u) := \begin{cases} 0 & \text{für } u < u_1 \\ F_n(u_i) & \text{für } u_i \leq u < u_{i+1};\ i = 1, \ldots, I-1 \\ 1 & \text{für } u \geq u_I \end{cases}$$

- **theoretische Verteilungsfunktion**

$$F(u) := P(U \leq u) := \begin{cases} 0 & \text{für } u < u_1 \\ F(u_i) & \text{für } u_i \leq u < u_{i+1};\ i = 1, \ldots, I-1 \\ 1 & \text{für } u \geq u_I \end{cases}$$

Komplementäre Verteilungsfunktion: Zusammenstellung der Paare $[u_i; \overline{F}_n(u_i)]$ bzw. $[u_i; \overline{F}(u_i)]$

- **empirische komplementäre Verteilungsfunktion**

$$\overline{F}_n(u) := p(U > u) = 1 - F_n(u)$$

- **theoretische komplementäre Verteilungsfunktion**

$$\overline{F}(u) := P(U > u) = 1 - F(u)$$

Graphische Darstellung von Verteilungs- und komplementärer Verteilungsfunktion als **Treppenfunktion** mit **Sprungstellen** bei $u = u_i$ und **Sprunghöhen** p_i bzw. P_i, vgl. Abb. A2/5. Die Treppenfunktion ist **rechtsseitig stetig** definiert (in Abb. A2/5 durch Punkte über den u_i angedeutet), d. h. nähert man sich einer Sprungstelle der Funktion von rechts, so ist der Funktionswert jener, den die Funktion rechts von der Sprungstelle hat. Die Verteilungsfunktion hat eine in u **steigende Treppe**, die komplementäre Verteilungsfunktion eine **fallende Treppe** als Graphen.

Hinweis: Hat das Merkmal U viele Ausprägungen und ist n (bzw. N) sehr groß, dann wird klassiert und die Vorgehensweise ist analog zu Abs. A2.1.3.3.

Abb. A2/5: Empirische Verteilungsfunktion (oben)
Empirische komplementäre Verteilungsfunktion (Mitte)
Funktion der relativen Häufigkeiten (unten)

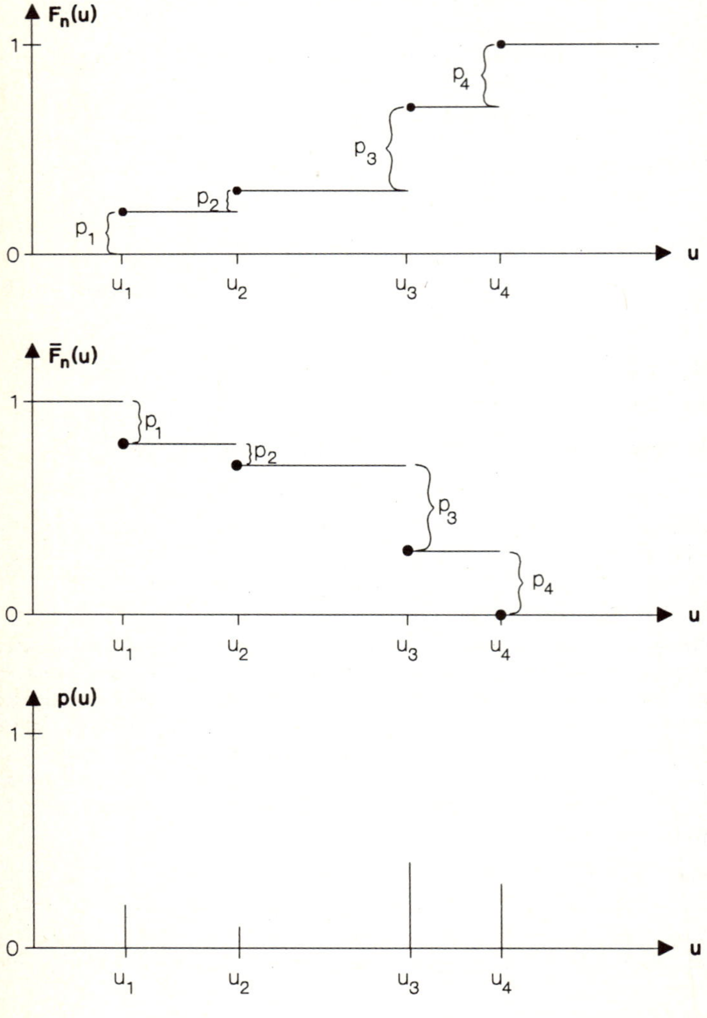

2.1.3 Kardinales Merkmal

Hier ist eine mehrfache Fallunterscheidung angebracht, nämlich ob

- das kardinale Merkmal X **diskret** ist und
  - ▷ **wenige Ausprägungen** aufweist (→ Abs. A2.1.3.1),
  - ▷ **viele Ausprägungen** annehmen kann, so daß es als **quasi-stetig** gilt, und
    - * die **Zahl der Merkmalsträger** (n bzw. N) **klein** ist (→ Abs. A2.1.3.1),
    - * die **Zahl der Merkmalsträger** (n bzw. N) **groß** ist (→ Abs. A2.1.3.3),
- das kardinale Merkmal X **stetig** ist und
  - ▷ die **Zahl der Merkmalsträger** (n bzw. N) **klein** ist (→ Abs. A2.1.3.2),
  - ▷ die **Zahl der Merkmalsträger** (n bzw. N) **groß** ist (→ Abs A2.1.3.3).

2.1.3.1 Diskreter Fall ohne Klassierung

Merkmal: X

Ausprägungen: x_i mit $i = 1, \ldots, I$ und $I \geq 2$

Anzahl statistischer Einheiten: n bei Teilerhebung

N bei Totalerhebung

Häufigkeitskonzepte: Es treten hier dieselben Arten von Häufigkeiten (absolut, relativ, prozentual, nicht kumuliert, kumuliert oder invers kumuliert) auf wie beim ordinalen Merkmal, wobei in den dortigen Formeln U durch X und u_i durch x_i zu ersetzen ist.

Häufigkeitsfunktionen: Es treten hier dieselben Arten von Funktionen und auch die Formen ihrer graphischen Darstellung auf wie beim ordinalen Merkmal mit dem Unterschied, daß nun auch der Abstand zwischen den Ausprägungen definiert und nicht willkürlich ist. In den Formeln und Graphiken aus Abs. A2.1.2 sind U durch X und u_i durch x_i zu ersetzen.

2.1.3.2 Stetiger Fall ohne Klassierung

Merkmal: X

Ausprägungen: x_ν mit $\nu = 1, \ldots, n$ bzw. N

Man beachte, daß es sich bei den x_ν nur um die in der Erhebung **registrierten** Ausprägungen handelt (Die Ausprägungsmenge selbst ist überabzählbar.) und der Index nicht eine Zählung der Ausprägungen, sondern der Träger repräsentiert.

Rangwerte: größenmäßig **aufsteigend** geordnete Ausprägungen

$$x_{<1>} \leq x_{<2>} \leq \ldots \leq x_{<i>} \leq \ldots \leq x_{<n>}$$

Ränge (syn.: Rangzahlen): Indizes $< 1 >, \ldots, < i >, \ldots, < n >$.
Es bezeichne $r(x_\nu)$ die Rangzahl von x_ν. Sei

$$r(x_{\nu^*}) = < i^* >,$$

d. h. der ν^*-te Träger (in der Reihenfolge der Beobachtungen x_ν) steht an der i^*-ten Stelle in der **Rangreihe** $x_{<i>}$, so sind i^* Ausprägungen x_ν kleiner oder gleich x_{ν^*}.

Inverse Rangwerte: größenmäßig **absteigend** geordnete Ausprägungen

$$x_{>1<} \geq x_{>2<} \geq \ldots \geq x_{>i<} \geq \ldots \geq x_{>n<}$$

Inverse Ränge: Indizes $> 1 <, \ldots, > i <, \ldots, > n <$

Querverbindungen : $> i < \; = \; < n - i + 1 >$ mit $i = 1, \ldots, n$

$$< i > \; = \; > n - i + 1 < \quad \text{mit} \quad i = 1, \ldots, n$$

Bindungen: Liegen übereinstimmende Meßwerte vor, so spricht man von Bindungen. Sie treten auch bei stetigem Merkmal auf, da dieses nur mit einer bestimmten Genauigkeit (etwa die Länge in km, m, cm, mm, μm) gemessen werden können. Erhöht man die Meßgenauigkeit (d. h. das Auflösungsvermögen des Meßinstruments), so verschwinden i. a. die Bindungen und die Ausprägungen werden verschieden (unterscheidbar). Es heißen:

$$x^*_{<1>} < x^*_{<2>} < \ldots < x^*_{<j>} < \ldots < x^*_{<\ell>} \quad \text{mit} \quad \ell \leq n$$

die **reduzierte Rangreihe** und

$n - \ell$ – **Anzahl der Bindungen** in $\{x_{<i>}\}$

$n(X = x^*_{<j>}) > 1$ – **Ordnung der Bindung** an der Stelle $x^*_{<j>}$.

Bei bestimmten Auswertungen (etwa Rangkorrelationsberechnung) erhalten die in einer Bindung stehenden Merkmalswerte die gleiche Rangzahl $< \bar{i} >$. Bilden $x_{<i>}, x_{<i+1>}, \ldots, x_{<i+z-1>}$ eine z-fache Bindung, so werden die z Rangzahlen durch die **mittlere Rangzahl** an dieser Stelle

$$< \bar{i} > = \frac{< i > + \ldots + < i + z - 1 >}{z}$$

ersetzt.

Empirische Summenfunktion

$$S_n(x) := n(X \le x) = \begin{cases} 0 & \text{für } x < x_{<1>} \\ i & \text{für } x_{<i>} \le x < x_{<i+1>};\ i = 1, \ldots, n-1 \\ n & \text{für } x \ge x_{<n>} \end{cases}$$

Empirische komplementäre Summenfunktion

$$\overline{S}_n(x) := n(X > x) = n - S_n(x)$$

Empirische Verteilungsfunktion

$$F_n(x) := p(X \le x) = \frac{S_n(x)}{n}$$

Empirische komplementäre Verteilungsfunktion

$$\overline{F}_n(x) := p(X > x) = 1 - F_n(x)$$

Die Darstellung dieser Funktionen entspricht der Abb. A2/5.

2.1.3.3 Klassierte Daten

Terminologie und Symbolik der Klassenbildung sind in Abs. A1.3.2.1 eingeführt worden.

Häufigkeitsdichte (syn.: **empirische Dichte, empirische Dichtefunktion**):

$$f_n(x) = \begin{cases} \dfrac{n_i}{n\,\Delta x_i} & \text{für } x_i^u < x \le x_i^o;\ i = 1, \ldots, k \\ 0 & \text{für } x \le x_1^u \text{ und } x > x_k^o \end{cases}$$

Hinweis: Die Häufigkeitsdichte ist keine relative Häufigkeit, so daß $f_n(x) > 1$ möglich ist.

Histogramm: graphische Darstellung der Häufigkeitsdichte in Form von Rechtecken der Höhe $f_n(x_i)$ über $]x_i^u; x_i^o]$ im stetigen bzw. über $[x_i^u; x_i^o]$ im diskreten Fall, vgl. Abb. A2/6. Dadurch wird eine gleichmäßige Verteilung der Träger innerhalb der Klasse unterstellt.

Hinweise: Flächen (nicht etwa Höhen) im Histogramm entsprechen relativen Häufigkeiten. Der Flächeninhalt des gesamten Histogramms ist auf den Wert Eins normiert.

Empirische Verteilungsfunktion: Diese ist zunächst nur an den Klassenobergrenzen x_i^o definiert:

$$F_n(x_i^o) := p(X \le x_i^o) = \sum_{j=1}^{i} \frac{n_j}{n} \quad \text{für} \quad i = 1, \ldots, k.$$

Sie läßt sich stetig ergänzen zur approximierenden Verteilungsfunktion, indem man – im Einklang mit der oben unterstellten Gleichverteilung in den Klassen beim Histogramm – zwischen den $F_n(x_i^o)$ linear interpoliert:

$$F_n(x) := p(X \leq x) = \begin{cases} 0 & \text{für } x \leq x_1^u \\ F_n(x_{i-1}^o) + (x - x_i^u)\,\dfrac{n_i}{n\,\Delta x_i} & \text{für } \begin{cases} x_i^u < x \leq x_i^o; \\ i = 1, \dots, k \end{cases} \\ 1 & \text{für } x > x_k^0 \end{cases}$$

mit $F_n(x_0^o) = 0$.

Verteilungspolygon: graphische Darstellung der empirischen Verteilungsfunktion, wobei die Klassengrenzen Knickstellen sind, sofern die Häufigkeitsdichte in den beiden angrenzenden Klassen verschieden ist, vgl. Abb. A2/6.

Beziehungen zwischen Häufigkeitsdichte (Histogramm) und empirischer Verteilungsfunktion (Verteilungspolygon):

1. $f_n(x)$ ist die **Steigung** (= erste Ableitung) von $F_n(x)$:

$$f_n(x) = \frac{d}{dx} F_n(x) \quad \text{für} \quad x \neq x_i^u$$

2. $F_n(x)$ ist das **Integral** von x_1^u bis x unter der Häufigkeitsdichte $f_n(x)$:

$$F_n(x) = \begin{cases} 0 & \text{für } \quad x \leq x_1^u \\ \int\limits_{x_1^u}^{x} f_n(u)\,du & \text{für } \quad x_1^u < x \leq x_k^o \\ 1 & \text{für } \quad x > x_k^o \end{cases}$$

2.2 Konzepte zur Parameterkonstruktion

Der überwiegende Teil der Parameter zur Datenbeschreibung läßt sich auf eines der beiden folgenden Konstruktionsprinzipien:

- Perzentile,
- Momente,

zurückführen, die später auch bei den Zufallsvariablen auftreten. Wo Verwechslungsgefahr besteht, verwendet man den Zusatz „empirisch“ bzw. „theoretisch“.

Abb. A2/6: Histogramm (oben); Verteilungspolygon (unten)

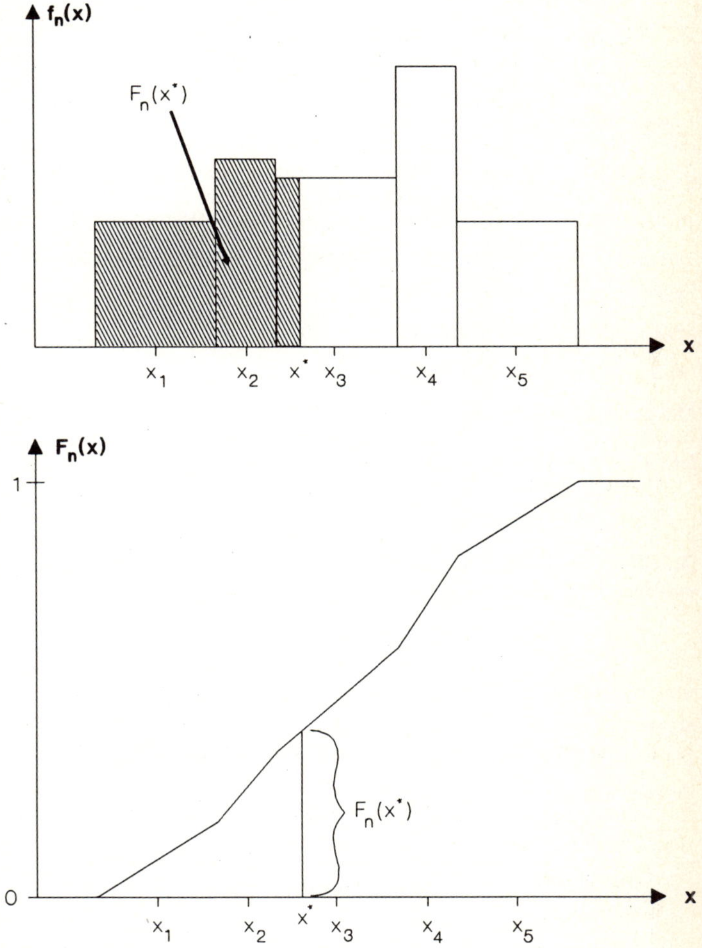

2.2.1 Empirische Perzentile

Perzentil (syn.: Fraktil, Prozentpunkt, Quantil) **der Ordnung p**: jener kleinste Merkmalswert, der vom Anteil p aller Merkmalsträger nicht überschritten wird.

Symbol: x_p mit $0 < p < 1$

Interpretation: x_p trennt die $p\,100\%$ „kleinen" von den $(1-p)\,100\%$ „großen" Merkmalsträgern.

Anwendungsvoraussetzung: Da die Ausprägungen der Größe nach geordnet werden müssen, ist mindestens ordinales Meßniveau des Merkmals zu fordern.

Spezielle Perzentile:

$x_{0,5} =: \widetilde{x}$	– **Median** (syn.: zweites Quartil, mittleres Quartil)
$x_{0,25}$; $x_{0,75}$	– unteres/oberes **Quartil** (syn.: erstes/drittes Quartil)
$x_{1/3}$; $x_{2/3}$	– unteres/oberes **Terzil**
$x_{\ell \cdot 0,1}$	– ℓ-tes **Dezil** $(\ell = 1, \ldots, 9)$
$x_{\ell \cdot 0,05}$	– ℓ-tes **Quintil** $(\ell = 1, \ldots, 19)$

Formaldefinition: x_p ergibt sich aus der **inversen empirischen Verteilungsfunktion** $F_n^{-1}(\cdot)$, die daher auch **empirische Perzentilsfunktion** heißt. Sofern $F_n(\cdot)$ **keine Sprungfunktion** ist, gilt

$$x_p = F_n^{-1}(p) \iff F_n(x_p) = p\,.$$

Ist $F_n(\cdot)$ eine Sprungfunktion, dann verwendet man die **verallgemeinerte empirische Perzentilsfunktion**

$$x_p = F_n^{-1}(p) \;:=\; \inf\{x | F_n(x) \geq p\},$$ [1]

womit jedoch x_p nicht umkehrbar eindeutig wird, vgl. unten.

Natürliches Perzentil: In einer Rangreihe $x_{<1>} < \ldots < x_{<n>}$ ohne Bindungen ist $x_{<\nu>}$ das natürliche Perzentil der Ordnung $p = \nu/n$.

Berechnung von Perzentilen

- aus einer **Rangreihe**
  - ▷ **nur** die **Beobachtungswerte** x_ν sind **als Quantile zugelassen**, etwa weil X ein diskretes Merkmal ist:

$$x_p = x_{<\nu_p>} \quad \text{mit} \quad \nu_p = -[-n\,p]$$

[1] Die größte untere Schranke einer nicht-leeren Menge reeller Zahlen heißt **Infimum** und wird mit „inf" abgekürzt.

Vorstehende Formel[2] liefert die natürlichen Perzentile $x_{<\nu>}$. Es ist aber $x_{<\nu>}$ auch Perzentil jeder Ordnung $p \in \left]\frac{\nu-1}{n}, \frac{\nu}{n}\right]$, vgl. Abb. A2/7a, wenn an der Stelle $< \nu >$ keine Bindung vorliegt.

▷ **alle Werte** im Bereich $[x_{<1>}; x_{<n>}]$ sind **als Quantile zugelassen**, wenn etwa X stetig ist:

$$x_p = \begin{cases} x_{<1>} & \text{für } 0 < p \leq \frac{1}{n} \\ x_{<\nu>} + (pn - \nu)(x_{<\nu+1>} - x_{<\nu>}) & \text{für } \begin{cases} \frac{\nu}{n} < p \leq \frac{\nu+1}{n}; \\ \nu = 1, \ldots, n-2 \end{cases} \\ x_{<n>} & \text{für } \frac{n-1}{n} < p \leq 1 \end{cases}$$

Hinweis: Von dieser linearen Interpolationsformel weicht man bei der Medianbestimmung in der Praxis ab und definiert vereinfachend:

$$\widetilde{x} := x_{0,5} := \begin{cases} x_{<k+1>} & \text{für} \quad n = 2k+1 \\ \dfrac{x_{<k>} + x_{<k+1>}}{2} & \text{für} \quad n = 2k \end{cases}$$

- aus **klassierten Daten** durch lineare Interpolation zwischen den Klassengrenzen x_e^u und x_e^o der **Einfallsklasse** e des Perzentils, vgl. Abb. A2/7b:

$$x_p = x_e^u + \frac{p - F_n(x_e^u)}{p_e} \Delta x_e \quad \text{für} \quad \begin{cases} F_n(x_e^u) < p \leq F_n(x_e^o) \\ p_e := F_n(x_e^o) - F_n(x_e^u). \end{cases}$$

2.2.2 Empirische Momente

Empirische Momente: arithmetisches Mittel bestimmter Funktionen $g(X)$ des Merkmals X, wobei vorzugsweise Funktionen der Bauart

$$g(X) = \left(\frac{X-a}{b}\right)^r; \; a \in \mathbb{R}, \; b > 0, \; r \in \mathbb{N}_0,$$

(ganzzahlige Potenzen des linear-transformierten Merkmals) verwendet werden.

Anwendungsvoraussetzung: X hat kardinales Meßniveau.

Momente aus unklassierten Daten:

$$m_r(a;b) := \overline{g(X)} := \frac{1}{n}\sum_{\nu=1}^{n} g(x_\nu) = \frac{1}{n}\sum_{\nu=1}^{n}\left(\frac{x_\nu - a}{b}\right)^r$$

[2] Es bezeichnet $[z]$ die größte ganze Zahl, die kleiner oder gleich z ist (GAUSS-**Klammer-Funktion**), z. B. $[3{,}1] = 3$, $[3] = 3$, $[-3{,}1] = -4$, $[-3] = -3$.

Abb. A2/7a: Perzentilsermittlung bei einer Verteilungsfunktion in Treppenform

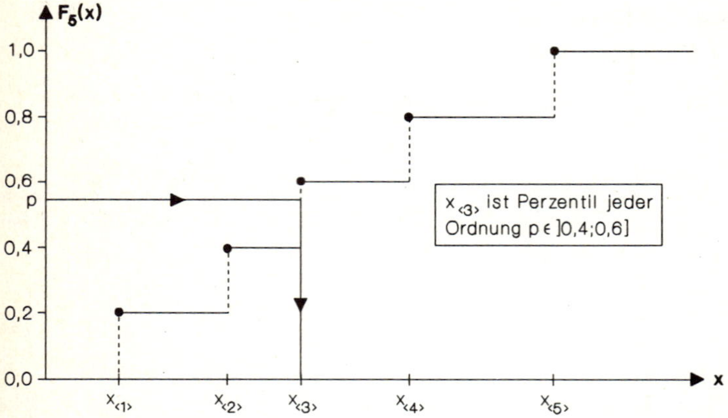

Abb. A2/7b: Perzentilsermittlung bei einer Verteilungsfunktion in Form eines Polygonzuges

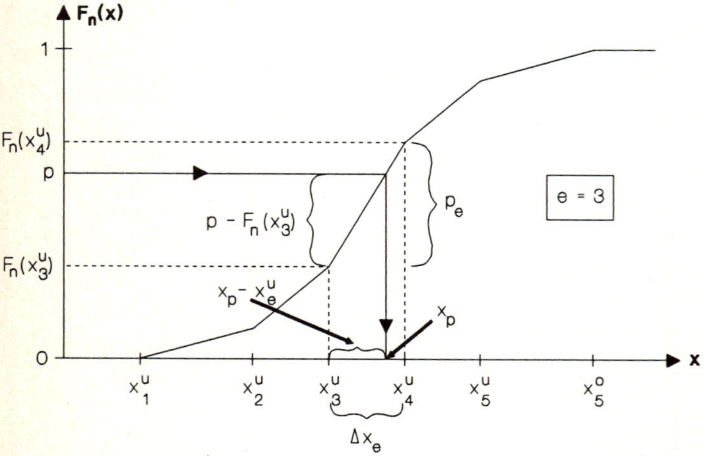

Momente aus klassierten Daten:

$$m_r(a;b) := \overline{g(X)} := \frac{1}{n}\sum_{i=1}^{k} g(x_i)\, n_i = \sum_{i=1}^{k} g(x_i)\, p_i = \sum_{i=1}^{k}\left(\frac{x_i - a}{b}\right)^r p_i$$

Spezielle Momente sind die:

- **Nullmomente**

$$m_r' := m_r(0;1) = \overline{X^r} = \frac{1}{n}\sum_{\nu=1}^{n} x_\nu^r \quad \text{bzw.} \quad \frac{1}{n}\sum_{i=1}^{k} x_i^r\, n_i\,,$$

  insbesondere

$$m_0' = 1;\; m_1' =: \bar{x} \quad (\bar{x} \text{ heißt } \textbf{arithmetisches Mittel} \text{ von X})$$

- **Zentralmomente**

$$m_r := m_r(\bar{x};1) = \overline{(X-\bar{x})^r} = \frac{1}{n}\sum_{\nu=1}^{n}(x_\nu - \bar{x})^r \quad \text{bzw.} \quad \frac{1}{n}\sum_{i=1}^{k}(x_i - \bar{x})^r\, n_i\,,$$

  insbesondere

$$m_0 = 1;\; m_1 = 0;\; m_2 =: s^2 \quad (s^2 \text{ heißt } \textbf{Varianz} \text{ von } X)$$ [3]

- **Standardmomente**

$$m_r^* := m_r(\bar{x};s) = \overline{\left(\frac{X-\bar{x}}{s}\right)^r} = \frac{1}{n}\sum_{\nu=1}^{n}\left(\frac{x_\nu - \bar{x}}{s}\right)^r \quad \text{bzw.} \quad \frac{1}{n}\sum_{i=1}^{k}\left(\frac{x_i - \bar{x}}{s}\right)^r n_i\,,$$

  insbesondere

$$m_0^* = 1;\; m_1^* = 0;\; m_2^* = 1.$$

Beziehungen zwischen den Momenten:

- $m_r = \sum_{j=0}^{r}\binom{r}{j} m_{r-j}'(-\bar{x})^j$

  $m_2 = m_2' - \bar{x}^2$ (spezieller Verschiebungssatz der Varianz)

  $m_3 = m_3' - 3\,\bar{x}\, m_2' + 2\,\bar{x}^3$

  $m_4 = m_4' - 4\,\bar{x}\, m_3' + 6\,\bar{x}^2 m_2' - 3\,\bar{x}^4$

- $m_r' = \sum_{j=0}^{r}\binom{r}{j} m_{r-j}\, \bar{x}^j$

  $m_2' = m_2 + \bar{x}^2$

  $m_3' = m_3 + 3\,\bar{x}\, m_2 + \bar{x}^3$

  $m_4' = m_4 + 4\,\bar{x}\, m_3 + 6\,\bar{x}^2\, m_2 + \bar{x}^4$

- $m_r^* = m_r / s^r$.

---

[3] In Abs. C1.3 werden Definition und Symbolik der Varianz leicht modifiziert.

2.3 Parameter zur Beschreibung univariater Datensätze

Parameter (syn.: Kennzahl, Kennwert, Kenngröße) sind skalare statistische Maßzahlen für eine bestimmte Eigenschaft des Datensatzes. Bei univariaten Datensätzen unterscheidet man in diesem Sinne etwa:

- **Lageparameter** zur Messung der „Größenordnung" der beobachteten Ausprägungen, d. h. der Lage auf der Merkmalsachse,
- **Streuungsparameter** zur Messung der Verschiedenheit der beobachteten Ausprägungen,
- **Schiefeparameter** zur Messung der Asymmetrie der Häufigkeitsverteilung,
- **Wölbungsparameter** zur Messung der Krümmung der Häufigkeitsverteilung,
- **Konzentrationsparameter** (bei nicht-negativen extensiven Merkmalen) zur Messung der Ungleichheit in der Verteilung der Merkmalssumme auf die Träger (vgl. Abs. A6).

Typische Anwendungen von Parametern:

- Ein und derselbe Parameter wird für **verschiedene Datensätze** berechnet, um diese untereinander bzgl. einer bestimmten Eigenschaft zu **vergleichen**.
- Ein Parameter wird nur für **einen Datensatz** berechnet, wobei dann der Parameterwert zu beurteilen ist,
  - ▷ **absolut**, sofern es sich um eine normierte Maßzahl handelt, etwa normiert auf $[0; 1]$ oder $[-1; 1]$,
  - ▷ **relativ**, sofern die Meßzahl nicht normiert ist, indem man den Parameterwert in geeigneter Weise in Verbindung bringt mit
    - ∗ dem Wert des Parameters in einer Referenzverteilung,
    - ∗ einzelnen Merkmalswerten des betreffenden Datensatzes,
    - ∗ Werten anderer Parameter für den betreffenden Datensatz.

2.3.1 Lageparameter

Arithmetisches Mittel

<u>Anwendungsvoraussetzungen:</u>

- kardinales Meßniveau,
- Merkmalssumme macht Sinn.

$\bar{x}$	$:= \frac{1}{n}\sum_{\nu=1}^{n} x_\nu$	–	**ungewogenes** arithmetisches Mittel
$\bar{x}$	$:= \frac{1}{\sum_{\nu=1}^{n} g_\nu}\sum_{\nu=1}^{n} x_\nu\, g_\nu$	–	**gewogenes** arithmetisches Mittel mit g_ν als beliebigen Gewichten und w_ν als normierten Gewichten:
	$= \sum_{\nu=1}^{n} x_\nu\, w_\nu$		$w_\nu = g_\nu \Big/ \sum_{\kappa=1}^{n} g_\kappa\,;\ \sum_{\kappa=1}^{n} g_\kappa \neq 0$
$\bar{x}_i$	$:= \frac{1}{n_i}\sum_{j=1}^{n_i} x_{ij}$	–	Klassen*mittel*wert in Klasse i
$\bar{x}$	$:= \frac{1}{n}\sum_{i=1}^{k}\sum_{j=1}^{n_i} x_{ij}$	–	arithmetisches Mittel bei klassierten Daten (und bekannten Einzelwerten)
	$= \frac{1}{n}\sum_{i=1}^{k} \bar{x}_i\, n_i$	–	als gewogenes arithmetisches Mittel aus den Klassenmittelwerten
	$\approx \frac{1}{n}\sum_{i=1}^{k} x_i\, n_i$	–	Näherung (bei unbekannten $\bar{x}_i$) als gewogenes arithmetisches Mittel aus den Klassen*mitten* x_i

Eigenschaften:

$x_{<1>} \leq \bar{x} \leq x_{<n>}$	–	Inklusionseigenschaft
$\sum_{\nu=1}^{n}(x_\nu - \bar{x}) = \sum_{i=1}^{k}(x_i - \bar{x})\, n_i = 0$	–	Nulleigenschaft
$x_\nu = c\ \forall \nu \implies \bar{x} = c$	–	Identität
$\min_{a\in\mathbb{R}} \sum_{\nu=1}^{n}(x_\nu - a)^2 = \sum_{\nu=1}^{n}(x_\nu - \bar{x})^2$	–	Minimumeigenschaft bzgl. der Abweichungsquadratsumme
$\sum_{\nu=1}^{n} x_\nu = \sum_{i=1}^{k} x_i\, n_i = \bar{x}\, n$	–	Hochrechnungseigenschaft oder Ersatzwerteigenschaft
$z_\nu = a + b\, x_\nu \implies \bar{z} = a + b\, \bar{x}$	–	Linearität

$$\left.\begin{array}{l} y_\nu \text{ mit } \nu = 1,\ldots,n_1 \text{ und } \bar{y} = \sum_{\nu=1}^{n_1} y_\nu \Big/ n_1 \\ x_\kappa \text{ mit } \kappa = 1,\ldots,n_2 \text{ und } \bar{x} = \sum_{\kappa=1}^{n_2} x_\kappa \Big/ n_2 \\ z_\ell = \left\{\begin{array}{l} y_\ell;\ \ell = 1,\ldots,n_1 \\ x_{\ell-n_1};\ \ell = n_1+1,\ldots,n_1+n_2 \end{array}\right\} \implies \bar{z} = \dfrac{n_1\,\bar{y} + n_2\,\bar{x}}{n_1+n_2} \end{array}\right\} \text{ – Pooling}$$

Robustifizierte arithmetische Mittel sollen die ausgeprägte Ausreißerempfindlichkeit von $\bar{x}$ verringern:

- **α-getrimmter Mittelwert**

$$\bar{x}_\alpha := \frac{p \cdot x_{<[\alpha n]+1>} + x_{<[\alpha n]+2>} + \ldots + x_{<n-[\alpha n]-1>} + p \cdot x_{<n-[\alpha n]>}}{n\,(1-2\,\alpha)}$$

mit $0 < \alpha < 0,5$ und $p = 1 + [\alpha\, n] - \alpha\, n$

Interpretation: Die $\alpha\,100\%$ kleinen und $\alpha\,100\%$ großen Werte werden ersatzlos gestrichen. Speziell gilt:

$$\bar{x}_\alpha = x_{0,5} \text{ (Median) für } \alpha = (n-1)/(2n).$$

- **α-winsorisierter Mittelwert** mit $0 < \alpha < 0,5$

$$\bar{x}_{w\alpha} := \frac{([\alpha n]+1) \cdot x_{<[\alpha n]+1>} + x_{<[\alpha n]+2>} + \ldots + x_{<n-[\alpha n]-1>} + ([\alpha n]+1) \cdot x_{<n-[\alpha n]>}}{n}$$

Interpretation: An jedem Ende der Rangreihe werden die $\alpha\,100\%$ extremen Werte gestrichen und durch den kleinsten bzw. größten „akzeptablen" Wert ersetzt.

Geometrisches Mittel

Anwendungsvoraussetzungen:

- kardinales Meßniveau,
- nur positive Merkmalswerte,[4]
- Produkt der Merkmalswerte macht Sinn.

$\bar{x}_g := \sqrt[n]{\prod_{\nu=1}^{n} x_\nu}$ – **ungewogenes** geometrisches Mittel

$\bar{x}_g := \sqrt[G]{\prod_{\nu=1}^{n} x_\nu^{g_\nu}}$ – **gewogenes** geometrisches Mittel mit g_ν als beliebigen Gewichten, $G = \sum_{\nu=1}^{n} g_\nu \neq 0$

$\quad = \prod_{\nu=1}^{n} x_\nu^{w_\nu}$ $\quad w_\nu = g_\nu / G$ – normierte Gewichte

$\bar{x}_g := \sqrt[n]{\prod_{i=1}^{k} x_i^{n_i}}$ – geometrisches Mittel bei gruppierten Daten

[4] Bei ausschließlich negativen Merkmalswerten könnte mit den Beträgen gearbeitet werden.

Eigenschaften:

$x_{<1>} \leq \bar{x}_g \leq x_{<n>}$ – Inklusionseigenschaft

$\prod_{\nu=1}^{n} \frac{x_\nu}{\bar{x}_g} = \prod_{i=1}^{k} \frac{x_i^{n_i}}{\bar{x}_g} = 1$ – Einseigenschaft

$x_\nu = c \; \forall \nu \implies \bar{x}_g = c$ – Identität

$\min_{a \in \mathbb{R}} \sum_{\nu=1}^{n} \left[\ln\left(\frac{x_\nu}{a}\right) \right]^2 = \sum_{\nu=1}^{n} \left[\ln\left(\frac{x_\nu}{\bar{x}_g}\right) \right]^2$ – Minimumeigenschaft

$\prod_{\nu=1}^{n} x_\nu = \prod_{i=1}^{k} x_i^{n_i} = (\bar{x}_g)^n$ – Hochrechnungseigenschaft oder Ersatzwerteigenschaft

$z_\nu = a\, x_\nu^b \implies \bar{z}_g = a\, \bar{x}_g^b \implies \log \bar{z}_g = a + b \log \bar{x}_g$ – Multiplikativität oder Log-Linearität

y_ν mit $\nu = 1, \ldots, n_1$ und $\bar{y}_g$

x_κ mit $\kappa = 1, \ldots, n_2$ und $\bar{x}_g$

$$z_\ell = \begin{cases} y_\ell; & \ell = 1, \ldots, n_1 \\ x_{\ell - n_1}; & \ell = n_1 + 1, \ldots, n_1 + n_2 \end{cases} \Rightarrow \bar{z}_g = \left(\bar{y}_g^{n_1}\, \bar{x}_g^{n_2}\right)^{1/(n_1+n_2)}$$

– Pooling

Hinweis:

$\frac{1}{n} \sum_{\nu=1}^{n} \ln x_\nu = \ln \bar{x}_g$ – Das arithm. Mittel der logarithmierten Merkmalswerte ist der Logarithmus des geometrischen Mittels.

Harmonisches Mittel

Anwendungsvoraussetzungen:

- kardinales Meßniveau,
- nur positive Merkmalswerte,[5]
- Merkmalswerte sind in der Dimension zweier Maßeinheiten gemessen (etwa *km/h* oder DM/Stück) und die Gewichte sind in der Dimension des Zählers (*km* oder DM) gegeben.

[5] Bei ausschließlich negativen Merkmalswerten könnte man mit den Beträgen arbeiten.

$$\bar{x}_h := \frac{n}{\sum\limits_{\nu=1}^{n} \frac{1}{x_\nu}}$$ – **ungewogenes** harmonisches Mittel

$$\bar{x}_h := \frac{G}{\sum\limits_{\nu=1}^{n} \frac{1}{x_\nu} g_\nu}$$ – **gewogenes** harmonisches Mittel mit g_ν als beliebigen Gewichten, $G = \sum\limits_{\nu=1}^{n} g_\nu \neq 0$

$$= \frac{1}{\sum\limits_{\nu=1}^{n} \frac{1}{x_\nu} w_\nu}$$ $w_\nu = g_\nu / G$ – normierte Gewichte

$$\bar{x}_h := \frac{n}{\sum\limits_{i=1}^{k} \frac{1}{x_i} n_i}$$ – harmonisches Mittel bei gruppierten Daten

Eigenschaften:

$x_{<1>} \leq \bar{x}_h \leq x_{<n>}$ – Inklusionseigenschaft

$\sum\limits_{\nu=1}^{n} \left(\frac{1}{x_\nu} - \frac{1}{\bar{x}_h} \right) = \sum\limits_{i=1}^{k} \left(\frac{1}{x_i} - \frac{1}{\bar{x}_h} \right) n_i = 0$ – Nulleigenschaft

$x_\nu = c \;\forall \nu \Longrightarrow \bar{x}_h = c$ – Identität

$\min\limits_{a \neq 0} \sum\limits_{\nu=1}^{n} \left(\frac{1}{x_\nu} - \frac{1}{a} \right)^2 = \sum\limits_{\nu=1}^{n} \left(\frac{1}{x_\nu} - \frac{1}{\bar{x}_h} \right)^2$ – Minimumeigenschaft

$z_\nu = \frac{x_\nu}{b} \Longrightarrow \bar{z}_h = \frac{\bar{x}_h}{b}$ – Proportionalität

y_ν mit $\nu = 1, \ldots, n_1$ und $\bar{y}_h$

x_κ mit $\kappa = 1, \ldots, n_2$ und $\bar{x}_h$

$$z_\ell = \begin{cases} y_\ell; \; \ell = 1, \ldots, n_1 \\ x_{\ell - n_1}; \; \ell = n_1 + 1, \ldots, n_1 + n_2 \end{cases} \Rightarrow \bar{z}_h = \frac{(n_1 + n_2)\,\bar{x}_h\,\bar{y}_h}{n_1\,\bar{x}_h + n_2\,\bar{y}_h}$$

– Pooling

Hinweis:

$$\bar{x}_h = \left(\frac{1}{n} \sum_{\nu=1}^{n} x_\nu^{-1} \right)^{-1}$$ – Das harmonische Mittel ist der Kehrwert des arithmetischen Mittels der Kehrwerte der Merkmalsausprägungen.

Potenzmittel

$$\bar{x}_\alpha := \sqrt[\alpha]{\frac{1}{n}\sum_{\nu=1}^{n} x_\nu^\alpha}\,,\ \alpha \neq 0 \quad \text{– } \textbf{ungewogenes} \text{ Potenzmittel der Ordnung } \alpha$$

$$:= \sqrt[\alpha]{\frac{1}{n}\sum_{i=1}^{k} x_i^\alpha n_i}\,,\ \alpha \neq 0 \text{ – } \textbf{gewogenes} \text{ Potenzmittel der Ordnung } \alpha$$

Beziehung des Potenzmittels zu:

- den **Nullmomenten** – $\bar{x}_\alpha = \sqrt[\alpha]{m'_\alpha}$, falls $\alpha \in \mathbb{N}$
- dem **arithmetischen Mittel** – $\bar{x}_1 = \bar{x}$
- dem **harmonischen Mittel** – $\bar{x}_{-1} = \bar{x}_h$
- dem **geometrischen Mittel** – $\lim\limits_{\alpha\to 0} \bar{x}_\alpha = \bar{x}_g$
- den **Extremwerten** – $\lim\limits_{\alpha\to -\infty} \bar{x}_\alpha = x_{<1>}$

  $\lim\limits_{\alpha\to +\infty} \bar{x}_\alpha = x_{<n>}$

Größenordnungen

$\bar{x}_{\alpha_1} \leq \bar{x}_{\alpha_2}$, falls $\alpha_1 < \alpha_2$

$x_{<1>} \leq \bar{x}_h \leq \bar{x}_g \leq \bar{x} \leq x_{<n>}$, falls $x_\nu > 0\ \forall \nu$

$x_{<1>} \leq \bar{x} \leq \bar{x}_g \leq \bar{x}_h \leq x_{<n>}$, falls $x_\nu < 0\ \forall \nu$ und beim Radizieren der Betrag des Radikanden verwendet wird.

Perzentile

Jedes Perzentil kann als Lageparameter verwendet werden, und zwar für Merkmale mit mindestens ordinalem Meßniveau. Es reagiert auf **monotone Merkmalstransformationen** wie folgt:

- **ordnungserhaltende** Transformation $y = g(x)$, z. B. $y = \sqrt{x}$,

$$x_p = x_{<\nu_p>} \Longrightarrow y_p = [g(x)]_p = g(x_p) = g\left(x_{<\nu_p>}\right)$$

- **ordnungsumkehrende** Transformation $y = h(x)$, z. B. $y = x^{-1}$,

$$x_p = x_{<\nu_p>} \Longrightarrow y_p = [h(x)]_p = h\left(x_{1-p}\right) = h\left(x_{<\nu_{1-p}>}\right).$$

Median (syn.: Zentralwert): $x_{0,5}$ oder $\widetilde{x}$

Eigenschaft:

$$\min_{a \in \mathbb{R}} \sum_{\nu=1}^{n} |x_\nu - a| = \sum_{\nu=1}^{n} |x_\nu - x_{0,5}|$$

Quartilsmitte

$$x_q := \frac{x_{0,25} + x_{0,75}}{2}$$

Hinweise:

x_q ist nur für kardinale Merkmale sinnvoll.

x_q ist die Mitte des Bereichs, in dem die mittleren 50% der Merkmalswerte liegen.

Bereichsmitte

$$x_b := \frac{x_{<1>} + x_{<n>}}{2}$$

Hinweise:

x_b ist nur für kardinale Merkmale sinnvoll.
x_b ist der Mittelpunkt des Streubereichs der Merkmalswerte.

Modus (syn.: dichtester -, häufigster -, Modalwert):

Ausprägung mit der größten Häufigkeit bzw. Häufigkeitsdichte. Er ist für alle Skalenniveaus definiert.

$$a_d := a_i \quad \text{mit} \quad n(A = a_i) = \max_j n(A = a_j) \quad - \quad \text{Nominalmerkmal}$$

$$u_d := u_i \quad \text{mit} \quad n(U = u_i) = \max_j n(U = u_j) \quad - \quad \text{Ordinalmerkmal}$$

$$x_d := x_i \quad \text{mit} \quad n(X = x_i) = \max_j n(X = x_j) \quad - \quad \begin{cases} \text{unklassiertes} \\ \text{Kardinalmerkmal} \end{cases}$$

$$x_d := x_i \quad \text{mit} \quad f_n(x_i) = \max_j f_n(x_j) \quad - \quad \begin{cases} \text{klassiertes} \\ \text{Kardinalmerkmal} \end{cases}$$

Bei klassierten Daten wird x_d gelegentlich mittels parabolischer Interpolation durch die Punkte

$$(x_{e-1}, n_{e-1}), \ (x_e, n_e) \text{ und } (x_{e+1}, n_{e+1})$$

berechnet, wobei $n_e = \max_j n_j$:

$$x_d = \frac{(x_e^2 - x_{e+1}^2)\,[f_n(x_e) - f_n(x_{e+1})] - (x_e^2 - x_{e-1}^2)\,[f_n(x_e) - f_n(x_{e-1})]}{2\,\{[f_n(x_e) - f_n(x_{e-1})]\,(x_e - x_{e+1}) - [f_n(x_e) - f_n(x_{e+1})]\,(x_e - x_{e-1})\}}\,.$$

Im Falle äquidistanter Gruppierung – $\Delta x_i = \Delta x \; \forall i$ – wird daraus

$$x_d = x_e + \frac{f_n(x_{e+1}) - f_n(x_{e-1})}{2\,\{2\,f_n(x_e) - f_n(x_{e-1}) - f_n(x_{e+1})\}}\,\Delta x\,.$$

Eigenschaft:

$$\sum_{\nu=1}^{n} I_\nu^{x_d} = \max_{a\in\mathbb{R}} \sum_{\nu=1}^{n} I_\nu^a \quad \text{mit } I_\nu^a = \begin{cases} 1 & \text{falls} \quad x_\nu = a \\ 0 & \text{falls} \quad x_\nu \neq a \end{cases}$$

I_ν^a ist eine Indikatorvariable, die angibt, ob die ν-te Beobachtung von a abweicht oder nicht.

Hinweis: Man verzichtet i. a. auf die Angabe des Modus, wenn die Häufigkeitsfunktion bzw. -dichte mehrere lokale Maxima aufweist, selbst wenn ein eindeutiges globales Maximum existiert.

Schwerster Wert:

Ausprägung mit dem größten Beitrag zur Merkmalssumme, d. h. dem größten Produkt aus Merkmalswert (bzw. Klassenmitte) und absoluter Häufigkeit

$$x_s := x_i \quad \text{mit} \quad x_i\,n_i = \max_j (x_j n_j)$$

Hinweis: Man beachte die Analogie zu x_d, aber auch den Unterschied, daß nämlich x_s – im Gegensatz zu x_d – kardinales Skalenniveau verlangt.

Scheidewert (syn.: Medial):

Merkmalsausprägung, welche die in aufsteigender Reihenfolge der x_ν bzw. x_i kumulierten Beiträge zur Merkmalssumme in zwei gleiche Teile zerlegt, d. h. bis zum Scheidewert sind 50% der Merkmalssumme aufgelaufen.

$$x_{sw} := x_{<\kappa>} \text{ mit } \sum_{\nu=1}^{\kappa} x_{<\nu>} \leq 0,5 \sum_{\nu=1}^{n} x_{<\nu>} < \sum_{\nu=1}^{\kappa+1} x_{<\nu>} \Bigg\} \text{ bei unklassierten Daten}$$

$$\left.\begin{array}{l} x_{sw} := \quad x_e^u + \dfrac{0,5 \sum_{i=1}^{k} x_i\,n_i - \sum_{i=1}^{e-1} x_i\,n_i}{x_e\,n_e}\,\Delta x_e\,, \text{ wobei} \\ \sum_{i=1}^{e-1} x_i\,n_i < 0,5 \sum_{i=1}^{k} x_i\,n_i \leq \sum_{i=1}^{e} x_i\,n_i \\ e \text{ heißt Einfallsklasse des Scheidewerts.} \end{array}\right\} \text{ bei klassierten Daten}$$

Hinweis: Man beachte die Analogie zu $x_{0,5}$, aber auch den Unterschied, daß nämlich x_{sw} – im Gegensatz zu $x_{0,5}$ – kardinales Meßniveau verlangt.

2.3.2 Streuungsparameter

Die folgenden Streumaße erfordern grundsätzlich, wenn nämlich Ausprägungen zu verarbeiten sind, kardinales Meßniveau des Merkmals.

Mittlere absolute Abweichungen

- um einen beliebigen Bezugspunkt $a \in \mathbb{R}$

$$d_a := \begin{cases} \frac{1}{n}\sum_{\nu=1}^{n} |x_\nu - a| & \text{– bei unklassierten Daten} \\ \frac{1}{n}\sum_{i=1}^{k} |x_i - a|\, n_i & \text{– bei klassierten Daten} \end{cases}$$

- um den Median

$$d := d_{x_{0,5}} := \begin{cases} \frac{1}{n}\sum_{\nu=1}^{n} |x_\nu - x_{0,5}| & \text{– bei unklassierten Daten} \\ \frac{1}{n}\sum_{i=1}^{k} |x_i - x_{0,5}|\, n_i & \text{– bei klassierten Daten} \end{cases}$$

Eigenschaften:

1) $d \le d_a$, vgl. auch beim Median

2) $y = c + b\,x \implies d(y) = |b|\, d(x)$ – $\begin{cases}\text{translationsinvariant,} \\ \text{linear im Skalenfaktor } b\end{cases}$

Untere/obere mittlere absolute Abweichungen

$$d_a^u := \left.\begin{cases} \frac{1}{n^-}\sum_{x_\nu < a} |x_\nu - a| \\ \frac{1}{n^-}\sum_{x_i < a} |x_i - a|\, n_i \end{cases}\right\} \text{untere mittlere absolute Abweichung}$$

mit $n^- := \#\{x_\nu | x_\nu < a\}$ bzw. $n^- := \sum_{x_i < a} n_i$

$$d_a^o := \left.\begin{cases} \frac{1}{n^+}\sum_{x_\nu > a} |x_\nu - a| \\ \frac{1}{n^+}\sum_{x_i > a} |x_i - a|\, n_i \end{cases}\right\} \text{obere mittlere absolute Abweichung}$$

mit $n^+ := \#\{x_\nu | x_\nu > a\}$ bzw. $n^+ := \sum_{x_i > a} n_i$

Mittlere quadratische Abweichung, Varianz und Standardabweichung

$$s_a^2 := \left\{ \begin{matrix} \frac{1}{n}\sum_{\nu=1}^{n}(x_\nu - a)^2 \\ \frac{1}{n}\sum_{i=1}^{k}(x_i - a)^2\, n_i \end{matrix} \right\}$$ mittlere quadratische Abweichung um einen beliebigen Bezugspunkt $a \in \mathbb{R}$

$$s^2 := s_{\bar{x}}^2 = \left\{ \begin{matrix} \frac{1}{n}\sum_{\nu=1}^{n}(x_\nu - \bar{x})^2 = \frac{1}{n}\left\{\sum x_\nu^2 - \frac{1}{n}\left(\sum x_\nu\right)^2\right\} \\ \frac{1}{n}\sum_{i=1}^{k}(x_i - \bar{x})^2\, n_i = \frac{1}{n}\left\{\sum x_i^2 n_i - \frac{1}{n}\left(\sum x_i\, n_i\right)^2\right\} \end{matrix} \right\}$$ **Varianz**

$s = \sqrt{s^2}$ – **Standardabweichung**

Eigenschaften:

$s^2 \le s_a^2$ – vgl. auch beim arithmetischen Mittel

$s^2 = s_a^2 - (\bar{x} - a)^2$ – allgemeiner Verschiebungssatz

$s^2 = s_0^2 - \bar{x}^2$ – spezieller Verschiebungssatz, vgl. auch die Beziehungen zwischen den Momenten

$y = c + b\,x \;\Rightarrow\; s^2(y) = b^2\, s^2(x)$ – translationsinvariant und quadratisch im Skalenfaktor

$y = c + b\,x \;\Rightarrow\; s(y) = |b|\, s(x)$ – translationsinvariant und linear im Skalenfaktor

Hinweise:

- Um eine erwartungstreue Schätzung der Varianz σ^2 der Grundgesamtheit zu erhalten (vgl. Abs. C2.1.1), ist durch $(n-1)$ statt durch n zu dividieren

$$s^2 = \frac{1}{n-1}\sum_{\nu=1}^{n}(x_\nu - \bar{x})^2 \quad \text{bzw.} \quad \frac{1}{n-1}\sum_{i=1}^{k}(x_i - \bar{x})^2\, n_i\,.$$

- Bei klassierten Daten mit äquidistanter Klassenbreite Δx wird, falls die Verteilung annähernd symmetrisch ist, die Korrektur von SHEPPARD (1886) angebracht:

$$s^2_{\text{korr}} = s^2 - \frac{(\Delta x)^2}{12},$$

um die systematische Vergrößerung gegenüber der (wahren) Varianz aus den unklassierten Daten in etwa zu kompensieren.

Varianzzerlegung bei klassierten Daten

$$\left.\begin{aligned} s_i^2 &:= \frac{1}{n_i}\sum_{j=1}^{n_i}(x_{ij}-\bar{x}_i)^2 \\ &= \frac{1}{n_i}\sum_{j=1}^{n_i} x_{ij}^2 - \bar{x}_i^2 \end{aligned}\right\} - \begin{cases}\text{Varianz in der } i\text{-ten Klasse} \\ (\bar{x}_i - \text{Klassenmittelwert})\end{cases}$$

$$s_w^2 := \frac{1}{n}\sum_{i=1}^{k} s_i^2\, n_i \quad - \quad \begin{cases}\textbf{interne Varianz} \mathrel{\widehat{=}} \\ \text{mittlere Varianz in den Klassen}\end{cases}$$

$$s_b^2 := \frac{1}{n}\sum_{i=1}^{k}(\bar{x}_i - \bar{x})^2\, n_i \quad - \quad \begin{cases}\textbf{externe Varianz} \mathrel{\widehat{=}} \\ \text{Varianz zwischen den Klassen} \\ (\bar{x} - \text{Gesamtmittelwert})\end{cases}$$

$$s^2 = \frac{1}{n}\sum_{i=1}^{k}\sum_{j=1}^{n_i}(x_{ij}-\bar{x})^2 \quad - \quad \textbf{Gesamtvarianz}$$

$$= s_w^2 + s_b^2 \quad - \quad \text{Streuungszerlegungsformel}$$

Semivarianzen

$$s_u^2 := \left\{\begin{array}{l} \dfrac{1}{n^-}\displaystyle\sum_{x_\nu<\bar{x}}(x_\nu-\bar{x})^2 \\ \dfrac{1}{n^-}\displaystyle\sum_{x_i<\bar{x}}(x_i-\bar{x})^2\, n_i \end{array}\right\} \ \textbf{untere Semivarianz}$$

mit $n^- := \#\{x_\nu | x_\nu < \bar{x}\}$ bzw. $\sum_{x_i<\bar{x}} n_i$

$$s_o^2 := \left\{\begin{array}{l} \dfrac{1}{n^+}\displaystyle\sum_{x_\nu>\bar{x}}(x_\nu-\bar{x})^2 \\ \dfrac{1}{n^+}\displaystyle\sum_{x_i>\bar{x}}(x_i-\bar{x})^2\, n_i \end{array}\right\} \ \textbf{obere Semivarianz}$$

mit $n^+ := \#\{x_\nu | x_\nu > \bar{x}\}$ bzw. $\sum_{x_i>\bar{x}} n_i$

Perzentilsabstände:
Breite/Länge eines Bereiches auf der Merkmalsachse, in dem ein Anteil p $(0 < p < 1)$ der Merkmalsträger liegt.

- **zentraler Perzentilsabstand der Ordnung** p: Breite des Bereichs, in dem die **mittleren** p 100% der Merkmalsträger liegen.

$$PA_p := x_{(1+p)/2} - x_{(1-p)/2}$$

Speziell:

$x_{0,75} - x_{0,25}$ – **Quartilsabstand**

$x_{2/3} - x_{1/3}$ – **Terzilsabstand**

$x_{0,95} - x_{0,05}$ – **mittlere 90%-Breite**

- **unterer (oberer) Perzentilsabstand der Ordnung** p: Breite des Bereiches, in dem die $p \cdot 100\%$ kleinsten (größten) Merkmalsträger liegen.

$$PA_p^u := x_p - x_{<1>}$$

$$PA_p^o := x_{<n>} - x_{1-p}$$

- **kürzester Perzentilsabstand der Ordnung** p: kürzestes Intervall auf der Merkmalsachse, das p 100% der Merkmalsträger enthält.

$$PA_p^{\min} := \min_{p=p^{\star\star}-p^{\star}} \left\{ x_{p^{\star\star}} - x_{p^{\star}} | p^{\star\star} > p^{\star} \right\}$$

Spannweite (syn.: 100%-Breite; engl. Range):
Länge des Bereiches, in dem alle Merkmalsträger liegen.

$$sw := x_{<n>} - x_{<1>}$$

Mittlere Differenz:
mittlerer Abstand zwischen den Ausprägungen zweier Merkmalsträger.

$$\overline{\Delta} := \begin{cases} \dfrac{2}{n(n-1)} \sum\limits_{\nu=1}^{n-1} \sum\limits_{\kappa=\nu+1}^{n} |x_\nu - x_\kappa| & \text{– bei ungruppierten Daten} \\ \dfrac{2}{n(n-1)} \sum\limits_{i=1}^{k-1} \sum\limits_{j=i+1}^{k} |x_i - x_j|\, n_i\, n_j & \text{– bei klassierten Daten} \end{cases}$$

Hinweis: $n(n-1)/2$ ist die Anzahl aller Paare von Merkmalsträgern mit $\nu < \kappa$ bzw. $i < j$.

Relative Streumaße (syn.: Dispersionskoeffizienten)
Wenn man von der Modellvorstellung einer Proportionalität von Streuung zur Lage eines Merkmals ausgeht, sind relative Streumaße zu verwenden. Sie sind dimensionslos und daher auch dann heranzuziehen, wenn man die Streuung von Merkmalen vergleichen will, die in unterschiedlichen Dimensionen gemessen sind (etwa Preise in verschiedenen Währungen). Bei einem relativen Streumaß wird ein Streuungsparameter auf einen Lageparameter bezogen, wobei man auf eine Artverwandtschaft achten sollte, z. B.

$$vk := \frac{s}{\bar{x}} \quad \text{– Variationskoeffizient i. e. S.}$$

$$vd := \frac{d}{x_{0,5}} \quad \text{– relative durchschnittliche Abweichung}$$

$$vq := \frac{x_{0,75} - x_{0,25}}{x_{0,5}} \quad \text{– relativer Quartilsabstand}$$

$$vs := \frac{sw}{x_b} \quad \text{– relative Spannweite}$$

Streumaße für nicht-kardinale Merkmale:

- Entropie-orientierte Maße

  Sei A ein nominales bzw. U ein ordinales Merkmal mit k verschiedenen Ausprägungen und den relativen Häufigkeiten $p_i := n_i/n$ $(i = 1, \ldots, k)$

$$\left.\begin{array}{c} H(A) \\ \text{bzw.} \\ H(U) \end{array}\right\} := -\sum_{i=1}^{k} p_i \operatorname{ld} p_i = \operatorname{ld} n - \frac{1}{n}\sum_{i=1}^{k} n_i \operatorname{ld} n_i \quad \text{– } \textbf{Entropie}$$

  Hinweise:

  1. Es ist $\operatorname{ld} a$ der logarithmus dualis (Logarithmus zur Basis 2) mit

$$\operatorname{ld} a = \frac{1}{\lg 2} \lg a \approx 3,321928 \lg a$$

$$\operatorname{ld} a = \frac{1}{\ln 2} \ln a \approx 1,442695 \ln a$$

  2. Es ist

$$0 \leq H(A),\ H(U) \leq \operatorname{ld} k$$

  mit

  $H(A) = \operatorname{ld} k$, wenn $n_i = n/k$ (äquifrequente Verteilung)

  $H(A) = 0$, wenn $n_i = n$ und $n_j = 0 \;\; \forall\, j \neq i$ (Einpunkt-Verteilung)

Ein normiertes Streumaß ist die **relative Entropie**:

$$\left.\begin{array}{l} RH(A) \\ \text{bzw.} \\ RH(U) \end{array}\right\} := \frac{H(A) \text{ bzw. } H(U)}{\operatorname{ld} k} \quad \text{mit } 0 \leq RH(A), RH(U) \leq 1 .$$

- HERFINDAHL-orientierte Maße (O. HERFINDAHL, 1950)

$$\left.\begin{array}{l} HF(A) \\ \text{bzw.} \\ HF(U) \end{array}\right\} := 1 - \sum_{i=1}^{k} p_i^2 \quad - \text{ HERFINDAHL-}\textbf{Streumaß}$$

mit

$$0 \leq HF(A),\ HF(U) \leq \frac{k-1}{k}$$

und

$HF(A) = \frac{k-1}{k}$, wenn $n_i = n/k$ (äquifrequente Verteilung)

$HF(A) = 0$, wenn $n_i = n$ und $n_j = 0 \ \forall\, j \neq i$ (Einpunkt-Verteilung)

Ein normiertes Streumaß ist:

$$\left.\begin{array}{l} RHF(A) \\ \text{bzw.} \\ RHF(U) \end{array}\right\} := \frac{k}{k-1} HF(A) \text{ bzw. } \frac{k}{k-1} HF(U) \quad - \left\{\begin{array}{l} \textbf{normiertes} \\ \text{HERFINDAHL-} \\ \textbf{Streumaß} \end{array}\right.$$

- Zwei-Punkt-Verteilung

  Für $k = 2$ (empirische Zwei-Punkt-Verteilung) mit $p := p_1$ und $1-p := p_2$ ist

$$V := p(1-p)$$

die **empirische Varianz**, wenn a_1 (bzw. u_1) mit 1 und a_2 (bzw. u_2) mit 0 verschlüsselt werden.

2.3.3 Schiefeparameter

Bezüglich der Schiefe einer Verteilung unterscheidet man (zur Erläuterung wird statt der empirischen Dichte $f_n(x)$ eine theoretische Dichte $f(x)$ verwendet):

- **symmetrische Verteilungen** – Die Dichte ist symmetrisch um $x = \bar{x} = x_{0,5}$ (vgl. Abb. A2/8).

Abb. A2/8: Symmetrische Verteilungen

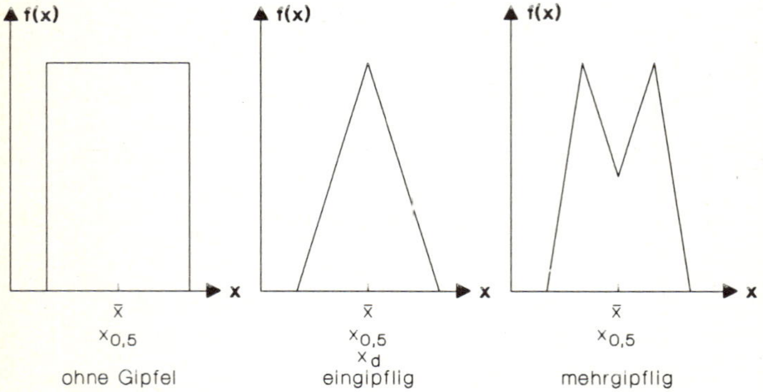

- **linkssteile Verteilung** (syn.: rechtsschiefe Verteilung) – Kleine Merkmalswerte sind häufiger als große Werte (vgl. Abb. A2/9).
- **rechtssteile Verteilung** (syn.: linksschiefe Verteilung) – Große Merkmalswerte sind häufiger als kleine Werte (vgl. Abb. A2/10).

Schiefeparameter auf der Basis von

- empirischen Momenten:

  ▷ **absolutes Schiefemaß**

$$sp_1 := m_3 = \begin{cases} \dfrac{1}{n}\sum\limits_{\nu=1}^{n}(x_\nu - \bar{x})^3 \\ \dfrac{1}{n}\sum\limits_{i=1}^{k}(x_i - \bar{x})^3\, n_i \end{cases} \quad \begin{cases} > 0 & \text{linkssteile Verteilung} \\ = 0 & \text{symmetrische Verteilung} \\ < 0 & \text{rechtssteile Verteilung} \end{cases}$$

▷ **relatives Schiefemaß**

$$sp_2 := m_3^* = \frac{m_3}{s^3} \begin{cases} > 0 \text{ linkssteile Verteilung} \\ = 0 \text{ symmetrische Verteilung} \\ < 0 \text{ rechtssteile Verteilung} \end{cases}$$

- Differenzen von Lageparametern

  In den Abb. A2/8-10 kommt die **Lageregel** zum Ausdruck, d. h. aus der Größenordnung der drei Lageparameter x_d (Modus), $x_{0,5}$ (Median) und $\bar{x}$ (arithmetisches Mittel) folgt die Schiefe der Verteilung. Es ist x_d der **Nadir** (Fußpunkt) des Dichtegipfels. Bei $x_{0,5}$ wird die **Fläche** unter der Dichte **halbiert**. $\bar{x}$ als **Schwerpunkt** liegt stets im flach auslaufenden Teil der Dichte. x_d und $\bar{x}$ schließen $x_{0,5}$ ein.

Abb. A2/9: Linkssteile Verteilung

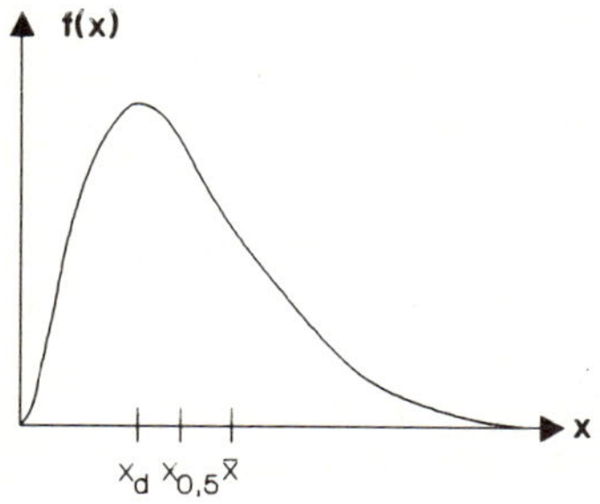

Abb. A2/10: Rechtssteile Verteilung

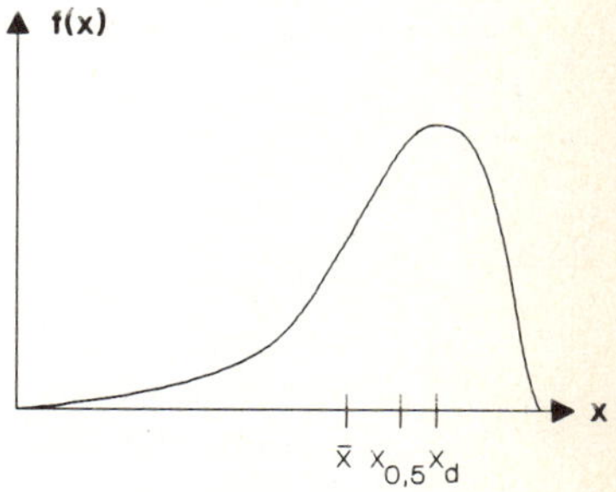

$$sp_3 := \bar{x} - x_d \begin{cases} > 0 & \text{linkssteile Verteilung} \\ = 0 & \text{symmetrische (eingipflige) Verteilung} \\ < 0 & \text{rechtssteile Verteilung} \end{cases}$$

$$sp_4 := \bar{x} - x_{0,5} \begin{cases} > 0 & \text{linkssteile Verteilung} \\ = 0 & \text{symmetrische Verteilung} \\ < 0 & \text{rechtssteile Verteilung} \end{cases}$$

$$sp_5 := x_{0,5} - x_d \begin{cases} > 0 & \text{linkssteile Verteilung} \\ = 0 & \text{symmetrische (eingipflige) Verteilung} \\ < 0 & \text{rechtssteile Verteilung} \end{cases}$$

- Differenzen von Perzentilsabständen

$$sp_6 := (x_{1-p} - x_{0,5}) - (x_{0,5} - x_p) \begin{cases} > 0 \ \forall\, p \in (0;0,5) & \begin{cases}\text{linkssteile}\\ \text{Verteilung}\end{cases} \\ = 0 \ \forall\, p \in (0;0,5) & \begin{cases}\text{symmetr.}\\ \text{Verteilung}\end{cases} \\ < 0 \ \forall\, p \in (0;0,5) & \begin{cases}\text{rechtssteile}\\ \text{Verteilung}\end{cases} \end{cases}$$

2.3.4 Wölbungsparameter

Mit Wölbungsmaßen soll die Stärke der Krümmung einer Häufigkeitsverteilung gemessen werden. Auf den empirischen Momenten basierende Wölbungsmaße sind:

- $wp_1 := m_4 = \left\{ \begin{array}{l} \frac{1}{n}\sum_{\nu=1}^{n}(x_\nu - \bar{x})^4 \\ \frac{1}{n}\sum_{i=1}^{k}(x_i - \bar{x})^4 n_i \end{array} \right\}$ – **absolutes Wölbungsmaß**
- $wp_2 := m_4^* = \frac{m_4}{s^4}$ – **relatives Wölbungsmaß**
- $wp_3 := m_4^* - 3$ – **zentriertes Wölbungsmaß**

Hinweis: Das vierte Standardmoment der Normalverteilung hat den Wert 3, der als Referenzpunkt für das zentrierte Wölbungsmaß dient. Eine Verteilung heißt

- **platykurtisch** (flach gewölbt), wenn $wp_3 < 0$,
- **mesokurtisch** (mittelmäßig gewölbt), wenn $wp_3 = 0$,
- **leptokurtisch** (stark gewölbt), wenn $wp_3 > 0$.

2.4 Ausgewählte Graphiken

Neben den klassischen Darstellungsformen von eindimensionalen Verteilungen (Stabdiagramm, Histogramm, Verteilungsfunktion als Treppe oder Polygonzug) gibt es – aus der explorativen Datenanalyse stammend – eine Reihe modernerer Formen, die im wesentlichen mit den Ordnungsstatistiken (Quantilen) arbeiten.

5-Zahlen-Zusammenfassung (syn.: Five-Digit-Display)

Aus einem Datensatz werden

- der Median $x_{0,5}$
- die beiden Quartile $x_{0,25}$ und $x_{0,75}$

- die beiden Extremwerte $x_{<1>}$ und $x_{<n>}$

wie in Abb. A2/11 zusammengestellt, wobei gelegentlich noch als sechste Zahl der Erhebungsumfang n angegeben wird.

Abb. A2/11: Fünf-Zahlen-Zusammenfassung

n

	$x_{0,5}$	
$x_{0,25}$		$x_{0,75}$
$x_{<1>}$		$x_{<n>}$

Box-Plot (Box-and-Whiskers-Plot)

Ein Box-Plot dient der Visualisierung der in einer 5-Zahlen-Zusammenfassung enthaltenen Informationen. Der Box-Plot soll

- Symmetrien,
- Streuung und
- Ausreißer

in den Daten sichtbar machen. Die Darstellung (vgl. Abb. A2/12) erfolgt über einer skalierten Datenachse, wobei die Daten in vier Bereiche gleicher Häufigkeit aufgeteilt werden:

- Die **Box** geht vom unteren ($x_{0,25}$) bis zum oberen Quartil ($x_{0,75}$).
- Innerhalb der Box wird der Median ($x_{0,5}$) durch einen senkrechten Strich markiert.
- Waagrechte Linien (**whiskers** genannt) gehen von jedem Ende der Box aus, wobei
  - ▷ die linke Linie vom unteren Quartil $x_{0,25}$ bis zu der kleinsten Beobachtung geht, die noch innerhalb des Abstands $1,5\,PA_{0,5}$ von $x_{0,25}$ liegt (Man nennt $x_{0,25} - 1,5\,PA_{0,5}$ die **untere Ausreißergrenze**.[6]),
  - ▷ die rechte Linie vom oberen Quartil $x_{0,75}$ bis zur größten Beobachtung geht, die noch unter $x_{0,75} + 1,5\,PA_{0,5}$, der **oberen Ausreißergrenze**[5] liegt.
- Datenpunkte jenseits der Ausreißergrenzen werden individuell geplottet, wobei gelegentlich extreme Ausreißer, gemeint sind solche jenseits von $x_{0,25} - 3\,PA_{0,5}$ oder von $x_{0,75} + 3\,PA_{0,5}$, mit einem gesonderten Symbol dargestellt werden.

[6] Gelegentlich werden diese Grenzen auch unter Verwendung des einfachen Quartilsabstands festgelegt: $x_{0,25} - PA_{0,5}$ bzw. $x_{0,75} + PA_{0,5}$.

Abb. A2/12: Box-Plot

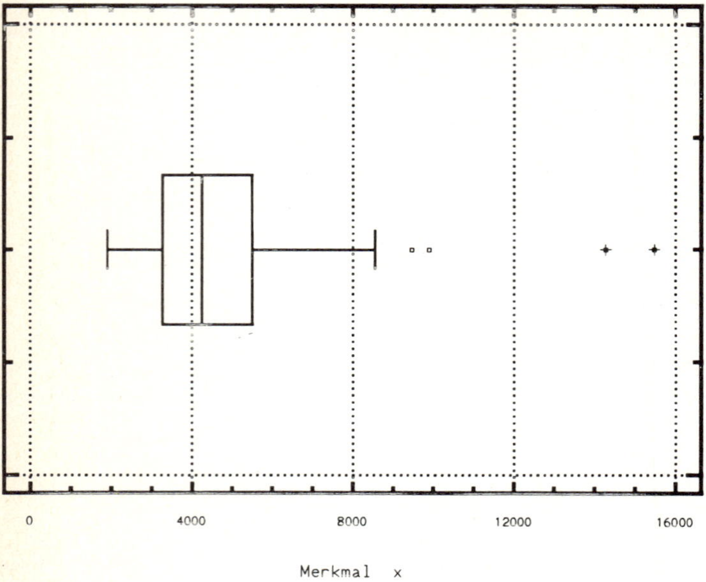

Gekerbter Box-Plot (Notched Box-and-Whiskers-Plot)

Die Modifikation des gewöhnlichen Box-Plots besteht in

- der Ausdehnung der Box senkrecht zur Merkmalsachse, indem diese Ausdehnung proportional zu $\sqrt{n}$ gewählt wird (Die Ausdehnung der Box parallel zur Merkmalsachse ist nach wie vor proportional zu $PA_{0,5} = x_{0,75} - x_{0,25}$.),
- einer Kerbung der Box an der Stelle des Medians, wobei die Kerbenlänge in etwa der Breite des 95%-Konfidenzintervalls (vgl. Abs. C2.2.2) für den Median entspricht, d. h. die Grenzen der Kerbe liegen bei

$$x_{0,5} \pm 0,5 \left[\frac{1,25\, PA_{0,5}}{1,35\sqrt{n}} \left(\frac{1,96}{\sqrt{2}} + 1,96 \right) \right] .$$

Hinweis:

Mehrere Datensätze für das gleiche Erhebungsmerkmal werden in einem **multiplen Box-Plot** verglichen. Verwendet man dabei den Typ des gekerbten Box-Plots (vgl. Abb. A2/13), so kann man erkennen, ob sich die **Mediane signifikant unterscheiden**, nämlich wenn die Kerbungen sich nicht überlappen.

Abb. A2/13: Multipler gekerbter Box-Plot

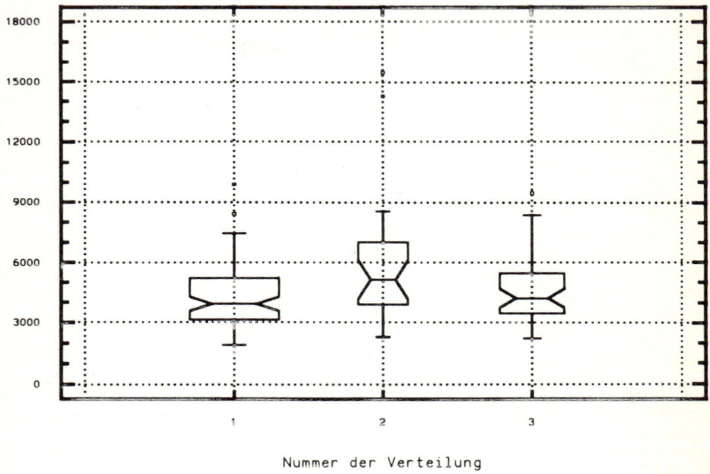

Stamm- und Blatt-Darstellung (Stem-and-Leaf-Display)

Diese Darstellung als Modifikation des Histogramms zeigt

- die Spannweite der Daten,
- die Konzentration der Daten,
- die Symmetrie der Daten,
- Lücken in den Daten,
- Ausreißer in den Daten.

Ausgehend von der Urliste der Daten, wobei die Daten ggf. durch Abschneiden (nicht durch Runden!) der letzten Stellen auf Zahlen mit zwei oder drei signifikanten Stellen gebracht werden, wird jedes Datum in einen **Stamm** (die führenden ein oder zwei Stellen) und ein **Blatt** (die nachfolgende Stelle) zerlegt. Alle potentiellen Ausprägungen des Stammes (auch nicht beobachtete) werden in aufsteigender Reihenfolge links entlang einer senkrechten Linie notiert (vgl. Abb. A2/14). Dann wird für jedes Datum das Blatt auf die rechte Seite der Linie neben den zugehörigen Stamm geschrieben. Blätter mit gleichem Stamm werden der Größe nach geordnet nebeneinander aufgelistet. Durch Angabe der Ziffer im Blatt sieht man, – im Gegensatz zum Histogramm – wie die Besetzungszahlen in jeder Klasse verteilt sind.

Abb. A2/14: Stamm-und-Blatt-Darstellung*

		#
0	6 6 7	3
1		0
2	0 1 7	3
3	2	1
4		0
5		0
6	6 9	2
7	1 5 7	3
8	2 3	2

*) Die hier dargestellten Daten sind: 6, 6, 7, 20, 21, 27, 32, 66, 69, 71, 75, 77, 82, 83

QQ-Plot (syn.: Quantil-Quantil-Diagramm)

Im QQ-Plot werden

- die Perzentile des einen Datensatzes über den entsprechenden Perzentilen des zweiten Datensatzes (**empirischer QQ-Plot**) oder
- die Perzentile eines Datensatzes über den Perzentilen einer theoretischen Verteilung (**theoretischer QQ-Plot**) abgetragen.

Die Punkte liegen

- regellos um eine 45°-Linie durch den Koordinatenursprung, wenn die beiden Datensätze aus identischen Verteilungen stammen (vgl. Abb. A2/15a),
- regellos um eine Gerade, wenn die Datensätze aus zwei Verteilungen stammen, die sich nur durch die Lage und/oder die Streuung unterscheiden (vgl. Abb. A2/15b und A2/15c),
- nicht um eine Gerade, wenn die beiden Datensätze aus total verschiedenen Verteilungen stammen (vgl. Abb. A2/15d).

Konstruktion eines empirischen QQ-Plots, wenn

- beide Datensätze gleichen Umfang besitzen:
  (Es wird $y_{<\nu>}$ über $x_{<\nu>}$ aufgetragen, und es ergeben sich n Punkte.)

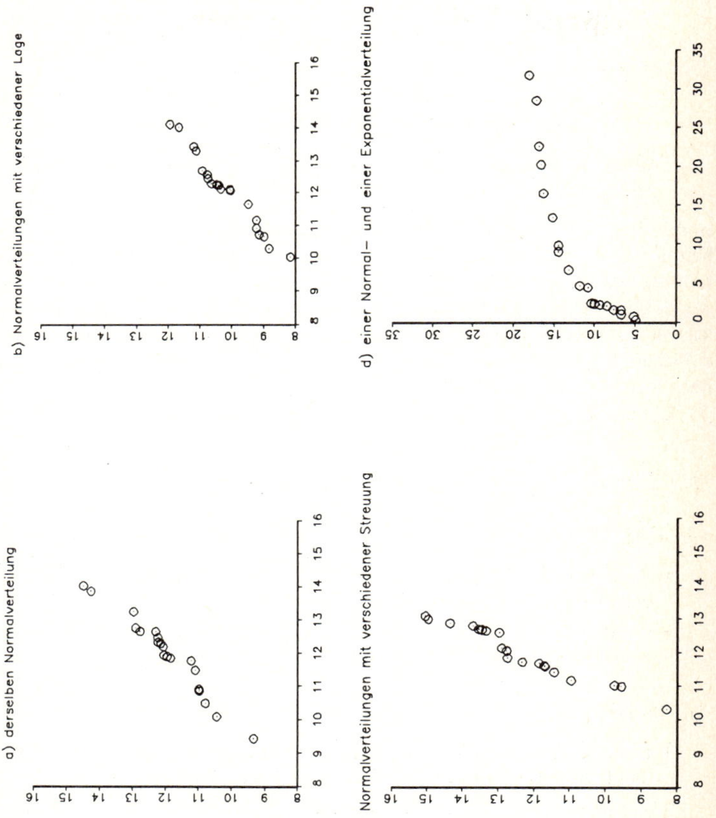

Abb. A2/15: QQ-Plots für je zwei gleich lange Stichproben (n=20) aus –

- die Datensätze unterschiedlichen Umfang besitzen:
  (Der kleinere Datensatz habe m Beobachtungen, die mit x_ν bezeichnet sind, der größere habe n mit y_κ notierte Beobachtungen. Die Anteile p_ν werden so gewählt, daß die geordneten Werte des kleineren Datensatzes mit den natürlichen Quantilen übereinstimmen: $p_\nu = \nu/m$; $\nu = 1, 2 \ldots, m$. Über $x_{<\nu>}$ ist dann das geschätzte oder interpolierte Quantil des y-Datensatzes

  $$y_{p_\nu} = y_{<\kappa>} + (n\,p_\nu - \kappa)\,(y_{<\kappa+1>} - y_{<\kappa>})$$

  mit $\kappa/n < p_\nu \leq (\kappa+1)/n$ zu plotten. Es ergeben sich m Punkte im Plot.)

In den QQ-Plots der Abb. A2/15 stammen zwei Stichproben von je $n = 20$ Einheiten aus ein- und derselben Normalverteilung (Teil a), aus zwei Normalverteilungen mit gleicher Streuung, aber verschiedener Lage, wobei der Mittelwert der x-Werte größer ist als jener der y-Werte (Teil b), aus zwei Normalverteilungen mit gleicher Lage, aber verschiedener Streuung, wobei die Streuung der x-Werte kleiner ist als die der y-Werte (Teil c), aus einer Normal- und aus einer Exponentialverteilung (Teil d).

Kapitel 3

Darstellung und Beschreibung bivariater Datensätze

Die n (bzw. N) Einheiten einer Teilerhebung (bzw. Totalerhebung) sind nach *zwei* erhobenen Merkmalen aufbereitet worden, so daß ein zweidimensionaler (syn.: bivariater) Datensatz vorliegt. Da die beiden Merkmale verschiedenes Skalenniveau haben können, bestimmt i. a. das niedrigste der beiden Niveaus die Art der Darstellung und der Auswertung.

3.1 Verteilungs- und Parameterkonzepte

Merkmale: A, B für nominale Merkmale

U, V für ordinale Merkmale

X, Y für kardinale Merkmale

Hinweis:

A, B etc. stehen auch für die Mengen der zugehörigen Ausprägungen.

Gruppierung/Klassierung:

a_i, u_i bzw. b_j, v_j steht als Gruppen- oder Klassenindex ($i = 1, \ldots, k$; $j = 1, \ldots, \ell$); x_i, y_j steht als Klassenmitte.

Ungruppierte Daten:

Die ν-te Einheit ($\nu = 1,\ 2, \ldots, n$ bzw. N) ist durch ein Datenpaar charakterisiert, z. B. $(x_\nu,\ y_\nu)$, $(u_\nu,\ y_\nu)$, $(a_\nu,\ y_\nu)$ mit $a_\nu \in A$, $u_\nu \in U$, $x_\nu \in X$, $y_\nu \in Y$.

Arten von Häufigkeiten:

Zusätzlich zu den in Abs. A2 eingeführten Typen von Häufigkeiten (absolute, relative, prozentuale; jeweils in nicht-kumulierter oder aufwärts bzw. abwärts kumulierter Form) unterscheidet man im zweidimensionalen Fall

- **gemeinsame Häufigkeiten**, wenn die Aufgliederung kombiniert und gleichzeitig nach den Ausprägungen beider Merkmale erfolgt ist,
- **Randhäufigkeiten**, wenn nur nach einem Merkmal unter Ignorierung des anderen Merkmals aufgegliedert wird,
- **bedingte Häufigkeiten**, wenn nach einem der beiden Merkmale bei einer vorgegebenen und festgehaltenen Ausprägung des anderen Merkmals aufgegliedert wird.

Alle drei Typen von Häufigkeiten lassen sich einer zweidimensionalen Häufigkeitstabelle entnehmen, wie sie Tab. A3/1 für den Typus absoluter Häufigkeiten zeigt. Eine solche Tabelle heißt $k \times \ell$**–Felder-Tafel** und speziell

- **Korrelationstabelle**, wenn beide Merkmale kardinal sind (X, Y),
- **Kontingenztabelle**, wenn beide Merkmale ordinal sind (U, V),

  Hinweis: In der Literatur wird gelegentlich jede $k \times \ell$–Tafel, egal von welchem Skalenniveau die Merkmale sind, als Kontingenztafel angesprochen.
- **Assoziationstabelle**, wenn beide Merkmale nominal sind (A, B).

  Hinweis: In der Literatur wird gelegentlich die 2×2–Tafel, egal von welchem Skalenniveau die Merkmale sind, als Assoziationstafel angesprochen.

Tab. A3/1: Zweidimensionale Tabelle mit absoluten Häufigkeiten

B, V oder Y / A, U oder X	b_1 (v_1) (y_1)	b_2 (v_2) (y_2)	$\cdots$	b_j (v_j) (y_j)	$\cdots$	b_ℓ (v_ℓ) (y_ℓ)	$\sum_{j=1}^{\ell} n_{ij}$
a_1 (u_1) (x_1)	n_{11}	n_{12}	$\cdots$	n_{1j}	$\cdots$	$n_{1\ell}$	$n_{1.}$
a_2 (u_2) (x_2)	n_{21}	n_{22}	$\cdots$	n_{2j}	$\cdots$	$n_{2\ell}$	$n_{2.}$
$\vdots$	$\vdots$	$\vdots$		$\vdots$		$\vdots$	$\vdots$
a_i (u_i) (x_i)	n_{i1}	n_{i2}	$\cdots$	n_{ij}	$\cdots$	$n_{i\ell}$	$n_{i.}$
$\vdots$	$\vdots$	$\vdots$		$\vdots$		$\vdots$	$\vdots$
a_k (u_k) (x_k)	n_{k1}	n_{k2}	$\cdots$	n_{kj}	$\cdots$	$n_{k\ell}$	$n_{k.}$
$\sum_{i=1}^{k} n_{ij}$	$n_{.1}$	$n_{.2}$	$\cdots$	$n_{.j}$	$\cdots$	$n_{.\ell}$	$n = \sum_{i=1}^{k}\sum_{j=1}^{\ell} n_{ij}$

Gemeinsame absolute Häufigkeiten

$$n_{ij} := \left\{\begin{array}{ll} n(A = a_i;\ B = b_j) & \text{– rein nominal} \\ n(U = u_i;\ V = v_j) & \text{– rein ordinal} \\ n(X = x_i;\ Y = y_j) & \text{– rein diskret} \\ n(x_i^u < X \leq x_i^o;\ y_j^u < Y \leq y_j^o) & \text{– rein stetig} \end{array}\right\} \begin{array}{l} i = 1, 2, \ldots, k \\ j = 1, 2, \ldots, \ell \end{array}$$

Es sind bzgl. des Skalenniveaus der Merkmale auch Mischformen möglich, z. B.

$$n_{ij} = n(A = a_i;\ y_j^u < Y \leq y_j^o).$$

Eigenschaften: $0 \leq n_{ij} \leq n_{i.}(n_{.j}) \leq n$

$$\sum_{j=1}^{\ell} n_{ij} =: n_{i.}\,;\ \sum_{i=1}^{k} n_{ij} =: n_{.j}\,;\ \sum_{i=1}^{k}\sum_{j=1}^{\ell} n_{ij} = \sum_{j=1}^{\ell}\sum_{i=1}^{k} n_{ij} =: n$$

Gemeinsame relative Häufigkeiten

$$p_{ij} := \frac{n_{ij}}{n};\ i = 1, 2, \ldots, k \text{ und } j = 1, 2, \ldots, \ell$$

Eigenschaften: $0 \leq p_{ij} \leq p_{i.}(p_{.j}) \leq 1$

$$\sum_{j=1}^{\ell} p_{ij} =: p_{i.}\,;\ \sum_{i=1}^{k} p_{ij} =: p_{.j}\,;\ \sum_{i=1}^{k}\sum_{j=1}^{\ell} p_{ij} = 1$$

Die graphische Darstellung der n_{ij} (bzw. der p_{ij}) über der Merkmalsebene ergibt, falls beide Merkmale nicht stetig sind, ein **3D-Stabdiagramm**, vgl. Abb. A3/1a.

Gemeinsame Häufigkeitsverteilung (syn.: gemeins. Häufigkeitsfunktion):

Zuordnung der n_{ij} (oder p_{ij}) zu den Ausprägungskombinationen der beiden Merkmale

Gemeinsame Häufigkeitsdichte (syn.: gemeinsame empirische Dichte):

$$f_n(x, y) = \frac{p_{ij}}{\Delta x_i\, \Delta y_j} \quad \begin{cases} \text{für } x \in]x_i^u; x_i^o]\,;\ y \in]y_j^u; y_j^o]\,, \\ \text{mit } \Delta x_i := x_i^o - x_i^u;\ \Delta y_j := y_j^o - y_j^u\,. \end{cases}$$

Die graphische Darstellung ergibt ein **Stereogramm** (syn.: 3D-Histogramm), vgl. Abb. A3/2a.

Abb. A3/1a: 3D-Stabdiagramm

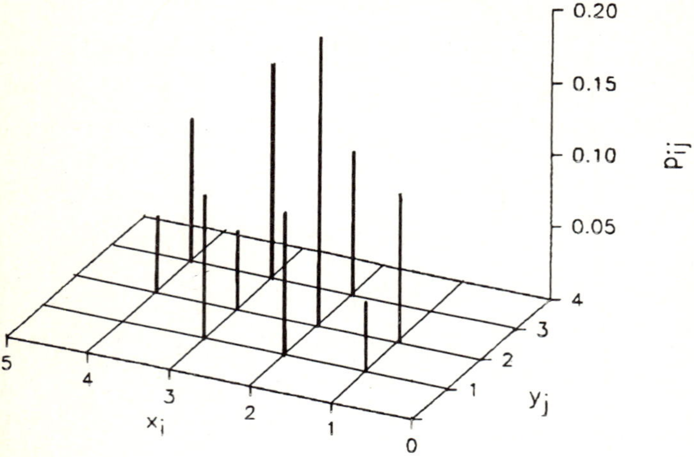

Abb. A3/1b: 3D-Treppenfunktion

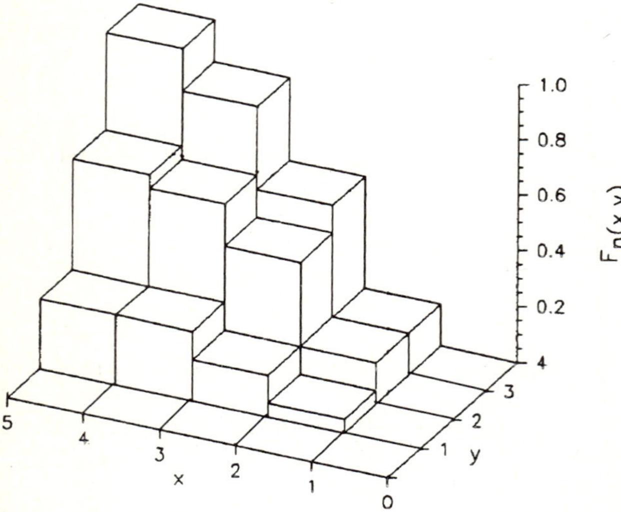

Abb. A3/2a: 3D-Histogramm

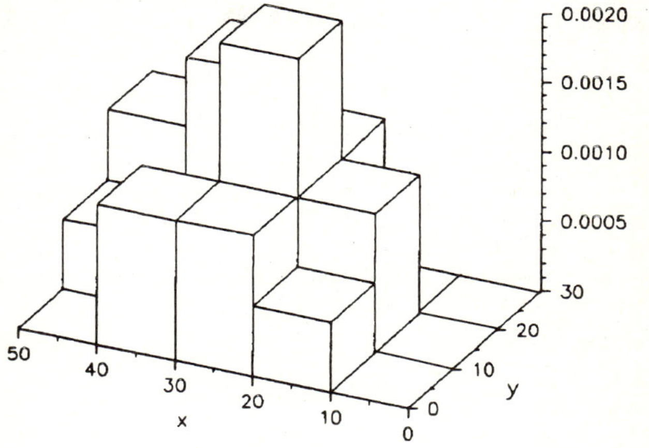

Abb. A3/2b: 3D-Polygonzug

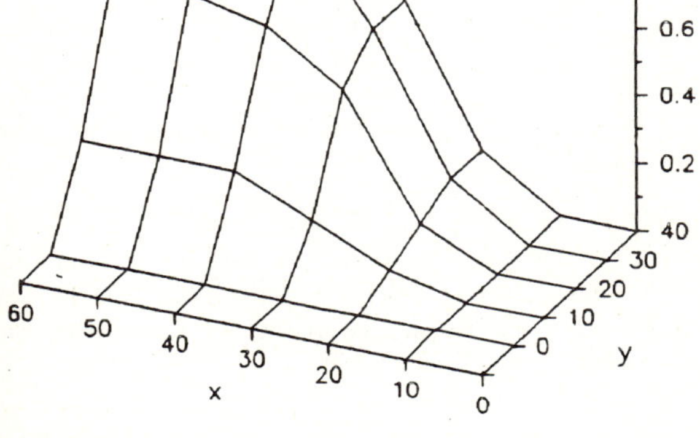

Gemeinsame empirische Verteilungsfunktion

- im Falle unklassierter Daten

$$\left.\begin{array}{l} F_n(x,y) := \\ p(X \le x, Y \le y) \end{array}\right\} := \begin{cases} 0 & \text{für } x < x_1 \text{ oder } y < y_1 \\ F_n(x_{i^*}, y_{j^*}) & \text{für } x_{i^*} \le x < x_{i^*+1},\ y_{j^*} \le y < y_{j^*+1} \\ F_n(x_{i^*}, y_\ell) & \text{für } x_{i^*} \le x < x_{i^*+1},\ y \ge y_\ell \\ F_n(x_k, y_{j^*}) & \text{für } x \ge x_k,\ y_{j^*} \le y < y_{j^*+1} \\ 1 & \text{für } x \ge x_k \text{ und } y \ge y_\ell \end{cases}$$

mit $F_n(x_{i^*}, y_{j^*}) = \sum_{i=1}^{i^*} \sum_{j=1}^{j^*} p_{ij}$ und $1 \le i^* \le k-1,\ 1 \le j^* \le \ell - 1$

Die graphische Darstellung liefert eine **dreidimensionale Treppenfunktion**, vgl. Abb. A3/1b.

- im Falle klassierter stetiger Daten

$$\left.\begin{array}{l} F_n(x,y) := \\ p(X \le x, Y \le y) \end{array}\right\} := \begin{cases} 0 \quad \text{für } x \le x_1^u \text{ oder } y \le y_1^u \\ F_n(x_{i-1}^o, y_{j-1}^o) + (x - x_i^u)(y - y_j^u)\, f_n(x,y) \\ \text{für } x_i^u < x \le x_i^o,\ y_j^u < y \le y_j^o \text{ und } i \le k,\ j \le \ell \\ F_n(x_{i-1}^o, y_\ell^o) + (x - x_i^u)\, \dfrac{n_{i.}}{n\, \Delta x_i} \\ \text{für } x_i^u < x \le x_i^o,\ y \ge y_\ell^o \text{ und } i \le k \\ F_n(x_k^o, y_{j-1}) + (y - y_j^u)\, \dfrac{n_{.j}}{n\, \Delta y_i} \\ \text{für } x \ge x_k^o,\ y_j^u < y \le y_j^o \text{ und } j \le \ell \\ 1 \quad \text{für } x > x_k^o \text{ und } y > y_\ell^o \end{cases}$$

mit $F_n(x_0^o, y_0^o) = 0$.

Die graphische Darstellung liefert einen **dreidimensionalen Polygonzug**, vgl. Abb. A3/2b.

Bezüglich der **Parameter der gemeinsamen Verteilung** ist anzumerken:

- Der Modalwert ist definiert als Punkt (x_d, y_d) mit der größten Häufigkeit bzw. größten Häufigkeitsdichte, sofern die Verteilung eingipflig ist.
- Perzentile werden wegen mangelnder Eindeutigkeit nicht angegeben, denn i. d. R. gibt es viele Punkte $(x_p,\ y_p)$, die $F_n(x_p,\ y_p) = p$ erfüllen.
- Die Verallgemeinerung der Momente zu den sog. Produktmomenten im Falle eines zweidimensionalen kardinalen Merkmals erfolgt in Abs. A3.3.3.

Absolute und relative Randhäufigkeiten

- des **Zeilenmerkmals**, d. h. des mit seinen Ausprägungen in den Zeilen angeordneten Merkmals (A bzw. U bzw. X)

$$n_{i.} := \sum_{j=1}^{\ell} n_{ij}\ ;\ i = 1, 2, \ldots, k \text{ (\textbf{absolute Randhäufigkeit})}$$

Interpretation: $n_{i.} = n(A = a_i$, Ausprägung des anderen Merkmals beliebig)

Eigenschaften: $0 \leq n_{i.} \leq n;\ \sum\limits_{i=1}^{k} n_{i.} = n$

$$p_{i.} := \frac{n_{i.}}{n};\ i = 1, 2, \ldots, k \text{ (\textbf{relative Randhäufigkeit})}$$

Eigenschaften: $0 \leq p_{i.} \leq 1;\ \sum\limits_{i=1}^{k} p_{i.} = 1$

- des **Spaltenmerkmals**, d. h. das mit seinen Ausprägungen in den Spalten angeordneten Merkmals (B bzw. V bzw. Y)

$$n_{.j} := \sum_{i=1}^{k} n_{ij}\ ;\ j = 1, 2, \ldots, \ell \text{ (\textbf{absolute Randhäufigkeit})}$$

Interpretation: $n_{.j} = n(B = b_j$, Ausprägung des anderen Merkmals beliebig)

Eigenschaften: $0 \leq n_{.j} \leq n\ ;\ \sum\limits_{j=1}^{\ell} n_{.j} = n$

$$p_{.j} := \frac{n_{.j}}{n}\ ;\ j = 1, 2, \ldots, \ell \text{ (\textbf{relative Randhäufigkeit})}$$

Eigenschaften: $0 \leq p_{.j} \leq 1;\ \sum\limits_{j=1}^{\ell} p_{.j} = 1$

Randhäufigkeitsverteilung (syn.: Randhäufigkeitsfunktion) :

Zuordnung der $n_{i.}$ (oder $p_{i.}$) zu den Ausprägungen des Zeilenmerkmals bzw. der $n_{.j}$ (oder $p_{.j}$) zu den Ausprägungen des Spaltenmerkmals

Randhäufigkeitsdichte

$${}_X f_n(x) := \frac{p_{i.}}{\Delta x_i},\ x_i^u < x \leq x_i^o;\ \begin{cases}\text{für das Zeilenmerkmal } X\\ \text{(Spaltenmerkmal beliebig)}\end{cases}$$

$${}_Y f_n(y) := \frac{p_{.j}}{\Delta y_j},\ y_j^u < y \leq y_j^o;\ \begin{cases}\text{für das Spaltenmerkmal } Y\\ \text{(Zeilenmerkmal beliebig)}\end{cases}$$

Empirische Randverteilungsfunktion

- für das Zeilenmerkmal
  ${}_X F_n(x) := p(X \leq x)$, (Spaltenmerkmal beliebig)
- für das Spaltenmerkmal
  ${}_Y F_n(y) := p(Y \leq y)$, (Zeilenmerkmal beliebig)

Die Definition entspricht im übrigen dem univariaten Fall, vgl. Abs. A2.1.3.3.

Parameter der Randverteilung

- für das Zeilenmerkmal X

$$\left.\begin{aligned} \bar{x} &:= \frac{1}{n}\sum_{i=1}^{k} x_i\, n_{i.} \\ &= \frac{1}{n}\sum_{i=1}^{k}\sum_{j=1}^{\ell} x_i\, n_{ij} \end{aligned}\right\}$$

unbedingtes arithm. Mittel von X
(syn.: Gesamt- oder totales Mittel von X)

$$\left.\begin{aligned} s_X^2 &:= \frac{1}{n}\sum_{i=1}^{k}(x_i - \bar{x})^2\, n_{i.} \\ &= \frac{1}{n}\sum_{i=1}^{k} x_i^2\, n_{i.} \; - \bar{x}^2 \end{aligned}\right\}$$

unbedingte Varianz von X
(syn.: Gesamt- oder totale Varianz von X)

- für das Spaltenmerkmal Y

$$\left.\begin{aligned} \bar{y} &:= \frac{1}{n}\sum_{j=1}^{\ell} y_j\, n_{.j} \\ &= \frac{1}{n}\sum_{j=1}^{\ell}\sum_{i=1}^{k} y_j\, n_{ij} \end{aligned}\right\}$$

unbedingtes arithm. Mittel von Y
(syn.: Gesamt- oder totales Mittel von Y)

$$\left.\begin{aligned} s_Y^2 &:= \frac{1}{n}\sum_{j=1}^{\ell}(y_j - \bar{y})^2\, n_{.j} \\ &= \frac{1}{n}\sum_{j=1}^{\ell} y_j^2\, n_{.j} - \bar{y}^2 \end{aligned}\right\}$$

unbedingte Varianz von Y
(syn.: Gesamt- oder totale Varianz von Y)

Absolute und relative bedingte Häufigkeiten

- des **Zeilenmerkmals** (A bzw. U bzw. X)

  $n_{i|j} := n_{ij}$ für $i = 1, 2, ..., k$ und festes j $\left\{\begin{array}{l}\text{absolute bedingte}\\ \text{Häufigkeiten}\end{array}\right.$

  Interpretation: $n_{i|2} = n(A = a_i|B = b_2)$ – Aufgliederung der Einheiten mit der Ausprägung b_2 (Das ist die Bedingung!) nach den Ausprägungen von A.

  Eigenschaften: $0 \leq n_{i|j} \leq n_{\cdot j}$; $\sum\limits_{i=1}^{k} n_{i|j} = n_{\cdot j}$

  $$\left.\begin{array}{rcl} p_{i|j} & := & \dfrac{n_{ij}}{n_{\cdot j}} \\ & = & \dfrac{p_{ij}}{p_{\cdot j}} \end{array}\right\} \begin{array}{l} \text{für } i = 1, 2, ..., k \text{ und festes } j \\ n_{\cdot j} \neq 0;\ p_{\cdot j} \neq 0 \end{array} \quad \left\{\begin{array}{l}\text{relative bedingte}\\ \text{Häufigkeiten}\end{array}\right.$$

  Eigenschaften: $0 \leq p_{i|j} \leq 1$; $\sum\limits_{i=1}^{k} p_{i|j} = 1$

- des **Spaltenmerkmals** (B bzw. V bzw. Y)

  $n_{j|i} := n_{ij}$ für $j = 1, 2, ..., \ell$ und festes i $\left\{\begin{array}{l}\text{absolute bedingte}\\ \text{Häufigkeiten}\end{array}\right.$

  Interpretation: $n_{j|1} = n(B = b_j|x_1^u < X \leq x_1^o)$ – Aufgliederung der Einheiten mit einem X-Wert in der ersten Klasse (Das ist die Bedingung!) nach den Ausprägungen von B.

  Eigenschaften: $0 \leq n_{j|i} \leq n_{i\cdot}$; $\sum\limits_{j=1}^{\ell} n_{j|i} = n_{i\cdot}$

  $$\left.\begin{array}{rcl} p_{j|i} & := & \dfrac{n_{ij}}{n_{i\cdot}} \\ & = & \dfrac{p_{ij}}{p_{i\cdot}} \end{array}\right\} \begin{array}{l} \text{für } j = 1, 2, ..., \ell \text{ und festes } i \\ n_{i\cdot} \neq 0;\ p_{i\cdot} \neq 0 \end{array} \quad \left\{\begin{array}{l}\text{relative bedingte}\\ \text{Häufigkeiten}\end{array}\right.$$

  Eigenschaften: $0 \leq p_{j|i} \leq 1$; $\sum\limits_{j=1}^{\ell} p_{j|i} = 1$

Bedingte Häufigkeitsverteilung (syn.: bedingte Häufigkeitsfunktion) :

Zuordnung der $n_{i|j}$ (oder $p_{i|j}$) zu den Ausprägungen des Zeilenmerkmals bei gegebener j-ten Ausprägung des Spaltenmerkmals. Es gibt ℓ bedingte Häufigkeitsverteilungen für das Zeilenmerkmal. Analog für $n_{j|i}$ (oder $p_{j|i}$), wobei es k bedingte Häufigkeitsverteilungen des Spaltenmerkmals gibt.

Bedingte Häufigkeitsdichte:

$_Xf_n(x|Y = y_j) := \frac{p_{i|j}}{\Delta x_i},\ x_i^u < x \leq x_i^o$ für das Zeilenmerkmal X

$_Yf_n(y|X = x_i) := \frac{p_{j|i}}{\Delta y_j},\ y_j^u < y \leq y_j^o$ für das Spaltenmerkmal Y

In beiden Fällen kann das bedingende Merkmal kann auch nominal, ordinal oder kardinal-stetig sein.

Bedingte empirische Verteilungsfunktion

$_XF_n(x|Y = y_j) := p(X \leq x|Y = y_j)$ für das Zeilenmerkmal X

$_YF_n(y|X = x_i) := p(Y \leq y|X = x_i)$ für das Spaltenmerkmal Y

Die Definition entspricht im übrigen dem univariaten Fall, vgl. Abs. A2.1.3.3. Das bedingende Merkmal kann auch nominal, ordinal oder kardinal-stetig sein.

Bedingte Parameter von X

$$\left.\begin{aligned}\bar{x}_j \ :=\ \bar{x}(y_j) &:= \frac{1}{n_{.j}}\sum_{i=1}^{k} x_i\, n_{ij}\\ &:= \sum_{i=1}^{k} x_i\, p_{i|j}\end{aligned}\right\}$$ **bedingtes arithmetisches Mittel** von X in Spalte j; $n_{.j} \neq 0$

$$\left.\begin{aligned}{}_Xs_j^2 \ :=\ s_X^2(y_j) &:= \frac{1}{n_{.j}}\sum_{i=1}^{k}(x_i - \bar{x}_j)^2\, n_{ij}\\ &:= \sum_{i=1}^{k}(x_i - \bar{x}_j)^2\, p_{i|j}\\ &:= \sum_{i=1}^{k} x_i^2\, p_{i|j} - \bar{x}_j^2\end{aligned}\right\}$$ **bedingte Varianz** von X in Spalte j $n_{.j} \neq 0$

$$\bar{x} = \frac{1}{n}\sum_{j=1}^{\ell} \bar{x}_j\, n_{.j}$$ – Beziehung zwischen dem unbedingten arithmetischen Mittel von X und den bedingten arithmetischen Mitteln von X

$$s_X^2 = \underbrace{\frac{1}{n}\sum_{j=1}^{\ell} {}_Xs_j^2\, n_{.j}}_{_Xs_w^2} + \underbrace{\frac{1}{n}\sum_{j=1}^{\ell}(\bar{x}_j - \bar{x})^2\, n_{.j}}_{_Xs_b^2}$$ Darstellung der **Gesamtvarianz** s_X^2 als Summe aus **interner Varianz** ($_Xs_w^2$) und **externer Varianz** ($_Xs_b^2$)

Bedingte Parameter von Y

$$\left.\begin{aligned} \bar{y}_i \; := \; \bar{y}(x_i) \; &:= \; \frac{1}{n_{i.}} \sum_{j=1}^{\ell} y_j \, n_{ij} \\ &:= \; \sum_{j=1}^{\ell} y_j \, p_{j|i} \end{aligned}\right\}$$

bedingtes arithmetisches Mittel von Y in Zeile i; $n_{i.} \neq 0$

$$\left.\begin{aligned} {}_Y s_i^2 \; := \; s_Y^2(x_i) \; &:= \; \frac{1}{n_{i.}} \sum_{j=1}^{\ell} (y_j - \bar{y}_i)^2 \, n_{ij} \\ &:= \; \sum_{j=1}^{\ell} (y_j - \bar{y}_i)^2 p_{j|i} \\ &:= \; \sum_{j=1}^{\ell} y_j^2 \, p_{j|i} - \bar{y}_i^2 \end{aligned}\right\}$$

bedingte Varianz von Y in Zeile i
$n_{i.} \neq 0$

$$\bar{y} = \frac{1}{n} \sum_{i=1}^{k} \bar{y}_i \, n_{i.}$$

– Beziehung zwischen dem unbedingten arithmetischen Mittel von Y und den bedingten arithmetischen Mitteln von Y

$$s_Y^2 = \underbrace{\frac{1}{n} \sum_{i=1}^{k} {}_Y s_i^2 \, n_{i.}}_{{}_Y s_w^2} + \underbrace{\frac{1}{n} \sum_{i=1}^{k} (\bar{y}_i - \bar{y})^2 \, n_{i.}}_{{}_Y s_b^2}$$

Darstellung der **Gesamtvarianz** s_Y^2 als Summe aus **interner Varianz** (${}_Y s_w^2$) und **externer Varianz** (${}_Y s_b^2$)

Hinweise:

1. Die interne Varianz eines Merkmals ist ein gewogenes arithmetisches Mittel aller seiner bedingten Varianzen.
2. Die externe Varianz eines Merkmals ist die Varianz aller seiner bedingten arithmetischen Mittel um das unbedingte arithmetische Mittel.

3.2 Statistische Unabhängigkeit

Zwei Merkmale heißen **statistisch unabhängig**, wenn

1) $p_{ij} = p_{i.}\, p_{.j} \quad \forall\; i,j$ — Darstellung der gemeinsamen relativen Häufigkeit als Produkt der relativen Randhäufigkeiten

2a) $p_{i|j} = p_{i|j^*} \quad \forall\; j \neq j^* \;\wedge\; \forall\; i$ — Gleichheit aller bedingten Verteilungen des Zeilenmerkmals

2b) $p_{j|i} = p_{j|i^*} \quad \forall\; i \neq i^* \wedge \forall\; j$ — Gleichheit aller bedingten Verteilungen des Spaltenmerkmals

3a) $p_{i|j} = p_{i.} \quad \forall\; i,j$ — Übereinstimmung aller bedingten Verteilungen des Zeilenmerkmals mit dessen Randverteilung

3b) $p_{j|i} = p_{.j} \quad \forall\; i,j$ — Übereinstimmung aller bedingten Verteilungen des Spaltenmerkmals mit dessen Randverteilung

Die fünf Aussagen (1) – (3b) sind äquivalent. Ist eine erfüllt (nicht erfüllt), so sind auch die anderen erfüllt (nicht erfüllt).

Hinweis:

Sind die Merkmale ordinal oder kardinal, so lassen sich (1) – (3b) auch mittels der empirischen Verteilungsfunktion formulieren, etwa für (1):

$F_n(x_i, y_j) = {}_X F_n(x_i)\; {}_Y F_n(y_j) \quad \forall\; i,j.$

Aus statistischer Unabhängigkeit folgen:

a) $\left.\begin{aligned} \bar{x} &= \bar{x}_1 = \cdots = \bar{x}_\ell \\ \bar{y} &= \bar{y}_1 = \cdots = \bar{y}_k \end{aligned}\right\}$ Unabhängigkeit im Mittel (genauer: in den Mittelwerten)

b) $\left.\begin{aligned} s_X^2 &= s_X^2(y_1) = \cdots = s_X^2(y_\ell) = {}_X s_w^2 \\ s_Y^2 &= s_Y^2(x_1) = \cdots = s_Y^2(x_k) = {}_Y s_w^2 \end{aligned}\right\}$ Unabhängigkeit in den Varianzen

c) ${}_X s_b^2 = {}_Y s_b^2 = 0$ – verschwindende externe Varianzen

3.3 Maße für den Zusammenhang zweier Merkmale

Bei der Messung des Zusammenhangs zwischen zwei Merkmalen ist ganz besonders auf deren Skalenniveau zu achten, vgl. Tab. A3/2. Sind die Skalenniveaus der beiden Merkmale verschieden (Felder außerhalb der Hauptdiagonalen), so kann

- das Skalenniveau des höheren Merkmals reduziert werden (In Tab. A3/2 durch Pfeile angedeutet.) oder

- ein Zusammenhangsmaß verwendet werden, das speziell auf diese asymmetrische Skalierungssituation paßt, vgl. Abs. A3.3.4.

Tab. A3/2: Maße des Zusammenhangs und Skalenniveau der Merkmale

Skalenniveau des Spaltenmerkmals / Skalenniveau des Zeilenmerkmals	kardinal	ordinal	nominal
kardinal	Kovarianz Korrelationskoeffizient von – BRAVAIS und PEARSON – FECHNER	⇓	⇓
ordinal	⇒	Rangkorrelationskoeffizenten von – SPEARMAN – KENDALL – GOODMAN und KRUSKAL	⇓
nominal	⇒	⇒	Assoziationsmaße wie z. B. – χ^2 – λ von GOODMAN und KRUSKAL – ENTROPIE

3.3.1 Nominale Merkmale: Assoziationskoeffizienten

In den Absätzen A3.3.1.1. bis A3.3.1.3 werden zunächst Koeffizienten für Tabellen mit beliebiger Felderzahl vorgestellt.

3.3.1.1 χ^2–orientierte Maße

Als theoretisch errechnete Besetzungszahlen im Tabelleninnern ergeben sich aufgrund der Definition 1) der statistischen Unabhängigkeit aus Abs. A3.2 bei gegebenen absoluten Randhäufigkeiten $n_{i.}$ und $n_{.j}$ die Größen

$$u_{ij} := \frac{n_{i.}\, n_{.j}}{n} \quad \forall\, i, j\,,$$

wenn Zeilen und Spaltenmerkmal unabhängig sind (= **Unabhängigkeitszahlen**).

Eigenschaften: $u_{ij} \in \mathbb{R} \setminus \mathbb{R}^-$

$$\sum_{i=1}^{k} \sum_{j=1}^{\ell} u_{ij} = n$$

$$\sum_{i=1}^{k} \sum_{j=1}^{\ell} (n_{ij} - u_{ij}) = 0$$

Maß für die Abweichung der beobachteten gemeinsamen Häufigkeiten n_{ij} von den Unabhängigkeitszahlen u_{ij}:

$$\left.\begin{aligned} \chi^2 &:= \sum_{i=1}^{k} \sum_{j=1}^{\ell} \frac{(n_{ij} - u_{ij})^2}{u_{ij}} \\ &= n \left(\sum_{i=1}^{k} \sum_{j=1}^{\ell} \frac{n_{ij}^2}{n_{i.}\, n_{.j}} - 1 \right) \end{aligned}\right\} \quad 0 \le \chi^2 \le n \min(k-1, \ell-1)$$

Es heißt χ^2 auch **quadratische Kontingenz**. Es ist $\chi^2 = 0$ bei statistischer Unabhängigkeit und $\chi^2 = n \min(k-1, \ell-1)$, wenn in jeder Zeile und in jeder Spalte genau eine von Null verschiedene Besetzungszahl steht, d. h. wenn alle bedingten Verteilungen **Einpunkt-Verteilungen** sind.

Auf χ^2 basierende Maßzahlen:

- **mittlere quadratische Kontingenz**

$$\phi^2 := \chi^2/n \;\text{ mit }\; 0 \le \phi^2 \le \min(k-1, \ell-1)$$

- PEARSON's **χ-Koeffizient** (KARL PEARSON, 1857 - 1936)

$$\chi := \sqrt{\chi^2/n} \quad \text{mit} \quad 0 \leq \phi \leq \min\left(\sqrt{k-1}, \sqrt{\ell-1}\right)$$

- TSCHUPROW-**Maß** (ALEXANDER TSCHUPROW, 1874 - 1926)

$$T := \sqrt{\frac{\chi^2}{n\sqrt{(k-1)(\ell-1)}}} \quad \text{mit} \quad 0 \leq T \leq \sqrt{\frac{\min(k-1, \ell-1)}{\sqrt{(k-1)(\ell-1)}}}$$

- PEARSON's-**Kontingenzkoeffizient** (KARL PEARSON, 1857 - 1936)

$$PK := \sqrt{\frac{\chi^2}{\chi^2 + n}} \quad \text{mit} \quad 0 \leq PK \leq \sqrt{\frac{\min(k-1, \ell-1)}{1 + \min(k-1, \ell-1)}}$$

$$PK^* := \sqrt{\frac{\chi^2}{\chi^2 + n}} \sqrt{\frac{1 + \min(k-1, \ell-1)}{\min(k-1, \ell-1)}} \quad \text{mit} \quad 0 \leq PK^* \leq 1$$

- CRAMÉR's-**Kontingenzkoeffizent** (HARALD CRAMÉR, 1893 - 1985)

$$C := \sqrt{\frac{\chi^2}{n \min(k-1, \ell-1)}} \quad \text{mit} \quad 0 \leq C \leq 1$$

3.3.1.2 Prädiktionsmaße

Prädiktionsmaße basieren auf dem Vergleich der Vorhersagen für die Ausprägung eines Merkmals, wenn man

- einmal nur dessen Randverteilung,
- zum anderen auch alle dessen bedingte Verteilungen kennt.

λ-Koeffizienten von GUTTMAN (1941) und GOODMAN/KRUSKAL (1954):

$$\lambda_A := \frac{\sum_{j=1}^{\ell} \max_i(n_{ij}) - \max_i(n_{i.})}{n - \max_i(n_{i.})} \quad \text{mit} \quad 0 \leq \lambda_A \leq 1$$

$$\lambda_B := \frac{\sum_{i=1}^{k} \max_j(n_{ij}) - \max_j(n_{.j})}{n - \max_j(n_{.j})} \quad \text{mit} \quad 0 \leq \lambda_B \leq 1$$

$$\lambda^* := \frac{\sum_{j=1}^{\ell} \max_i(n_{ij}) + \sum_{i=1}^{k} \max_j(n_{ij}) - \max_i(n_{i.}) - \max_j(n_{.j})}{2n - \max_i(n_{i.}) - \max_j(n_{.j})} \quad \text{mit} \quad 0 \le \lambda^* \le 1$$

Das Maß λ_A beruht auf der Prognose der A-Ausprägung (Prädikand) mittels B (Prädiktor). Bei λ_B ist es umgekehrt. λ_A und λ_B fallen bei gleicher Assoziationstafel i. d. R. verschieden aus, da sie asymmetrisch konzipiert sind. λ^* ist der aus λ_A und λ_B **gepoolte Koeffizient**, der symmetrisch ist. Sind A und B statistisch unabhängig, dann ist $\lambda_A = \lambda_B = \lambda^* = 0$. (Die Umkehrung dieses Satzes ist nicht unbedingt richtig.)

τ-Koeffizienten von GOODMAN/KRUSKAL (1954)

$$\tau_A := \frac{\sum_{i=1}^{k}\sum_{j=1}^{\ell} \frac{p_{ij}^2}{p_{.j}} - \sum_{i=1}^{k} p_{i.}^2}{1 - \sum_{i=1}^{k} p_{i.}^2} \quad \text{mit} \quad 0 \le \tau_A \le 1$$

$$\tau_B := \frac{\sum_{i=1}^{k}\sum_{j=1}^{\ell} \frac{p_{ij}^2}{p_{i.}} - \sum_{j=1}^{\ell} p_{.j}^2}{1 - \sum_{j=1}^{\ell} p_{.j}^2} \quad \text{mit} \quad 0 \le \tau_B \le 1$$

$$\tau^* := \frac{\sum_{i=1}^{k}\sum_{j=1}^{\ell} \frac{p_{ij}^2}{p_{.j}} + \sum_{i=1}^{k}\sum_{j=1}^{\ell} \frac{p_{ij}^2}{p_{i.}} - \sum_{i=1}^{k} p_{i.}^2 - \sum_{j=1}^{\ell} p_{.j}^2}{2 - \sum_{j=1}^{\ell} p_{.j}^2 - \sum_{i=1}^{k} p_{i.}^2} \quad \text{mit} \quad 0 \le \tau^* \le 1$$

Hinweis: In den τ-Koeffizienten werden Brüche der Form 0/0 als 0 definiert.

Das Maß τ_A beruht auf der Prognose der A-Ausprägung (Prädikand) mittels B (Prädiktor). Bei τ_B ist es umgekehrt. τ_A und τ_B sind asymmetrisch konzipiert und fallen bei gleicher Assoziationstafel i. a. verschieden aus. τ^* ist der aus τ_A und τ_B **gepoolte Koeffizient**, der symmetrisch ist. Sind A und B unabhängig, so sind $\tau_A = \tau_B = \tau^* = 0$ und umgekehrt.

3.3.1.3 Entropie-orientierte Maße[1]

$$\left.\begin{aligned} H(A) &:= -\sum_{i=1}^{k} p_{i.} \operatorname{ld} p_{i.} \\ H(B) &:= -\sum_{j=1}^{\ell} p_{.j} \operatorname{ld} p_{.j} \end{aligned}\right\} \textbf{Entropie der } \text{beiden } \textbf{Randverteilungen}$$

mit $0 \leq H(A) \leq \operatorname{ld} k;\ 0 \leq H(B) \leq \operatorname{ld} \ell$.

$$H(A,B) := -\sum_{i=1}^{k} \sum_{j=1}^{\ell} p_{ij} \operatorname{ld} p_{ij} \quad - \quad \textbf{Entropie der gemeinsamen Verteilung}$$

mit den Eigenschaften:

- $0 \leq H(A,B) \leq \operatorname{ld}(k\,\ell)$,
- $H(A,B) \leq H(A) + H(B)$,
- $H(A,B) \geq \max[H(A), H(B)]$.

$$\left.\begin{aligned} T(A,B) &:= H(A) + H(B) - H(A,B) \\ &:= \sum_{i=1}^{k} \sum_{j=1}^{\ell} p_{ij} \operatorname{ld}\left(\frac{p_{ij}}{p_{i.}\, p_{.j}}\right) \end{aligned}\right\} \begin{array}{l} \textbf{Transinformation} \text{ als Maß} \\ \text{der wechselseitigen Informa-} \\ \text{tion von } A \text{ und } B \end{array}$$

mit den Eigenschaften

- $0 \leq T(A,B) \leq \min[H(A), H(B)]$,
- $T(A,B) = 0 \Longleftrightarrow A$ und B sind statistisch unabhängig.

Als **Assoziationsmaße** verwendet man die **normierte Transinformation**:

$NT(A,B|A) := \dfrac{T(A,B)}{H(A)}$, falls $H(A) = \min[H(A), H(B)]$, bzw.

$NT(A,B|B) := \dfrac{T(A,B)}{H(B)}$, falls $H(B) = \min[H(A), H(B)]$

mit der Eigenschaft

$$0 \leq NT(A,B|.) \leq 1.$$

Es gelten

- $NT(A,B|.) = 0 \Longleftrightarrow p_{ij} = p_{i.}\, p_{.j}$ (statistische Unabhängigkeit);
- $NT(A,B|A) = NT(A,B|B) = 1$, wenn die Merkmale A und B **vollständig wechselseitig assoziiert** sind;
- $NT(A,B|A) = 1$ oder $NT(A,B|B) = 1$, wenn die Merkmale A und B **vollständig einseitig assoziiert** sind.

[1] Vgl. zur Entropie auch Abs. A2.3.2.

3.3.1.4 Assoziationsmaße für die Vierfeldertafel

Auf Vierfeldertafeln, die vereinfachend in der Form der Tab. A3/3 geschrieben werden, lassen sich alle vorstehenden Assoziationsmaße anwenden. Es sind aber auch für diesen Tafeltyp eine Reihe spezieller Maßzahlen konzipiert worden.

Tab. A3/3: Vierfeldertafel

A \ B	b_1	b_2	Summe
a_1	a	b	$a+b$
a_2	c	d	$c+d$
Summe	$a+c$	$b+d$	$a+b+c+d=n$

$$\chi^2 = \frac{n\,(a\,d - b\,c)^2}{(a+b)\,(a+c)\,(b+d)\,(c+d)}$$

ϕ-Koeffizient, TSCHUPROW-Maß T und CRAMÉR's Kontingenzkoeffizient lauten hier:

$$\left.\begin{aligned} \phi = T = C \;&=\; \frac{a\,d - b\,c}{\sqrt{(a+b)\,(a+c)\,(b+d)\,(c+d)}} \\ &=\; \operatorname{sign}(a\,d - b\,c)\sqrt{\frac{\chi^2}{n}}\ ^{2} \end{aligned}\right\} -1 \le \phi,\ C,\ T \le +1,$$

mit

$$\phi = T = C = +1 \iff b = c = 0,$$

$$\phi = T = C = -1 \iff a = d = 0.$$

Das Vorzeichen ist nur dann als **Gleichläufigkeit** oder **Gegenläufigkeit** interpretierbar, wenn die Merkmalsausprägungen der beiden Randverteilungen nicht *unabhängig voneinander vertauscht* werden können, d. h. wenn die Haupt- und die Nebendiagonale nicht „gleichberechtigt" sind. Ähnlich wird mit der Interpretation der nachfolgenden, speziellen Vierfeldertafel-Koeffizienten verfahren, wenn diese ein Vorzeichen aufweisen.

[2]sign(.) ist die Signum- oder **Vorzeichenfunktion**:

$$\operatorname{sign}(x) = \begin{cases} -1 & \text{für} \quad x < 0 \\ 0 & \text{für} \quad x = 0 \\ +1 & \text{für} \quad x > 0. \end{cases}$$

Beispiel 1: Doppelt dichotome Aufgliederung der Mitarbeiter eines Unternehmens nach dem Geschlecht A mit $a_1 \hat{=}$ männlich und $a_2 \hat{=}$ weiblich und der Rauchgewohnheit B mit $b_1 \hat{=}$ Raucher und $b_2 \hat{=}$ Nicht-Raucher. Durch Vertauschen der Ausprägungen des Zeilenmerkmals A ($a_1 \to a_2$, $a_2, \to a_1$) erhält man eine zweite gleichberechtigte Vierfeldertafel und das Vorzeichen von χ, T, C ist nicht interpretierbar.

Beispiel 2: Doppelt dichotome Aufgliederung der Eheschließungen nach dem zuvor innegehabten Familienstand A des Mannes ($a_1 \hat{=}$ noch nicht verheiratet gewesen, $a_2 \hat{=}$ bereits verheiratet gewesen) und B der Frau ($b_1 \hat{=}$ noch nicht verheiratet gewesen, $b_2 \hat{=}$ bereits verheiratet gewesen). Hier ist das Vorzeichen von ϕ, T, C interpretierbar.

Die Merkmale A und B heißen (bei interpretierbarem Vorzeichen):

positiv assoziiert, wenn

$$a > \frac{(a+b)(a+c)}{n},$$

und **negativ assoziiert**, wenn

$$a < \frac{(a+b)(a+c)}{n},$$

und **statistisch unabhängig**, wenn

$$a = \frac{(a+b)(a+c)}{n}.$$

YULE-Koeffizient (GEORGE UDNY YULE, 1871 - 1951)

$$\left.\begin{aligned} Q &:= \frac{a\,d - b\,c}{a\,d + b\,c} \\ &= \frac{\frac{a\,d}{b\,c} - 1}{\frac{a\,d}{b\,c} + 1} \end{aligned}\right\} \quad \text{mit } -1 \leq Q \leq +1$$

Eigenschaften von Q:

- $Q = 0 \Longleftrightarrow A$ und B sind statistisch unabhängig.
- $|Q| = 1$ bereits dann, wenn ein Tabellenfeld unbesetzt ist.
- Q ist – im Gegensatz zu ϕ, T und C – invariant gegenüber der Multiplikation einer Zeile (Spalte) mit einer nicht-negativen Konstanten.

Von YULE stammt auch der eng mit Q verwandte „coefficient of colligation“:

$$\left.\begin{aligned} Y &:= \frac{\sqrt{a\,d}-\sqrt{b\,c}}{\sqrt{a\,d}+\sqrt{b\,c}} \\ &= \frac{\sqrt{\dfrac{a\,d}{b\,c}}-1}{\sqrt{\dfrac{a\,d}{b\,c}}+1} \end{aligned}\right\} \quad \text{mit} \quad |Y| \leq |Q|$$

Einfache Assoziationsmaße sind die **Anteilsdifferenzen**:

$$\left.\begin{aligned} \delta_A &:= \frac{a}{a+c} - \frac{b}{b+d} \\ &= \frac{a\,d-b\,c}{(a+c)\,(b+d)} \\ \delta_B &:= \frac{a}{a+b} - \frac{c}{c+d} \\ &= \frac{a\,d-b\,c}{(a+b)\,(c+d)} \end{aligned}\right\} \quad \text{mit} \quad -1 \leq \delta_A,\ \delta_B \leq +1$$

Eigenschaften von δ_A und δ_B:

- $\delta_A = \delta_B = 0 \iff A$ und B sind statistisch unabhängig.
- $\delta_A\,\delta_B = \phi^2$.

Ein weiteres Assoziationsmaß ist das **Kreuzproduktverhältnis**:

$$KPV := \frac{a\,d}{b\,c} \quad \text{mit} \quad 0 \leq KPV \leq +\infty$$

Eigenschaften von KPV:

- $KPV = +\infty$, wenn $b\,c = 0$ ($\rightarrow$ vollständig positiver Zusammenhang).
- $KPV = 0$, wenn $a\,d = 0$ ($\rightarrow$ vollständig negativer Zusammenhang).
- $KPV = 1 \iff A$ und B sind statistisch unabhängig.
- $Q = \dfrac{KPV-1}{KPV+1}$

3.3.2 Ordinale Merkmale: Rangkorrelation und Konkordanzmessung

Es liegen n Beobachtungspaare (u_ν, v_ν) mit $\nu = 1, 2, \ldots, n$ der ordinalen Merkmale U und V vor. Da bei ordinalen Merkmalen nur die Reihenfolge der Ausprägungen relevant ist, lassen sich die beobachteten Ausprägungen u_1 bis u_n, wenn *keine Bindungen* auftreten, jeweils ohne Informationsverlust und umkehrbar eindeutig auf die Teilmenge $\mathbb{N}_n := \{1, 2, \ldots, n\}$ der natürlichen Zahlen $\mathbb{N}$ abbilden, z. B.

$r(u_\nu) = \nu^* \in \mathbb{N}_n$, wenn u_ν die ν^*-größte Ausprägung von U ist.

$r(u_\nu)$ und $r(v_\nu)$ heißen **Rangzahlen**, vgl. Abb. A3/3. Sie enthält im oberen Teil zwei **Streuungsdiagramme** der originären Variablen U und V und im unteren Teil die entsprechenden Streuungsdiagramme der zugehörigen Rangzahlen $r(U)$ und $r(V)$.

Abb. A3/3: Streuungsdiagramme –
zweier ordinaler Merkmale (oben)
der zugehörigen Rangzahlen (unten)

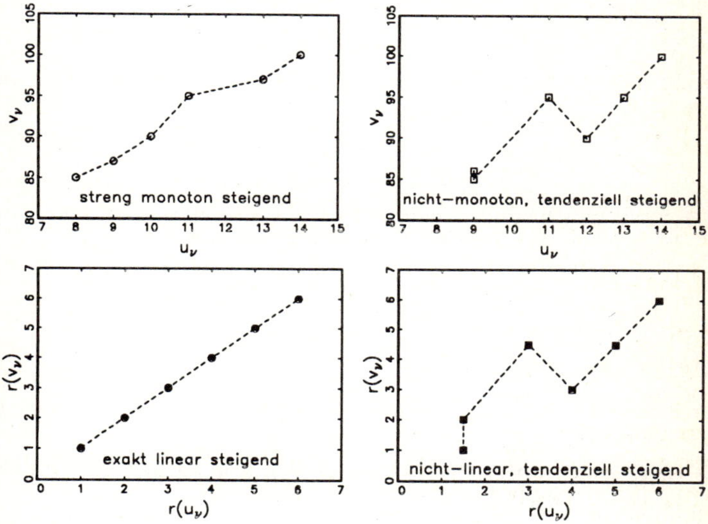

Der **Rangkorrelationskoeffizient** r_{SP} von SPEARMAN (1904) (CHARLES EDWARD SPEARMAN, 1863 – 1945) ist dann definiert als der auf die Rangzahlen angewandte Korrelationskoeffizient nach BRAVAIS-PEARSON, vgl. Abs. A3.3.3:

$$r_{SP} := \frac{\sum_{\nu=1}^{n} r(u_\nu)\, r(v_\nu) - \frac{1}{n} \sum_{\nu=1}^{n} r(u_\nu) \sum_{\nu=1}^{n} r(v_\nu)}{\sqrt{\left\{\sum_{\nu=1}^{n} r^2(u_\nu) - \frac{1}{n}\left[\sum_{\nu=1}^{n} r(u_\nu)\right]^2\right\}\left\{\sum_{\nu=1}^{n} r^2(v_\nu) - \frac{1}{n}\left[\sum_{\nu=1}^{n} r(v_\nu)\right]^2\right\}}}, \quad (*)$$

$$r_{SP} = 1 - \frac{6 \sum_{\nu=1}^{n} [r(u_\nu) - r(v_\nu)]^2}{n\,(n^2-1)} \quad \text{mit} \quad -1 \le r_{SP} \le +1\,. \qquad (**)$$

Wenn **Bindungen vorliegen**, wird mit mittleren Rangzahlen gearbeitet (vgl. Abs. A2.1.3.2) und nur Formel (*) angewendet. Bei Bindungen ist die Gleichheit von Formel (*) und (**) nicht gewährleistet.

Ist eine **Kontingenztafel** gegeben, so kann man unter u_i und v_j verstehen:

- die Ausprägungen der Ordinalmerkmale U und V, wenn nicht gruppiert ist, oder
- die Klassenmitten, wenn gruppiert ist.

Der SPEARMAN-Rangkorrelationskoeffizient ergibt sich aus (*) in der gewichteten Version:

$$r_{SP} = \frac{\sum_{i=1}^{k}\sum_{j=1}^{\ell} r(u_i)\,r(v_j)\,n_{ij} - \frac{1}{n}\sum_{i=1}^{k} r(u_i)\,n_{i.}\,\sum_{j=1}^{\ell} r(v_j)\,n_{.j}}{\sqrt{\left\{\sum_{i=1}^{k} r^2(u_i)\,n_{i.} - \frac{1}{n}\left[\sum_{i=1}^{k} r(u_i)\,n_{i.}\right]^2\right\}\left\{\sum_{j=1}^{\ell} r^2(v_j)\,n_{.j} - \frac{1}{n}\left[\sum_{j=1}^{\ell} r(v_j)\,n_{.j}\right]^2\right\}}}$$

Interpretation von r_{SP}:

- $|r_{SP}|$ ist ein Maß für die **Stärke des monotonen Zusammenhangs** von U und V.
  - ▷ $|r_{SP}| = 1 \iff$ Zwischen U und V besteht eine streng monotone Beziehung (vgl. Abb. A3/3 oben links).
  - ▷ $|r_{SP}| < 1 \iff$ Die Monotonie des Zuammenhangs ist mehr (bei $|r_{SP}| \approx 0$) oder weniger (bei $|r_{SP}| \approx 1$) gestört.
- $\text{sign}(r_{SP})$ ist ein Maß für die **Richtung des monotonen Zusammenhangs** von U und V.
  - ▷ $\text{sign}(r_{SP}) = +1 \iff$ Gleichläufigkeit von U und V
  - ▷ $\text{sign}(r_{SP}) = -1 \iff$ Gegenläufigkeit von U und V,
  - ▷ $\text{sign}(r_{SP}) = \;0 \iff$ Keine monotone Beziehung zwischen U und V. Ob im Falle $r_{SP} = 0$ die beiden Merkmale nur keinen monotonen Zusammenhang haben oder überhaupt nicht zusammenhängen (= unabhängig sind), muß ein Blick auf das Streuungsdiagramm zeigen.

Statt die quadrierten Rangdifferenzen $[r(u_\nu) - r(u_\nu)]^2$ wie in (**) für die Konstruktion zu verwenden, kann man auch deren Beträge nehmen und gelangt zu SPEARMAN'S **footrule**:[3]

$$r^\star_{SP} := 1 - \frac{3 \sum_{\nu=1}^{n} \left| r(u_\nu) - r(v_\nu) \right|}{n^2 - 1}.$$

Es ist $r^\star_{SP}$ nicht auf $[-1; +1]$ normiert, vielmehr ist die asymptotische untere Grenze von $r^\star_{SP}$ bei Gegenläufigkeit von U und V gegeben durch $-0,5$. Eine Variante ist

$$r^{\star\star}_{SP} := 1 - \frac{4 \sum_{\nu=1}^{n} \left| r(u_\nu) - r(v_\nu) \right|}{n^2}.$$

Dieser Koeffizient hat bei Gegenläufigkeit von U und V die asymptotische Untergrenze -1.

Betrachtet werde ein Paar (e_ν, e_κ) von Merkmalsträgern mit $\nu \neq \kappa$ und $\nu,\ \kappa \in \{1, 2, \ldots, n\}$, das die Ausprägungen u_ν und u_κ von U sowie v_ν und v_κ von V aufweist. Dann kann man, wie folgt, Punkte (engl. scores) $su_{\nu\kappa}$, $sv_{\nu\kappa}$ und $s_{\nu\kappa}$ definieren:

- $su_{\nu\kappa} := +1$, wenn $u_\nu < u_\kappa$ (natürliche Reihenfolge in U)
- $su_{\nu\kappa} := -1$, wenn $u_\nu > u_\kappa$ (inverse Reihenfolge in U)
- $su_{\nu\kappa} := 0$, wenn $u_\nu = u_\kappa$ (Bindung in U)
- $sv_{\nu\kappa} := +1$, wenn $v_\nu < v_\kappa$ (natürliche Reihenfolge in V)
- $sv_{\nu\kappa} := -1$, wenn $v_\nu > v_\kappa$ (inverse Reihenfolge in V)
- $sv_{\nu\kappa} := 0$, wenn $v_\nu = v_\kappa$ (Bindung in V)
- $s_{\nu\kappa} := su_{\nu\kappa} \times sv_{\nu\kappa}$,

Im Falle

$$s_{\nu\kappa} = +1$$

heißt (e_ν, e_κ) ein **konkordantes Paar**, d. h. bei ihm verhalten sich U und V gleichsinnig:

$u_\nu < u_\kappa$ und $v_\nu < v_\kappa$ $(su_{\nu\kappa} = +1,\ sv_{\nu\kappa} = +1)$

oder

$u_\nu > u_\kappa$ und $v_\nu > v_\kappa$ $(su_{\nu\kappa} = -1,\ sv_{\nu\kappa} = -1)$.

[3] footrule (engl.) $\widehat{=}$ Zollstock

Im Falle

$$s_{\nu\kappa} = -1$$

heißt (e_ν, e_κ) ein **diskordantes Paar**, d. h. bei ihm verhalten sich U und V gegenläufig:

$u_\nu < u_\kappa$ und $v_\nu > v_\kappa$ $(su_{\nu\kappa} = +1,\ sv_{\nu\kappa} = -1)$

oder

$u_\nu > u_\kappa$ und $v_\nu < v_\kappa$ $(su_{\nu\kappa} = -1,\ sv_{\nu\kappa} = +1)$.

Im Falle

$$s_{\nu\kappa} = 0$$

heißt (e_ν, e_κ) ein **Paar mit Bindung** (in U, in V oder in beiden Merkmalen).

Es sei n_c die **Anzahl aller konkordanten Paare**:

$$n_c = \#\{s_{\nu\kappa} | s_{\nu\kappa} = +1\},$$

und n_d die **Anzahl aller diskordanten Paare**:

$$n_d = \#\{s_{\nu\kappa} | s_{\nu\kappa} = -1\}.$$

Bei n Merkmalsträgern lassen sich $n\,(n-1)/2$ Paare bilden, und es gilt:

$$n_c + n_d = \frac{n\,(n-1)}{2},$$

wenn es keine Bindungen gibt. Auf den Größen n_c, n_d und n basieren als Kondordanzmaße:

- KENDALL's Tau (Ausgangspunkt sind die ungruppierten Wertpaare.)
- GOODMAN/KRUSKAL's Gamma (Ausgangspunkt ist eine Kontingenztafel.)

<u>KENDALL's Tau</u>

(KENDALL/GIBBONS, 1990) (Sir MAURICE KENDALL, 1907 – 1983)

<u>1. Fall</u>: Es gibt **keine Bindungen im Datensatz**.

$$\left.\begin{aligned} \tau &:= \frac{2\,(n_c - n_d)}{n\,(n-1)} \\ &:= 1 - \frac{4\,n_d}{n\,(n-1)} \\ &:= \frac{4\,n_c}{n\,(n-1)} - 1 \end{aligned}\right\} \quad -1 \le \tau \le +1$$

Interpretation:

$\tau = +1$ – vollständig gleichläufige Beziehung zwischen U und V

$\tau = -1$ – vollständig gegenläufige Beziehung zwischen U und V

$\tau = \ \ 0$ – keine monotone Beziehung zwischen U und V oder Unabhängigkeit (Weitere Anhaltspunkte liefert das Streuungsdiagramm.[4])

Praktische Berechnung:

Vergabe von Rangzahlen $r(u_\nu)$ und $r(v_\nu)$. Ordnung der Merkmalspaare (u_ν, v_ν) so, daß die Rangzahlen des Merkmals U eine aufsteigende Folge bilden.[5] Dadurch wird eine eindeutige Reihenfolge (sofern keine Bindungen vorliegen) der Rangzahlen von V festgelegt. In dieser Reihenfolge bestimmt man, beginnend bei $\nu = 1$, die Anzahl q_ν der Rangzahlen $r(v_\kappa)$, die **kleiner** als $r(v_\nu)$ sind **und** in der Anordnung **rechts von** oder hinter $r(v_\nu)$ stehen:

$$q_\nu := \#\{\kappa | r(v_\kappa) < r(v_\nu) \wedge \nu < \kappa \le n\} \quad \text{und} \quad n_d = \sum_{\nu=1}^{n-1} q_\nu \,.$$

Man kann auch, beginnend bei $\nu = 1$, die Anzahl p_ν der Rangzahlen $r(v_\kappa)$ bestimmen, die **größer** als $r(v_\nu)$ sind **und** in der Anordnung **rechts von** $r(v_\nu)$ stehen:

$$p_\nu := \#\{\kappa | r(v_\kappa) > r(v_\nu) \wedge \nu < \kappa \le n\} \quad \text{und} \quad n_c = \sum_{\nu=1}^{n-1} p_\nu \,.$$

Beispiel:

Die $n = 6$ Wertepaare (u, v) lauten: (9;86), (10;85), (13;95), (11;93), (12;98) und (14;96). Zuordnung der Rangzahlen und Umordnung nach steigendem U-Wert liefert:

ν	u_ν	v_ν	$r(u_\nu)$	$r(v_\nu)$	q_ν	p_ν
1	9	86	1	2	1	4
2	10	85	2	1	0	4
3	11	93	3	3	0	3
4	12	98	4	6	2	0
5	13	95	5	4	0	1
6	14	96	6	5	/	/
Summe	/	/	/	/	3	12

$$n_d = 3; \qquad n_c = 12; \qquad \tau = \frac{2\,(n_c - n_d)}{n\,(n-1)} = \frac{2\,(12-3)}{6 \times 5} = +0,6$$

[4]Bei Bindungen (vgl. 2. Fall weiter unten) sind mittlere Rangzahlen zu verwenden.

[5]Beim Auftreten von Bindungen und mittleren Rangzahlen (vgl. 2. Fall weiter unten) ist die Anordnung innerhalb einer Bindung beliebig.

2. Fall: Es gibt **Bindungen im Datensatz**.

KENDALL/GIBBONS (1990, p. 40 ff.) schlagen hier zwei Formeln vor:[6]

$$\tau_a := \frac{2\,(n_c - n_d)}{n\,(n-1)}\,,$$

$$\tau_b := \frac{n_c - n_d}{\sqrt{\sum\limits_{\nu=1}^{n-1}\sum\limits_{\kappa=\nu+1}^{n} su_{\nu\kappa}^2 \times \sum\limits_{\nu=1}^{n-1}\sum\limits_{\kappa=\nu+1}^{n} sv_{\nu\kappa}^2}}\,.$$

τ_a und τ_b unterscheiden sich im Nenner. Liegen weder in U noch in V Bindungen vor, so ist

$$\sum_{\nu=1}^{n-1}\sum_{\kappa=\nu+1}^{n} su_{\nu\kappa}^2 = \sum_{\nu=1}^{n-1}\sum_{\kappa=\nu+1}^{n} sv_{\nu\kappa}^2 = \frac{n\,(n-1)}{2}\,,$$

und τ_a und τ_b sind identisch.

Hinweise:

1. Es ist $|\tau_a| \leq |\tau_b|$.
2. Während τ_b auf $[-1,+1]$ normiert ist, gilt dies nicht für τ_a.
3. Gibt es überhaupt keine Bindungen, so ist $\tau = \tau_a = \tau_b$.

Praktische Berechnung:

Vorgehen wie im Fall ohne Bindungen unter Beachtung der Fußnoten dort. Den Nenner τ_b bestimmt man zweckmäßigerweise als

$$\sqrt{\sum_{\nu=1}^{n-1}\sum_{\kappa=\nu+1}^{n} su_{\nu\kappa}^2 \times \sum_{\nu=1}^{n-1}\sum_{\kappa=\nu+1}^{n} sv_{\nu\kappa}^2} = \sqrt{\left[\frac{1}{2}n\,(n-1) - t_U\right]\left[\frac{1}{2}n\,(n-1) - t_V\right]}\,,$$

wobei

$t_U := \#\{su_{\nu\kappa} | su_{\nu\kappa} = 0\}$ und $t_V := \#\{sv_{\nu\kappa} | sv_{\nu\kappa} = 0\}$.

[6] Zu anderen Vorgehensweisen vgl. etwa FERSCHL (1978, p. 287 ff.).

Beispiel:

ν	u_ν	v_ν	$r(u_\nu)$	$r(v_\nu)$	q_ν	p_ν	
1	6	10	1	1	0	9	
2	7	20	2,5	2	0	7	← wegen Bindung in U
3	7	30	2,5	4,5	0	4	← wegen Bindung in V
4	10	30	4,5	4,5	0	4	← wegen Bindung in V
5	10	30	4,5	4,5	0	4	← wegen Bindung in V
6	13	30	6,5	4,5	0	3	← wegen Bindung in U
7	13	40	6,5	8	0	1	← wegen Bindung in V
8	15	40	8	8	0	1	← wegen Bindung in V
9	20	40	9,5	8	0	0	← wegen Bindung in U
10	20	50	9,5	10	/	/	
Summe	/	/	/	/	0	33	

Es ist $n_c = \sum p_\nu = 33$ und $n_d = \sum q_\nu = 0$.

$$
\begin{aligned}
t_U &= 1 && \leftarrow \text{1 Paar in der zweifachen Bindung 2,5}\\
&\quad +1 && \leftarrow \text{1 Paar in der zweifachen Bindung 4,5}\\
&\quad +1 && \leftarrow \text{1 Paar in der zweifachen Bindung 6,5}\\
&\quad +1 && \leftarrow \text{1 Paar in der zweifachen Bindung 9,5}\\
&= 4
\end{aligned}
$$

$$
\begin{aligned}
t_V &= 6 && \leftarrow \text{6 Paare in der vierfachen Bindung 4,5}\\
&\quad +3 && \leftarrow \text{3 Paare in der dreifachen Bindung 8}\\
&= 9
\end{aligned}
$$

$$\tau_a = \frac{2\,(n_c - n_d)}{n\,(n-1)} = \frac{2 \times (33-0)}{10 \times 9} = +0{,}7\overline{3}$$

$$
\begin{aligned}
\tau_b &= \frac{n_c - n_d}{\sqrt{[0{,}5\,n\,(n-1) - t_U][0{,}5\,n\,(n-1) - t_V]}}\\
&= \frac{33-0}{\sqrt{[5 \times 9 - 4][5 \times 9 - 9]}} \approx +0{,}8590
\end{aligned}
$$

GOODMAN/KRUSKAL's Gamma
(GOODMAN/KRUSKAL, 1954)

In einer Kontingenztafel (vgl. Tab. A3/1) sind die Zeilen- und Spaltenmerkmalsausprägungen bzw. Klassenmitten so angeordnet, daß $u_1 < u_2 < \cdots < u_k$ und $v_1 < v_2 < \cdots < v_\ell$. Es ist $n_{ij} \times n_{i^*j^*}$ die Anzahl der Paare von Merkmalsträgern mit der Ausprägungskombination (u_i, v_j) und (u_{i^*}, v_{j^*}), $i \neq i^*$ und $j \neq j^*$.

$$\left.\begin{aligned} c_{ij} &:= \sum_{i^*>i}\sum_{j^*>j} n_{i^*j^*} \\ d_{ij} &:= \sum_{i^*>i}\sum_{j^*<j} n_{i^*j^*} \end{aligned}\right\} \text{Hilfsgrößen}$$

$$n_c = \sum_i \sum_j n_{ij}\, c_{ij} \quad \text{– Anzahl konkordanter Paare}$$

$$n_d = \sum_i \sum_j n_{ij}\, d_{ij} \quad \text{– Anzahl diskordanter Paare}$$

$$\gamma := \frac{n_c - n_d}{n_c + n_d}, \quad -1 \leq \gamma \leq +1$$

Interpretation: wie bei KENDALL's Tau.

Beispiel:

Tabelle der n_{ij}

	v_1	v_2	v_3
u_1	3	1	2
u_2	0	10	2
u_3	1	2	1

Tabelle der c_{ij}

	v_1	v_2	v_3
u_1	15	3	0
u_2	3	1	0
u_3	0	0	0

Tabelle der d_{ij}

	v_1	v_2	v_3
u_1	0	1	13
u_2	0	1	3
u_3	0	0	0

$n_c = 3 \times 15 + 1 \times 3 + 0 \times 3 + 10 \times 1 = 58$
$n_d = 1 \times 1 + 2 \times 13 + 10 \times 1 + 2 \times 3 = 43$

$$\gamma := \frac{n_c - n_d}{n_c + n_d} = \frac{58 - 43}{58 + 43} \approx +0,1485$$

3.3.3 Kardinale Merkmale: Produktmomente und metrische Korrelation

Empirische Produktmomente: arithmetisches Mittel bestimmter Funktionen $g(X, Y)$ der Merkmale X und Y, wobei vor allem Funktionen der Bauart

$$g(X,Y) = \left(\frac{X-a}{b}\right)^r \left(\frac{Y-c}{d}\right)^s; \; a, c \in \mathbb{R}; \; b, d > 0; \; r, s \in \mathbb{N}_0$$

verwendet werden.

Allgemeines Produktmoment der Ordnung $r+s$

$$m_{r;s}(a;b;c;d) := \overline{g(X,Y)} := \begin{cases} \frac{1}{n}\sum_{\nu=1}^{n}\left(\frac{x_\nu - a}{b}\right)^r\left(\frac{y_\nu - c}{d}\right)^s \\ \frac{1}{n}\sum_{i=1}^{k}\sum_{j=1}^{\ell}\left(\frac{x_i - a}{b}\right)^r\left(\frac{y_j - c}{d}\right)^s n_{ij} \end{cases}$$

Spezielle Produktmomente sind

- die **Produktmomente um Null**

$$m'_{r;s} := m_{r;s}(0;1;0;1) := \overline{X^r Y^s} := \begin{cases} \frac{1}{n}\sum_{\nu=1}^{n} x_\nu^r\, y_\nu^s \\ \frac{1}{n}\sum_{i=1}^{k}\sum_{j=1}^{\ell} x_i^r\, y_j^s\, n_{ij} \end{cases}$$

insbesondere

$m'_{0;0} = 1$

$m'_{1;0} = \bar{x} = \frac{1}{n}\sum_{\nu=1}^{n} x_\nu$ bzw. $\frac{1}{n}\sum_{i=1}^{k} x_i\, n_{i.}$

$m'_{0;1} = \bar{y} = \frac{1}{n}\sum_{\nu=1}^{n} y_\nu$ bzw. $\frac{1}{n}\sum_{j=1}^{\ell} y_j n_{.j}$

$m'_{1;1} = \frac{1}{n}\sum_{\nu=1}^{n} x_\nu\, y_\nu$ bzw. $\frac{1}{n}\sum_{i=1}^{k}\sum_{j=1}^{\ell} x_i\, y_j\, n_{ij}$

$m'_{2;0} = \frac{1}{n}\sum_{\nu=1}^{n} x_\nu^2$ bzw. $\frac{1}{n}\sum_{i=1}^{k} x_i^2\, n_{i.}$

$m'_{0;2} = \frac{1}{n}\sum_{\nu=1}^{n} y_\nu^2$ bzw. $\frac{1}{n}\sum_{j=1}^{\ell} y_j^2\, n_{.j}$

- die **zentralen Produktmomente**

$$m_{r;s} := m_{r;s}(\bar{x};1;\bar{y};1)$$

$$:= \overline{(X-\bar{x})^r(Y-\bar{y})^s} := \begin{cases} \frac{1}{n}\sum_{\nu=1}^{n}(x_\nu - \bar{x})^r(y_\nu - \bar{y})^s \\ \frac{1}{n}\sum_{i=1}^{k}\sum_{j=1}^{\ell}(x_i - \bar{x})^r(y_j - \bar{y})^s n_{ij} \end{cases}$$

insbesondere

$m_{0;0} = 1;\ m_{1;0} = m_{0;1} = 0;$

$$m_{1;1} := \left\{ \begin{array}{l} \frac{1}{n}\sum_{\nu=1}^{n}(x_\nu - \bar{x})(y_\nu - \bar{y}) \\ \frac{1}{n}\sum_{i=1}^{k}\sum_{j=1}^{\ell}(x_i - \bar{x})(y_j - \bar{y})\, n_{ij} \end{array} \right\} \text{empirische } \textbf{Kovarianz} \text{ von } X \text{ und } Y, \text{ auch } cov(X;Y) \text{ oder } s_{XY}$$

$$= m'_{1;1} - m'_{0;1}\, m'_{1;0} = \left\{ \begin{array}{l} \frac{1}{n}\sum_{\nu=1}^{n} x_\nu\, y_\nu - \bar{x}\,\bar{y} \\ \frac{1}{n}\sum_{i=1}^{k}\sum_{j=1}^{\ell} x_i\, y_j\, n_{ij} - \bar{x}\,\bar{y} \end{array} \right.$$

$$m_{2;0} = s_X^2 = \frac{1}{n}\sum_{\nu=1}^{n}(x_\nu - \bar{x})^2 \quad \text{bzw.} \quad \frac{1}{n}\sum_{i=1}^{k}(x_i - \bar{x})^2 n_{i.}$$

$$m_{0;2} = s_Y^2 = \frac{1}{n}\sum_{\nu=1}^{n}(y_\nu - \bar{y})^2 \quad \text{bzw.} \quad \frac{1}{n}\sum_{j=1}^{\ell}(y_j - \bar{y})^2 n_{.j}$$

Hinweise:

1. Zur Berechnung der Produktmomente $m'_{0;s}$; $m'_{r;0}$; $m_{0;s}$ und $m_{r;0}$ benötigt man nur die Randhäufigkeiten.

2. Sind die Merkmale X und Y statistisch unabhängig, gilt

$$\left. \begin{array}{lcl} m'_{r;s} & = & m'_{r;0}\, m'_{0;s}; \\ m_{r;s} & = & m_{r;0}\, m_{0;s}; \end{array} \right\} r, s = 0, 1, 2, \ldots$$

Beziehung zwischen den Produktmomenten

$$m_{r;s} = \sum_{i=0}^{r} \binom{r}{i}(-1)^i (m'_{1;0})^i \left\{ \sum_{j=0}^{s} \binom{s}{j}(-1)^j (m'_{0;1})^j\ m'_{r-i;\,s-j} \right\}$$

$$m'_{r;s} = \sum_{i=0}^{r} \binom{r}{i}(m'_{1;0})^i \left\{ \sum_{j=0}^{s} \binom{s}{j}(m'_{0;1})^j\ m_{r-i;\,s-j} \right\}$$

Das zentrale Produktmoment mit der niedrigsten Ordnung $r + s$, das die gemeinsamen Häufigkeiten n_{ij} berücksichtigt bzw. X **und** Y im ungruppierten Fall verarbeitet und damit auf Abhängigkeiten eingeht, ist die **Kovarianz** als mittleres Abweichungsprodukt der Ausprägungen beider Merkmale von ihrem jeweiligen arithmetischen Mittel. Für dieses Maß gilt

$$-\infty < cov(X, Y) < +\infty.$$

Zur Erläuterung vgl. Abb. A3/4 und Abb. A3/5. In Abb. A3/4 ist außer dem durch $(x, y) = (0, 0)$ gehenden Koordinatenkreuz ein zweites eingezeichnet mit dem Ursprung im **Schwerpunkt** der Punktewolke, also in $(x, y) = (\bar{x}, \bar{y})$. Auf den Achsen des letzteren Koordinatensystems werden

a) die **zentrierten Ausprägungen** (≙ Abweichungen vom Mittelwert)

$$x_\nu^* := x_\nu - \bar{x} \quad \text{und} \quad y_\nu^* := y_\nu - \bar{y}$$

aufgetragen, wobei

$$\overline{x*} = 0 \quad \text{und} \quad \overline{y*} = 0,$$

b) und die Quadrantennumerierung sich auf diese Transformation bezieht.

Das **Abweichungsprodukt** $(x_\nu - \bar{x})(y_\nu - \bar{y})$ ist

- **positiv** für alle Elemente e_ν, die im I. und III. Quadranten liegen und
- **negativ** für alle Elemente im II. und IV. Quadranten.

Abb. A3/4: Streuungsdiagramm und Kovarianz

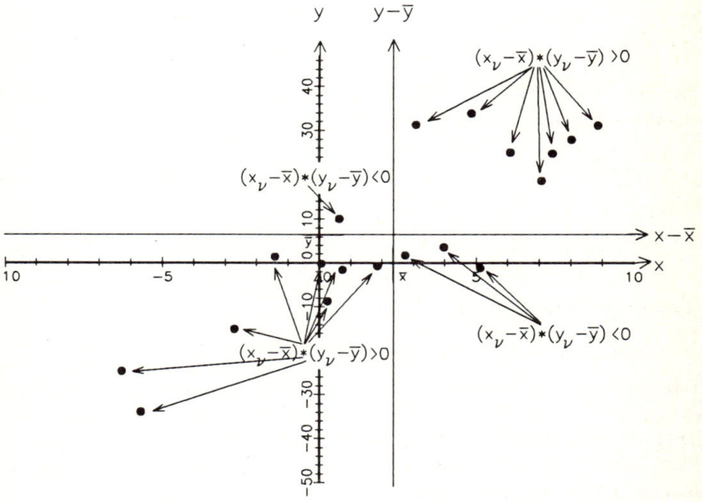

Die **Kovarianz** $cov(X, Y) := s_{XY}$ ist

- **positiv**, wenn die Punktewolke hauptsächlich im I. und III. Quadranten liegt, also von links unten nach rechts oben etwa **linear** verläuft (⇒ Gleichläufigkeit in X und Y), vgl. Abb. A3/5 oben rechts,

- **negativ**, wenn die Punktewolke hauptsächlich im II. und IV. Quadranten liegt, also von links oben nach rechts unten etwa **linear** verläuft (⇒ Gegenläufigkeit in X und Y), vgl. Abb. A3/5 oben links,
- **Null**, wenn die Punktewolke in allen vier Quadranten so liegt, daß sich positive und negative Abweichungsprodukte aufheben, vgl. die beiden unteren Teilgraphiken in Abb. A3/5. Dieses kann gleichwohl eine funktionale Beziehung beinhalten, die aber nicht linear ist. Es wird $s_{XY} = 0$ auch bei statistischer Unabhängigkeit auftreten, was bedeutet, daß die Punktewolke keine Struktur besitzt (⇒ gleichmäßige Verteilung in alle Richtungen).

Abb. A3/5: Kovarianz bei verschiedenen Arten der Beziehung zweier Merkmale

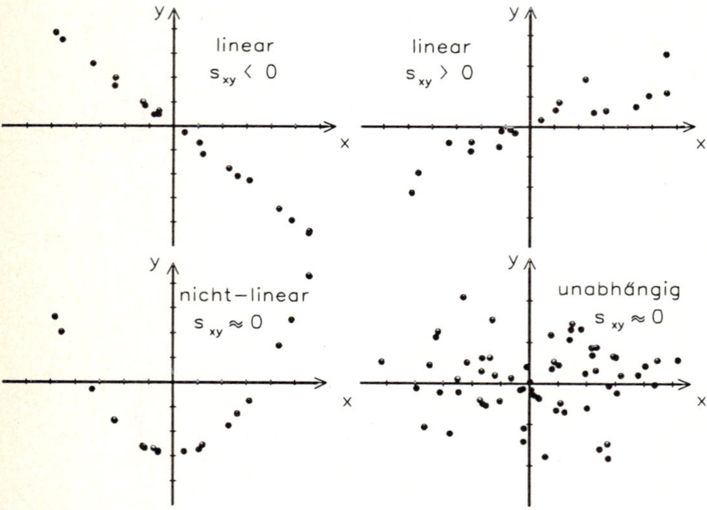

Die Kovarianz ist ein **nicht-norminiertes Maß** für den **linearen Zusammenhang** zweier Merkmale. Ein **norminiertes Maß** für den linearen Zusammenhang ist der **Korrelationskoeffizient von** BRAVAIS-PEARSON (AUGUSTE BRAVAIS, 1811 – 1863; KARL PEARSON, 1857 – 1936), auch **Produktmomentenkorrelationskoeffizient**[7] genannt:

$$r := \frac{s_{XY}}{s_X\, s_Y} \quad \text{mit} \quad -1 \leq r \leq 1$$

[7]Der eigentliche Begründer der Korrelationsanalyse (vgl. auch Abs. A3.4) ist FRANCIS GALTON, 1822 – 1911.

$$r = \left\{ \begin{array}{c} \dfrac{\sum\limits_{\nu=1}^{n} x_\nu\, y_\nu - n\,\bar{x}\,\bar{y}}{\sqrt{\{\sum x_\nu^2 - n\,\bar{x}^2\}\{\sum y_\nu^2 - n\,\bar{y}^2\}}} \\ \dfrac{\sum\limits_{i=1}^{k}\sum\limits_{j=1}^{\ell} x_i\, y_j\, n_{ij} - n\,\bar{x}\,\bar{y}}{\sqrt{\left\{\sum\limits_i x_i^2 n_{i.} - n\,\bar{x}^2\right\}\left\{\sum\limits_j y_j^2 n_{.j} - n\,\bar{y}^2\right\}}} \end{array} \right\} \text{Rechenformeln}$$

Eigenschaften:

Es sei $X^+ = a + b\,X,\ \ Y^+ = c + d\,Y$.

1. $cov(X^+, Y^+) = b\,d\,cov(X, Y)$
   Die Kovarianz ist translationsinvariant, aber skalenvariant.
2. $r(X^+, Y^+) = \text{sign}(b\,d)\ r(X, Y)$
   Der Korrelationskoeffizient ist invariant gegenüber Lineartransformationen, ändert aber je nach Vorzeichenkombination der Linearfaktoren b und d sein Vorzeichen.

Interpretation[8] von r:

- $|r|$ ist ein Maß für die **Stärke** (syn.: Strammheit) **des linearen Zusammenhangs** von X und Y.
  - ▷ $|r| = 1 \Longleftrightarrow$ zwischen X und Y besteht eine perfekte lineare Abhängigkeit. Alle Punkte liegen im Streuungsdiagramm auf einer (nicht achsenparallelen) Geraden.
  - ▷ $|r| < 1 \Longleftrightarrow X$ und Y sind nicht perfekt linear abhängig. Die Punkte im Streuungsdiagramm streuen bei $|r| \approx 1$ schwach (vgl. Abb. A3/5 oben links) und bei $|r| \approx 0$ stark (vgl. Abb. A3/5 oben rechts) um eine Gerade.
- sign(r) ist ein Maß für die **Richtung des linearen** Zusammenhangs von X und Y.
  - ▷ sign$(r) = +1 \Longleftrightarrow$ Die Punkte werden durch eine **steigende** Gerade beschrieben.
  - ▷ sign$(r) = -1 \Longleftrightarrow$ Die Punkte werden durch eine **fallende** Gerade beschrieben.
  - ▷ sign$(r) = 0 \Longleftrightarrow$ Keine lineare Beziehung zwischen X und Y. Ob im Falle $r = 0$ die beiden Merkmale nur linear unabhängig sind (vgl. Abb. A3/5 unten links) oder unabhängig schlechthin (vgl. Abb. A3/5 unten rechts), zeigt das Streuungsdiagramm.

---

[8] Vgl. auch die Formeln der linearen Einfachregression in Abs. A3.4.2.

Der FECHNER-**Korrelationskoeffizient** (GUSTAV THEODOR FECHNER, 1801 – 1897; deutscher Physiker und vor allem Psychologe) basiert auf den Vorzeichen der zentrierten Ausprägungen $x_\nu^* := x_\nu - \bar{x}$ und $y_\nu^* = y_\nu - \bar{y}$

$$r_{FE} := \frac{2\Upsilon - n}{n} \quad \text{mit} \quad -1 \leq r_{FE} \leq 1$$

und

$$\Upsilon := \sum_{\nu=1}^{n} p_\nu ,$$

wobei

$$p_\nu = \begin{cases} 1, & \text{wenn} \quad \operatorname{sign}(x_\nu^*) = \operatorname{sign}(y_\nu^*), \\ 0{,}5, & \text{wenn} \quad \begin{cases} x_\nu - \bar{x} = 0 \ \wedge \ y_\nu - \bar{y} \neq 0 \text{ oder} \\ y_\nu - \bar{y} = 0 \ \wedge \ x_\nu - \bar{x} \neq 0, \end{cases} \\ 0, & \text{wenn} \quad \begin{cases} \operatorname{sign}(x_\nu^*) = +1 \ \wedge \ \operatorname{sign}(y_\nu^*) = -1 \\ \operatorname{sign}(x_\nu^*) = -1 \ \wedge \ \operatorname{sign}(y_\nu^*) = +1. \end{cases} \end{cases}$$

Hinweise:

1. Es ist $r_{FE} = +1$ nicht nur bei perfektem gleichläufigen linearen Zusammenhang, sondern auch schon dann, wenn für alle Elemente e_ν gilt

$$(x_\nu < \bar{x} \wedge y_\nu < \bar{y}) \ \vee \ (x_\nu > \bar{x} \wedge y_\nu > \bar{y}) \vee (x_\nu = \bar{x} \wedge y_\nu = \bar{y}).$$

   Dies bedeutet, daß bei jedem Element seine X- und Y-Ausprägung stets auf derselben „Seite“ vom Mittelwert liegen, also das Streuungsdiagramm mit $(\bar{x}, \bar{y})$ als Koordinatenursprung nur Werte im I. und III. Quadranten zeigt.

2. Es ist analog $r_{FE} = -1$ nicht nur bei perfektem gegenläufigen linearen Zusammenhang, sondern auch schon dann, wenn für alle Elemente e_ν gilt

$$(x_\nu < \bar{x} \wedge y_\nu > \bar{y}) \ \vee \ (x_\nu > \bar{x} \wedge y_\nu < \bar{y}),$$

   d. h. bei jedem Element liegen seine X- und Y-Ausprägung stets auf entgegengesetzten „Seiten“ vom Mittelwert. Das Streuungsdiagramm mit $(\bar{x}, \bar{y})$ als Koordinatenursprung hat nur Werte im II. und IV. Quadranten.

3.3.4 Merkmale mit verschiedenem Skalenniveau

Rang-biserieller Korrelationskoeffizient

1. Merkmal: A – qualitativ und dichotom mit a_1 und a_2
2. Merkmal: V – ordinal mit $v_1, v_2, \ldots, v_n$
   $r(v_\nu)$ – Rangzahl von v_ν

$$\bar{r}_1(V) := \frac{1}{n_1} \sum_{\nu \in K_1} r(v_\nu) \quad - \begin{cases} \text{mittlere Rangzahl aller Elemente in Klasse} \\ K_1 \text{ mit } A = a_1 \text{ und } n_1 = \#K_1 \end{cases}$$

$$\bar{r}_2(V) := \frac{1}{n_2} \sum_{\nu \in K_2} r(v_\nu) \quad - \begin{cases} \text{mittlere Rangzahl aller Elemente in Klasse} \\ K_2 \text{ mit } A = a_2 \text{ und } n_2 = \#K_2 \end{cases}$$

$$\bar{r}_{1,2}(V) := 0, \text{ falls } K_{1,2} = \emptyset$$

$$r_{rb} := \frac{2\{\bar{r}_2(V) - \bar{r}_1(V)\}}{n} \quad - \{\text{Rang-biserieller Korrelationskoeffizient}$$

mit

$$-\frac{n+1}{n} \leq r_{rb} \leq \frac{n+1}{n}.$$

Punkt-biserieller Korrelationskoeffizient

1. Merkmal: A – qualitativ und dichotom mit a_1 und a_2
2. Merkmal: Y – kardinal mit $y_1, y_2, \ldots, y_n$ und

$$s_Y^2 = \frac{1}{n}\sum_{\nu=1}^{n}(y_\nu - \bar{y})^2; \; \bar{y} = \frac{1}{n}\sum_{\nu=1}^{n} y_\nu$$

$$\bar{y}_1 := \frac{1}{n_1} \sum_{\nu \in K_1} y_\nu \quad - \begin{cases} \text{Mittelwert von } Y \text{ der Elemente in Klasse } K_1 \text{ mit} \\ A = a_1 \text{ und } n_1 = \#K_1 \neq 0 \end{cases}$$

$$\bar{y}_2 := \frac{1}{n_2} \sum_{\nu \in K_2} y_\nu \quad - \begin{cases} \text{Mittelwert von } Y \text{ der Elemente in Klasse } K_2 \text{ mit} \\ A = a_2 \text{ und } n_2 = \#K_2 \neq 0 \end{cases}$$

$$p := \frac{n_1}{n}; \; q := \frac{n_2}{n} = 1 - p$$

$$r_{pb} := \frac{\bar{y}_2 - \bar{y}_1}{s_Y} \sqrt{p\,q} - \{\text{Punkt-biserieller Korrelationskoeffizient}$$

Biserieller Korrelationskoeffizient

Merkmale wie beim Punkt-biseriellen Korrelationskoeffizienten, jedoch ist A durch Dichotomisierung eines stetigen Merkmals X entstanden, das mit Y gemeinsam zweidimensional normalverteilt (vgl. Abs. B3.7.3) ist. Der unbekannte

Korrelationskoeffizient ρ dieser Verteilung wird geschätzt durch den **biseriellen Korrelationskoeffizienten**

$$r_{bi} := \frac{\bar{y}_2 - \bar{y}_1}{s_Y} \frac{p\,q}{\varphi(u)}$$

mit

$$u \text{ so, daß } \Phi(u) = \min(p; q),$$

d. h. u ist das Perzentil der Ordnung $\min(p; q)$ der Standardnormalverteilung (vgl. Abs. B3.7.1), und

$$\varphi(u) = \frac{1}{\sqrt{2\pi}} \exp(-u^2/2).$$

Hinweis:

Überführt man das Merkmal X einer zweidimensional-normalverteilten Variablen (X, Y) in $k > 2$ geordnete Kategorien $u_1 < u_2 < \ldots < u_k$, während Y stetig gemessen wird, dann wird ρ über den **polyseriellen Korrelationskoeffizienten** geschätzt, der nicht geschlossen darstellbar ist.

Tetrachorischer Korrelationskoeffizient

Zwei jeweils dichotome Merkmale A und B, deren gemeinsame Frequenzen a, b, c und d in einer Vierfeldertafel (vgl. Tab. A3/3) dargestellt sind, entstanden durch Dichotomisierung einer zweidimensionalen Zufallsvariablen (X, Y). Der unbekannte Korrelationskoeffizient ρ wird geschätzt über den **tetrachorischen Korrelationskoeffizienten**, dessen approximative Formel lautet

$$r_{tet} = \sin\left\{\frac{\pi}{2} \frac{\sqrt{a\,d} - \sqrt{b\,c}}{\sqrt{a\,d} + \sqrt{b\,c}}\right\}.$$

Hinweis:

Werden X bzw. Y in $k > 2$ (bzw. $\ell > 2$) geordnete Kategorien der Merkmale U bzw. V überführt, so wird ρ mit dem **polychorischen Korrelationskoeffizienten** geschätzt, der nicht geschlossen darstellbar ist.

3.4 Einfachregression

Die Regressionsrechnung versucht, die Beziehung zwischen kardinalen Merkmalen[9] durch statistisch geschätzte Funktionen darzustellen. Die erklärte (syn.: abhängige) Variable heißt **Regressand**; die erklärende (syn.: unabhängige) Variable heißt **Regressor**.

Nach der Anzahl der Regressoren unterscheidet man

- **Einfachregression** (Es gibt nur eine Regressorvariable.)
- **Mehrfachregression** (Es gibt zwei oder mehr Regressoren.)

Nach der mathematischen Darstellbarkeit unterscheidet man

- **Regression erster Art** – Hier wird die Folge der bedingten Mittelwerte (vgl. Abs. A3.1) des Regressanden betrachtet. Diese Folge ist i. d. R. nicht analytisch durch eine parametrische Funktion darstellbar und daher weniger gut handhabbar.
- **Regression zweiter Art** (kurz: Regression)[10] – Es wird zur Beschreibung des Zusammenhangs zwischen Regressand und Regressor(en) eine parametrische Funktion (mit möglichst wenigen Parametern) vorgegeben, und aus den Beobachtungsdaten werden dann die unbekannten Parameter dieser Funktion nach einer bestimmten Methode optimal geschätzt.[11]
  - ▷ **Lineare Regression** – Die Funktion ist linear in einem Regressor (lineare Einfachregression) und liefert eine Gerade oder in mehreren Regressoren (lineare Mehrfachregression) und liefert dann eine Ebene bzw. Hyperebene.
  - ▷ **Nicht-lineare Regression** – Die Funktion ist nicht-linear in einem oder mehreren Regressoren. Sofern man nicht mit Polynomen arbeitet, gestaltet sich hier die Regressionsrechnung wegen der Lösung eines interdependenten nicht-linearen Gleichungssystems kompliziert.

3.4.1 Regression erster Art

Die Daten liegen in gruppierter Form als Korrelationstabelle vor, so daß man die bedingten Mittelwerte des einen Merkmals in Abhängigkeit von der Klassenmitte des anderen Merkmals darstellen kann. Die Punkteschar dieser bedingten Mittelwerte heißt **empirische Regression erster Art**:

$(\bar{x}_j; y_j)$; $j = 1, \ldots, \ell$ – $\{$empirische Regression erster Art **von** X **auf** Y,

[9] Auf Erweiterungen der Regressionsrechnung mit ordinalen und qualitativen Merkmalen wird hier grundsätzlich nicht eingegangen, vgl. jedoch Abs. A8.3.2.2.

[10] Man spricht auch von ausgleichender Regression.

[11] Merke: Die Regressionsrechnung liefert nur Parameterwerte einer Funktion, nicht aber den Funktionstyp. Dieser muß vorgegeben (syn.: spezifiziert) werden. Man kann aber testen (vgl. Abs. C4), ob der gewählte Funktionstyp statistisch haltbar ist.

$(x_i; \bar{y}_i);\ i = 1, \ldots, k$ – {empirische Regression erster Art **von** Y **auf** X.

Die Güte der Regression erster Art wird gemessen durch ein Bestimmtheitsmaß, **Korrelationsverhältnis** genannt, das – wie jedes Bestimmtheitsmaß – das Verhältnis der erklärten Varianz (hier: die externe Varianz) zur Gesamtvarianz der abhängigen Variablen ist:

$\eta_{X \cdot Y} := \frac{{}_X s_b^2}{s_X^2}$ – {Bestimmtheitsmaß der emp. Regr. 1. Art von X auf Y,

$\eta_{Y \cdot X} := \frac{{}_Y s_b^2}{s_Y^2}$ – {Bestimmtheitsmaß der emp. Regr. 1. Art von Y auf X.

Eigenschaften:

1. $0 \leq \eta_{X \cdot Y},\ \eta_{Y \cdot X} \leq 1$, wobei i. d. R. $\eta_{X \cdot Y} \neq \eta_{Y \cdot X}$.
2. $\eta_{X \cdot Y} = 0 \Longleftrightarrow \bar{x}_j = \text{const.}\ \forall j$ – X ist im Mittel von Y unabhängig.
   $\eta_{Y \cdot X} = 0 \Longleftrightarrow \bar{y}_i = \text{const.}\ \forall i$ – Y ist im Mittel von X unabhängig.
3. $\eta_{X \cdot Y} = 1 \Longleftrightarrow {}_X s_j^2 = 0\ \forall j$ – {Es besteht eine vollständig einseitige Abhängigkeit (X von Y) im Mittel.
   $\eta_{Y \cdot X} = 1 \Longleftrightarrow {}_Y s_i^2 = 0\ \forall i$ – {Es besteht eine vollständig einseitige Abhängigkeit (Y von X) im Mittel.

3.4.2 Lineare Regression

Es soll eine lineare Funktion geschätzt werden, die Y für jeden Wert von X (und nicht nur, wie die Regression erster Art, an ausgewählten Stellen x_i) erklärt:

$$Y = a_{YX} + b_{YX} X + U \text{ – Regression von } Y \text{ auf (bezüglich) } X$$

U – **latente** (syn.: unbeobachtbare) **Variable**[12]. Sie modelliert

- den Einfluß aller anderen Einflußgrößen auf Y,
- den Meßfehler in der Varablen Y,
- Fehler in der Wahl der Gleichungsform (hier: Gerade).

a_{YX}, b_{YX} – unbekannte, zu schätzende **Regressionskoeffizienten.**

An die Punkte (x_ν, y_ν) im Streuungsdiagramm soll eine Gerade „optimal" angepaßt werden. Je nach gewählter, zu optimierenden Zielfunktion erhält man i. d. R. andere Schätzwerte für a_{YX} und b_{YX}. Man unterscheidet die

- **KQ-Methode** oder **Kleinst-Quadrate-Methode** (syn. OLS-Methode[13]) nach Carl Friedrich Gauss (1777 – 1855) – Sie bestimmt die Schätzwerte so, daß die Summe der Quadrate der Abweichungen zwischen

[12] Von U streng zu unterscheiden ist die nach der Schätzung sich einstellende Residualvariable $\widehat{U}$.

[13] OLS – ordinary least squares

beobachtetem y-Wert (y_ν) und auf der Geraden zu liegen kommender y-Wert ($\widehat{y}_\nu$) minimiert wird, vgl. Abb. A3/6. Die Abweichung $\widehat{u}_\nu$ wird parallel zur y-Achse gemessen.

- **LAD-Methode**[14] – Sie bestimmt die Schätzwerte so, daß die Summe der betragsmäßigen Abweichungen $|y_\nu - \widehat{y}_\nu|$ minimal wird. Die Abweichung wird wieder parallel zur y-Achse gemessen.
- **Orthogonale Regression** – Die Schätzwerte werden so bestimmt, daß die Summe der Quadrate der Abweichungen minimal wird, wobei die Abweichung $|y_\nu - \widehat{y}_\nu|$ der lotrechte Abstand eines jeden Punktes zur Geraden ist.
- Robuste Regression[15], etwa **LMS-Methode** (≘ least median of squares) – Man versucht das schmalste Band zu finden, das 50% der Datenpunkte enthält. Die Gerade, die in der Mitte dieses Bandes liegt, ist die LMS-Gerade.

Abb. A3/6: Erläuterungen der KQ-Methode

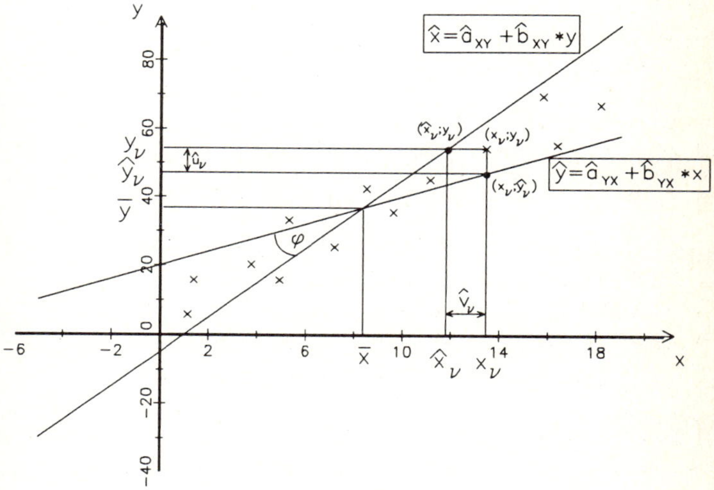

[14] LAD – least absolute deviation

[15] Die vorstehenden Methoden sind sehr ausreißerempfindlich.

Es wird nachfolgend nur die KQ-Regression behandelt, da sie

1. am weitesten verbreitet ist,
2. leicht zu verstehen ist,
3. geschlossene Schätzformeln liefert und
4. auch inferenztheoretisch (vgl. Abs. C4) gut zu handhaben ist.

KQ-Methode: Man wähle $\widehat{a}_{YX}$ und $\widehat{b}_{YX}$ so, daß

$$Q(\widehat{a}_{YX}, \widehat{b}_{YX}) := \sum_{\nu=1}^{n}(y_\nu - \widehat{y}_\nu)^2 = \sum_{\nu=1}^{n}(y_\nu - \widehat{a}_{YX} - \widehat{b}_{YX}\, x_\nu)^2 \stackrel{!}{=} \min .$$

Es heißt $\widehat{y}_\nu$ der zu x_ν gehörende **Regressionswert** von Y. Partielle Ableitung von Q nach jedem Koeffizienten und Nullsetzung der beiden Ableitungen liefert das **Normalgleichungssystem**:

$$\begin{aligned} \sum y_\nu &= \widehat{a}_{YX}\, n &+& \ \widehat{b}_{YX} \sum x_\nu \\ \sum y_\nu x_\nu &= \widehat{a}_{YX} \sum x_\nu &+& \ \widehat{b}_{YX} \sum x_\nu^2 \end{aligned}$$

mit der Lösung[16]

$$\begin{aligned} \widehat{a}_{YX} &= \frac{\sum y_\nu \sum x_\nu^2 - \sum y_\nu\, x_\nu \sum x_\nu}{n \sum x_\nu^2 - \left(\sum x_\nu\right)^2} \\ \widehat{b}_{YX} &= \frac{n \sum y_\nu\, x_\nu - \sum x_\nu \sum y_\nu}{n \sum x_\nu^2 - \left(\sum x_\nu\right)^2} \end{aligned}$$

Alternative Darstellung der KQ-Schätzer:

$$\begin{aligned} \widehat{b}_{YX} &= \frac{s_{XY}}{s_X^2}; \quad \widehat{b}_{YX} = r\,\frac{s_Y}{s_X} \\ \widehat{a}_{YX} &= \bar{y} - \widehat{b}_{YX}\, \bar{x} \end{aligned}$$

Gleichung der Regressionsgeraden von Y auf X

$$\widehat{y}(x) = \bar{y} + \frac{s_{XY}}{s_X^2}\,(x - \bar{x}) \qquad (*)$$

Diese Gleichung dient zur Vorhersage von Y für gegebene x-Werte, die nicht unbedingt mit Beobachtungswerten x_ν identisch sein müssen. Die Vorhersage für Y ist optimal in dem Sinne, daß sie den kleinsten quadratischen Prognosefehler besitzt.

---

[16] Die notwendige und hinreichende Bedingung für eine Minimumstelle sind erfüllt.

Umkehrregression (Regression von X auf Y)

Will man X durch Y erklären, so wird (∗) nicht nach x aufgelöst, also die Umkehrfunktion gebildet, sondern man schätzt diese Gerade

$$X = a_{XY} + b_{XY}\, Y + V$$

aus dem Ansatz

$$\widetilde{Q}(\widehat{a}_{XY}, \widehat{b}_{XY}) := \sum_{\nu=1}^{n} (x_\nu - \widehat{x}_\nu)^2 = \sum_{\nu=1}^{n} (x_\nu - \widehat{a}_{XY} - \widehat{b}_{XY}\, y_\nu)^2 \overset{!}{=} \min,$$

d. h. man betrachtet die Abweichungen parallel zur x-Achse (vgl. Abb. A3/6). Die Gleichung der Regressionsgeraden von X auf Y lautet

$$\widehat{x}(y) = \bar{x} + \frac{s_{XY}}{s_Y^2}\,(y - \bar{y}).$$

Die Schätzwerte $\widehat{a}_{XY}$ und $\widehat{b}_{XY}$ ergeben sich aus den Formeln für $\widehat{a}_{YX}$ und $\widehat{b}_{YX}$, wenn man dort x_ν und y_ν vertauscht.

Formale Eigenschaften der linearen Einfachregressionen

1. $$\left.\begin{aligned} \bar{\widehat{y}} &= \frac{1}{n}\sum \widehat{y}_\nu = \bar{y} = \frac{1}{n}\sum y_\nu \\ \bar{\widehat{x}} &= \frac{1}{n}\sum x_\nu = \bar{x} = \frac{1}{n}\sum x_\nu \end{aligned}\right\}$$ Regressionswerte und Beobachtungswerte haben gleichen Mittelwert.

2. Varianz der Regressionswerte

   $$s_{\widehat{Y}}^2 := \frac{1}{n}\sum (\widehat{y}_\nu - \bar{\widehat{y}})^2 = \left(\frac{s_{XY}}{s_X}\right)^2 = \widehat{b}_{YX}\; s_{XY} = r^2\, s_Y^2$$

   $$s_{\widehat{X}}^2 := \frac{1}{n}\sum (\widehat{x}_\nu - \bar{\widehat{x}})^2 = \left(\frac{s_{XY}}{s_Y}\right)^2 = \widehat{b}_{XY}\; s_{XY} = r^2\, s_X^2$$

3. Die beiden **Regressionsgeraden schneiden sich** im Datenschwerpunkt, d. h. in $(\bar{x}, \bar{y})$, wobei für den kleineren der beiden **Schnittwinkel** φ gilt:

   $$\tan\varphi = \frac{1 - r^2}{r^2}\,\frac{s_{XY}}{s_X^2 + s_Y^2} = \frac{1 - r^2}{r}\,\frac{s_X\, s_Y}{s_X^2 + s_Y^2}\,.$$

4. Die beiden **Regressionsgeraden fallen zusammen** ($\varphi = 0^o$ bzw. $\tan\varphi = 0$), wenn $r = +1$ oder $r = -1$.
5. Die beiden **Regressionsgeraden** sind **orthogonal** und parallel zu den Koordinatenachsen ($\varphi = 90^o$ bzw. $\tan\varphi = \infty$), wenn $r = 0$.
6. Der Regressionsansatz führt zu einer **Zerlegung der Varianz der erklärten** Variablen, etwa für Y:

$$\frac{1}{n}\sum(y_\nu - \bar{y})^2 = \underbrace{\frac{1}{n}\sum(\hat{y}_\nu - \bar{y})^2}_{s^2_{\hat{Y}}} + \underbrace{\frac{1}{n}\sum(y_\nu - \hat{y}_\nu)^2}_{s^2_{Y-\hat{Y}}}$$

$$s^2_Y = s^2_{\hat{Y}} + s^2_{Y-\hat{Y}}$$

$$\text{Gesamtvarianz} = \left\{\begin{matrix}\text{durch die Regression}\\ \text{erklärte Varianz}\end{matrix}\right\} + \left\{\begin{matrix}\text{durch die Regression}\\ \text{nicht erklärte Varianz}\end{matrix}\right\}$$

Es heißt:

$s^2_{\hat{Y}}$ – Varianz **auf** der Regressionsgeraden (entspricht der externen Varianz von oben),

$s^2_{Y-\hat{Y}}$ – Varianz **um** die Regressionsgerade (entspricht der internen Varianz von oben).

Entsprechend läßt sich s^2_X zerlegen.

Beurteilung der Regressionsfunktion

1. Gütemaß der Regression von Y auf X ist das **Bestimmtheitsmaß**:

$$B_{Y\cdot X} := \frac{s^2_{\hat{Y}}}{s^2_Y} = \frac{s^2_{XY}}{s^2_X\, s^2_Y} = r^2 = \hat{b}_{YX}\,\hat{b}_{XY}$$

2. Gütemaß der Regression von X auf Y ist das **Bestimmtheitsmaß**:

$$B_{X\cdot Y} := \frac{s^2_{\hat{X}}}{s^2_X} = \frac{s^2_{XY}}{s^2_X\, s^2_Y} = r^2 = \hat{b}_{YX}\,\hat{b}_{XY}$$

3. Bei der linearen Einfachregression (und nur bei dieser) haben Regression und Umkehrregression gleiche Bestimmtheit oder Qualität.
4. Interpretation von $0 \leq B_{X\cdot Y} = B_{Y\cdot X} \leq 1$:

   $B_{X\cdot Y}$ ($B_{Y\cdot X}$) gibt den Anteil der durch die lineare Beziehung zwischen X und Y erklärten Varianz des jeweiligen Regressanden an. Je höher der Wert dieser Maßzahl, desto besser ist der **Fit**.
5. $1 - B_{X\cdot Y}$ ($1 - B_{Y\cdot X}$) heißt **Unbestimmtheitsmaß**.

3.4.3 Nicht-lineare Regression

Mit den Formeln der linearen Einfachregression läßt sich auch bei bestimmten nicht-linearen Regressionsfunktionen arbeiten, wenn man sie **durch Transformation** der Variablen und/oder Parameter **linearisieren** kann, etwa:

- **Potenztransformation**

  $Y = a + b\,Z^c;\ c \in \mathbb{R} \setminus \{0\}$ – Originalfunktion

  $Y = a + b\,X;\ X := Z^c$ – linearisierte Funktion

▷ **Wurzeltransformation**

$Y = a + b\sqrt{Z}$ – Originalfunktion

$Y = a + bX$ – linearisierte Funktion mit $X := \sqrt{Z}$

▷ **Quadrattransformation**

$Y = a + bZ^2$ – Originalfunktion

$Y = a + bX$ – linearisierte Funktion mit $X := Z^2$

▷ **Reziproktransformation**

$Y = a + b\frac{1}{Z}$ – Originalfunktion

$Y = a + bX$ – linearisierte Funktion mit $X := 1/Z$

- **Halb-logarithmische Transformation**

  $W = \alpha \exp\{bX\}$ – Originalfunktion

  $Y = a + bX;$ – linearisierte Funktion mit $a := \ln \alpha;\ Y := \ln W$

- **Doppelt-logarithmische Transformation**

  $W = \alpha Z^b$ – Originalfunktion

  $Y = a + bX;$ – linearisierte Funktion mit
  $a := \ln \alpha;\ Y := \ln W;\ X := \ln Z$

Die Schätzung eines Polynoms (des Grades größer Eins) in X

$$Y = a_0 + a_1 X + a_2 X^2 + \ldots + a_m X^m$$

wird in Abs. A4.4 gezeigt.

Kapitel 4

Darstellung und Beschreibung multivariater Datensätze

In den letzten zwei bis drei Jahrzehnten haben – auch dank der Entwicklungen im Hard- und Softwarebereich für Rechner – die Verfahren zur Analyse und Darstellung multivariater Datensätze einen enormen Aufschwung erfahren (vgl. etwa FAHRMEIR/HAMERLE, 1984; HARTUNG/ELPELT, 1989).

4.1 Mehrdimensionale Verteilungen

Die Ausprägungen von z Merkmalen an n Merkmalsträgern stehen als Zahlen[1] in einer $n \times z$ Datenmatrix $\boldsymbol{D}$, wobei

- das Matrixelement d_{rc} ($r = 1, \ldots, n$; $c = 1, \ldots, z$) die Ausprägung des c-ten Merkmals beim r-ten Träger ist,
- der Zeilenvektor $\boldsymbol{d}_r$ die Informationen über den r-ten Träger ($\widehat{=}$ seine Ausprägungen von jedem Merkmal) enthält und
- der Spaltenvektor $\boldsymbol{d}_c$ alle beobachteten Ausprägungen des c-ten Merkmals zeigt.

Multivariate Verfahren kann man (unvollständig) danach klassifizieren, ob ihr Hauptinteresse

- den Zeilen von $\boldsymbol{D}$, also den Trägern, gilt:
  - ▷ Clusteranalyse,
  - ▷ Diskriminanzanalyse,
- oder den Spalten von $\boldsymbol{D}$, also den Merkmalen:
  - ▷ Regressions- und Korrelationsanalyse, insb. die kanonische Korrelation als Korrelation zwischen Klassen von Merkmalen,
  - ▷ Hauptkomponentenanalyse,
  - ▷ Faktorenanalyse.

---

[1] Ausprägungen qualitativer und u. U. auch ordinaler Merkmale sind bereits als Zahlen kodiert.

Gemeinsame absolute Häufigkeiten entstehen durch kombinierte Auszählung aller n Träger nach den Ausprägungen (bzw. zu Klassen zusammengefaßten Ausprägungen) aller z Merkmale:

$$n_{i_1,i_2,\ldots,i_z} := n(M_1 = m_{i_1}, \ldots, M_c = m_{i_c}, \ldots, M_z = m_{i_z}),$$

wobei M_c für ein Merkmal und m_{i_c} für eine seiner Ausprägungen oder Klasse von Ausprägungen steht.

Gemeinsame relative Häufigkeiten:

$$p_{i_1,\ldots,i_z} := n_{i_1,\ldots,i_z}/n\,.$$

Die gemeinsamen absoluten bzw. relativen Häufigkeiten bilden eine z-**dimensionale Häufigkeitsverteilung**, bei der die Häufigkeiten in einem Kubus ($z = 3$) oder Hyperkubus ($z > 3$) stehen. Zur Erläuterung vgl. Abb. A4/1 mit $z = 3$ Merkmalen X ($i = 1, \ldots, k$), Y ($j = 1, \ldots, \ell$) und Z ($h = 1, \ldots, m$). Ob auch durch Kumulation eine z-dimensionale gemeinsame Verteilungsfunktion zu bilden ist, hängt vom Skalenniveau der Merkmale ab. Analoges gilt auch für die Randverteilungsfunktion und die bedingte Verteilungsfunktion.

Abb. A4/1: Trivariate Häufigkeitsverteilung und daraus abgeleitete Häufigkeitsverteilungen

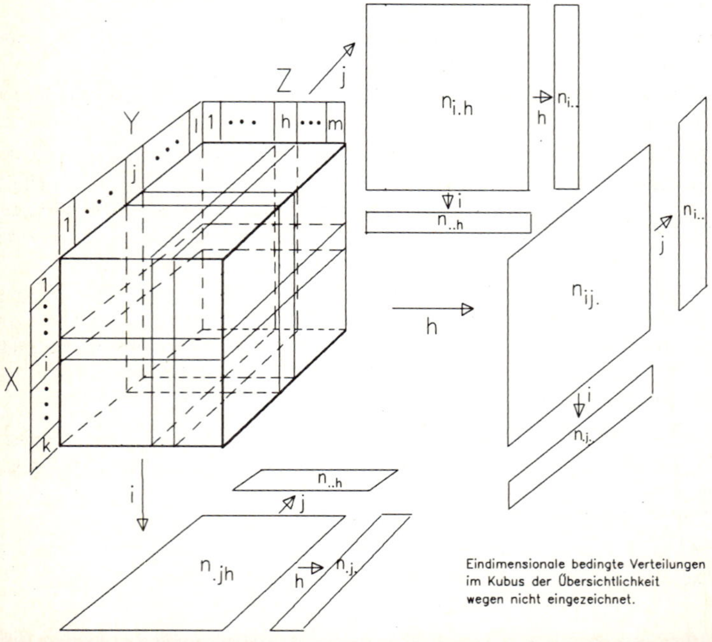

Randverteilungen und Randhäufigkeiten entstehen durch **Summation** der $n_{i_1,\ldots,i_z}$ über einen Index oder mehrere Indizes. Es gibt folgende Randverteilungen:

- $\binom{z}{z-1} = z$ Randverteilungen[2] der Dimension $z-1$ durch Summation über einen Index, (In Abb. A4/1 sind es die drei Randhäufigkeiten $n_{.jh}$, $n_{i.h}$ und $n_{ij.}$.)
- $\binom{z}{z-2}$ Randverteilungen der Dimension $z-2$ durch Summation über zwei Indizes, (In Abb. A4/1 sind es die drei Randhäufigkeiten $n_{..h}$, $n_{.j.}$ und $n_{i..}$, die man jeweils auf zwei Wegen erzeugen kann.)

  $\vdots$
- $\binom{z}{1} = z$ Randverteilungen der Dimension Eins durch Summation über $z-1$ Indizes.

Die Zahl aller Randverteilungen ist

$$\sum_{k=1}^{z-1} \binom{z}{k} = 2^z - 2.$$

Die relativen Randhäufigkeiten ergeben sich aus den absoluten Randhäufigkeiten durch Division mit dem Erhebungsumfang n; in Abb. A4/1 z. B.

$$p_{i..} = n_{i..}/n \quad \text{oder} \quad p_{ij.} = n_{ij.}/n\,.$$

Bedingte Verteilungen entstehen mittels **Schnitt orthogonal** zu einer Achse oder einer von den Achsen aufgespannten Ebene des Häufigkeitskubus. Es gibt folgende bedingte Verteilungen und bedingte Häufigkeiten:

- Eine $(z-1)$–dimensionale bedingte Verteilung resultiert aus dem Schnitt orthogonal zu einer Achse, d. h. von einem Merkmal wird eine Ausprägung vorgegeben oder festgehalten. (In Abb. A4/1 gibt es $k \times \ell \times m$ zweidimensionale bedingte Verteilungen.)
- Eine $(z-2)$–dimensionale bedingte Verteilung resultiert aus dem Schnitt orthogonal zur Ebene, die von zwei Merkmalsachsen aufgespannt wird. (In Abb. A4/1 gibt es $k \times \ell + k \times m + \ell \times m$ eindimensionale bedingte Verteilungen.)

  $\vdots$
- Eine eindimensionale bedingte Verteilung entsteht durch einen Schnitt orthogonal zur Ebene, die von $z-1$ Merkmalsachsen aufgespannt wird.

[2]Zum Binomialkoeffizienten $\binom{z}{z-1}$ vgl. Abs. C1.3

Hinweis:

Die relativen bedingten Häufigkeiten ergeben sich aus den absoluten bedingten Häufigkeiten durch Division mit der zugehörigen absoluten Randhäufigkeit; in Abb. A4/1 z. B.

$$p_{ij|h} = \frac{n_{ij|h}}{n_{..h}} \quad \text{oder} \quad p_{i|jh} = \frac{n_{ijh}}{n_{.jh}} .$$

4.2 Statistische Unabhängigkeit

Paarweise statistische Unabhängigkeit: Die z Merkmale $M_1, \ldots, M_z$ im Datensatz heißen paarweise unabhängig, wenn **jede Zweierkombination** von Merkmalen statistisch unabhängig ist. Am einfachsten drückt man dies durch die Randverteilungen aus (Andere Möglichkeiten ergeben sich analog zu Abs. A3.2.): Die zweidimensionale Randverteilung muß sich als Produkt der beiden eindimensionalen Randverteilungen ergeben, etwa bei $z = 4$ Merkmalen für die Merkmale M_1 und M_2

$$p_{i_1,i_2..} = p_{i_1...} \times p_{.i_2..} \; \forall \, i_1, i_2 .$$

Analog läßt sich eine tripelweise, quadrupelweise etc. statistische Unabhängigkeit definieren.

Die z Merkmale $M_1, \ldots, M_z$ im Datensatz heißen **total** oder **insgesamt statistisch unabhängig** (kurz: **statistisch unabhängig**), wenn sich die z-dimensionale gemeinsame Verteilung als Produkt aller eindimensionalen Randverteilungen darstellen läßt:

$$p_{i_1,i_2,\ldots,i_z} = p_{i_1.\ldots.} \times p_{.i_2.\ldots.} \times \ldots \times p_{.\ldots.i_z} \; \forall \, i_1, \ldots, i_z .$$

Aus totaler statistischer Unabhängigkeit folgt die paarweise (tripelweise, etc.) Unabhängigkeit, aber nicht umgekehrt.

4.3 Maße des Zusammenhangs und einige Parameter

Die Abweichung zwischen der beobachteten z-dimensionalen Häufigkeitsverteilung und jener, die sich bei totaler Unabhängigkeit eingestellt hätte, läßt sich mit der Maßzahl χ^2 (quadratische Kontingenz) und den darauf basierenden weiteren Maßzahlen (vgl. Abs. A3.3.1.1) ausdrücken.

Unabhängigkeitszahlen:

$$u_{i_1,i_2,\ldots,i_z} = \frac{n_{i_1.\ldots.} \times n_{.i_2.\ldots.} \times \ldots \times n_{.\ldots.i_z}}{n^{z-1}}$$

Quadratische Kontingenz:

$$\chi^2 = \sum_{i_1=1}^{k_1} \sum_{i_2=1}^{k_2} \cdots \sum_{i_z=1}^{k_z} \frac{(u_{i_1,i_2,\ldots,i_z} - n_{i_1,i_2,\ldots,i_z})^2}{u_{i_1,i_2,\ldots,i_z}}$$

Die z-dimensionalen Tabelle hat $(k_1-1)\times(k_2-1)\times\ldots\times(k_z-1)$ Freiheitsgrade.

Die Datenmatrix $\boldsymbol{D}$ enthalte m $(2 \leq m \leq z)$ kardinale Merkmale $X_1,\ldots,X_m$. Die $(n\times m)$-Submatrix mit den Ausprägungen der kardinalen Merkmale sei mit $\boldsymbol{X}$ bezeichnet. Durch Vektor- und Matrizenoperationen lassen sich eine Reihe von Parametern leicht darstellen:[3]

$$\bar{\boldsymbol{x}} := \frac{1}{n}\boldsymbol{1}'\boldsymbol{X} = \begin{pmatrix} \bar{x}_1 \\ \vdots \\ \bar{x}_m \end{pmatrix}$$ – Vektor der arithmetischen Mittel,

$$\boldsymbol{1}' = (1,\ldots,1)$$ – Einser-Vektor (summierender Vektor) mit n Elementen,

$$\boldsymbol{A} := \boldsymbol{X} - \begin{pmatrix} \bar{x}_1 & \bar{x}_2 & \ldots & \bar{x}_m \\ \vdots & \vdots & & \vdots \\ \bar{x}_1 & \bar{x}_2 & \ldots & \bar{x}_m \end{pmatrix}$$ – Abweichungsmatrix

mit $a_{\nu j} = x_{\nu j} - \bar{x}_j$ sowie $\boldsymbol{1}'\boldsymbol{A} = \boldsymbol{0}$ und $\boldsymbol{0}$ als Nullvektor,

$$\boldsymbol{M} := \frac{1}{n}\boldsymbol{x}'\boldsymbol{x}$$ – **Matrix der empirischen Nullmomente**, genauer: der Produktmomente um Null der Ordnung 2,

mit

$$m_{ii} = \frac{1}{n}\sum_{\nu=1}^{n} x_{\nu i}^2$$ – Diagonalelement von $\boldsymbol{M}$ und

$$m_{ij} = \frac{1}{n}\sum_{\nu=1}^{n} x_{\nu i}\, x_{\nu j}$$ – Nicht-Diagonalelement von $\boldsymbol{M}$,

$$\boldsymbol{S} := \frac{1}{n}\boldsymbol{A}'\boldsymbol{A}$$ – **empirische Varianz-Kovarianzmatrix**, kurz: Kovarianzmatrix,

$$= \frac{1}{n}\boldsymbol{X}'\boldsymbol{X} - \bar{\boldsymbol{x}}\,\bar{\boldsymbol{x}}'$$

mit

$$s_{ii} =: s_i^2 = \left\{ \begin{matrix} \frac{1}{n}\sum_{\nu=1}^{n}(x_{\nu i} - \bar{x}_i)^2 \\ \frac{1}{n}\sum_{\nu=1}^{n} x_{\nu i}^2 - \bar{x}_i^2 \end{matrix} \right\}$$ Varianzen auf der Hauptdiagonale,

[3] Verfügt man über eine matrix-orientierte Programmiersprache, etwa GAUSS, so lassen sich die Parameter auch leicht nach diesen Formeln berechnen.

$$s_{ij} =: s_{ji} = \left\{ \begin{array}{l} \frac{1}{n}\sum\limits_{\nu=1}^{n}(x_{\nu i} - \bar{x}_i)(x_{\nu j} - \bar{x}_j) \\ \frac{1}{n}\sum\limits_{\nu=1}^{n} x_{\nu i}\, x_{\nu j} - \bar{x}_i\, \bar{x}_j \end{array} \right\} \text{Kovarianzen auf den Nicht-Diagonalen.}$$

$\boldsymbol{S}$ ist symmetrisch und positiv semidefinit. Letzteres bedeutet, daß eine beliebige Linearkombination der Merkmale $X_1, \ldots, X_m$, also $\sum\limits_{c=1}^{m} a_c X_c$, die nichtnegative Varianz $\boldsymbol{a}'\boldsymbol{S}\,\boldsymbol{a}$ hat, wobei $\boldsymbol{a}' = (a_1, \ldots, a_m)$ der Vektor der Linearfaktoren ist. Ist speziell $\boldsymbol{a} = \boldsymbol{1}$, bekommt man die Varianz der Summe der Merkmale.

$$\boldsymbol{S}_{dia} := \begin{pmatrix} s_1^2 & & 0 \\ & \ddots & \\ 0 & & s_m^2 \end{pmatrix} \quad \text{– \textbf{Varianzmatrix}}$$

$$\boldsymbol{S}_{dia}^{1/2} := \begin{pmatrix} s_1 & & 0 \\ & \ddots & \\ 0 & & s_m \end{pmatrix} \quad \text{– \textbf{Standardabweichungsmatrix}}$$

$$\boldsymbol{S}_{dia}^{-1/2} := \begin{pmatrix} 1/s_1 & & 0 \\ & \ddots & \\ 0 & & 1/s_m \end{pmatrix} \quad \text{– Inverse der Standardabweichungsmatrix}$$

$$\boldsymbol{Z} := \boldsymbol{A}\,\boldsymbol{S}_{dia}^{1/2} \quad \text{– \textbf{standardisierte Datenmatrix}}$$

mit $z_{\nu j} = \dfrac{x_{\nu j} - \bar{x}_j}{s_j}$ als standardisierten Meßwerten sowie $\bar{z}_j = 0$ und $_Z s_j^2 = 1$.

$$\left. \begin{array}{rl} \boldsymbol{R} := & \frac{1}{n}\,\boldsymbol{Z}'\boldsymbol{Z} \\ = & \boldsymbol{S}_{dia}^{-1/2}\boldsymbol{S}\,\boldsymbol{S}_{dia}^{-1/2} \end{array} \right\} \text{– \textbf{Korrelationsmatrix}}$$

mit

$$r_{ii} = 1 \quad \text{– Diagonalelement,}$$

$$r_{ij} = \frac{s_{ij}}{\sqrt{s_{ii}\, s_{jj}}} \quad \text{–} \left\{ \begin{array}{l} \text{Bravais-Pearson-Korrelationskoeffizient} \\ \text{der Merkmale } X_i \text{ und } X_j \end{array} \right.$$

$\boldsymbol{R}$ ist symmetrisch und positiv semidefinit. Die Determinante von $\boldsymbol{R}$, $\det \boldsymbol{R}$, ist ein Maß für **Kollinearität**, also linearer Abhängigkeit im Datensatz:

$$0 \leq \det \boldsymbol{R} \leq 1$$

mit

- $\det \boldsymbol{R} = 1 \Longleftrightarrow \boldsymbol{R} = \boldsymbol{E}$, $\boldsymbol{E}$ als Einheitsmatrix.
  In diesem Fall sind die Merkmale orthogonal; alle paarweisen Korrelationskoeffizienten sind Null.
- $\det \boldsymbol{R} = 0$
  In diesem Fall gibt es eine lineare Abhängigkeit zwischen irgend zwei, irgend drei ... oder allen m Merkmalen.
- $0 < \det \boldsymbol{R} < 1$
  Eine lineare Abhängigkeit ist mehr ($\det \boldsymbol{R} \approx 0$) oder weniger ($\det \boldsymbol{R} \approx 1$) stark im Datensatz vorhanden.

4.4 Multiple lineare Regression und Polynomregression[4]

Ein Merkmal Y soll, gestört durch eine additiv wirkende latente Variable U, von $m-1$ Merkmalen $X_2, \ldots, X_m$ linear-inhomogen abhängen. X_1 ist eine Pseudovariable, die stets den Wert Eins hat.

$$Y = \beta_1 X_1 + \beta_2 X_2 + \ldots + \beta_m X_m + U \quad \text{Regressionsansatz} \qquad (*)$$

Die n Datensätze $(y_\nu, 1, x_{2\nu}, x_{3\nu}, \ldots, x_{m\nu})$ liefern für $(*)$ eine Punktewolke im $\mathbb{R}^m$, die

- bei $m = 2$ um eine Gerade,
- bei $m = 3$ um eine Ebene,
- bei $m > 3$ um eine Hyperebene streuen soll.

Für die n Datensätze lautet $(*)$:

$$\begin{aligned} y_\nu &= \beta_1 x_{\nu 1} + \beta_2 x_{\nu 2} + \ldots + \beta_m x_{\nu m} + u_\nu; \quad x_{\nu 1} \equiv 1 \;\forall\; \nu \\ &= \underbrace{\sum_{i=1}^{m} \beta_i x_{\nu i}}_{\text{systematischer Teil von } y_\nu} + \underbrace{u_\nu}_{\text{zufälliger Teil von } y_\nu} \\ \boldsymbol{y} &= \boldsymbol{X}\boldsymbol{\beta} + \boldsymbol{u}, \end{aligned}$$

mit

$$\boldsymbol{y} = \begin{pmatrix} y_1 \\ \vdots \\ y_n \end{pmatrix}; \quad \boldsymbol{X} = \begin{pmatrix} 1 & x_{12} & x_{13} \cdots & x_{1m} \\ \vdots & \vdots & \vdots & \vdots \\ 1 & x_{n2} & x_{n3} \cdots & x_{nm} \end{pmatrix}; \quad \boldsymbol{u} = \begin{pmatrix} u_1 \\ \vdots \\ u_n \end{pmatrix}; \quad \boldsymbol{\beta} = \begin{pmatrix} \beta_1 \\ \vdots \\ \beta_m \end{pmatrix}.$$

Es heißt $\boldsymbol{X}$ die **Designmatrix**. Die m unbekannten Regressionskoeffizienten β_i schätzt man nach der KQ-Methode durch Auflösung des **Normalgleichungssystems** (Voraussetzung: Rang $(\boldsymbol{X}) = m < n$):

[4] Vgl. RINNE, 1976.

$$
\begin{array}{lcl}
\sum y_\nu & = & \widehat{\beta}_1 n + \widehat{\beta}_2 \sum x_{\nu 2} + \widehat{\beta}_3 \sum x_{\nu 3} + \ldots + \widehat{\beta}_m \sum x_{\nu m} \\
\sum y_\nu \, x_{\nu 2} & = & \widehat{\beta}_1 \sum x_{\nu 2} + \widehat{\beta}_2 \sum x_{\nu 2}^2 + \widehat{\beta}_3 \sum x_{\nu 3}\, x_{\nu 2} + \ldots + \widehat{\beta}_m \sum x_{\nu m}\, x_{\nu 2} \\
\sum y_\nu \, x_{\nu 3} & = & \widehat{\beta}_1 \sum x_{\nu 3} + \widehat{\beta}_2 \sum x_{\nu 2}\, x_{\nu 3} + \widehat{\beta}_3 \sum x_{\nu 3}^2 + \ldots + \widehat{\beta}_m \sum x_{\nu m}\, x_{\nu 3} \\
 & \vdots & \\
\sum y_\nu \, x_{\nu m} & = & \widehat{\beta}_1 \sum x_{\nu m} + \widehat{\beta}_2 \sum x_{\nu 2}\, x_{\nu m} + \widehat{\beta}_3 \sum x_{\nu 3}\, x_{\nu m} + \ldots + \widehat{\beta}_m \sum x_{\nu m}^2 \\
\boldsymbol{X}'\boldsymbol{y} & = & \boldsymbol{X}'\boldsymbol{X}\,\widehat{\boldsymbol{\beta}}\,.
\end{array}
$$

Der KQ-Schätzer lautet dann in kompakter Form:

$$\widehat{\boldsymbol{\beta}} = (\boldsymbol{X}'\boldsymbol{X})^{-1}\boldsymbol{X}'\boldsymbol{y}\,,$$

und die Regressionswerte sind:

$\widehat{y}_\nu = \widehat{\beta}_1\, x_{\nu 1} + \widehat{\beta}_2\, x_{\nu 2} + \ldots + \widehat{\beta}_m\, x_{\nu m}$ (vgl. Abb. A4/2),

mit

$$\bar{\widehat{y}} = \frac{1}{n}\sum \widehat{y}_\nu = \bar{y} = \frac{1}{n}\sum_{\nu=1}^{n} y_\nu\,.$$

Abb. A4/2: Regressionsebene und Beobachtungswerte

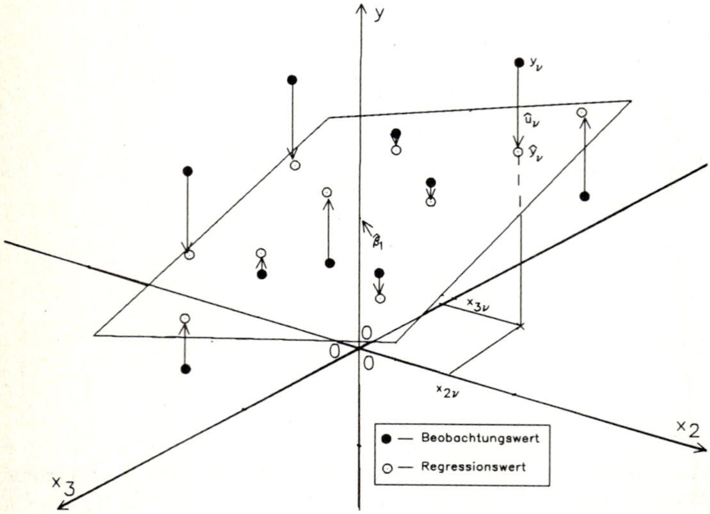

Der Regressionsansatz liefert eine **Zerlegung der Varianz** des Regressanden Y,

$$s_Y^2 = \frac{1}{n}\sum_{\nu=1}^{n}(y_\nu - \bar{y})^2,$$

in

$$\begin{aligned} s_Y^2 &= \frac{1}{n}\sum(\widehat{y}_\nu - \bar{y})^2 &+& \frac{1}{n}\sum(y_\nu - \widehat{y}_\nu)^2 \\ &= \underbrace{s_{\widehat{Y}}^2}_{\text{Varianz auf der Regressionsfunktion}} &+& \underbrace{s_{Y-\widehat{Y}}^2}_{\text{Varianz um die Regressionsfunktion}} \end{aligned}$$

mit

$$\begin{aligned} s_{\widehat{Y}}^2 &= \sum_{i=2}^{m}\widehat{\beta}_i\, s_{iY} \text{ und } s_{iY} := cov(X_i, Y) \\ s_{Y-\widehat{Y}}^2 &= \frac{1}{n}\left\{\sum_{\nu=1}^{n} y_\nu^2 - \sum_{i=1}^{m}\widehat{\beta}_i\sum_{\nu=1}^{n} x_{\nu i}\, y_\nu\right\} \\ &= \frac{1}{n}\left\{\boldsymbol{y}'\boldsymbol{y} - \widehat{\boldsymbol{\beta}}'\boldsymbol{X}'\boldsymbol{y}\right\}. \end{aligned}$$

Die Güte der Regressionsfunktion mißt man mit dem **multiplen Bestimmtheitsmaß**:

$$B_{Y\cdot 2,3,\ldots,m} := \frac{s_{\widehat{Y}}^2}{s_Y^2} = \boldsymbol{r}'\,\boldsymbol{R}\,\boldsymbol{r}\,,$$

mit

$$\boldsymbol{r} := \begin{pmatrix} r_{Y2} \\ \vdots \\ r_{Ym} \end{pmatrix} - \begin{cases} \text{Vektor der Korrelationskoeffizienten} \\ \text{von } Y \text{ und jedem Regressor,} \end{cases}$$

$$\boldsymbol{R} := \begin{pmatrix} 1 & r_{23} \ldots & r_{2m} \\ r_{23} & 1 \quad \ldots & r_{3m} \\ \vdots & \ddots & \vdots \\ r_{2m} & \ldots & 1 \end{pmatrix} - \begin{cases} \text{Matrix der Korrelationskoeffizienten} \\ \text{der Regressoren,} \end{cases}$$

wobei

$$0 \leq B_{Y\cdot 2,3,\ldots,m} \leq 1.$$

Das multiple Bestimmtheitsmaß gibt den Anteil der Varianz des Regressors an, der durch die multiple lineare Abhängigkeit von den Regressoren $X_2, \ldots, X_m$ erklärt wird.

$$r_{Y\cdot 2,3,\ldots,m} := \underset{+}{\sqrt{B_{Y\cdot 2,3,\ldots,m}}}$$

heißt **multipler Korrelationskoeffizient**.

$$B^*_{Y\cdot 2,3,\ldots,m} := 1 - \frac{n-1}{n-m}(1 - B_{Y\cdot 2,3,\ldots,m})$$

heißt **korrigiertes multiples Bestimmtheitsmaß**.[5]

Die Korrelation von Y und X_i $(2 \leq i \leq m-1)$, wenn beide Merkmale vom linearen Einfluß des Regressors X_j $(2 \leq j \leq m-1 \wedge j \neq i)$ bereinigt sind, also eine Art „Nettokorrelation", mißt man mit dem **partiellen Autokorrelationskoeffizienten**

$$r_{Yi\cdot j} = \frac{r_{Yi} - r_{Yj}\, r_{ij}}{\sqrt{(1 - r^2_{Yj})(1 - r^2_{ij})}} .$$

Es heißt $r^2_{Yi\cdot j}$ des **partielle Bestimmtheitsmaß**. $r_{Yi\cdot j}$ ergibt sich auch als gewöhnlicher Korrelationskoeffizient der Residuen aus

- einer linearen Einfachregression von Y auf X_j und
- einer linearen Einfachregression von X_i auf X_j.

Den obigen partiellen Autokorrelationskoeffizienten erster Ordnung kann man erweitern zu

$$r_{Yi\cdot jk} = \frac{r_{Yi\cdot j} - r_{Yk\cdot j}\, r_{ik\cdot j}}{\sqrt{(1 - r^2_{Yk\cdot j})(1 - r^2_{ik\cdot j})}}, \quad 2 \leq i, j, k \leq m-1 \wedge i \neq j \neq k ,$$

der die Korrelation von Y und X_i nach Bereinigung vom (linearen) Einfluß der Regressoren X_j und X_k mißt. Dieser partielle Autokorrelationskoeffizient zweiter Ordnung ist auch darstellbar als gewöhnlicher Korrelationskoeffizient der Residuen aus

- einer linearen Regression von Y auf X_j und X_k und
- einer linearen Regression von X_i auf X_j und X_k.

Die Konstruktion läßt sich bis zur partiellen Autokorrelation der Ordnung $m-2$ fortsetzen, die angibt, wie stark Y mit X_i $(i \neq 1)$ korreliert, wenn Y und X_i vom (linearen) Einfluß der übrigen $m-2$ Regressoren bereinigt worden sind, etwa für $i = 2$:

[5] Die Korrektur um die Zahl der Freiheitgrade führt dazu, daß im Gegensatz zu $B_{Y\cdot 2,3,\ldots,m}$ diese Maßzahl keine monoton nicht-fallende Funktion der Anzahl der Regressoren ist; d. h. $B^*_{Y\cdot 2,3,\ldots,m+1} \leq B^*_{Y\cdot 2,3,\ldots,m}$ ist möglich, wenn der zusätzliche Regressor X_{m+1} keine hohe „Erklärungskraft" für Y besitzt.

$$r_{Y2\cdot 3,4,\dots,m} = \frac{r_{Y2\cdot 3,\dots,m-1} - r_{Ym\cdot 2,\dots,m-1}\, r_{2m\cdot 3,\dots,m-1}}{\sqrt{(1 - r^2_{Ym\cdot 2,\dots,m-1})(1 - r^2_{2m\cdot 3,\dots,m-1})}}\,.$$

Rechts stehen partielle Autokorrelationskoeffizienten der Ordnung $m - 3$, so daß man Rekursionsformeln hat. Eine direkte Berechnung der partiellen Autokorrelationskoeffizienten erfolgt über Adjunkten geeignet zusammengestellter Matrizen der paarweisen Korrelationskoeffizienten r_{Yi} und r_{ij} $(i, j = 2, \dots, m)$, vgl. MENGES (1961, p. 142 ff.).

Spezialfall:[6] Multiple lineare Regression mit zwei Einflußgrößen X_2 und X_3

Hier lassen sich die vorstehenden allgemeinen Formeln ohne Matrizennotation noch übersichtlich darstellen, wenn man die Varianzen s_Y^2, $s_2^2 := s_{X_2}^2$, $s_3^2 := s_{X_3}^2$, die Kovarianzen $s_{Y2} := cov(Y, X_2)$, $s_{Y3} := cov(Y, X_3)$, $s_{23} := cov(X_2, X_3)$ und die Korrelationskoeffizienten r_{Y2}, r_{Y3} und r_{23} verwendet:

$$\left.\begin{aligned}
\widehat{\beta}_2 &= \frac{s_{Y2}\, s_3^2 - s_{23}\, s_{Y3}}{s_2^2\, s_3^2 - s_{23}^2} \\
&= \frac{s_Y}{s_2}\,\frac{r_{Y2} - r_{Y3}\, r_{23}}{1 - r_{23}^2} \\
\widehat{\beta}_3 &= \frac{s_{Y3}\, s_2^2 - s_{23}\, s_{Y2}}{s_2^2\, s_3^2 - s_{23}^2} \\
&= \frac{s_Y}{s_3}\,\frac{r_{Y3} - r_{Y2}\, r_{23}}{1 - r_{23}^2}
\end{aligned}\right\}$$

Falls $r_{23} = 0$, sind die multiplen Regressionskoeffizienten $\widehat{\beta}_2$ und $\widehat{\beta}_3$ identisch mit denen einer linearen Einfachregression von Y auf X_2 und von Y auf X_3.

$$\left.\begin{aligned}
\widehat{\beta}_1 &= \bar{y} - \widehat{\beta}_2\, \bar{x}_2 - \widehat{\beta}_3\, \bar{x}_3 \\
B_{Y.2,3} &= \frac{r_{Y2}^2 + r_{Y3}^2 - 2\, r_{Y2}\, r_{Y3}\, r_{23}}{1 - r_{23}^2}
\end{aligned}\right\}$$

multiples Bestimmtheitsmaß
Falls $r_{23} = 0$, gilt
$B_{Y.2,3} = r_{Y2}^2 + r_{Y3}^2$.

$$\left.\begin{aligned}
B_{Y2.3} &= \frac{(r_{Y2} - r_{Y3}\, r_{23})^2}{(1 - r_{Y3}^2)(1 - r_{23}^2)} \\
B_{Y3.2} &= \frac{(r_{Y3} - r_{Y2}\, r_{23})^2}{(1 - r_{Y2}^2)(1 - r_{23}^2)}
\end{aligned}\right\}$$

- partielle Bestimmtheitsmaße

---

[6] Dieser Fall hat einige Bedeutung für die Schätzung der COBB-DOUGLAS-Produktionsfunktion $P = \alpha\, K^\beta\, L^\gamma\, \exp(U)$, die nach Logarithmierung zu einer linearen Regressionsfunktion mit zwei Regressoren wird:

$$Y = \beta_1\, X_1 + \beta_2\, X_2 + \beta_3\, X_3 + U,$$

mit $Y := \ln P$; $X_2 := \ln K$; $X_3 := \ln L$; $\beta_1 := \ln \alpha$; $\beta_2 := \beta$, $\beta_3 := \gamma$.

Hinweise:

1. $B_{Y.23} \neq B_{Y2.3} + B_{Y3.2}$
2. $B_{Y.23} = B_{Y.2} + B_{Y.3}$, wenn $r_{23} = 0$.

Mit dem Formelapparat der multiplen linearen Regression läßt sich auch eine **polynomiale Beziehung** zwischen Y und X schätzen. Aus (∗) wird ein Polynom des Grades $m-1$ in X:

$$Y = \alpha_0 X^0 + \alpha_1 X^1 + \alpha_2 X^2 + \ldots + \alpha_{m-1} X^{m-1} + U; \; m \geq 2 \qquad (**)$$

mit folgender Parameter- und Variablenbeziehung zwischen (∗) und (∗∗):

$$X_1 \mathrel{\widehat{=}} X^0; \; X_2 \mathrel{\widehat{=}} X^1; \ldots; X_m \mathrel{\widehat{=}} X^{m-1};$$

$$\beta_1 \mathrel{\widehat{=}} \alpha_0; \; \beta_2 \mathrel{\widehat{=}} \alpha_1; \ldots; \beta_m \mathrel{\widehat{=}} \alpha_{m-1}.$$

4.5 Plots multivariater Datensätze

Der graphischen Darstellung multivariater Datensätze sind durch die Zweidimensionalität der Zeichenebene enge Grenzen gesetzt. Eine Reihe spezieller Graphiken versuchen, diese Enge durch Einfallsreichtum im Design zu überwinden.[7] Das „Lesen“ dieser Bilder muß gelernt sein. Bei den neuartigen Graphiken ist die Gefahr der Manipulation des Betrachters noch größer als bei den konventionellen Darstellungsformen.

Vorgestellt werden zwei Gruppen von Abbildungen. Die erste Gruppe (A4/3 bis A4/8) umfaßt Varianten des traditionellen **Scatterplots** (syn.: Streuungsdiagramme), wie sie aus Abs. A3 zur Beurteilung des Zusammenhangs zweier kardinaler oder ordinaler Merkmale bekannt sind. Scatterplots werden herangezogen, wenn **Schlüsse über die Merkmale** zu ziehen sind:
- symbolischer Scatterplot (drei Merkmale),
- SEBER-Plot (vier Merkmale),
- Scatterplot-Matrix (syn.: Draftsman-Plot),
- Casement-Plot,
- 3D-Scatterplot.

In die zweite Gruppe (A4/9 bis A4/14) gehören solche Graphiken, die insbesondere dem **Vergleich der Merkmalsträger** dienen:
- Profilkurven,
- ANDREWS-Waves,
- Sternen-Plot (syn.: Diamanten-Plot),
- Sonnen-Plot,
- Glyphen,
- Gesichter.

[7] Vgl. CHAMBERS at. al. (1983); CLEVELAND, W. S. (1993).

Die Abb. A4/3 und A4/4 zeigen in Form eines **symbolischen Scatterplots**, wie man im zweidimensionalen Streuungsdiagramm ein drittes Merkmal unterbringen kann. Ist dieses qualitativ, so werden die Ausprägungen durch unterschiedliche Symbole kodiert,[8] was allerdings nur bei kleiner Ausprägungsmenge noch übersichtliche Bilder liefert. In Abb. A4/3 sieht man, daß das Merkmal A mit drei Ausprägungen zu drei klar unterscheidbaren Punktewolken führt. Ist das dritte Merkmal kardinal, so wählt man die Symbolgröße proportional zum Wert der Ausprägung dieses dritten Merkmals. In Abb. A4/4 erkennt man so, daß das dritte Merkmal Z offenbar um so höher ausfällt, je kleiner die Ausprägungen des X- und Y-Merkmals sind.

Abb. A4/3: Symbolischer Scatterplot (Drittes Merkmal qualitativ)

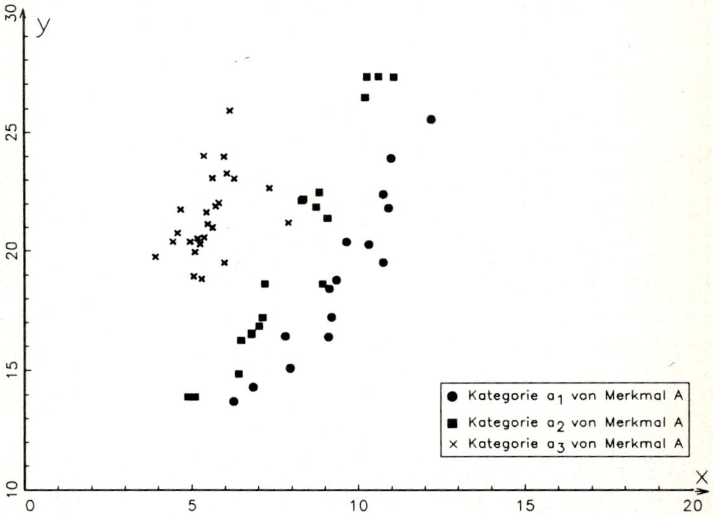

Bei nicht zu umfangreichen Datensätzen können sogar bis zu vier Dimensionen im konventionellen Streuungsdiagramm gezeigt werden, wenn man den SEBER-**Plot**,[9] vgl. Abb. A4/5, verwendet. In der (x_1, x_2)–Ebene wird für jeden Merkmalsträger an der Stelle seiner X_1– und X_2–Ausprägung ein eigenes Koordinatensystem für die Merkmale X_3 und X_4 verwendet. Die Länge der Achsenpfeile ist proportional zur Ausprägung, und die Richtung gibt das Vorzeichen an (nach oben oder nach rechts bedeuten „+"; nach unten oder nach links bedeuten „−").

[8] Bei Farbbildern kann man auch unterschiedliche Farben verwenden.
[9] SEBER, G. A. F. (1984).

Abb. A4/4: Symbolischer Scatterplot (Drittes Merkmal kardinal)

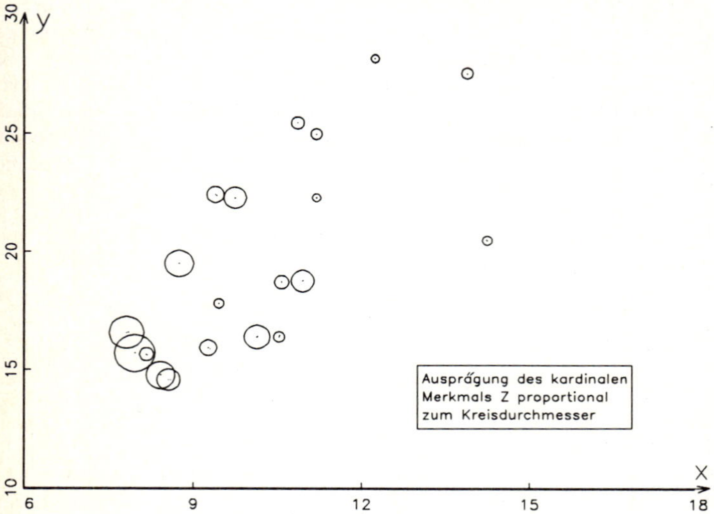

Abb. A4/5: SEBER-Plot

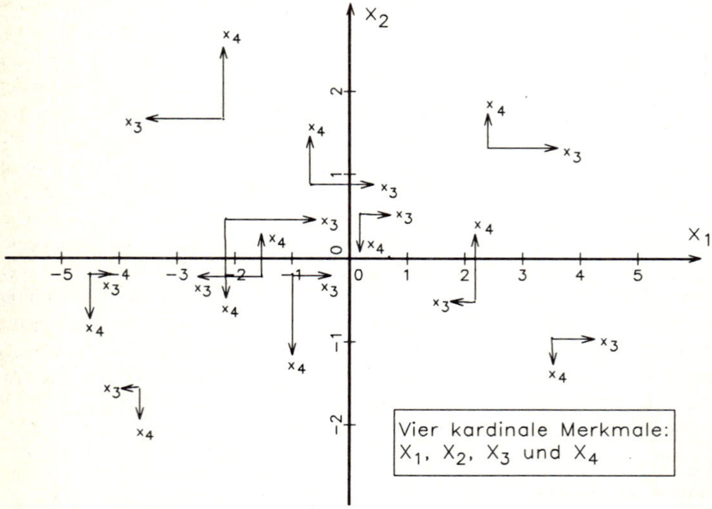

Abb. A4/6: Scatterplot-Matrix

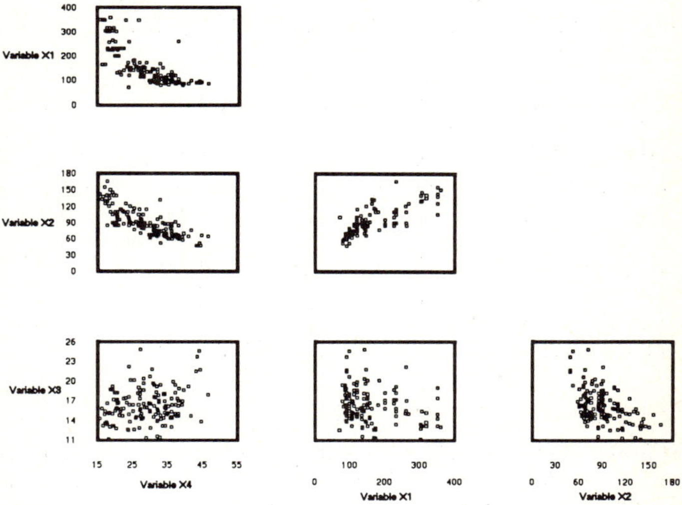

In einer **Scatterplot-Matrix** (syn.: **Draftsman-Plot**), vgl. Abb. A4/6, werden zweidimensionale Scatterplots für alle Zweierkombinationen von kardinalen Merkmalen in einem Datensatz dargestellt. In Abb. A4/6 mit vier Merkmalen gibt es sechs solcher Plots. Gezeigt werden nur die zweidimensionalen Randverteilungen, so daß höherdimensionale Abhängigkeiten nicht sichtbar gemacht werden. Dies erfolgt in gewissem Umfang durch den **Casement-Plot**[10], vgl. Abb. A4/7, bei dem für zwei primäre Variablen (hier: X_1 und X_2) in Gruppierungen nach einer dritten und vierten Variablen (hier: X_3 und X_4) Scatterplots angelegt werden. In der mit einem skalierten Rahmen umgegebenen Matrix mit 16 Feldern erkennt man, wie für eine bestimmte Kombination von X_3- und X_4-Wertebereich die Merkmale X_1 und X_2 miteinander variieren (doppelt bedingte Scatterplots von X_1 und X_2). Am oberen und am rechten Rand sind die Scatterplots (für X_1 und X_2) zu finden, die alle Punkte in der betreffenden Spalte bzw. Zeile enthalten (einfach bedingte Scatterplots von X_1 und X_2). Der Scatterplot rechts oben zeigt, wie alle Träger nur bezüglich X_1 und X_2 streuen (unbedingter Scatterplot von X_1 und X_2).

[10] casement $\widehat{=}$ Fensterflügel

Abb. A4/7: Casement–Plot

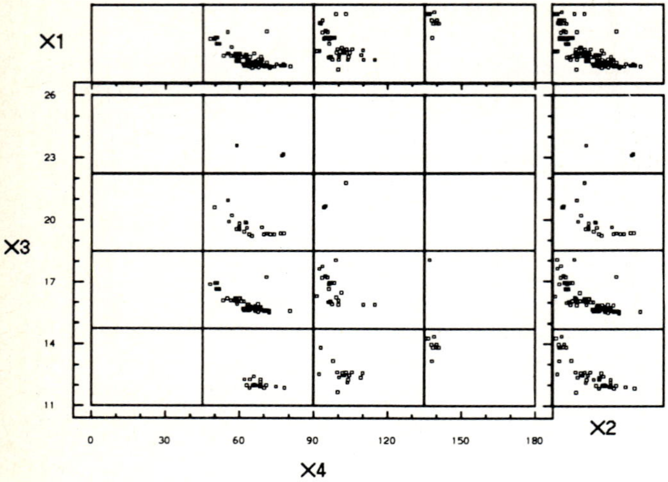

Ein **3D-Scatterplot**, vgl. Abb. A4/8, zeigt die Punktewolke im Raum. Je nachdem, von welchem Punkt (im Raum) man auf die Punktewolke schaut, d. h. den Plot anlegt, ergeben sich u. U. ganz andere Eindrücke von der Art des Zusammenhangs. Hilfreich ist hier eine Software, die eine Rotation der Punktewolke auf dem Bildschirm erlaubt.

Abb. A4/8: 3D–Scatterplot

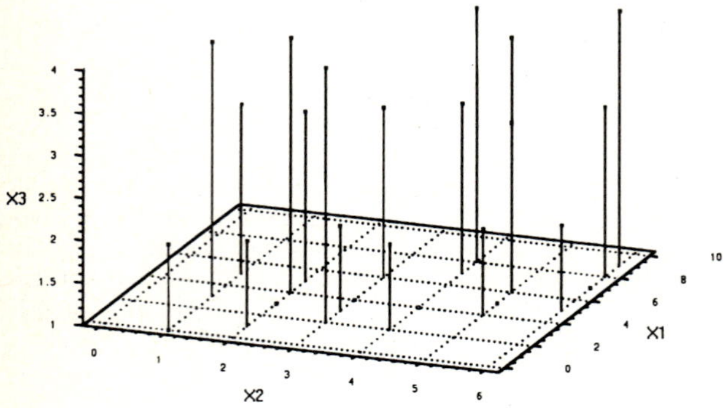

Um Unterschiede, aber auch Gemeinsamkeiten bei (nicht zu großer Zahl von) Trägern mit sehr vielen (kardinalen) Merkmalen zu erkennen, bieten sich zunächst die **Profilkurven** (Abb. A4/9) an. Man verwendet – wie auch bei den nachfolgenden Graphiken – die standardisierten Merkmalswerte $z_{\nu j}$ (vgl. Abs. A4.3). Diese werden auf der Ordinate abgetragen, während die Merkmale numeriert auf der Abszisse angegeben werden. Für jeden Träger gibt es dann eine Profilkurve. In Abb. A4/9 bis A4/13 wurde der standardisierte Datensatz aus Tabelle A4/1 verwendet.

Tab. A4/1: Standardisierter Datensatz

	Merkmal						
Träger	1	2	3	4	5	6	7
1	0,452	−0,394	−0,752	−0,241	−0,355	0,472	0,150
2	0,424	−0,339	−0,515	−0,638	0,643	−0,354	0,026
3	0,063	−0,045	−0,008	−0,270	−0,414	−0,289	−0,504
4	−0,766	−0,309	−0,358	−0,873	0,260	−0,360	0,287
5	0,658	1,524	0,518	−0,454	−0,703	1,357	1,164

Abb. A4/9: Profilkurven

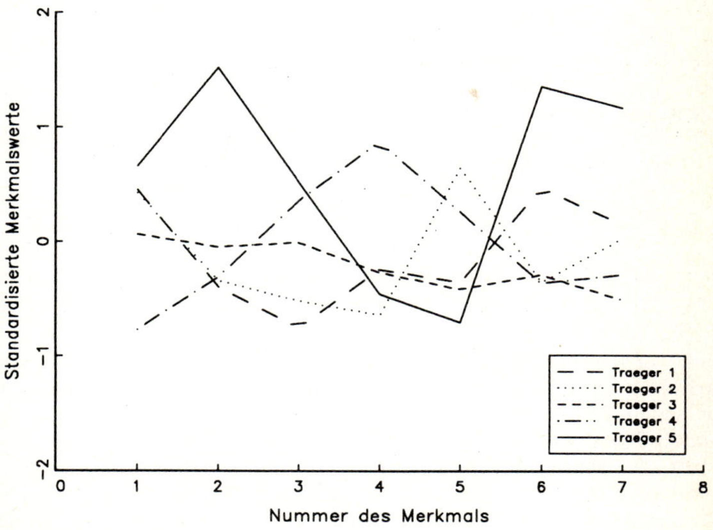

Abb. A4/10: ANDREWS–Waves

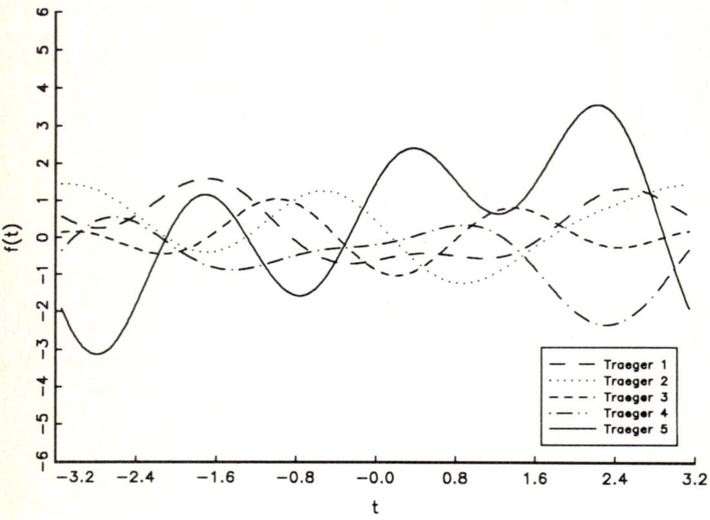

Verwandt mit den Profilkurven ist die Orthogonalreihen-Darstellung von D. F. ANDREWS (1972). Jeder Träger wird durch ein trigonometrisches Polynom (Summe von Sinus- und Kosinusschwingungen) dargestellt, d. h. für jeden Träger entsteht eine „Welle“, daher die Bezeichnung ANDREWS-WAVES (Abb. A4/10). Die Funktionsgleichung für den ν-ten Träger lautet:

$$f_\nu(t) = \frac{z_{\nu 1}}{\sqrt{2}} + z_{\nu 2}\,\sin(t) + z_{\nu 3}\,\cos(t) + z_{\nu 4}\,\sin(2\,t) + z_{\nu 5}\,\cos(2\,t) + \ldots,$$

wobei $-\pi \leq t \leq \pi$. Die Zuweisung der Merkmale zu den Koeffizienten ist im Prinzip beliebig, sollte aber so gewählt werden, daß die „wichtigen“ Merkmale den ersten Koeffizienten zugeordnet werden.

Beim **Sternen-Plot** (syn.: Diamanten-Plot) in Abb. A4/11 wird jeder Träger durch einen Stern dargestellt. Der Stern hat so viele Zacken, wie es Merkmale gibt, und die Zackenlänge ist proportional zum Merkmalswert. Verwendet man **Sonnen-Plots** (Abb. A4/12), so wird jedes Merkmal durch einen Strahl dargestellt. Die Strahlenlänge entspricht der n-fachen Standardabweichung, und es wird auf jedem Strahl die Merkmalsausprägung in Standardabweichungseinheiten aufgetragen. Die sich so ergebenden Punkte auf den Strahlen werden verbunden. Ähnlich verfährt man bei den **Glyphen** (Abb. A4/13).

Abb. A4/11: Sternen-Plot

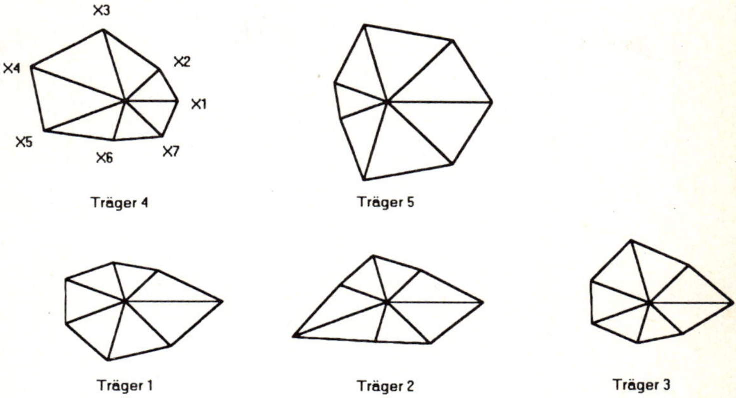

Abb. A4/12: Sonnen-Plot

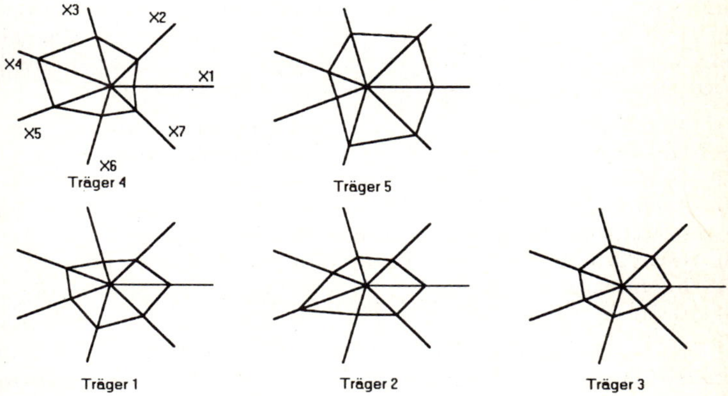

Abb. A4/13: Glyphen

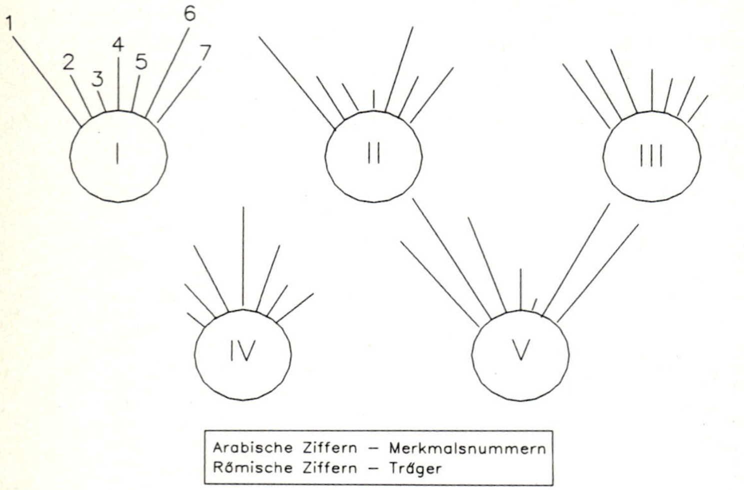

Eine originelle Idee des Vergleichs von Merkmalsträgern mit vielen Merkmalen geht auf H. CHERNOFF (1973) zurück. Ein Träger wird durch ein **Gesicht** repräsentiert und ein Gesichtsteil durch ein Merkmal. FLURY/RIEDWYL (1981) haben diese Idee weiter ausgebaut. Ihr Gesicht hat 18 Parameter:

1)	Augengröße	10)	senkrechte Brauenposition
2)	Pupillengröße	11)	obere Haarbegrenzung
3)	Pupillenposition	12)	untere Haarbegrenzung
4)	Augenneigung	13)	Gesichtslinie
5)	waagrechte Augenposition	14)	Stärke der Haarschraffur
6)	senkrechte Augenposition	15)	Neigung der Haarschraffur
7)	Krümmung der Augenbrauen	16)	Nase
8)	Dichte der Augenbrauen	17)	Mundgröße
9)	waagrechte Brauenposition	18)	Mundkrümmung

Jeder Parameter ist für die linke und rechte Gesichtshälfte vorhanden, so daß bis zu 36 Merkmale je Gesicht darstellbar sind, wodurch i. d. R. asymmetrische Gesichter entstehen. Die Einstellung der Parameterwerte erfolgt über die Ausprägungen des dem Gesichtsparameter zugeordneten Merkmals. Abb. A4/14 zeigt in Teil 1 ein Gesicht mit maximaler Ausprägung bei allen

Merkmalen, im Teil 2 eines mit minimaler Ausprägung eines jeden Merkmals und im Teil 3 eines mit mittlerer Ausprägung. Ein Problem ist die Zuordnung der Merkmale zu den Gesichtsparametern. Ordnet man wichtige Merkmale unauffälligen Gesichtsparametern (etwa Pupillengröße oder Pupillenposition) zu, lassen sich Unterschiede zwischen den Trägern leicht verschleiern. Enthält der Datensatz weniger als 36 Merkmale, können entweder einige Gesichtsparameter konstant (i. a. auf den mittleren Wert) gesetzt werden oder einem Merkmal werden mehrere Gesichtsparameter zugeordnet. Sind sogar 18 oder weniger Merkmale vorhanden, so können symmetrische Gesichter gezeichnet werden oder eine Gesichtshälfte wird als Standard mit mittleren Werten für die Gesichtsparameter verwendet.

Abb. A4/14: FLURY–RIEDWYL–Gesichter

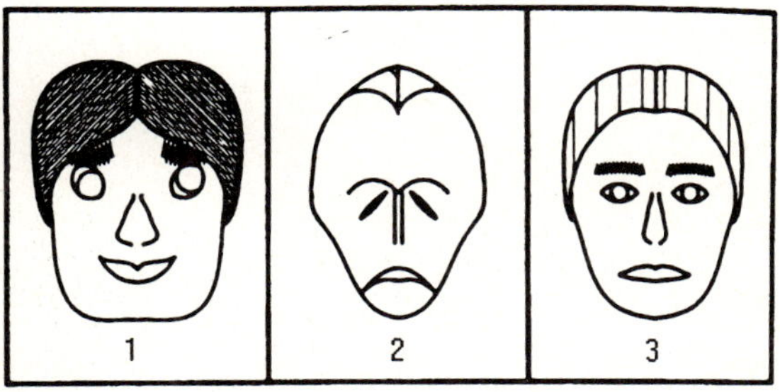

Kapitel 5

Verhältnis- und Indexzahlen

Verhältniszahl: Quotient zweier statistischer Maßzahlen (vgl. Abs. A1.3.4.), die jeweils eine statistische Masse beschreiben.

Abb. A5/1: Einteilung der Verhältniszahlen

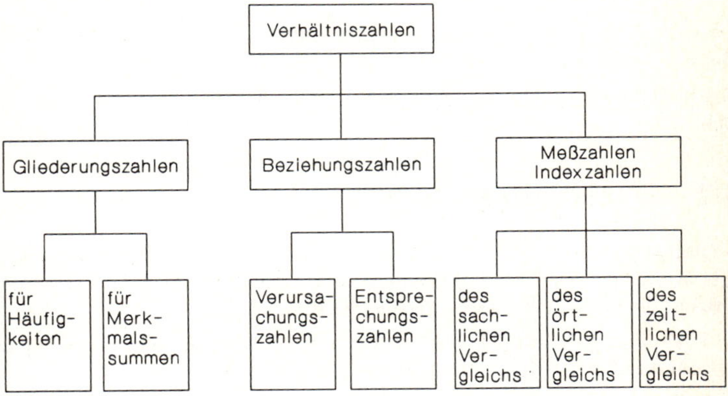

5.1 Gliederungszahlen

Gliederungszahl (syn.: Anteil, Quote): Quotient zweier Maßzahlen, so daß eine Teilgröße auf die zugehörige Gesamtgröße bezogen wird.

- **relative Häufigkeit** (für gruppierte Daten)

$$p_i := \frac{n_i}{n}$$

$$\text{mit} \quad n_i := \#G_i; \quad i = 1, 2, \ldots, k$$

$$n := \#G \quad \text{und} \quad G = \bigcup_{i=1}^{k} G_i$$

- **relative Merkmalssumme**

$$\pi_i := \frac{x_i^T}{x^T}$$

$$\text{mit} \quad x_i^T = \sum_{j=1}^{n_i} x_{ij}$$

$$x^T = \sum_{i=1}^{k} x_i^T = \sum_{i=1}^{k} \sum_{j=1}^{n_i} x_{ij}$$

Eigenschaften von Gliederungszahlen:

- normiert, d. h.

  $0 \leq p_i;\ \pi_i \leq 1$ und $\sum_{i=1}^{k} p_i = \sum_{i=1}^{k} \pi_i = 1$
- dimensionslos, gelegentlich in v. H. oder v. T.

Zweck von Gliederungszahlen: Darstellung der Struktur einer statistischen Masse.

Graphische Darstellung durch Bar- oder Pie-Charts, vgl. Abb. A2/2 und Abb. A2/3.

5.2 Beziehungszahlen

Beziehungszahl (syn.: Ziffer, Dichte): Quotient zweier verschiedenartiger, aber in sachlich sinnvoller Verbindung stehender Maßzahlen für statistische Massen, die nicht Teilmengen voneinander sind.

- **Verursachungszahl**: Die Maßzahl einer Ereignismasse wird auf die Maßzahl der zugehörigen Bestandsmasse bezogen.
- **Entsprechungszahl**: Zähler und Nenner sind nicht über die Fortschreibungsformel (vgl. Abs. A7) verbunden.

Eigenschaften von Beziehungszahlen:

- nicht normiert,
- Dimensionsangabe in Quotientenform.

Zweck von Beziehungszahlen: Analysen

Sonderformen:

- **Bereinigte Beziehungszahl**: Aus der Nennermasse werden unbeteiligte (sterile) Teilmassen ausgeschlossen.
- **Spezifische Beziehungszahl**: Zählermasse S und Nennermasse T sind in einander entsprechende homogene Teilmassen S_i und T_i $(i = 1, \ldots, k)$ aufgrund eines dritten Klassifikationsmerkmals zerlegt und aufeinander bezogen.

$$S = \bigcup_{i=1}^{k} S_i \quad \text{und} \quad S_i \cap S_j = \emptyset \quad \forall\, i \neq j$$

$$T = \bigcup_{i=1}^{k} T_i \quad \text{und} \quad T_i \cap T_j = \emptyset \quad \forall\, i \neq j$$

$$\sum_{i=1}^{k} n(S_i) = n(S); \quad \sum_{i=1}^{k} n(T_i) = n(T)$$

$$b_i = \frac{n(S_i)}{n(T_i)}; \quad i = 1, \ldots, k \qquad \text{spezifische Beziehungszahlen}$$

$$B = \frac{n(S)}{n(T)} = \frac{\sum_{i=1}^{k} b_i\, n(T_i)}{\sum_{i=1}^{k} n(T_i)}$$

- **standardisierte Beziehungszahl**: Spezifische Beziehungszahlen b_i werden mit fiktiven Gewichten g_i gemittelt:

$$B_S = \frac{\sum_{i=1}^{k} b_i\, g_i}{\sum_{i=1}^{k} g_i}$$

5.3 Meßzahlen

Meßzahl: Quotient von Maßzahlen solcher Massen, die gleichartig, aber einander nicht untergeordnet sind, und die sich in sachlicher oder örtlicher oder zeitlicher Hinsicht unterscheiden.

Eigenschaften von Meßzahlen:

- nicht normiert,
- dimensionslos.

Zweck von Meßzahlen: Vergleich

Meßzahlen des sachlichen Vergleichs: Zähler- und Nennermasse sind zeitlich und örtlich identisch, aber sachlich verschieden.

Meßzahlen des örtlichen Vergleichs: Zähler- und Nennermasse sind zeitlich und sachlich identisch, aber örtlich verschieden.

Meßzahlen des zeitlichen Vergleichs (syn.: dynamische Meßzahlen): Zeitlich aufeinanderfolgende Werte x_t einer ansonsten gleichartigen statistischen Größe X werden auf einen Basiswert bezogen.

Abb. A5/2: Einteilung der dynamischen Meßzahlen nach dem Basistyp

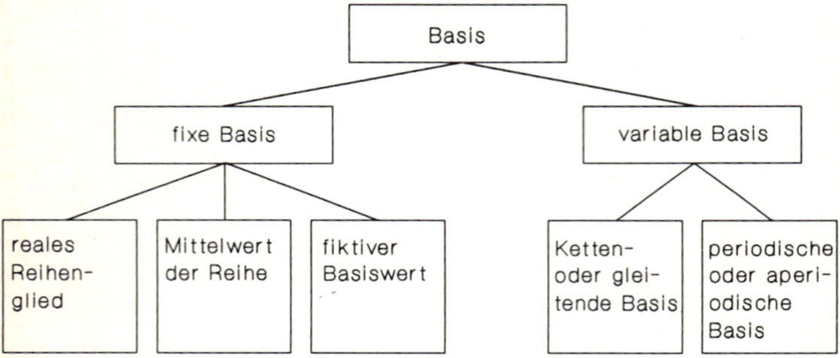

Dynamische Meßzahlen mit einem **Durchschnitt als Basis**:

$$I_t := \frac{x_t}{\bar{x}}; \quad t = 1, 2, \ldots, n$$

$$\text{mit z. B.} \quad \bar{x} = \begin{cases} \bar{x}_a = \dfrac{1}{n}\sum_{t=1}^{n} x_t & \text{arithmetisches Mittel} \\ \bar{x}_g = \sqrt[n]{\prod_{t=1}^{n} x_t} & \text{geometrisches Mittel} \end{cases}$$

Dynamische Meßzahlen mit einem **realen Reihenglied als Basis**:

$$I_{\tau,t} := \frac{x_t}{x_\tau} \quad \text{mit} \quad \begin{cases} t = 1, 2, \ldots, n & \text{laufende Periode, } \textbf{Berichtsperiode} \\ \tau \in \{1, 2, \ldots, n\} & \text{feste Periode, } \textbf{Basisperiode} \end{cases}$$

Dynamische Meßzahlen mit **Kettenbasis** (**Ketten-** oder **Gliedziffern**):

$$I_{t-1,t} = \frac{x_t}{x_{t-1}} \qquad \begin{cases} \textbf{Wachstumsfaktor} \\ I_{t-1,t} > 0, \text{ sofern } x_t > 0, \ \forall\, t \end{cases}$$

$$w_t := I_{t-1,t} - 1 = \frac{x_t}{x_{t-1}} - 1 \qquad \textbf{Wachstumsrate}; \ w_t \in \mathbb{R}$$

$$\bar{I} = \sqrt[n-1]{\prod_{t=2}^{n} \frac{x_t}{x_{t-1}}} = \sqrt[n-1]{\frac{x_n}{x_1}} \qquad \begin{cases} \text{durchschnittlicher Wachstums-} \\ \text{faktor (geometrisches Mittel)} \end{cases}$$

$$\bar{w} = \bar{I} - 1 \qquad \text{durchschnittliche Wachstumsrate}$$

Einige formale Eigenschaften dynamischer Meßzahlen:

1)	$I_{\tau,\tau} = 1$	Identitätsprobe
2)	$I_{\tau,t}\, I_{t,\tau} = 1$	Zeitumkehrprobe
3)	$I_{1,2}\, I_{2,3}\, I_{3,4} \ldots I_{n-1,n} = I_{1,n}$	Rundprobe
4)	$I_{\tau^*,t} = \dfrac{I_{\tau,t}}{I_{\tau,\tau^*}}$	Umbasierung ohne Kenntnis der Originalwerte
5)	$I_{\tau,t} = I_{\tau,\tau^*}\, I_{\tau^*,t}$	Verkettung

5.4 Indexzahlen

Indexzahlen: Meßzahl des zeitlichen, gelegentlich auch des örtlichen Vergleichs mehrerer Größen, wobei der Einfluß der den Vergleich störenden Komponenten durch Konstanthaltung über die Zeit (den Ort) rechnerisch ausgeschaltet wird ($\widehat{=}$ Standardisierung).

Symbolik: p_{it} – Preis des Gutes i in Periode (Ort) t

q_{it} – Menge des Gutes i in Periode (Ort) t

$\left\{ \begin{array}{l} i = 1, \ldots, m \\ t = 1, \ldots, n \end{array} \right.$

$\{q_{1t}, q_{2t}, \ldots, q_{mt}\}$ – Warenkorb in Periode (Ort) t

Elementarindizes ($\widehat{=}$ einfache Meßzahlen)

- Preismeßzahl für Gut i (syn.: elementarer Preisindex)

$$P^i_{\tau t} = \frac{p_{it}}{p_{i\tau}}$$

- Mengenmeßzahl für das Gut i (syn.: elementarer Mengenindex)

$$Q^i_{\tau t} = \frac{q_{it}}{q_{i\tau}}$$

- Wertmeßzahl für das Gut i (syn.: elementarer Wertindex)

$$W^i_{\tau t} = \frac{p_{it}\, q_{it}}{p_{i\tau}\, q_{i\tau}}$$

Preisindex: Darstellung der zeitlichen (örtlichen) Preisveränderung der Güter eines Warenkorbes unter Ausschaltung von Mengenveränderungen (Einige Preisindexformeln stehen in Tabelle A5/1.)

Mengenindex (syn.: Volumenindex): Darstellung der zeitlichen (örtlichen) Mengenveränderung der Güter eines Warenkorbes unter Ausschaltung der Preisveränderungen (Einige Mengenindexformeln stehen in Tabelle A5/1.)

Tab. A5/1: Einige Preis- und Mengenindex-Formeln

Typ	Preisindex	Mengenindex
LASPEYRES	$P^L_{\tau,t} = \frac{\sum_{i=1}^m p_{it}\, q_{i\tau}}{\sum_{i=1}^m p_{i\tau}\, q_{i\tau}}$ $P^L_{\tau,t} = \sum_{i=1}^m \frac{p_{it}}{p_{i\tau}}\, g_i$	$Q^L_{\tau,t} = \frac{\sum_{i=1}^m q_{it}\, p_{i\tau}}{\sum_{i=1}^m q_{i\tau}\, p_{i\tau}}$ $Q^L_{\tau,t} = \sum_{i=1}^m \frac{q_{it}}{q_{i\tau}}\, g_i$
	$g_i = \frac{p_{i\tau}\, q_{i\tau}}{\sum_{j=1}^m p_{j\tau}\, q_{j\tau}}$	
PAASCHE	$P^P_{\tau,t} = \frac{\sum_{i=1}^m p_{it}\, q_{it}}{\sum_{i=1}^m p_{i\tau}\, q_{it}}$ $\frac{1}{P^P_{\tau,t}} = \sum_{i=1}^m \frac{p_{i\tau}}{p_{it}}\, g_i^\star$	$Q^P_{\tau,t} = \frac{\sum_{i=1}^m q_{it}\, p_{it}}{\sum_{i=1}^m q_{i\tau}\, p_{it}}$ $\frac{1}{Q^P_{\tau,t}} = \sum_{i=1}^m \frac{q_{i\tau}}{q_{it}}\, g_i^\star$
	$g_i^\star = \frac{p_{it}\, q_{it}}{\sum_{j=1}^m p_{jt}\, q_{jt}}$	
FISHER	$P^F_{\tau,t} = \sqrt{P^L_{\tau,t}\, P^P_{\tau,t}}$	$Q^F_{\tau,t} = \sqrt{Q^L_{\tau,t}\, Q^P_{\tau,t}}$
MARSHALL und EDGEWORTH	$P^{ME}_{\tau,t} = \frac{\sum_{i=1}^m p_{i,t}\,(q_{i\tau} + q_{it})}{\sum_{i=1}^m p_{i,\tau}\,(q_{i\tau} + q_{it})}$	$Q^{ME}_{\tau,t} = \frac{\sum_{i=1}^m q_{i,t}\,(p_{i\tau} + p_{it})}{\sum_{i=1}^m q_{i,\tau}\,(p_{i\tau} + p_{it})}$
LOWE	$P^{Lo}_{\tau,t} = \frac{\sum_{i=1}^m p_{it}\, \bar{q}_i}{\sum_{i=1}^m p_{i\tau}\, \bar{q}_i}$ mit $\bar{q}_i = \frac{1}{n} \sum_{t=1}^n q_{it}$	$Q^{Lo}_{\tau,t} = \frac{\sum_{i=1}^m q_{it}\, \bar{p}_i}{\sum_{i=1}^m q_{i\tau}\, \bar{p}_i}$ mit $\bar{p}_i = \frac{1}{n} \sum_{t=1}^n p_{it}$

Wertindex (syn.: Umsatzindex, Ausgabenindex): Meßzahl des zeitlichen (örtlichen) Vergleichs für den tatsächlichen Wert des Warenkorbes in (an) verschiedenen Perioden (Orten)

$$W_{\tau,t} = \frac{\sum_{i=1}^{m} p_{it}\, q_{it}}{\sum_{i=1}^{m} p_{i\tau}\, q_{i\tau}}$$

$$W_{\tau,t} = P^{L}_{\tau,t}\, Q^{P}_{\tau,t}$$

$$W_{\tau,t} = P^{P}_{\tau,t}\, Q^{L}_{\tau,t}$$

Deflationierung: Ausschaltung der Preisveränderungen in der nominalen Wertsumme der laufenden Periode t ($\widehat{=}$ tatsächlicher Wert eines Warenkorbes in der Berichtsperiode) mittels Division durch einen Preisindex, z. B.:

$$\left(\sum_{i=1}^{m} p_{it}\, q_{it}\right) : P^{P}_{\tau,t} = \sum_{i=1}^{m} p_{i\tau}\, q_{it}$$

Kapitel 6

Konzentrationsmessung

Gegenstand der Konzentrationsmessung sind sog. Ballungserscheinungen, vornehmlich in der Ökonomie (Einkommens-, Vermögens-, Umsatz-, Beschäftigtenkonzentration). Es werden nur Maßzahlen für den **Konzentrationsstand** (statische Betrachtung) vorgestellt, nicht jedoch für die **Konzentrationsentwicklung** (dynamische Betrachtung).

6.1 Grundbegriffe

Es werden zwei Arten statistischer Konzentration unterschieden:

- **absolute Konzentration** (kurz: **Konzentration**) liegt vor, wenn auf eine kleine **Anzahl von Merkmalsträgern** ein großer **Anteil der Merkmalssumme** entfällt;
- **relative Konzentration** (syn.: **Disparität**) liegt vor, wenn auf einen kleinen **Anteil von Merkmalsträgern** ein großer **Anteil der Merkmalssumme** entfällt.

Verwandtschaft/Unterschiede von Streuungs- und Konzentrationsmessung:

- Streumaße messen, wie sich eine gegebene Menge von Merkmalsträgern auf die Ausprägungen eines Merkmals verteilt.
- Konzentrationsmaße messen, wie sich eine gegebene Summe von Merkmalsausprägungen auf die Merkmalsträger verteilt.

Streumaße können – vgl. Abs. A6.3 – auch zur Konzentrationsmessung herangezogen werden.

Vorausgesetzt wird ein **extensives** (summierbares) **Merkmal** X **mit nichtnegativen** Ausprägungen und der **Merkmalssumme**

- im unklassierten Fall $x^T = \sum_{\nu=1}^{n} x_\nu = n\,\bar{x}$,
- im klassierten Fall $x^T = \sum_{i=1}^{k} x_i n_i = n\,\bar{x}$.

Die **aufsteigend geordneten**, unklassierten **Ausprägungen** sind

$$x_{<1>} \leq x_{<2>} \leq \ldots \leq x_{<\nu>} \leq \ldots \leq x_{<n>}.$$

Die Klassenmitten im klassierten Fall sind aufsteigend numeriert:

$$x_1 < x_2 < \ldots < x_i < \ldots < x_k.$$

Merkmalssummenanteil

- bei unklassierten Daten: Anteil des ν-größten Trägers an der Merkmalssumme
$$\pi_\nu := x_{<\nu>} \Big/ x^T \quad \text{mit} \quad \pi_\nu \leq \pi_{\nu+1}$$
- bei klassierten Daten: Anteil der Träger in Klasse i an der Merkmalssumme
$$\pi_i := \left(x_i\, n_i\right) \Big/ x^T$$

Kumulierte Merkmalssummenanteile

- bei unklassierten Daten: Anteil der „kleinsten" ν Träger an der Merkmalssumme
$$L_\nu := \sum_{\kappa=1}^{\nu} \pi_\kappa$$
- bei klassierten Daten: Anteil der Träger in den „niedrigsten" i Klassen an der Merkmalssumme
$$L_i := \sum_{j=1}^{i} \pi_j$$

Die nachfolgenden Ausführungen beruhen auf PIESCH (1975).

6.2 Absolute Konzentration

Für die Messung der absoluten Konzentration spielen zwei extreme Verteilungen eine Rolle.

- Der Fall der **vollständigen** (absoluten) **Konzentration** ist durch die Ungleichverteilung $\pi_1 = 1$ gegeben.
- Zur Charakterisierung der **vollständigen** (absoluten) **Nicht-Konzentration** führt man die auf MÜNZNER (1963) zurückgehende Bezugsgröße n_o ein. n_o ist die Anzahl fiktiver Merkmalsträger (eine außer-statistisch, von einem Experten festgelegte Größe), die vorhanden sein müssen, damit – bei gleichmäßiger Aufteilung der relativen Merkmalssumme auf diese n_o Träger, Nicht-Konzentration vorhanden ist ($n \leq n_o \leq n\,\bar{x}$). Ergänzt man

bei gegebenem n_o die Einpunktverteilung $\pi_1 = 1$ durch $n_o - 1$ fiktive Träger mit jeweils $x_\nu = 0$, so liegt vollständige Konzentration bei der Ungleichverteilung $\pi_{n_o} = 1$ vor und vollständige Nicht-Konzentration bei der Gleichverteilung $\pi_\nu = 1/n_o$; $\nu = 1, 2, \ldots, n_o$.

Maße der absoluten Konzentration hängen explizit nicht vom Umfang n der Gesamtheit ab. Ausgangspunkt vieler Maße der absoluten Konzentration ist die **Konzentrationskurve** (vgl. Abb. A6/1), die den auf die größten m Träger, $1 \leq m \leq n$, entfallenden Merkmalssummenanteil C_m als Funktion von m angibt:

$$C_m := \pi_n + \pi_{n-1} + \ldots + \pi_{n-m+1} = \sum_{j=1}^{m} \pi_{n-j+1}$$

Abb. A6/1: Konzentrationskurve

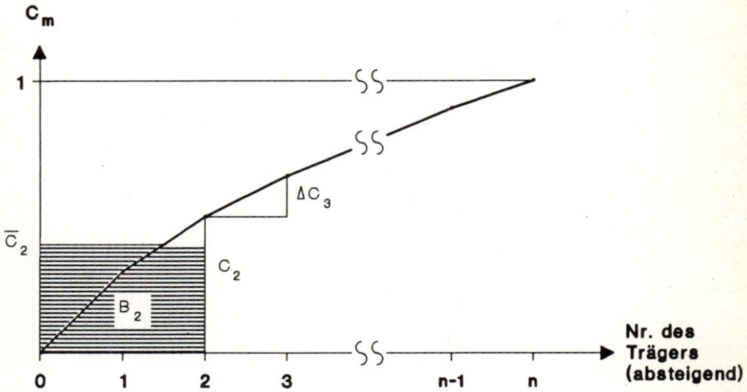

Direkt an die Konzentrationskurve anknüpfende Maße:

- **Konzentrationsrate** (Ordinate an ganzzahligen Stellen m)

$$C_m \text{ mit i. a. } m = 3, 4, 5, 8, 10, 20 \text{ oder } 100$$

- **Konzentrationsgrenzrate** (Zuwachs an der Stelle m)

$$\Delta C_m = C_m - C_{m-1} = \pi_{n-m+1}$$

- **durchschnittliche Konzentrationsrate**

$$\overline{C}_m = \frac{1}{m}\sum_{j=1}^{m} C_j = \frac{1}{m}\sum_{j=1}^{m}(m-j+1)\,\pi_{n-j+1}$$

- **Konzentrationsratenbestand**

$$B_m = m\,\overline{C}_m$$

HERFINDAHL-**Indizes** (HERFINDAHL, 1950)

- Gewöhnlicher HERFINDAHL-Index
  (syn.: HERFINDAHL-Index erster Ordnung)

$$HF := \sum_{\nu=1}^{n} \pi_\nu^2 \quad \text{mit} \quad \frac{1}{n} \le HF \le 1$$

$$:= \sum_{i=1}^{k} \pi_i^2 \quad \text{mit} \quad \frac{1}{k} \le HF \le 1$$

- Verallgemeinerter HERFINDAHL-Index
  (syn.: HERFINDAHL-Index höherer Ordnung)

$$HF_{(m)} := \sqrt[m-1]{\sum_{\nu=1}^{n} \pi_\nu^m}\;;\; m = 3, 4, \ldots \quad \text{und} \quad \frac{1}{n} \le HF_{(m)} \le 1$$

$$:= \sqrt[m-1]{\sum_{i=1}^{k} \pi_i^m}\;;\; m = 3, 4, \ldots \quad \text{und} \quad \frac{1}{k} \le HF_{(m)} \le 1$$

Rangmaße

Die Merkmalssummenanteile werden mit gleich- oder gegenläufigen Rangzahlen gewichtet:

- $$I_1 := \sum_{\nu=1}^{n} \nu\,\pi_\nu \quad \text{mit} \quad \tfrac{n+1}{2} \le I_1 \le n$$

und $I_1 = \dfrac{n+1}{2}$ bei Gleichverteilung, $I_1 = n$ bei Ungleichverteilung;

- $$I_2 := \sum_{\nu=1}^{n} \nu\,\pi_{n-\nu+1} \quad \text{mit} \quad 1 \le I_2 \le \tfrac{n+1}{2}$$

und $I_2 = 1$ bei Ungleichverteilung, $I_2 = \dfrac{n+1}{2}$ bei Gleichverteilung. I_2 ist ein **Gegenrichtungsindex**.

Es gilt:

$$I_1 + I_2 = n + 1,$$

und

$$U = I_1 - 0,5 = n + 0,5 - I_2$$

ist die Fläche **unterhalb**,

$$O = n - U = n + 0,5 - I_1 = I_2 - 0,5$$

ist die Fläche **oberhalb** der Konzentrationskurve in Abb. A6/1. Der ROSENBLUTH-Index (ROSENBLUTH, 1976) für die absolute Konzentration ist

$$RB := \frac{1}{2\,I_2 - 1} \quad \text{mit} \quad \frac{1}{n} \leq RB \leq 1.$$

Entropie-orientierte Maße sind:

- **Entropie**

$$H := -\sum_{\nu=1}^{n} \pi_\nu \,\mathrm{ld}\, \pi_\nu \quad \text{mit} \quad 0 \leq H \leq \mathrm{ld}\, n$$

$$:= -\sum_{i=1}^{k} \pi_i \,\mathrm{ld}\, \pi_i \quad \text{mit} \quad 0 \leq H \leq \mathrm{ld}\, k$$

  H fällt mit steigender Konzentration!

- **Normierte Entropie**

$$NH := -\sum_{\nu=1}^{n} \pi_\nu \frac{\mathrm{ld}\, \pi_\nu}{\mathrm{ld}\, n} \quad \text{mit} \quad 0 \leq NH \leq 1$$

$$:= -\sum_{i=1}^{k} \pi_i \frac{\mathrm{ld}\, \pi_i}{\mathrm{ld}\, k} \quad \text{mit} \quad 0 \leq NH \leq 1$$

  Auch *NH* fällt mit steigender Konzentration!

- HILDENBRAND-PASCHEN-**Index** (HILDENBRAND/PASCHEN, 1964)

$$HP := \sum_{\nu=1}^{n} \pi_\nu \,\mathrm{ld}\, \pi_\nu \quad \text{mit} \quad -\mathrm{ld}\, n \leq HP \leq 0$$

$$:= \sum_{i=1}^{k} \pi_i \,\mathrm{ld}\, \pi_i \quad \text{mit} \quad -\mathrm{ld}\, k \leq HP \leq 0$$

- **Exponentialindex**

$$EX := \prod_{\nu=1}^{n} \pi_\nu^{\pi_\nu} \quad \text{mit} \quad \tfrac{1}{n} \leq EX \leq 1$$

$$:= \prod_{i=1}^{k} \pi_i^{\pi_i} \quad \text{mit} \quad \tfrac{1}{k} \leq EX \leq 1$$

- **Wettbewerbsintensität**

$$WI := \frac{1}{EX} = \prod_{\nu=1}^{n} \left(\frac{1}{\pi_\nu}\right)^{\pi_\nu} \quad \text{mit} \quad 1 \leq WI \leq n$$

$$:= \frac{1}{EX} = \prod_{i=1}^{k} \left(\frac{1}{\pi_i}\right)^{\pi_i} \quad \text{mit} \quad 1 \leq WI \leq k$$

WI fällt mit steigender Konzentration!

6.3 Relative Konzentration oder Disparität

Für die Disparitätsmessung spielen zwei extreme Verteilungen eine Rolle:

- die **extreme Gleichverteilung** (der Merkmalssumme) auf alle n Träger, wobei dann $\pi_\nu = 1/n$. Bei Gleichverteilung ist **keine Disparität** vorhanden, und ein Disparitätsmaß sollte den Wert Null annehmen.
- die **extreme Ungleichverteilung** (der Merkmalssumme), die sich ergibt, wenn man die Merkmalssumme auf den „größten" Träger verschiebt, so daß $\pi_n = 1$ und $\pi_\nu = 0$ für $\nu = 1, 2, \ldots, n-1$ resultiert. In diesem Fall ist die **Disparität am größten**, und ein Disparitätsmaß sollte den Wert $1 - 1/n$ oder Eins annehmen.

Disparitätsmaße hängen von n und den π_ν (bzw. π_i) ab. Die beiden wichtigsten Disparitätsmaße, der GINI-Koeffizient und der RICCI-SCHUTZ-Koeffizient, lassen sich aus der LORENZ-Kurve (LORENZ, 1904), vgl. Abb. A6/2, entwickeln.

LORENZ-Kurve: Zuordnung der kumulierten Merkmalssummenanteile $L_\nu = \sum_{\kappa=1}^{\nu} \pi_\kappa$ bzw. $L_i = \sum_{j=1}^{i} \pi_j$ zu den kumulierten relativen Häufigkeiten (empirische Verteilungsfunktion) $F(x_{<\nu>}) = \nu/n$ bzw. $F_n(x_i^o)$. Die LORENZ-Kurve ist ein monoton wachsender, konvexer Polygonzug aus n bzw. k Stücken bestehend, der im Punkt $(0;0)$ beginnt und in $(1;1)$ endet.

Ablesemöglichkeiten:

- Welcher Anteil der Merkmalssumme entfällt auf die $F\,100\%$ kleinsten oder die $(1-F)\,100\%$ größten Träger?
- Wie groß ist der Anteil der Merkmalsträger, auf den $L\,100\%$ oder $(1-L)\,100\%$ der Merkmalssumme entfällt?

Konzentrationsfläche ist die zwischen 45°-Linie und LORENZ-Kurve eingeschlossene Fläche A. A ist ein Indikator für die Disparität:

$A = 0 \Longleftrightarrow L_\nu$ fällt auf die 45°-Linie $\Longleftrightarrow$ extreme Gleichverteilung

$A = 0{,}5\,(1 - \frac{1}{n}) \Longleftrightarrow \pi_n = 1$ und $\pi_\nu = 0$ für $\nu = 1, \ldots, n-1 \Longleftrightarrow$ extreme Ungleichverteilung

Abb. A6/2: LORENZ-Kurve und Konzentrationsfläche bei unklassierten Daten

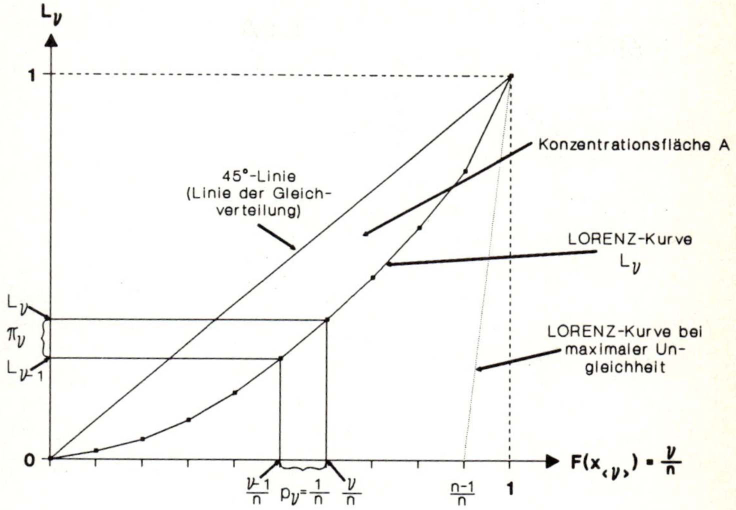

Berechnung von A über Trapezflächen bei

- unklassierten Daten

$$\begin{aligned} A &= 0,5 \sum_{\nu=1}^{n} \pi_\nu \left(\frac{\nu-1}{n} + \frac{\nu}{n}\right) - 0,5 \\ &= 0,5 - \frac{0,5}{n} \sum_{\nu=1}^{n} (L_{\nu-1} + L_\nu) \\ &= \sum_{\nu=1}^{n} \frac{2\nu - n - 1}{2n} \pi_\nu \end{aligned}$$

- klassierten Daten

$$\begin{aligned} A &= 0,5 \sum_{i=1}^{k} \pi_i \left[F_n(x_{i-1}^o) + F_n(x_i^o)\right] - 0,5 \\ &= 0,5 - 0,5 \sum_{i=1}^{k} p_i \,(L_{i-1} + L_i) \end{aligned}$$

mit $L_0 := 0$.

Disparitätsmaß nach GINI oder GINI-**Koeffizient** (C. GINI, 1914):

Bezieht man die Konzentrationsfläche A auf

- die Fläche bei maximaler Ungleichheit, d. h. auf $0,5\left(1-\frac{1}{n}\right)$, so erhält man den auf [0; 1] normierten GINI-Koeffizienten

$$\left.\begin{aligned} G &:= \frac{A}{0,5\left(1-\frac{1}{n}\right)} = \sum_{\nu=1}^{n} \frac{2\nu-n-1}{n-1}\pi_\nu \\ &= \frac{n}{n-1}\left[1-\sum_{i=1}^{k} p_i\left(L_{i-1}+L_i\right)\right] \end{aligned}\right\} 0 \le G \le 1,$$

mit $L_0 = 0$,

- die Dreiecksfläche unter der 45°-Linie, so erhält man den auf $\left[0; 1-\frac{1}{n}\right]$ definierten GINI-Koeffizienten

$$\left.\begin{aligned} G^* &:= \frac{A}{0,5} = \sum_{\nu=1}^{n} \frac{2\nu-n-1}{n}\pi_\nu \\ &= 1-\sum_{i=1}^{k} p_i\left(L_{i-1}+L_i\right) \end{aligned}\right\} 0 \le G^* \le 1-\frac{1}{n}$$

mit $L_0 = 0$.

Alternative Formeln für die GINI-Koeffizienten:

- Verwendung der mittleren Differenz (vgl. A2.3.2)

$$G = \frac{\overline{\Delta}}{2\bar{x}},$$

- Verwendung der Kovarianz zwischen den Rangzahlen ν und den Merkmalswerten $x_{<\nu>}$ (vgl. A3.3.3)

$$G = \frac{n}{n-1}\,\frac{2\operatorname{cov}(\nu, x_{<\nu>})}{n\bar{x}} = 2\,\frac{n}{n-1}\operatorname{cov}\left(\frac{\nu}{n}, \frac{x_{<\nu>}}{\bar{x}}\right).$$

Auf den LORENZ-**Kurvenanstiegen**

$$m_i = \frac{\pi_i}{p_i} \quad \text{bzw.} \quad m_\nu = \frac{\pi_\nu}{1/n} = n\,\pi_\nu$$

basiert der RICCI-SCHUTZ-**Koeffizient** (RICCI, 1916; SCHUTZ, 1951):

$$D := \left\{ \begin{array}{lcl} \sum\limits_{m_\nu \leq 1} \frac{1}{n}(1-m_\nu) & = & \sum\limits_{x_\nu \leq \bar{x}} \frac{1}{n}(1-\frac{x_\nu}{\bar{x}}) \\ \sum\limits_{m_i \leq 1} p_i\,(1-m_i) & = & \sum\limits_{x_i \leq \bar{x}} p_i\,(1-\frac{x_i}{\bar{x}}) \end{array} \right\} \; 0 \leq D \leq 1 - \frac{1}{n}$$

Es ist D die Länge der längsten LORENZ-**Kurvensehne**, d. h. der größte, parallel zur L-Achse gemessene Abstand zwischen 45°-Linie und Lorenzkurve.

Tab. A6/1: Weitere Disparitätsmaße

Name	Formel	Min.	Max.
Variations-koeffizient	$vk = \frac{s}{\bar{x}} = \frac{1}{\bar{x}}\sqrt{\frac{1}{n}\sum\limits_{\nu=1}^{n}(x_\nu - \bar{x})^2}$	0	$\sqrt{n-1}$
normiertes Quadrat des Varations-koeffizienten	$Q = \frac{vk^2}{1+vk^2}$	0	$\frac{n-1}{n}$
logarithmische Varianz	$s^2_{\log} = \frac{1}{n}\sum\limits_{\nu=1}^{n}\left(\ln\frac{x_\nu}{\bar{x}}\right)^2 \;;\; x_\nu > 0$	0	∞
DALTON-Maß[†]	$DA = \frac{\ln \bar{x}}{\ln \bar{x}_g} \;;\; x_\nu > 0$	1	∞
CHAMPERNOWNE-Koeffizient	$C = 1 - \frac{\bar{x}_g}{\bar{x}}$	0	1
1. THEIL-Koeffizient	$T_1 = \ln\frac{\bar{x}}{\bar{x}_g} \;;\; x_\nu > 0$	0	∞
2. THEIL-Koeffizient	$T_2 = \frac{1}{n}\sum\limits_{\nu=1}^{n}\left(\frac{x_\nu}{\bar{x}}\right)\ln\left(\frac{x_\nu}{\bar{x}}\right) \;;\; x_\nu > 0$	0	∞
ATKINSON-Koeffizient	$A_\varepsilon = 1 - \left[\frac{1}{n}\sum\limits_{\nu=1}^{n}\left(\frac{x_\nu}{\bar{x}}\right)^{1-\varepsilon}\right]^{\frac{1}{1-\varepsilon}} \;;$ $\varepsilon > 0 \wedge \varepsilon \neq 1$	0	$1 - \frac{1}{n^{\varepsilon/(1-\varepsilon)}}$
KOLM-Koeffizient	$K_\alpha = \frac{1}{\alpha\,\bar{x}}\ln\left\{\frac{1}{n}\sum\limits_{\nu=1}^{n}\exp[-\alpha\,(x_\nu - \bar{x})]\right\}$	0	$\frac{1}{\alpha\,\bar{x}}\ln\left[\frac{1}{n}e^{\alpha\bar{x}}\times \times\left(e^{-\alpha\bar{x}} + n - 1\right)\right]$

† $\bar{x}_g$ – geometrisches Mittel

Alternative Darstellungen des RICCI-SCHUTZ-Koeffizienten:

- $$D = \begin{cases} 0,5 \sum\limits_{\nu=1}^{n} \left| \pi_\nu - \frac{1}{n} \right| \\ 0,5 \sum\limits_{i=1}^{k} |\pi_i - p_i| \end{cases}$$

- $$D = \begin{cases} \dfrac{1}{2\,n\,\bar{x}} \sum\limits_{\nu=1}^{n} |x_\nu - \bar{x}| \\ \dfrac{1}{2\,n\,\bar{x}} \sum\limits_{i=1}^{k} |x_i - \bar{x}|\, n_i \end{cases}$$

Weitere Disparitätsmaße mit den zugehörigen Minimalwerten (bei extremer Gleichverteilung) und Maximalwerten (bei extremer Ungleichverteilung) finden sich in Tab. A6/1.

Kapitel 7

Bestands- und Ereignismassen

Bestandsmasse (syn.: Streckenmasse): statistische Gesamtheit, deren Einheiten eine **Verweilzeit** besitzen. Letztere ist der zeitliche Abstand vom Eintritt der Einheit in die Masse bis zu ihrem Austritt.

Ereignismasse (syn.: Punktmasse): statistische Gesamtheit, deren Einheiten Ereignisse sind, die keine Zeitdauer besitzen.

Zu jeder Bestandsmasse gibt es mindestens zwei Ereignismassen

- eine **Zugangsmasse** mit solchen Ereignissen, die Zugänge zum Bestand sind,
- eine **Abgangsmasse** mit solchen Ereignissen, die Abgänge aus dem Bestand sind.

7.1 Grundbegriffe

t_a – Anfangszeitpunkt
t_e – Endzeitpunkt
} des Zeitraumes, in dem eine Bestandsmasse und ihre zugehörigen Ereignismassen zu analysieren sind.

$Z(t_a;t_e)$ – Anzahl der **Zugänge** in $]t_a;t_e]$

$A(t_a;t_e)$ – Anzahl der **Abgänge** in $]t_a;t_e]$

$z(t_a;t_e) := \dfrac{Z(t_a;t_e)}{t_e - t_a}$ – **Zugangsrate** (syn.: Zugangsgeschwindigkeit) in $]t_a;t_e]$

$a(t_a;t_e) := \dfrac{A(t_a;t_e)}{t_e - t_a}$ – **Abgangsrate** (syn.: Abgangsgeschwindigkeit) in $]t_a;t_e]$

$B(t)$ – **Bestandsfunktion**, Bestand im Zeitpunkt t; $B(t) \geq 0$

Die Bestandsfunktion wird selten kontinuierlich aufgezeichnet, sondern nur zu ausgewählten Zeitpunkten t_i ausgewiesen, $B(t_i)$, und zwar durch

- jeweilige **Bestandsaufnahme** (Inventur),
- **Fortschreibung** nach der **Fortschreibungsformel**:

$$\begin{array}{ccccccc} B(t_i) & = & B(t_{i-1}) & + & Z(t_{i-1};t_i) & - & A(t_{i-1};t_i) \\ \begin{pmatrix}\text{neuer} \\ \text{Bestand}\end{pmatrix} & = & \begin{pmatrix}\text{alter} \\ \text{Bestand}\end{pmatrix} & + & \begin{pmatrix}\text{Zugänge} \\ \text{in }]t_{i-1};t_i]\end{pmatrix} & - & \begin{pmatrix}\text{Abgänge} \\ \text{in }]t_{i-1};t_i]\end{pmatrix} . \end{array}$$

  Der unbekannte Verlauf von $B(t)$ zwischen t_{i-1} und t_i wird dann durch lineare Approximation geschätzt (vgl. Abb. A7/2):

$$\widehat{B}(t) = B(t_{i-1}) + \frac{t - t_{i-1}}{t_i - t_{i-1}} \left[B(t_i) - B(t_{i-1})\right] ; \; t_{i-1} < t \leq t_i .$$

Einige Typen von Bestandsmassen:

- **geschlossene Masse** in $]t_a;t_e]$;
  Kennzeichen: $B(t_a) = B(t_e) = 0$
- **offene Masse** in $]t_a;t_e]$;
  Kennzeichen: $B(t_a) \neq 0$ und/oder $B(t_e) \neq 0$
- **stationäre offene Masse**
  Es erfolgen Zu- und Abgänge, deren Saldo jedoch Null ist, so daß sich der Umfang der Bestandsmasse nicht ändert. Ferner sind Zu- und Abgänge von der Art, daß sich die Struktur der Bestandsmasse, insbesondere deren Altersaufbau, nicht ändert.
- **stabile offene Masse**
  Es erfolgen Zu- und Abgänge, deren Saldo jedoch stets positiv ($\Rightarrow$ wachsende Bestandsmasse) bzw. stets negativ ist ($\Rightarrow$ schrumpfende Bestandsmasse), wobei die Veränderungsrate der Bestandsmasse zeitlich konstant ist. Die Struktur der Bestandsmasse, insbesondere ihr Altersaufbau, bleibt aber über die Zeit konstant.
- **Abgangsmasse** (syn.: Sterbetafelbevölkerung)
  Alle Zugänge erfolgen in t_a, danach gibt es nur noch Abgänge.

Zeitmengenbestand in $]t_a;t_e]$ $\widehat{=}$
Summe der in $]t_a;t_e]$ verbrachten Verweilzeiten:

$$M(t_a;t_e) := \int_{t_a}^{t_e} B(t)\, dt$$

Die Art der Berechnung (Schätzung) von $M(t_a;t_e)$ hängt von den jeweiligen Umständen ab, vgl. Abs. A7.2 und A7.3.

Durchschnittsbestand in $]t_a;t_e]$ $\widehat{=}$
mittlere Höhe der Bestandsfunktion in $]t_a;t_e]$:

$$\overline{B}(t_a;t_e) := \frac{M(t_a;t_e)}{t_e - t_a}$$

Zur Erläuterung vgl. Abb. A7/1.

Abb. A7/1: BECKER-Diagramm (oben) und Bestandsfunktion (unten) bei bekannten individuellen Verweilzeiten

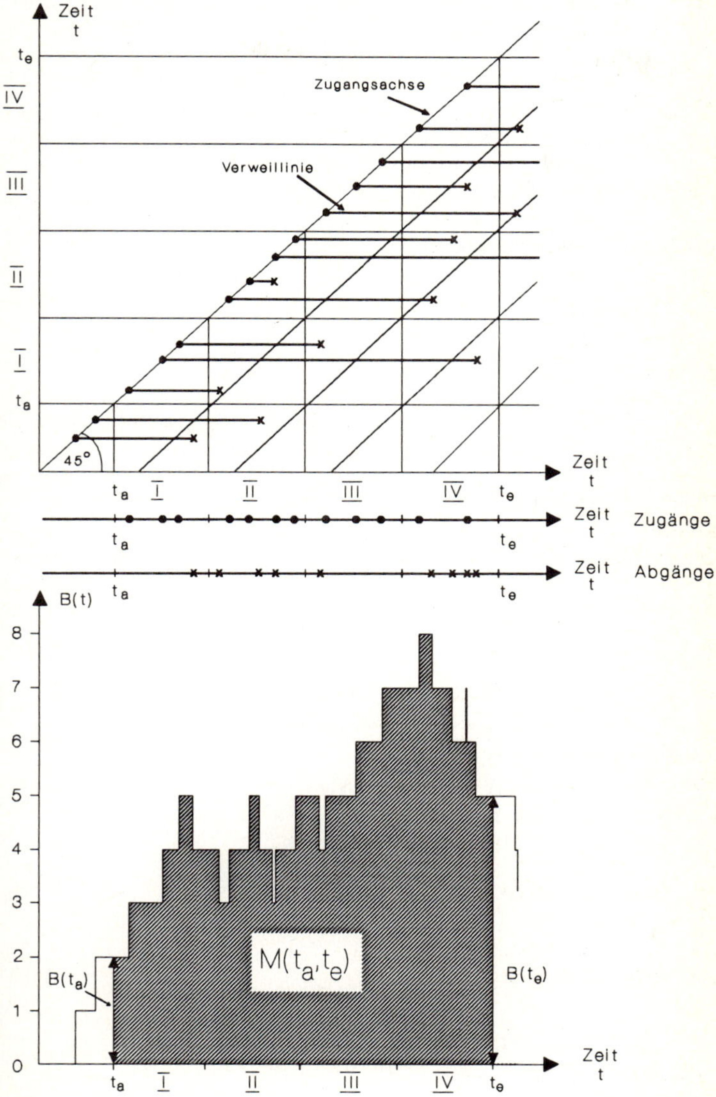

7.2 Geschlossene Massen

Fall 1: Individuelle Verweilzeiten sind bekannt oder Zu- und Abgangszeitpunkte sind registriert.

Es ist $B(t_a) = B(t_e) = 0$, in $]t_a; t_e]$ erfolgen n Zugänge und natürlich auch n Abgänge, und man kennt:

- die Zugangszeitpunkte t_ν^a $(\nu = 1, \ldots, n)$ und die Abgangszeitpunkte t_ν^e $(\nu = 1, \ldots, n)$, die nicht den Einheiten zugeordnet sein müssen, *oder*
- die individuellen Verweilzeiten $d_\nu := t_\nu^e - t_\nu^a$.

Zeitmengenbestand in $]t_a; t_e]$:

$$\begin{aligned} M(t_a; t_e) &= \sum_{\nu=1}^{n} d_\nu && - \text{ Summe der Verweilzeiten} \\ &= \sum_{\nu=1}^{n} (t_\nu^e - t_\nu^a) \\ &= \sum_{\nu=1}^{n} t_\nu^e - \sum_{\nu=1}^{n} t_\nu^a && - \begin{cases}\text{Differenz zwischen der Summe der} \\ \text{Abgangs- und Zugangszeiten}\end{cases} \end{aligned}$$

Mittlere Verweilzeit (eines in $]t_a; t_e]$ zu- *und* abgegangenen Elements):

$$\begin{aligned} \overline{d}(t_a; t_e) &:= \frac{M(t_a; t_e)}{n} \\ &= \frac{1}{n} \sum_{\nu=1}^{n} d_\nu && - \begin{cases}\text{arithmetisches Mittel der} \\ \text{individuellen Verweilzeiten}\end{cases} \\ &= \frac{1}{n} \sum_{\nu=1}^{n} t_\nu^e - \frac{1}{n} \sum_{\nu=1}^{n} t_\nu^a && - \begin{cases}\text{Differenz zwischen mittlerer Ab-} \\ \text{gangs- und mittlerer Zugangszeit}\end{cases} \end{aligned}$$

Durchschnittsbestand in $]t_a; t_e]$:

$$\overline{B}(t_a; t_e) := \frac{M(t_a; t_e)}{t_e - t_a} = \frac{n\,\overline{d}(t_a; t_e)}{t_e - t_a}$$

Umschlagshäufigkeit in $]t_a; t_e]$:

$$U(t_a; t_e) := \frac{t_e - t_a}{\overline{d}(t_a; t_e)} = \frac{n}{\overline{B}(t_a; t_e)}$$

Fall 2: Weder individuelle Verweilzeiten noch Zu- und Abgangszeitpunkte bekannt

In diesem Fall sei der Verlauf von $B(t)$ – vgl. Abb. A7/2 – zu den äquidistanten Zeitpunkten t_i $(i = 0, 1, \ldots, k)$ mit

$$\begin{aligned} t_0 &:= t_a \\ t_k &:= t_e \\ \Delta &:= (t_e - t_a)/k, \quad \text{d. h.} \quad t_e - t_a = k\,\Delta \\ t_i &= t_0 + i\,\Delta \end{aligned}$$

durch Fortschreibung mit

$$\left.\begin{aligned} Z_i &:= Z(t_{i-1}; t_i) \\ A_i &:= A(t_{i-1}; t_i) \end{aligned}\right\} \; i = 1, \ldots, k$$

als

$$B_i := B(t_i) = B_{i-1} + Z_i - A_i$$

bekannt. Da die Masse geschlossen ist $(B_0 = B_k = 0)$, gelten:

$$\begin{aligned} B_i &= \sum_{j=1}^{i} (Z_j - A_j) \\ n &= \sum_{i=1}^{k} Z_i = \sum_{i=1}^{k} A_i \; \begin{cases} \text{Jedem Zugang in }]t_a; t_e] \text{ entspricht} \\ \text{ein Abgang in }]t_a; t_e]. \end{cases} \end{aligned}$$

Abb. A7/2: Bestandsfunktion und ihre lineare Approximation bei geschlossener Masse

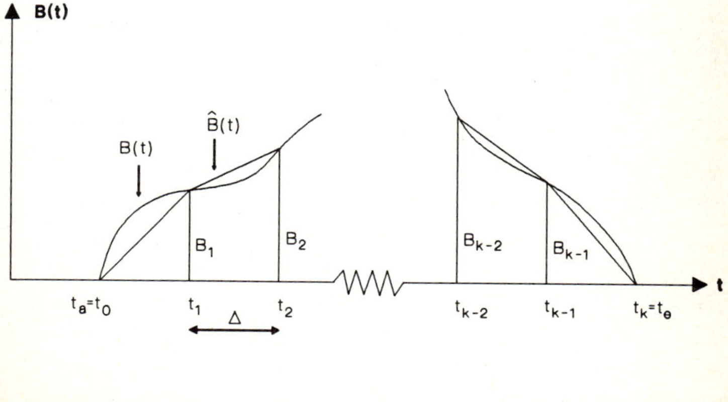

Zeitmengenbestand (geschätzt nach der Formel für Trapezflächeninhalte):

$$\begin{aligned} M(t_a;t_e) &= \sum_{i=1}^{k} \frac{B_{i-1}+B_i}{2}\,\Delta \\ &= \Delta \sum_{i=1}^{k-1} B_i\,, \quad \text{wegen} \quad B_0 = B_k = 0 \\ &= \Delta \sum_{i=1}^{k-1} i\,(Z_{k-i} - A_{k-i}) \end{aligned}$$

Mittlere Verweilzeit (eines in $]t_a;t_e]$ zu- *und* abgegangenen Elements):

$$\begin{aligned} \overline{d}(t_a;t_e) &= \frac{M(t_a;t_e)}{n} \\ &= \frac{\Delta}{n}\sum_{i=1}^{k-1} B_i \\ &= \frac{\Delta}{n}\sum_{i=1}^{k-1} i\,(Z_{k-i} - A_{k-i}) \end{aligned}$$

Durchschnittsbestand in $]t_a;t_e]$:

$$\begin{aligned} \overline{B}(t_a;t_e) &= \frac{M(t_a;t_e)}{t_e - t_a} = \frac{M(t_a;t_e)}{k\,\Delta} \\ &= \frac{1}{k}\sum_{i=1}^{k-1} B_i = \frac{1}{k}\sum_{i=1}^{k-1} i\,(Z_{k-i} - A_{k-i}) \end{aligned}$$

Umschlagshäufigkeit in $]t_a;t_e]$:

$$\begin{aligned} U(t_a;t_e) &= \frac{k\,n}{\sum_{i=1}^{k-1} B_i} \\ &= \frac{k\,\Delta}{\overline{d}(t_a;t_e)} \end{aligned}$$

7.3 Offene Massen

Fall 1: Individuelle Zu- und Abgangszeitpunkte bekannt

Die Menge der Elemente, die in $]t_a; t_e]$ verweilten, läßt sich in vier Teilmengen zerlegen (vgl. Tab. A7/1).

Tab. A7/1: Zerlegung der Elemente mit Verweilzeit in $]t_a; t_e]$

Menge	Definition	Anzahl und Indizierung der Elemente	Verweilzeit eines Elements in $]t_a; t_e]$
E_1	Elemente mit einem Zugang **vor** t_a **und Abgang in** $]t_a; t_e]$	n_1 $\iota = 1, 2, \ldots, n_1$	$d_\iota^{(1)} = t_\iota^e - t_a$
E_2	Elemente mit einem Zugang **vor** t_a **und Abgang nach** t_e	n_2 $\kappa = 1, 2, \ldots, n_2$	$d_\kappa^{(2)} = t_e - t_a$
E_3	Elemente mit einem Zugang **in und Abgang in** $]t_a; t_e]$	n_3 $\ell = 1, 2, \ldots, n_3$	$d_\ell^{(3)} = t_\ell^e - t_\ell^a$
E_4	Elemente mit einem Zugang **in** $]t_a, t_e]$ **und Abgang nach** t_e	n_4 $\nu = 1, 2, \ldots, n_4$	$d_\nu^{(4)} = t_e - t_\nu^a$

Zeitmengenbestand in $]t_a; t_e]$:

$$M(t_a; t_e) = \sum_{\iota=1}^{n_1} d_\iota^{(1)} + n_2\,(t_e - t_a) + \sum_{\ell=1}^{n_3} d_\ell^{(3)} + \sum_{\nu=1}^{n_4} d_\nu^{(4)}$$

Durchschnittsbestand in $]t_a; t_e]$:

$$\overline{B}(t_a; t_e) = \frac{M(t_a; t_e)}{t_e - t_a}$$

Bezüglich der mittleren Verweilzeit muß man sich entscheiden, für welche Menge von Elementen sie gelten soll:

- **mittlere Verweilzeit der in** $]t_a; t_e]$ **zugegangenen Elemente**

  Hierbei sind die Mengen E_3 und E_4 aus Tab. A7/1 angesprochen.

$$\overline{d}_z(t_a; t_e) = \frac{1}{n_3 + n_4} \left[\sum_{\ell=1}^{n_3} d_\ell^{(3)} + \sum_{\nu=1}^{n_4} d_\nu^{(4)} \right]$$

- **mittlere Verweilzeit der in $]t_a;t_e]$ abgegangenen Elemente**

  Hierbei sind die Mengen E_1 und E_3 aus Tab. A7/1 angesprochen.

$$\overline{d}_a(t_a;t_e) = \frac{1}{n_1+n_3}\left[\sum_{\iota=1}^{n_1} d_\iota^{(1)} + \sum_{\ell=1}^{n_3} d_\ell^{(3)}\right]$$

Fall 2: Individuelle Zu- und Abgangszeitpunkte unbekannt

Es gelten die unter Fall 2 in Abs. A7.2 gemachten Voraussetzungen über die in äquidistantem Abstand Δ zwischen t_a und t_e fortgeschriebene Bestandsfunktion B_i, wobei nun aber $B_0 \neq 0$ und/oder $B_k \neq 0$.

Zeitmengenbestand (geschätzt nach der Formel für Trapezflächeninhalte):

$$M(t_a;t_e) = \Delta\left[0,5\,B_0 + \sum_{i=1}^{k-1} B_i + 0,5\,B_k\right]$$

Durchschnittsbestand in $]t_a;t_e]$:

$$\begin{aligned}\overline{B}(t_a;t_e) &= \frac{M(t_a;t_e)}{t_e-t_a} = \frac{M(t_a;t_e)}{k\,\Delta} \\ &= \frac{1}{k}\left[0,5\,B_0 + \sum_{i=1}^{k-1} B_i + 0,5\,B_k\right] - \left\{\begin{array}{l}\text{Formel des \textbf{chrono-}} \\ \text{\textbf{logischen Mittels}}\end{array}\right.\end{aligned}$$

Bezüglich der Ermittlung der mittleren Verweilzeit werden zwei Annahmen getroffen:

- Die in B_0 bzw. B_k enthaltenen Elemente haben im Mittel die Hälfte ihrer Verweilzeit schon hinter bzw. noch vor sich.
- Die in B_0 und B_k enthaltenen Elemente haben die gleiche mittlere Verweilzeit wie die in $]t_a;t_e]$ zu- und abgegangenen Elemente.

Unter diesen Annahmen haben sowohl die in $]t_a;t_e]$ zugegangenen wie auch die dort abgegangenen Elemente die gleiche **mittlere Verweilzeit**:

$$\overline{d}(t_a;t_e) = \frac{2\,\overline{B}(t_a;t_e)\,(t_e-t_a)}{Z+A} \quad \text{mit} \quad Z = \sum_{i=1}^{k} Z_i \;\text{ und }\; A = \sum_{i=1}^{k} A_i\,.$$

Diese Schätzung ist zuverlässig, wenn $t_e - t_a \geq 4\,\overline{d}(t_a;t_e)$.

7.4 Abgangsmodelle, insb. Sterbetafeln

Kennzeichen eines Abgangsmodells:

- Betrachtet wird eine Menge von Elementen, die alle im Zeitpunkt t_a zugegangen sind (eine **Kohorte**).
- In $]t_a; t_e]$ erfolgen keine Zugänge in den Bestand, sondern nur Abgänge aus ihm.
- Es ist t_e so (groß) gewählt, daß $B(t_e) = 0$.

Ein Sonderfall des Abgangsmodells ist die Sterbetafelbevölkerung, in der der jahrgangsweise Abgang durch Tod von $\ell_0 = 100.000$ Lebendgeborenen dargestellt und durch Kennzahlen gemessen wird.

Symbolik in einer Sterbetafel

x	–	**Alter** in vollendeten Jahren ($x = 0, 1, \ldots, x_{\max}$) mit i. a. $x_{max} = 100$
ℓ_x	–	**Überlebende** im Alter x oder Anzahl der in das x-te Lebensjahr Eintretenden
d_x	–	Anzahl der im Alter x bis $x + 1$ **Gestorbenen**
q_x	–	**einjährige Sterbewahrscheinlichkeit** eines x-Jährigen (Das ist eine bedingte Wahrscheinlichkeit, vgl. Abs. C2.3, mit der Bedingung bis zum Alter x überlebt zu haben.)
p_x	–	**einjährige Überlebenswahrscheinlichkeit** eines x-Jährigen (ebenfalls eine bedingte Wahrscheinlichkeit)
$q(x)$	–	**Sterbewahrscheinlichkeit eines Neugeborenen im Alter von x Jahren** (Das ist eine unbedingte Wahrscheinlichkeit.)
$p(x)$	–	Wahrscheinlichkeit, daß ein Neugeborener nicht im Alter von x Jahren stirbt, d. h. entweder früher oder später.
q_{xy}	–	**mehrjährige Sterbewahrscheinlichkeit** eines x-Jährigen (bis zum Alter y)
p_{xy}	–	**mehrjährige Überlebenswahrscheinlichkeit** eines x-Jährigen (bis zum Alter y)
L_x	–	von den Überlebenden im Alter x bis zum Alter $x+1$ **durchlebte Jahre**
T_x	–	von den Überlebenden im Alter x **insgesamt noch zu durchlebende Jahre**
e_x	–	durchschnittliche fernere Lebenserwartung eines x-Jährigen oder **mittlere Restlebensdauer eines x-Jährigen**
$E(X\|x)$	–	**erwartetes Lebensalter** eines x-Jährigen

Abb. A7/3: Erläuterung einiger Größen aus der Sterbetafel

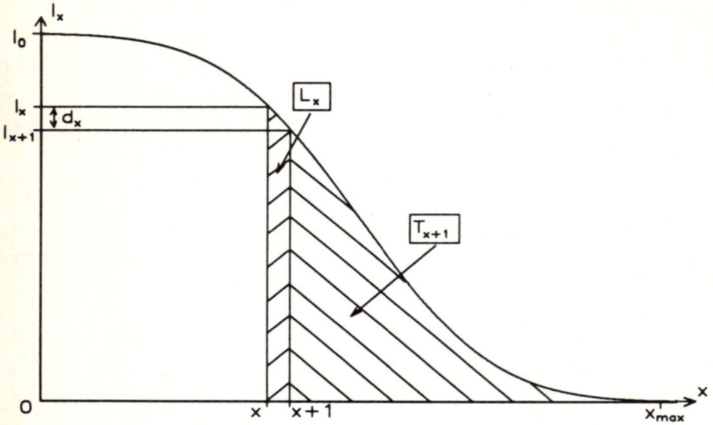

Beziehungen zwischen den Größen in einer Sterbetafel:

$$\ell_{x+1} = \ell_x - d_x \quad - \quad \text{Fortschreibung}$$

$$d_x = \ell_x - \ell_{x+1}$$

$$d_{x_{max}} = \ell_{x_{max}}$$

$$\ell_0 = \sum_{i=0}^{x_{max}} d_i$$

$$\ell_x = \sum_{i=x}^{x_{max}} d_i$$

$$q_x = \frac{d_x}{\ell_x} = 1 - \frac{\ell_{x+1}}{\ell_x}$$

$$p_x = 1 - q_x = \frac{\ell_{x+1}}{\ell_x}$$

$$\ell_{x+1} = \ell_x\,(1 - q_x) = \ell_x\,p_x$$

$$\ell_{x+k} = \ell_x \prod_{i=x}^{x+k-1} p_i$$

$$q(x) = \frac{d_x}{\ell_0}; \qquad \sum_{x=0}^{x_{max}} q(x) = 1$$

$$p(x) = 1 - q(x); \qquad \sum_{x=0}^{x_{max}} p(x) = x_{max}$$

$$q_x = \frac{q(x)}{1-\sum_{i=0}^{x-1} q(i)}$$ – Verbindung zwischen den unbedingten Sterbewahrscheinlichkeiten $q(x)$ und der bedingten Sterbewahrscheinlichkeit q_x

$$p_{xy} = \begin{cases} \prod_{i=x}^{y-1} p_i & \text{für} \quad x < y \\ 1 & \text{für} \quad x = y \\ 0 & \text{für} \quad x > y \end{cases}$$

$$= \frac{\ell_y}{\ell_x} \text{ mit } \ell_y = \ell_x - \sum_{i=x}^{y-1} d_i \text{ für } x < y$$

$$q_{xy} = 1 - p_{xy} = \sum_{i=x}^{y-1} d_i \Big/ \ell_x \text{ für } x < y$$

$$p_{0x} = \frac{\ell_x}{\ell_0} = 1 - \left[\sum_{i=0}^{x-1} d_i \Big/ \ell_0\right] = \sum_{i=0}^{x-1} p_i$$

Wahrscheinlichkeit eines Neugeborenen, älter als x Jahre zu werden

$$q_{0x} = 1 - p_{0x} = \sum_{i=0}^{x-1} d_i \Big/ \ell_0$$

Wahrscheinlichkeit eines Neugeborenen, höchstens x Jahre alt zu werden

$$L_x = (\ell_x + \ell_{x+1})/2 = \ell_x - 0,5\, d_x$$

$$T_x = \sum_{i=x}^{x_{max}} L_i = \frac{\ell_x}{2} + \sum_{i=x+1}^{x_{max}} \ell_i$$

$$T_0 = \sum_{x=0}^{x_{max}} (x+0,5)\, d_x = \frac{\ell_0}{2} + \sum_{x=0}^{x_{max}} x\, d_x$$

$$e_x = \frac{T_x}{\ell_x} = 0,5 + \frac{1}{\ell_x} \sum_{i=x+1}^{x_{max}} \ell_i = 0,5 + \sum_{y=x+1}^{x_{max}} p_{xy}$$

$$e_x - e_{x+1} = 1 - q_x\,(e_{x+1} + 0,5)$$

$$e_x - e_{x+1} \leq 1$$

$q_x > 1\big/(e_{x+1} + 0,5)$, falls $e_x < e_{x+1}$

$$E(X|x) = x + e_x = 0,5 + \sum_{i=x}^{x_{max}} i\, d_i \Bigg/ \sum_{i=x}^{x_{max}} d_i$$

Kapitel 8

Einführung in die Analyse und Prognose von Zeitreihen

Eine **Zeitreihe** ist eine zeitlich geordnete Folge von Werten **einer** Variablen ($\Rightarrow$ **univariate Zeitreihe**) oder **mehrerer** Variablen ($\Rightarrow$ **multivariate Zeitreihe**).

8.1 Definitionen und Klassifikationen

Ziele einer Beschäftigung mit Zeitreihen können sein:

- **Beschreibung** und **Zerlegung** in bestimmte Komponenten sowie **Bereinigung** von bestimmten Komponenten,
- **Erklärung** der Entwicklung einer Variablen aus dem Zeitverlauf einer oder mehrerer anderer Variablen,
- **Prognose** zukünftiger Werte einer Zeitreihe,
- **Kontrolle** und **Steuerung** des Verlaufs einer Variablen auf einem gewünschten Entwicklungspfad.

Zeitreihen kann man nach mehreren, einander nicht ausschließenden Kriterien klassifizieren, etwa nach

- der **sachlichen Dimensionstiefe**:
  - ▷ **univariate** Zeitreihen (Nur eine Variable wird in ihrer zeitlichen Entwicklung analysiert oder prognostiziert.)
  - ▷ **multivariate** Zeitreihen (Zwei oder mehr Variablen werden auf ihre sachlich-zeitliche Interdependenz untersucht, etwa um Lag-Lead-Beziehungen zu entdecken.)
- der **Behandlung des Zeitparameters**:
  - ▷ Zeitreihen mit **stetiger Zeit** (Die Zeit wird als kontinuierlich fließend aufgefaßt und die Beobachtungsvariable permanent aufgezeichnet.)

  - ▷ Zeitreihen mit **diskreter Zeit** (Die Zeit wird in Einheiten gezählt – etwa in Jahren, Quartalen, Monaten, Wochen, Tagen – und die Beobachtungsvariable wird im Abstand dieser Einheiten erfaßt.)
    - ∗ **äquidistante Zeitreihen** (Die Zeiteinheiten sind von gleicher Länge. Dies trifft bei Verwendung vieler Kalendereinheiten nicht zu; so sind etwa die Monate verschieden lang.)
    - ∗ **nicht-äquidistante Zeitreihen** (Die Zeiteinheiten sind verschieden lang, was praktisch für die meisten diskreten Zeitreihen zutrifft und zu einer besonderen Bewegungskomponente, der **Kalenderkomponente**, in der Zeitreihe führt.)
- der **Länge der Zeiteinheit**, in oder nach der die Beobachtungsvariable erfaßt wird:
  - ▷ Zeitreihen mit **Jahresdaten**,
  - ▷ Zeitreihen mit **unterjährigen Daten**, etwa Quartals-, Monats- oder Wochendaten,
- dem **Meßverfahren der Beobachtungsvariablen**:
  - ▷ Zeitreihen mit **stetiger Variablen**
  - ▷ Zeitreihen mit **diskreter Variablen**
  - ▷ Zeitreihen mit **quasi-stetiger Variablen**
- dem **Zeitbezug der Beobachtungsvariablen**:
  - ▷ **Bestandszeitreihen** (Eine Bestandsgröße ist zu jedem Zeitpunkt definiert, könnte also bei stetiger Zeit permanent in ihrer Höhe nachgewiesen werden, wird bei diskreter Zeit im Abstand der gewählten Zeiteinheit erfaßt, etwa am Ende oder in der Mitte der Zeiteinheit.)
  - ▷ **Strömungszeitreihen** (Eine Strömungsgröße ist zu jedem Zeitpunkt definiert und könnte bei stetiger Zeit kontinuierlich in ihrer Höhe aufgezeichnet werden, wird bei diskreter Zeit nachgewiesen als „geflossene Menge" in der gewählten Zeiteinheit.)
  - ▷ **Ereigniszeitreihen** (Ereignisse sind zu bestimmten Zeitpunkten, an denen sie stattfinden, definiert. Bei stetiger Zeit werden sie als Impulse in den Zeitpunkten nachgewiesen, an denen sie stattfinden. Bei diskreter Zeit wird die Anzahl der Ereignisse angegeben, die in der gewählten Zeiteinheit eingetreten sind.)

Nach dem **theoretischen Konzept**, das der Beschäftigung mit Zeitreihen zugrunde liegt, unterscheidet man:

- **heuristische Ansätze**, die weder ein explizites noch implizites Modell für die Zeitreihe verwenden oder davon ausgehen,
- **klassische Ansätze**, die von einem Komponentenmodell ausgehen und Hauptgewicht auf die Modellierung der systematischen Komponenten (vgl. Abb. A8/1) legen.

- **stochastische Prozeßansätze**, die Zeitreihen als Realisationen stochastischer Prozesse (vgl. Abs. C4.1) auffassen und Hauptgewicht auf die Modellierung der Zufallskomponente legen.

Nach dem **Medium**, in dem die Zeitreihenanalyse stattfindet, unterscheidet man:

- Analyse **im Zeitbereich** (Verwendung der Zeitvariablen),
- Analyse **im Frequenzbereich** (Übergang von der linearen Zeitvariablen zur zirkulären Kreisfrequenz).

Notierung der Zeitreihenwerte:

- **einfache Indizierung**

$$y_t \quad \text{mit} \quad t = 1, 2, \ldots, T$$

Die als äquidistant unterstellten Zeiteinheiten werden aufsteigend mit dem Index t numeriert. y_t ist der Beobachtungswert der Variablen Y

  ▷ im **Zeitpunkt** t bei Bestandsgrößen,

  ▷ für die Zeiteinheit t bei Ereignis- oder Strömungsgrößen oder bei Durchschnittsbeständen.

- **doppelte Indizierung**

$$y_{ij} \quad \text{mit} \quad \begin{cases} i = 1, 2, \ldots, k \\ j = 1, 2, \ldots, m \end{cases}$$

Die Doppelindizierung wird bei unterjährigen Zeitreihen angewendet mit i als Jahresindex und j als Jahresabschnittsindex. m ist die Anzahl der Jahresabschnitte, z. B.:

  ▷ $m = 2$ bei einer Halbjahresreihe,

  ▷ $m = 4$ bei einer Quartalsreihe,

  ▷ $m = 12$ bei einer Monatsreihe.

Umrechnung von Einfach- auf Doppelindizierung und umgekehrt:

- Die erste Beobachtung ($t = 1$) falle innerhalb des ersten Jahres auf den Jahresbschnitt j^* ($1 \leq j^* \leq m$).
- Übergang $t \Rightarrow (i; j)$

$$i = -\left[\frac{1 - t - j^*}{m}\right], \qquad [\,\cdot\,] \text{ ist die Gauss-Klammer}$$

$$j = t + j^* - 1 - m(i-1), \qquad \text{mit i von oben}$$

- Übergang $(i\,;\,j) \Rightarrow t$

$$t = (i-1)\,m + j - j^* + 1$$

Zeitreihenabschnitte und Teilmengen einer Zeitreihe

- T ≙ **Länge der Zeitreihe** (syn.: Länge des Beobachtungszeitraumes)
- **historischer Rand** (syn.: linker Rand) ≙ Werte am Anfang der Zeitreihe
- **aktueller Rand** (syn.: rechter Rand) ≙ Werte am Ende der Zeitreihe
- **Stützbereich** der Länge ℓ ($\ell \geq 2$) ≙ ℓ aufeinander folgende Werte der Zeitreihe

8.2 Zeitreihenkomponenten und ihre Verknüpfungen

Die Menge der Einflußgrößen oder Ursachen, die zu den Zeitreihenwerten y_t geführt haben, denkt man sich so in Gruppen zusammengefaßt, daß deren Wirkung zu einem gruppenspezifischen Verlauf führt. Diese gruppenspezifischen Verläufe, **Zeitreihenkomponenten** genannt, verknüpfen sich zur Zeitreihe $\{y_t\}$. Die Zielsetzungen sind dann:

- die Schätzung der einzelnen Zeitreihenkomponenten,
- die Bereinigung der Zeitreihe von einer oder mehrerer ihrer Komponenten.

Als Zeitreihenkomponenten werden unterschieden (vgl. Abb. A8/1):

- die **Trendkomponente**, in der sich die Wirkungen der dauerhaften, langfristigen, sich nur langsam verändernden Einflußgrößen niederschlagen,
- die **Konjunkturkomponente**, mit den Auswirkungen jener Einflußgrößen, die im mehrjährigen, nicht unbedingt konstantem Abstand ihre Bedeutung ändern,
- die **glatte Komponente**, g_t, als Zusammenfassung von Trend- und Konjunkturkomponente, da man bei kurzen Zeitreihen beide oft nicht klar trennen kann,
- die **Saisonkomponente**, s_t, mit den Auswirkungen jener Einflußgrößen, die im Jahresablauf regelmäßig oder annähernd regelmäßig ihre Bedeutung wechseln. Drei Gruppen sind hier als Einflüsse auszumachen:
    - ▷ **natürliche Ursachen**, die mit dem Jahresumlauf der Erde um die Sonne und dem Umlauf des Mondes um die Erde zusammenhängen und zu Schwankungen klimatischer und meteorologischer Größen führen,
    - ▷ **institutionelle Ursachen** wie etwa Ferienplazierung, Zahlungstermine usw.,

▷ **Kalenderunregelmäßigkeiten** wie z. B. unterschiedliche Jahreslänge (Schaltjahre) und Monatslänge (28 – 31 Tage), verschiedene Anzahl von Wochenenden, Werk- und Arbeitstagen je Monat, bewegliche Feiertage usw.

Bem.: In manchen Zeitreihenmodellen werden die von Kalenderunregelmäßigkeiten ausgehenden Wirkungen als eigenständige **Kalenderkomponente** modelliert und geschätzt.

Abb. A8/1: Komponenten einer Zeitreihe

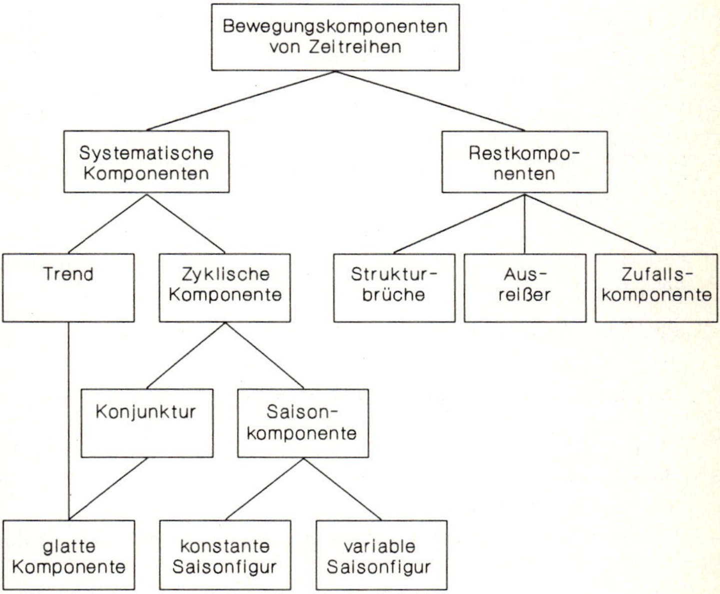

- die **Restkomponente** faßt die Auswirkungen jener Einflußgrößen zusammen, die

  ▷ **einmalig** sind, wie z. B.:

  * **Strukturbrüche**,
  * **Ausreißer**,

- ▷ **permanent** sind, sich aber wie Zufallsvariable verhalten (**Zufallskomponente**, u_t), und i. a. von geringer Bedeutung für die Reihe sind.

Saisonfigur: Bewegungsverlauf der Saisonkomponente über ein Jahr. Es ist zweckmäßig, die Saisonfigur zu **normieren**, Dann gilt bei

- **additiver Saisonkomponente**:

$$\sum_{t=t^*+1}^{t^*+m} s_t = 0 \quad \text{für} \quad t^* = 0,\ m,\ 2m, \ldots,\ (k-1)\,m$$

bzw.

$$\sum_{j=1}^{m} s_{ij} = 0 \quad \text{für} \quad i = 1, 2, \ldots, k$$

(Die Summe der Saisonausschläge eines Jahres ist Null.)

- **multiplikativer Saisonkomponente**:

$$\prod_{t=t^*+1}^{t^*+m} s_t = 1 \quad \text{für} \quad t^* = 0,\ m,\ 2m, \ldots,\ (k-1)\,m$$

bzw.

$$\prod_{j=1}^{m} s_{ij} = 1 \quad \text{für} \quad i = 1, 2, \ldots, k$$

(Das Produkt der Saisonfaktoren eines Jahres ist Eins.)

Die Saisonfigur kann sein:

- **konstant**, wenn die Ausschläge in jedem Jahr von gleicher
  - ▷ **absoluter Größe** (additiv-konstante Saisonfigur oder **konstante Saisonfigur i. e. S.**) ⇒ konstante Periode und konstante Amplitude
  - ▷ **relativer Größe** (multiplikativ-konstante Saisonfigur oder **konstante Saisonfigur i. w. S.**) ⇒ nur konstante Periode

  an stets derselben Stelle im Jahr und stets derselben Richtung auftreten,
- **variabel**, wenn sich das Muster der Ausschläge mit den Jahren ändert ⇒ Periode und Amplitude variabel.

Im klassischen Ansatz werden i. d. R. modelliert:

- die glatte Komponente g_t durch im mathematischen Sinne glatte Funktionen der Zeit, etwa Polynome, Potenz-, Wurzel-, logarithmische oder Exponentialfunktionen,

- die Saisonkomponente s_t durch periodische Funktionen, etwa Sinus- oder Kosinusfunktionen,
- die Zufallskomponente u_t als unabhängig identisch verteilte Zufallsvariablen (weißes Rauschen, vgl. Abs. C4.1) mit Erwartungswert Null (im additiven Modell) bzw. Eins (im multiplikativen Modell).
- Ausreißer und Strukturbrüche werden in diesem Ansatz gesondert behandelt.

Als **Verknüpfungen** der Komponenten kommen in Betracht:

- **rein additives Modell**

  $y_t = g_t + u_t$ bei Jahresdaten

  $y_t = g_t + s_t + u_t$ bei unterjährigen Daten
- **rein multiplikatives Modell**

  $y_t = g_t \cdot u_t$ bei Jahresdaten

  $y_t = g_t \cdot s_t \cdot u_t$ bei unterjährigen Daten

  Bem.: Durch Logarithmierung erhält man ein additives Modell.

  $$\ln y_t = \ln g_t + \ln u_t \quad \text{bzw.} \quad \ln y_t = \ln g_t + \ln s_t + \ln u_t$$
- **gemischt additiv-multiplikatives Modell** (nur bei unterjährigen Daten)

  $$y_t = g_t \cdot s_t + u_t; \quad y_t = g_t + s_t \cdot u_t; \quad y_t = g_t \cdot u_t + s_t$$

  $$y_t = (g_t + s_t) \cdot u_t; \quad y_t = (g_t + u_t) \cdot s_t; \quad y_t = g_t \cdot (s_t + u_t)$$

8.3 Analyse von Zeitreihen

Man unterscheidet Verfahren für:

- Zeitreihen ohne Saisonkomponente,
- Zeitreihen mit Saisonkomponente,

und ferner damit kombinierbar:

- **Globalschätzverfahren**, die für die Zeitreihe im gesamten Beobachtungszeitraum ein Modell mit ein und demselben Satz von unveränderlichen Modellparametern unterstellen, deren Werte zu schätzen sind;
- **Lokalschätzverfahren**, die zulassen, daß die Modellparameter und u. U. das Modell selbst sich im Beobachtungszeitraum ändern. Parameter- und Modellkonstanz werden nur im Stützbereich verlangt.

8.3.1 Zeitreihen ohne Saisonkomponente

Bei diesen Zeitreihen wird nur die glatte Komponete g_t modelliert. Man spricht auch von **Trendmodellen**. Mit der geschätzten glatten Komponente $\widehat{g}_t$ ergibt sich die Schätzung $\widehat{u}_t$ der Zufallskomponente

- im additiven Modell als Differenz:

$$\widehat{u}_t = y_t - \widehat{g}_t \,,$$

- im multiplikativen Modell als Quotient:

$$\widehat{u}_t = y_t / \widehat{g}_t \,.$$

8.3.1.1 Globale Trendmodelle

Im globalen Trendmodell

$$y_t = g_t + u_t; \quad t = 1, 2, \ldots, T$$

wird g_t als *eine* Funktion in t beschrieben, die

a) im mathematischen Sinne glatt ist,

b) im gesamten Beobachtungszeitraum ihre Parameterwerte nicht ändert.

Die Parameterwerte werden nach der Methode der kleinsten Quadrate geschätzt, d. h. y_t wird als Regressionsfunktion mit t als Regressor aufgefaßt, wobei gelegentlich noch durch Transformationen zu linearisieren ist. Dabei tritt die Zufallskomponente in der Originalfunktion oft in unnatürlicher Verknüpfung auf.

Funktionstypen für g_t sind:

- **Polynome** in t, vgl. Abb. A8/2

$$g_t = \sum_{j=0}^{r} a_j \cdot t^j \quad \text{mit} \quad r \in \mathbb{N}_0 \quad \text{und} \quad a_j \in \mathbb{R}$$

speziell:

▷ $r = 0$ (die **konstante Funktion**)

$$g_t = a_0$$

mit dem KQ-Schätzer

$$\widehat{a}_0 = \frac{1}{T} \sum_{t=1}^{T} y_t$$

Abb. A8/2: Verläufe von Polynomen nullten bis fünften Grades

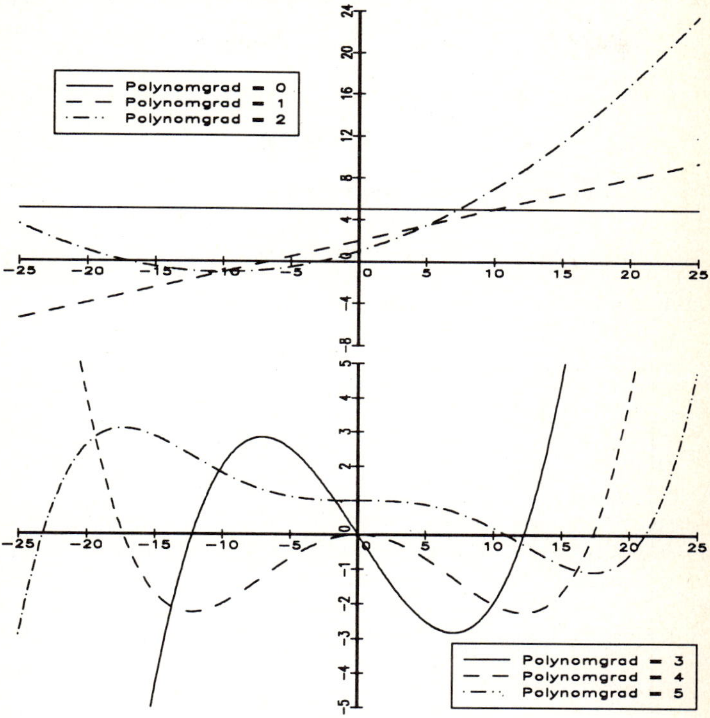

▷ $r = 1$ (die **lineare Funktion** oder Gerade)

$$g_t = a_0 + a_1 t$$

mit den KQ-Schätzern

$$\widehat{a}_0 = \frac{(4T+2)\sum y_t - 6\sum t\, y_t}{T\,(T-1)}$$

$$\widehat{a}_1 = \frac{12\sum t\, y_t - 6\,(T+1)\sum y_t}{T\,(T^2-1)}$$

▷ $r \geq 2$ **(polynomischer Trend r-ten Grades)**
Zur Schätzung vgl. man Abs. A4.4.

- **Potenzfunktionen und Wurzelfunktionen** in t, vgl. Abb. A8/3

$$g_t = a\,t^b \quad \text{mit} \quad a \in \mathbb{R} \quad \text{und} \quad \begin{cases} b \in \mathbb{N} & \Rightarrow \text{Potenzfunktion} \\ b \in \mathbb{Q} & \Rightarrow \text{Wurzelfunktion} \end{cases}$$

und

$$y_t = a\,t^b\,u_t$$

Linearisierung durch Logarithmierung:

$$\ln y_t = \ln a + b\,\ln t + \ln u_t$$

Abb. A8/3: Verläufe von Potenz- und Wurzelfunktionen

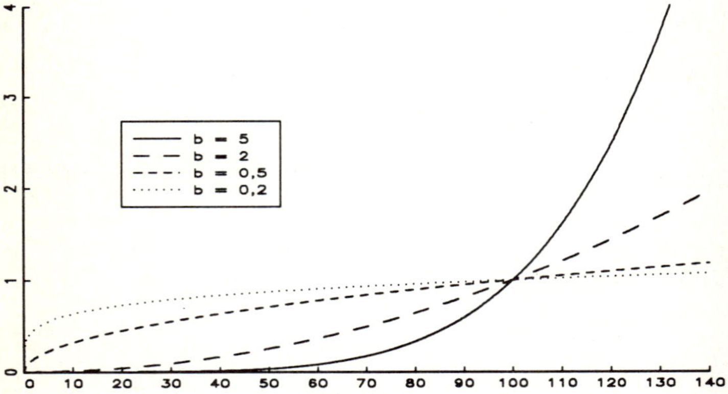

- **Exponentialfunktionen**, vgl. Abb. A8/4

$$g_t = \exp(a + b\,t) \qquad \text{mit} \quad t = 1, 2, \ldots, T \text{ und } a, b \in \mathbb{R}$$

und

$$y_t = \exp(a + b\,t)\,u_t$$

Linearisierung durch Logarithmierung

$$\ln y_t = a + b\,t + \ln u_t \quad \leftarrow \textbf{log-linearer Trend}$$

Abb. A8/4: Verläufe von Exponentialfunktionen

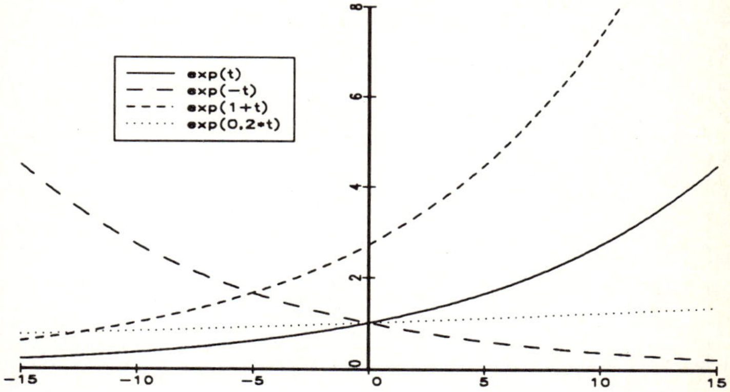

- **Wachstumsfunktionen mit Sättigungsgrenzen** (vgl. Abb. A8/5):
  - ▷ **einfach modifizierte Exponentialfunktion**

$$g_t = d - \exp(a + b\,t); \;\; b < 0 \;\text{ und }\; d > 0 \text{ als Sättigungsgrenze}$$

und

$$y_t = d - \exp(a + b\,t + u_t)$$

Linearisierung durch Logarithmierung bei bekanntem d:

$$\ln(d - y_t) = a + b\,t + u_t$$

Bem.: Es ist g_t Lösung der Differentialgleichung

$$\frac{d\,g_t}{d\,t} = -\,b\,(d - g_t)\,.$$

  - ▷ **Logistische Funktion**

$$g_t = \frac{d}{1 + \exp(a + b\,t)}; \;\; b < 0 \;\text{ und }\; d > 0 \text{ als Sättigungsgrenze}$$

und

$$y_t = \frac{d}{1 + \exp(a + b\,t + u_t)}$$

Abb. A8/5: Verläufe von Wachstumsfunktionen mit Sättigungsgrenzen

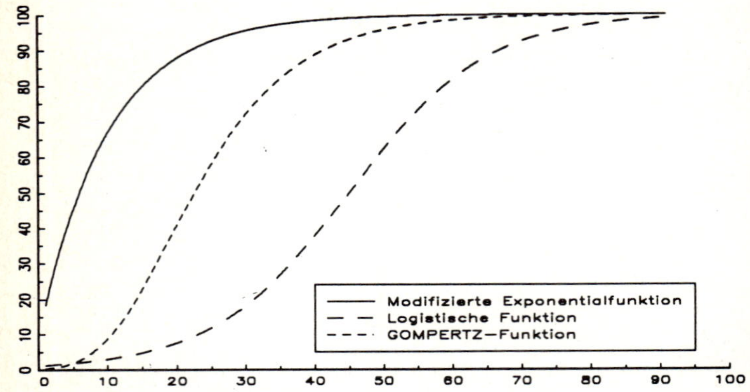

Linearisierung durch Logarithmierung bei bekanntem d:

$$\ln\left(\frac{d}{y_t}-1\right)=a+b\,t+u_t$$

Bem.: Es ist g_t Lösung der Differentialgleichung

$$\frac{d\,g_t}{d\,t}=-\,b\,\left(1-\frac{g_t}{d}\right)\,g_t\,.$$

▷ GOMPERTZ-**Funktion** (BENJAMIN GOMPERTZ, 1779 – 1865)

$$g_t=\exp\left[a+b\,\exp(c\,t)\right];\;b,\;c<0\;\text{ und }\;e^a\text{ als Sättigungsgrenze}$$

und

$$y_t=\exp\left[a+b\,\exp(c\,t+u_t)\right]$$

Linearisierung durch Doppel-Logarithmierung bei bekanntem a:

$$\ln\left(\ln y_t-a\right)=\ln b+c\,t+u_t$$

Bem.: Es ist g_t Lösung der Differentialgleichung

$$\frac{d\,g_t}{d\,t}=c\,(a-\ln g_t)\,g_t\,.$$

8.3.1.2 Lokale Trendmodelle

Die glatte Komponente wird im **Stützbereich**, d. h. über ℓ benachbarte Zeitpunkte oder -perioden, $\ell \ll T$, durch ein und dieselbe Funktion mit konstanten Koeffizienten dargestellt. Verschiebt man den Stützbereich um eine Zeiteinheit, so ändert sich die Funktion. Im einfachsten, hier unterstellten Fall bleibt der Typ der Funktion – etwa die lineare Funktion – erhalten, und nur die Werte ihrer Parameter können sich ändern (vgl. Abb. A8/6). Die Ausführung dieses Ansatzes liefert **gleitende Durchschnitte** zur Schätzung von g_t.

Es wird ein **linearer Verlauf** von g_t mit festen, zunächst unbekannten und zu schätzenden Koeffizienten über $\ell = 2q + 1$ Stützstellen unterstellt. Für den Stützbereich um die Stelle t, wobei $q + 1 \leq t \leq T - q$, schreibt man:

$$
\begin{array}{cccccccl}
t-q, & \ldots, & t-1, & t, & t+1, & \ldots, & t+q & \Leftarrow \text{globaler Zeitindex}(t) \\
-q, & \ldots, & -1, & 0, & +1, & \ldots, & +q & \Leftarrow \text{lokaler Zeitindex } (j, \tau) \\
y_{t-q}, & \ldots, & y_{t-1}, & y_t & , y_{t+1}, & \ldots, & y_{t+q} & \Leftarrow \text{Zeitreihenwerte}
\end{array}
$$

und für die Regressionsfunktion dort:

$$y_{t+\tau} = a_t + b_t\,\tau + u_{t+\tau};\ \tau = -q, \ldots, 0, \ldots, q\,.$$

Abb. A8/6: Idee der lokalen Geradenanpassung

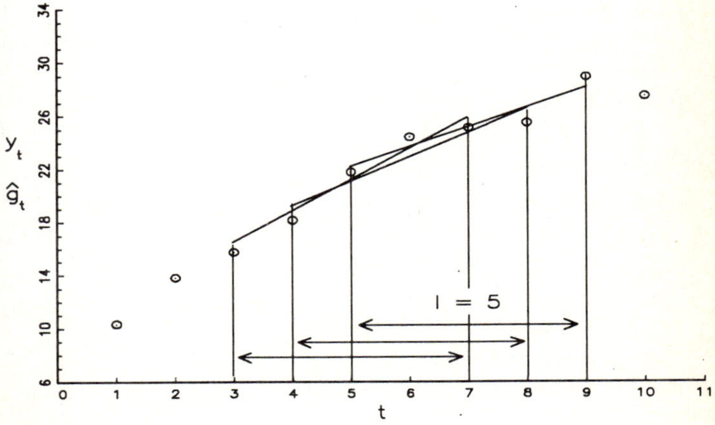

Die KQ-Schätzer für die Parameter a_t und b_t der lokalen Geraden im Intervall $[t-q\ ;\ t+q]$ lauten:

$$\widehat{a}_t = \frac{1}{2q+1}\sum_{j=-q}^{+q} y_{t+j}\,,$$

$$\widehat{b}_t = \frac{3\sum\limits_{j=-q}^{+q} j\, y_{t+j}}{q\,(q+1)\,(2q+1)}\,.$$

Damit ergibt sich die **lokale Regressionsgerade**

$$\widehat{g}_{t+\tau} = \sum_{j=-q}^{+q}\left[\frac{1}{2q+1} + \frac{3\,j\,\tau}{q\,(q+1)\,(2q+1)}\right] y_{t+j} \quad \text{für} \quad \tau = -q,\ldots,0,\ldots,+q\,.$$

Für die Mitte des Stützbereiches, d. h. für t , erhält man wegen $\tau = 0$:

$$\widehat{g}_t = \frac{1}{2q+1}\sum_{j=-q}^{+q} y_{t+j}\,;\quad t = q+1,\ q+2,\ \ldots,\ T-q\,.$$

Für diesen Schätzer gilt:

- Er ist ein ungewogenes arithmetisches Mittel aus den $\ell = 2q+1$ Beobachtungswerten des jeweiligen Stützbereiches.
- Er ist optimal, d. h. er hat die kleinste Varianz.
- Er läßt sich für die Beobachtungsstellen $t = q+1, q+2, \ldots, T-q$ berechnen, d. h. man gleitet mit ihm über die Zeitreihe hinweg (**gleitender Durchschnitt**).
- Er glättet die Zeitreihe, indem er zufällige und u. U. auch kurze periodische Schwankungen wegfiltert.

Probleme und Sonderfälle:

- **Fehlende Randglieder**

  Die ersten und letzten q Werte der glatten Komponente sind nicht mittels $\widehat{g}_t$, sondern mittels $\widehat{g}_{t+\tau}$ zu schätzen und zwar

  ▷ am **linken Rand**
  mit $t = q+1$ und für $\tau = -q,\ -q+1,\ \ldots,\ -1$,

  ▷ am **rechten Rand**
  mit $t = T-q$ und für $\tau = 1,\ 2,\ \ldots,\ q$.

- **Gerade Gliederzahl** $\ell = 2q$

$$\hat{g}_t = \frac{1}{2q}\left[0,5\,y_{t-q} + \sum_{j=-q+1}^{q-1} y_{t+j} + 0,5\,y_{t+q}\right];\; t = q+1, \ldots, T-q.$$

Man beachte:

▷ Dies ist ein gewogenes arithmetisches Mittel.

▷ Der $2q$-gliedrige Durchschnitt verarbeitet $2q+1$ Zeitreihenwerte.

▷ Die Berechnung erfolgt zweckmäßigerweise über **gleitende Summen**:

$$\hat{g}_t = \frac{1}{4q}\left[su_t + su_{t+1}\right]$$

mit

$$su_t := \sum_{j=-q}^{q-1} y_{t+j} \;\Leftarrow\; \text{gleitende Summe.}$$

8.3.2 Zeitreihen mit Saisonkomponente

Zerlegung und Bereinigung von unterjährigen Zeitreihen ist eines der wichtigsten Aufgabengebiete der angewandten Wirtschafts- und Konjunkturforschung. Für diese rechenintensive Arbeit stehen ausgefeilte Software-Lösungen zur Verfügung, vgl. etwa SCHLITTGEN/STREITBERG, (1991).

8.3.2.1 Heuristische Verfahren

Methode des Vorjahresvergleiches

- im rein additiven Modell bei konstanter Saisonfigur

$$\begin{array}{lcl} y_{ij} & = & g_{ij} + s_j + u_{ij} \\ y_{i-1,j} & = & g_{i-1,j} + s_j + u_{i-1,j} \\ \hline y_{ij} - y_{i-1,j} & = & (g_{ij} - g_{i-1,j}) + (u_{ij} - u_{i-1,j}) \end{array}$$

Die Differenz der Zeitreihenwerte des Jahresabschnitts j zweier aufeinander folgenden Jahren liefert die Veränderung der glatten Komponenten über ein Jahr (nicht in einem Kalenderjahr!), wenn die Zufallseinflüsse im Betrag und Vorzeichen übereinstimmen.

- im rein multiplikativen Modell bei konstanter Saisonfigur

$$\begin{array}{lcl} y_{ij} & = & g_{ij} \cdot s_j \cdot u_{ij} \\ y_{i-1,j} & = & g_{i-1,j} \cdot s_j \cdot u_{i-1,j} \\ \hline \dfrac{y_{ij}}{y_{i-1,j}} & = & \dfrac{g_{ij}}{g_{i-1,j}} \cdot \dfrac{u_{ij}}{u_{i-1,j}} \end{array}$$

Der Quotient der Zeitreihenwerte des Jahresabschnitts j zweier aufeinander folgenden Jahren ergibt den Wachstumsfaktor der glatten Komponente über ein Jahr, wenn die Zufallseinflüsse etwa gleich sind.

Berechnung von **Saisonindizes** (syn.: Saisonnormale) nach dem

- **Periodogrammverfahren**

$$s_j^* := \frac{1}{k}\sum_{i=1}^{k} z_{ij};\ j = 1, \ldots, m \quad \Leftarrow \textbf{Saisonindex}$$

mit

$$z_{ij} := \frac{y_{ij}}{\bar{y}_{i.}}$$

und

$$\bar{y}_{i.} := \frac{1}{m}\sum_{j=1}^{m} y_{ij}$$ als **Periodendurchschnitt** (Durchschnitt eines Jahres)

- **Phasendurchschnittsverfahren**

$$s_j^{**} := \frac{\bar{y}_{.j}}{\bar{y}};\ j = 1, \ldots, m \quad \Leftarrow \textbf{Saisonindex}$$

mit

$$\bar{y}_{.j} := \frac{1}{k}\sum_{i=1}^{k} y_{ij}$$ als **Phasendurchschnitt** (z.B. Monats- oder Quartalsdurchschnitt)

$$\bar{y} := \frac{1}{m\,k}\sum_{i=1}^{k}\sum_{j=1}^{m} y_{ij}$$ als Durchschnitt der gesamten Zeitreihe

Anschließend werden die y_{ij} durch s_j^* bzw. s_j^{**} dividiert, was zur Saisonbereinigung führen soll.

8.3.2.2 Trend- und Saisonschätzung im Globalmodell

Der für die Zeitreihe insgesamt (= global) geltenden Trendfunktion sei **additiv** eine **konstante Saisonfigur** überlagert. Die Saisoneinflüsse lassen sich äquivalent durch

- **Saison-Dummies** (syn.: Saison-Indikatoren) oder
- **trigonometrische Polynome**

modellieren und nach der KQ-Methode schätzen.

Trigonometrische Polynome

$$s_t = \sum_{j=1}^{q} \left[\alpha_j \cos(\omega_j\, t) + \beta_j \sin(\omega_j\, t)\right]; \quad t = 1,\ 2,\ \ldots,\ T$$

mit der **Kreisfrequenz**

$$\omega_j = \frac{2\,\pi\, j}{m}$$

und der **Summationsobergrenze**

$$q \;=\; \begin{cases} m/2 & \text{für gerades } m \\ (m-1)\,/\,2 & \text{für ungerades } m\,. \end{cases}$$

Kreisfrequenzen

- bei einer Quartalsreihe $(m = 4)$:

$$\omega_j = \frac{2\,\pi\, j}{4} = j\,\frac{\pi}{2}\,,$$

- bei einer Monatsreihe $(m = 12)$:

$$\omega_j = \frac{2\,\pi\, j}{12} = j\,\frac{\pi}{6}\,.$$

Zu schätzen sind die **Amplitudenfaktoren** α_j und β_j .

Saison-Dummies

Ein Saison-Dummy ist eine zweiwertige Variable mit den Werten „0“ und „1“. Der Dummy wird in der Periode t genau dann auf 1 gesetzt, wenn t gerade jener Jahresabschnitt ist, der durch diesen Dummy verschlüsselt wird, ansonsten wird er auf 0 gesetzt. Man benötigt grundsätzlich so viele Dummies, wie man Jahresabschnitte m hat. Beim Aufstellen der Regressionsfunktion ist aber darauf zu achten, daß die Design-Matrix $\boldsymbol{X}$ nicht singulär wird. Das bedeutet bei Modellierung der glatten Komponente durch ein Polynom, daß man

- beim Verwenden aller m Dummies auf das absolute Glied verzichten muß (**Variante 1**) oder
- beim Arbeiten mit einem absoluten Glied man einen Dummy streichen muß (**Variante 2**).

Beispiel: $m = 4$ (Quartalsreihe)

$g_t = a_0 + a_1 t$ (linearer Trend)

$Q1_t, Q2_t, Q3_t, Q4_t$ (Saison-Dummies)

Variante 1 $y_t = a_1 t + b_1 Q1_t + b_2 Q2_t + b_3 Q3_t + b_4 Q4_t + u_t;\ t = 1, \ldots, T$

Vektor-Matrix-Notation für Variante 1

$$\boldsymbol{y} = \boldsymbol{X}_1 \boldsymbol{b} + \boldsymbol{u}$$

Variante 2 $y_t = a_0^* + a_1^* t + b_1^* Q1_t + b_2^* Q2_t + b_3^* Q3_t + u_t;\ t = 1, \ldots, T$

Hinweis: Man hätte auch einen anderen Dummy fortlassen können. Vektor-Matrix-Notation für Variante 2

$$\boldsymbol{y} = \boldsymbol{X}_2 \boldsymbol{b}^* + \boldsymbol{u}$$

Aufbau der Vektoren und Matrizen (bei kompletten Jahren und der ersten Beobachtung im ersten Quartal des ersten Jahres):

y	X_1					X_2				
y_1	1	1	0	0	0	1	1	1	0	0
y_2	2	0	1	0	0	1	2	0	1	0
y_3	3	0	0	1	0	1	3	0	0	1
y_4	4	0	0	0	1	1	4	0	0	0
y_5	5	1	0	0	0	1	5	1	0	0
y_6	6	0	1	0	0	1	6	0	1	0
⋮	⋮					⋮	⋮			
⋮	⋮					⋮	⋮			
y_{km-3}	$km-3$	1	0	0	0	1	$km-3$	1	0	0
y_{km-2}	$km-2$	0	1	0	0	1	$km-2$	0	1	0
y_{km-1}	$km-1$	0	0	1	0	1	$km-1$	0	0	1
y_{km}	km	0	0	0	1	1	km	0	0	0
↑	↑	↑	↑	↑	↑	↑	↑	↑	↑	↑
y_t	t	$Q1_t$	$Q2_t$	$Q3_t$	$Q4_t$	1	t	$Q1_t$	$Q2_t$	$Q3_t$

KQ-Schätzer für:

- Variante 1 $$\hat{\boldsymbol{b}} = \begin{pmatrix} \hat{a}_1 \\ \hat{b}_1 \\ \hat{b}_2 \\ \hat{b}_3 \\ \hat{b}_4 \end{pmatrix} = (\boldsymbol{X}_1' \, \boldsymbol{X}_1)^{-1} \, \boldsymbol{X}_1' \, \boldsymbol{y}$$

- Variante 2 $$\hat{\boldsymbol{b}}^* = \begin{pmatrix} \hat{a}_0^* \\ \hat{a}_1^* \\ \hat{b}_1^* \\ \hat{b}_2^* \\ \hat{b}_3^* \end{pmatrix} = (\boldsymbol{X}_2' \, \boldsymbol{X}_2)^{-1} \, \boldsymbol{X}_2' \, \boldsymbol{y}$$

Beziehung zwischen den Koeffizientenschätzern beider Varianten:

- $\hat{a}_1^* = \hat{a}_1$ Die Steigungsmaße sind identisch.
- $\hat{a}_0^* = \hat{b}_4$ Das absolute Glied ist der Koeffizient des fortgelassenen Dummies.
- $\hat{b}_1^* = \hat{b}_1 - \hat{b}_4$
- $\hat{b}_2^* = \hat{b}_2 - \hat{b}_4$
- $\hat{b}_3^* = \hat{b}_3 - \hat{b}_4$

Die Dummy-Koeffizienten ($\hat{b}_j^*$) im inhomogenen Modell messen den differentiellen Einfluß gegenüber dem fortgelassenen Dummy.

8.3.2.3 Zerlegung mit gleitenden Durchschnitten im Lokalmodell

Es wird zunächst eine Zeitreihe mit rein additiver Verknüpfung ihrer drei Komponenten g_t, s_t und u_t vorausgesetzt und eine konstante Saisonfigur. Außerdem bestehe die Zeitreihe aus kompletten Jahren, d. h. $T = m\,k$.

1. Schritt: Erste Schätzung $\widehat{g}_{ij}^{(1)}$ der glatten Komponente

$\widehat{g}_{ij}^{(1)}$ ist ein m-gliedriger gleitender Durchschnitt der y_{ij}, so daß die Saisonkomponente praktisch ausgeschaltet und die Restkomponente reduziert werden. Die ersten und letzten q Werte sind durch lineare Interpolation gemäß Tab. A8/1 zu schätzen.

Tab. A8/1: Schätzung der Randglieder

	Historischer Rand $i = 1$	Aktueller Rand $i = k$
ungerade Gliederzahl $m = 2q+1$	$\widehat{g}_{1,j}^{(1)} = \widehat{g}_{1,q+1}^{(1)} + \frac{q+1-j}{2q+1}(y_{1,1} - y_{2,1})$ für $j = 1, 2, \ldots, q$	$\widehat{g}_{k,j}^{(1)} = \widehat{g}_{k,q+1}^{(1)} + \frac{j-q-1}{2q+1}(y_{k,m} - y_{k-1,m})$ für $j = q+2, q+3, \ldots, m$
gerade Gliederzahl $m = 2q$	$\widehat{g}_{1,j}^{(1)} = \widehat{g}_{1,q+1}^{(1)} + \frac{q+1-j}{2q}(y_{1,1} - y_{2,1})$ für $j = 1, 2, \ldots, q$	$\widehat{g}_{k,j}^{(1)} = \widehat{g}_{k,q}^{(1)} + \frac{j-q}{2q}(y_{k,m} - y_{k-1,m})$ für $j = q+1, q+2, \ldots, m$

2. Schritt: Eliminierung der vorläufigen glatten Komponente

$$d_{ij} = y_{ij} - \widehat{g}_{ij}^{(1)} \quad \forall\, i, j$$

3. Schritt: Prüfung auf konstante additive Saisonfigur durch Erstellung sog. **Monatsdiagramme**

Aus der Reihe $\{d_{ij}\}$ werden m Teilreihen gebildet, nämlich die Reihen mit Werten gleichen Monats, Quartals bzw. Halbjahres. Bei konstanter additiver Saisonfigur müssen in *jedem* der m Diagramme die d_{ij} regellos um eine Parallele zur Abszisse streuen.

4. Schritt: Erste Schätzung $\widehat{s}_j^{(1)}$ der Saisonkomponente

$$\widehat{s}_j^{(1)} = \frac{1}{k} \sum_{i=1}^{k} d_{ij} \quad \forall\, j$$

$\widehat{s}_j^{(1)}$ ist im j-ten „Monatsdiagramm" die Höhe der Parallele zur Abszisse.

5. Schritt: Zweite Schätzung der Saisonkomponente, die nun normiert ist

$$\widehat{s}_j^{(2)} = \widehat{s}_j^{(1)} - \frac{1}{m\,k} \sum_{j=1}^{m} \sum_{i=1}^{k} d_{ij} \quad \forall\, j$$

6. Schritt: Saisonbereinigung

$$y_{ij}^{*} = y_{ij} - \widehat{s}_j^{(2)} \quad \forall\, i, j$$

Diese Reihe darf bei konstanter additiver Saisonfigur keine periodischen Schwingungen mehr enthalten.

7. Schritt: Zweite Schätzung $\widehat{g}_{ij}^{(2)}$ der glatten Komponente als ℓ-gliedriger gleitender Durchschnitt der y_{ij}^{*}

Die Wahl der Gliederzahl ℓ richtet sich in diesem Schritt nach der Krümmung der glatten Komponente und der Varianz der Zufallskomponente:

- g_{ij} ist schwach gekrümmt; u_{ij} haben hohe Varianz
  ⇒ große Gliederzahl, um die Varianz zu reduzieren (Die glatte Komponente, da kaum gekrümmt, wird wenig abgeschliffen.)
- g_{ij} ist schwach gekrümmt; u_{ij} haben niedrige Varianz
  ⇒ kleine Gliederzahl, da nur eine kleine Varianz zu reduzieren ist.
- g_{ij} ist stark gekrümmt; u_{ij} haben hohe Varianz
  ⇒ gewogene gleitende Druchschnitte für Polynome höheren Grades. (vgl. KENDALL/ORD, 1990)
- g_{ij} ist stark gekrümmt; u_{ij} haben niedrige Varianz
  ⇒ kleine Gliederzahl, um g_{ij} nicht zu stark abzuschleifen.

8. Schritt: Vergleich von erster und zweiter Schätzung der glatten Komponenten

Bei großen Abweichungen $\left|\widehat{g}_{ij}^{(1)} - \widehat{g}_{ij}^{(2)}\right|$ startet man erneut beim 1. Schritt mit den $\widehat{g}_{ij}^{(2)}$ anstelle der $\widehat{g}_{ij}^{(1)}$.

Hinweis: Liegt eine Zeitreihe mit rein multiplikativer Verknüpfung der Komponenten vor

$$\tilde{y}_{ij} = \tilde{g}_{ij}\,\tilde{s}_j\,\tilde{u}_{ij},$$

so arbeitet man mit den Logarithmen

$$\ln \tilde{y}_{ij} = \ln \tilde{g}_{ij} + \ln \tilde{s}_j + \ln \tilde{u}_{ij}$$

und setzt im obigen Algorithmus

$$y_{ij} := \ln \tilde{y}_{ij},\; s_j := \ln \tilde{s}_j,\; g_{ij} := \ln \tilde{g}_{ij},\; u_{ij} := \ln \tilde{u}_{ij}.$$

Die im 5. und 7. Schritt erzielten Resultate müssen anschließend retransformiert werden:

$$\widehat{\tilde{s}}_j^{(2)} = \exp\left(\widehat{s}_j^{(2)}\right)$$

$$\widehat{\tilde{g}}_{ij}^{(2)} = \exp\left(\widehat{g}_{ij}^{(2)}\right).$$

8.4 Prognose von Zeitreihen

Prognoseverfahren klassifiziert man u. a.

- nach der **Länge des Prognosehorizonts** in:
  - ▷ Kurzfristprognosen,
  - ▷ Mittelfristprognosen,
  - ▷ Langfristprognosen,
- nach der **Art ihrer Gewinnung** in
  - ▷ qualitative oder subjektive Prognosen,
  - ▷ quantitative oder objektive Prognosen,
- nach der **Anzahl der erklärenden Variablen** in
  - ▷ univariate Prognosen (Die Zeit ist die einzige erklärende Variable.),
  - ▷ multivariate Prognosen.

8.4.1 Qualitative Prognoseverfahren

Sie eignen sich insb. für die Langfristprognose und zeichnen sich durch Einholung von Expertenmeinungen aus. In der Literatur (vgl. z. B. BRUCKMANN, 1977) werden folgende Formen diskutiert:

- **Delphi-Methode**
  (Die Expertengruppen arbeiten jeweils autonom.)
- **Brainstorming** in verschiedenen Varianten
  (Alle Experten arbeiten in *einer* Gruppe zusammen.)
- **Szenario-Technik**
  (Durchspielen alternativer hypothetischer Entwicklungen.).

8.4.2 Quantitative Prognoseverfahren

Bei den im folgenden – auszugsweise – vorgestellten univariaten quantitativen Prognoseverfahren basieren die Vorausschätzungen einer Zeitreihe ausschließlich auf deren eigener Geschichte.

8.4.2.1 Naive Prognosen und Extrapolationen eines Modells

Naive Prognosen gehen ohne ein Modell über die Zeitreihe vor und unterstellen, daß

- der letzte beobachtete Wert y_T der Zeitreihe sich auch künftig realisiert (**No-Change-Niveau-Prognose**)

$$\widehat{y}_{T+j} = y_T; \quad j = 1,\ 2, \ldots$$

- die Zeitreihe mit der gleichen Rate weiter wächst, wie sie am Ende der Reihe beobachtet wurde (**No-Change-Raten-Prognose**)

$$\widehat{y}_{T+j} = y_T \left(\frac{y_T}{y_{T-1}} \right)^j ; \quad j = 1,\ 2, \ldots$$

Von diesen beiden No-Change-Ansätzen gibt es Varianten, etwa

- Verwendung des arithmetischen Mittels der letzten ℓ (ℓ willkürlich) Realisationen der Zeitreihe bei No-Change-Niveau-Prognosen

$$\widehat{y}_{T+j} = \frac{1}{\ell} \sum_{i=0}^{\ell-1} y_{T-i} ; \quad j = 1,\ 2, \ldots ,$$

- Verwendung des geometrischen Mittels der letzten ℓ (ℓ willkürlich) Wachstumsfaktoren der Zeitreihen bei No-Change-Raten-Prognosen

$$\widehat{y}_{T+j} = y_T \left(\sqrt[\ell]{y_T / y_{T-\ell}} \right)^j ; \quad j = 1,\ 2, \ldots .$$

Ziele und **Anwendungen** naiver Prognosen:

- Bildung einer Vergleichsbasis, um die Prognosequalität anderer, aufwendigerer Verfahren zu beurteilen;
- Prognose von Zeitreihen, von denen erst wenige Beobachtungswerte vorliegen, so daß eine Modellierung (noch) nicht möglich ist;
- Prognose von Zeitreihen, die keine konstante Struktur besitzen, sich also aus diesem Grund nicht modellieren lassen.

Extrapolationen eines geschätzten Modells bestehen darin, dieses mit künftigen Werten des Zeitparameters ($t > T$ bzw. $i > k$) auszuwerten. Bei bestimmten Modelltypen (Polynomen, Potenz-, Wurzel- und Exponentialfunktionen) besteht die Gefahr, – wenn man zu weit in die Zukunft geht – unplausibel große oder kleine Werte der Variablen zu errechnen, da diese Funktionen keine horizontalen Asymptoten (Sättigungs- oder Schrumpfungsgrenzen) besitzen.

8.4.2.2 Exponentielles Glätten

Exponentielles Glätten (syn.: exponential smoothing) ist ein beliebtes Verfahren für Kurzfristprognosen. Es zeichnet sich dadurch aus, daß

- das Gewicht (Bedeutung) der vorliegenden Zeitreihenwerte für die Prognose mit zunehmendem Alter der Werte (exponentiell) abnimmt,
- der Prognosefehler beim Aufstellen der nächsten Prognose berücksichtigt wird (lernendes Verfahren),
- es leicht zu programmieren ist,
- es wenig Speicherplatz benötigt,
- es mit einem oder nur wenigen Parametern gesteuert wird,
- es leicht durchschaubar und plausibel ist.

Exponentielles Glätten ist ein **rekursives Verfahren**, so daß man benötigt

- je nach Modell einen oder mehrere Start- oder **Initialwerte**,
- eine modellspezifische **Rekursionsformel**.

Ferner ist der Wert eines oder mehrerer Glättungsparameter vorzugeben.

Exponentielles Glätten im konstanten Modell: $y_t = a + u_t$

Prognose für Periode $t+1$ am Ende der Periode t:

- unter **Verwendung des letzten Prognosefehlers** $(y_t - \widehat{y}_t)$

$$\widehat{y}_{t+1} = \widehat{y}_t + \alpha\,(y_t - \widehat{y}_t) \quad \text{mit} \quad 0 \leq \alpha \leq 1$$

  Es heißt α **Glättungsparameter**.

  ▷ $\alpha = 0 \Rightarrow$ Neuer Prognosewert ist gleich dem alten Prognosewert.

  ▷ $\alpha = 1 \Rightarrow$ Neuer Prognosewert ist gleich dem letzten Beobachtungswert.

  ▷ $0 < \alpha < 1 \Rightarrow$ Neuer Prognosewert ist der letzte Prognosewert korrigiert um den Bruchteil α des letzten Prognosefehlers.

- als **gewogenes Mittel** aus letztem Prognosewert $\widehat{y}_t$ und letztem Beobachtungswert y_t

$$\widehat{y}_{t+1} = \alpha\, y_t + (1-\alpha)\,\widehat{y}_t \quad \text{mit} \quad 0 \leq \alpha \leq 1.$$

Bemerkungen:

1. α bestimmt die Reagibilität des Verfahrens auf Änderungen im Modellparameter a und die Sensitivität gegenüber größeren Zufallsausschlägen:

   - α groß $\Rightarrow$ hohe Reagibilität (erwünscht) und hohe Sensitivität (unerwünscht),
   - α klein $\Rightarrow$ geringe Reagibilität (unerwünscht) und geringe Sensitivität (erwünscht).

   In der Praxis wird $\alpha \in [0,1;\ 0,3]$ gewählt.

2. Durch sukzessives Einsetzen ergibt sich

$$\widehat{y}_{t+1} = \alpha \sum_{i=0}^{t-1} (1-\alpha)^i\, y_{t-i} + (1-\alpha)^t\, \widehat{y}_1\,.$$

   - Die exponentielle (geometrische) Abnahme der Gewichte $\alpha\,(1-\alpha)^i$ mit wachsendem Alter i hat dem Verfahren seinen Namen gegeben.
   - Als Startwert $\widehat{y}_1$ verwendet man einen Durchschnitt aus den ersten Werten der Zeitreihe.

Exponentielles Glätten im linearen Trendmodell: $y_{t-i} = a_t - b_t\, i + u_{t-i}$

Der Index t bei den Parametern macht deutlich, daß der Nullpunkt auf der Zeitachse jeweils auf der laufenden Periode t liegt.

$S_t^{(1)} := \alpha\, y_t + (1-\alpha)\, S_{t-1}^{(1)}$ – **Glättungswerte 1. Ordnung**

$S_t^{(2)} := \alpha\, S_t^{(1)} + (1-\alpha)\, S_{t-1}^{(2)}$ – **Glättungswerte 2. Ordnung**

$$\left.\begin{aligned} \widehat{a}_t &= 2\, S_t^{(1)} - S_t^{(2)} \\ \widehat{b}_t &= \frac{\alpha}{1-\alpha}\left(S_t^{(1)} - S_t^{(2)}\right) \end{aligned}\right\} \text{Parameterschätzwerte}$$

$\widehat{y}_{t+k} = \widehat{a}_t + \widehat{b}_t\, k;\; k = 1,\, 2, \ldots$ – **k-Schritt-Prognose**

Als Anfangswerte für die Glättungsprozedur verwendet man:

$$\widehat{S}_0^{(1)} = \widehat{a}_0 - \widehat{b}_0\, \frac{1-\alpha}{\alpha}, \quad \widehat{S}_0^{(2)} = \widehat{a}_0 - 2\,\widehat{b}_0\, \frac{1-\alpha}{\alpha},$$

wobei $\widehat{a}_0$ und $\widehat{b}_0$ z. B. KQ-Schätzer einer linearen Trendfunktion durch die ersten Werte der Zeitreihe sind.

Saisonales exponentielles Glätten nach WINTERS (1960)

Unterstellt wird das folgende Modell mit einer linearen glatten Komponente und einer multiplikativen Saison:

$$y_t = (a + b\,t)\, s_t + u_t$$

Die Saison umfasse m Zeiteinheiten. Die folgende Notation

$$\widehat{a}(t^*),\; \widehat{b}(t^*),\; \widehat{s}_t(t^*)$$

soll besagen, daß die Parameterschätzung am Ende der Periode t^* erfolgte. Am Ende der laufenden Periode t, nachdem der Beobachtungswert y_t verfügbar ist, werden folgende Rechenschritte durchgeführt.

- **Schritt 1**: Fortschreibung des Grundwertes

$$\widehat{a}(t) = \alpha\, \frac{y_t}{\widehat{s}_t(t-m)} + (1-\alpha)\left[\widehat{a}(t-1) + \widehat{b}(t-1)\right]$$

mit $0 < \alpha < 1$ als erstem Glättungsparameter. Es ist $y_t / \widehat{s}_t(t-m)$ eine Saisonbereinigung von y_t mit dem Saisonfaktor für diesen Jahresabschnitt, berechnet ein Jahr (= m Zeiteinheiten) zuvor.

- **Schritt 2**: Fortschreibung des Trendanstiegs

$$\widehat{b}(t) = \beta\left[\widehat{a}(t) - \widehat{a}(t-1)\right] + (1-\beta)\,\widehat{b}(t-1)$$

  mit $0 < \beta < 1$ als zweitem Glättungsparameter.

- **Schritt 3**: Fortschreibung des zur Zeiteinheit t gehörenden Saisonfaktors

$$\widehat{s}_t(t) = \gamma\,\frac{y_t}{\widehat{a}(t)} + (1-\gamma)\,\widehat{s}_t(t-m)$$

  mit $0 < \gamma < 1$ als drittem Glättungsparameter. Die restlichen $m-1$ Saisonfaktoren werden in der laufenden Periode nicht verändert.

- **Schritt 4**: Prognose

$$\widehat{y}_{t+k}(t) = \left[\widehat{a}(t) + \widehat{b}(t)\,k\right]\widehat{s}_{t+k}(t+k-m); \quad k = 1,\ 2, \ldots,\ m$$

Ein Verfahren zur **Initialisierung** dieses Glättungsansatzes beschreiben MONTGOMERY/JOHNSON (1976). Man verwendet die ersten p (kompletten Jahre) der Zeitreihe ($p \geq 2$), bildet die p Jahresdurchschnitte

$$\bar{y}_i = \frac{1}{m}\sum_{j=1}^{m} y_{(i-1)m+j}; \quad i = 1,\ 2, \ldots,\ p$$

und daraus

$$\widehat{b}(0) := \frac{\bar{y}_p - \bar{y}_1}{m\,(p-1)}; \quad \widehat{a}(0) := \bar{y}_1 - \frac{m}{2}\,\widehat{b}(0)\,.$$

Die $m\,p$ Saisonfaktoren sind dann

$$\widehat{s}_t = \frac{y_t}{\bar{y}_i - \left(\dfrac{m+1}{2} - j\right)\widehat{b}(0)}, \quad t = 1,\ 2, \ldots,\ m\,p,$$

wobei $\bar{y}_i$ die Mitte des Jahres ist, in dem t liegt, und j die Nummer der unterjährigen Periode, auf die t fällt. Für jede unterjährige Periode j wird dann ein Durchschnittsfaktor gebildet

$$\bar{s}_j = \frac{1}{p}\sum_{i=0}^{p-1}\widehat{s}_{j+i\,m}; \quad j = 1,\ 2, \ldots,\ m.$$

Diese Durchschnittsfaktoren werden anschließend normiert und liefern die Startwerte für die Saisonfaktoren im ersten Jahr:

$$\widehat{s}_t(0) = \bar{s}_j\,\frac{m}{\sum\limits_{j=1}^{m}\bar{s}_j}; \quad j = 1,\ 2, \ldots,\ m \ \text{ und } \ t = j\,.$$

Teil B

Wahrscheinlichkeits-
rechnung

Kapitel 1

Kombinatorik

Die Kombinatorik befaßt sich mit Problemen des Anordnens und/oder Auswählens von Elementen endlicher Mengen. Für die Berechnung der Anzahl der günstigen und jener der gleichmöglichen Fälle, die in die Wahrscheinlichkeitsdefinition von LAPLACE (vgl. Abs. B2.2) eingehen, ist die Kombinatorik relevant.

1.1 Permutationen und lexikographische Anordnung

Eine **Permutation** (lat. permutare - vertauschen) ist eine Reihung oder Anordnung von Elementen. Zwei Fragen stellen sich:

1. Wie viele verschiedene Permutationen einer gegebenen Anzahl von Elementen gibt es?
2. Wie kann man diese Permutationen systematisch und rationell notieren?

Definition: Jede eineindeutige Abbildung $\Phi^n(\cdot)$ **von** der geordneten Menge $\{1, 2, \ldots, n\}$ **auf** eine n-elementige Menge A heißt eine **Permutation ohne Wiederholung** der Elemente von A, formal:

$$\forall i \in \{1, 2, \ldots, n\} : \Phi^n(i) = a_i \text{ und } a_i \in A \text{ und } a_i \neq a_j \text{ für } i \neq j\,.$$

Es seien $a_1, a_2, \ldots, a_{n-1}, a_n$ die **natürliche Ordnung** der Elemente von A und $i_1, i_2, \ldots, i_n$ eine Permutation der ersten n natürlichen Zahlen sowie a_{i_1}, a_{i_2}, $\ldots$, a_{i_n} die zugehörige Permutation der a_i, dann gilt folgende

Definition: Ist für $j < k$ erfüllt $i_j > i_k$, so liegt eine **Inversion** (syn.: Fehlstellung, Vertauschung) von a_{i_j} und a_{i_k} innerhalb der Permutation vor.

Satz: Die Vertauschung (syn.: Transposition) von irgendzwei Elementen in einer Permutation verändert die Anzahl der Inversionen um eine ungerade Zahl.

Definition: Bei einer **lexikographischen Anordnung** aller Permutationen von Elementen steht an erster Stelle die mit der natürlichen Reihenfolge (a_1, a_2, $\ldots, a_{n-1}, a_n$), an letzter Stelle die mit der zur natürlichen Reihenfolge umgekehrten Reihung der Elemente (a_n, a_{n-1}, $\ldots, a_2, a_1$) und dazwischen die Permutationen in der Weise, wie die Wörter im Lexikon aufgeführt sind.

Beispiel:

abcd ↓	bacd ↓	cabd ↓	dabc ↓
abdc	badc	cadb	dacb
acbd	bcad	cbad	dbac
acdb	bcda	cbda	dbca
adbc	bdac	cdab	dcab
adcb ↗	bdca ↗	cdba ↗	dcba

Unter $P(n)$ wird die **Anzahl der Permutationen von n verschiedenen Elementen** (syn.: Anzahl der Permutationen **ohne** Wiederholung) verstanden:

$$P(n) = 1 \cdot 2 \cdot \ldots \cdot (n-1) \cdot n =: n!$$

Ergänzungen:

$P(0) = 0! := 1$

$P(n) = n\,P(n-1)$ (Rekursion)

$n! \approx \left(\frac{n}{e}\right)^n \sqrt{2\pi n}$ (JAMES STIRLING, 1692 – 1770)

Exkurs über die vollständige **Gamma-Funktion**
(zweites EULER-Integral (LEONHARD EULER, 1707 – 1783))

$$\begin{aligned}
\Gamma(x) &:= \int_0^\infty e^{-t}\, t^{x-1}\, dt;\ x \geq 0 \\
\Gamma(n+1) &= n! \ \text{ mit } \ n \in \mathbb{N}_0 \\
\Gamma(x+1) &= x\,\Gamma(x) \\
\Gamma(1) &= \Gamma(2) = 1 \\
\Gamma(0) &= \Gamma(\infty) = \infty
\end{aligned}$$

Definition: Seien $A = \{a_1, a_2, \ldots, a_k\}$ eine k-elementige Menge und $n_1, n_2, \ldots, n_k \in \mathbb{N}$ mit $\sum_{i=1}^{k} n_i = n$. Jedes geordnete n-Tupel, welches das Element a_j genau n_j-mal enthält $(1 \leq j \leq k)$, heißt eine **Permutation** (von A) **mit Wiederholung**.

Unter $P(n|n_1, n_2, \ldots, n_k)$ wird die **Anzahl der Permutationen von n Elementen** verstanden, **von denen k unterscheidbar** sind (syn.: Anzahl der Permutationen **mit** Wiederholung):

$$\left.\begin{aligned} P(n|n_1, n_2, \ldots, n_k) &= \frac{n!}{n_1!\, n_2! \cdot \ldots \cdot n_k!} \\ &=: \binom{n}{n_1, n_2, \ldots, n_k} \end{aligned}\right\} \begin{aligned} &\sum_{j=1}^{k} n_j = n \\ &1 \leq n_j \leq n \;\forall j \end{aligned}$$

$\binom{n}{n_1, n_2, \ldots, n_k}$ heißt **Polynomialkoeffizient**.

Ergänzungen:

$$1 \leq P(n|n_1, \ldots, n_k) \leq P(n) = n!$$

$$P(n|\underbrace{1, \ldots, 1}_{\text{n Einsen}}) = P(n) = n!$$

$$P(n|n) = \frac{n!}{n!} = 1$$

1.2 Variationen

Definition: Jedes geordnete n-Tupel voneinander verschiedener Elemente einer N-elementigen Menge A ist eine **Variation ohne Wiederholung** von N Elementen der Ordnung (syn.: Klasse, Umfang) n, wobei $n \leq N$.

Eine Variation ohne Wiederholung ist eine **Stichprobe** (Auswahl) **ohne Zurücklegen** des Umfangs n aus einer Menge von N Elementen, wobei die **Reihenfolge** der gezogenen Elemente **beachtet** wird ($\widehat{=}$ geordnete Auswahl ohne Zurücklegen).

Satz: Die Anzahl $V(N, n)$ voneinander verschiedener Variationen ohne Wiederholung ist

$$\left.\begin{aligned} V(N,n) &= N\,(N-1)\,\ldots\,(N-n+1) \\ &= \frac{N!}{(N-n)!} \\ &= \frac{P(N)}{P(N-n)} \end{aligned}\right\} n \leq N$$

Ergänzungen:

$$\left.\begin{aligned} V(N,1) &= N \\ V(N,N) &= N! = P(N) \\ V(N,n) &= V(N,n-1)\,(N-n+1) \\ &= V(N-1,n)\,\frac{N}{N-n} \\ &= V(N-1,n-1)\,N \end{aligned}\right\} \text{Rekursionen}$$

Definition: Jedes geordnete n-Tupel von Elementen einer N-elementigen Menge heißt **Variation mit Wiederholung** von N Elementen der Ordnung (syn.: Klasse, Umfang) n, wobei $n \lesseqgtr N$.

Eine Variation mit Wiederholung ist eine **Stichprobe** (Auswahl) **mit Zurücklegen** des Umfangs n aus einer Gesamtheit des Umfangs N, wobei die **Reihenfolge beachtet** wird ($\widehat{=}$ geordnete Auswahl mit Zurücklegen).

Satz: Die Anzahl $V^*(N,n)$ voneinander verschiedener Variationen mit Wiederholung ist

$$V^*(N,n) = N^n; \; n \lesseqgtr N.$$

Rekursionen:
$$\begin{aligned} V^*(N,n) &= V^*(N,n-1)\,N \\ &= V^*(N-1,n) - \sum_{i=1}^{n} \binom{n}{i} N^{n-i}(-1)^i \\ &= \left(V^*(N-1,n-1) - \sum_{i=1}^{n-1} \binom{n}{i} N^{n-1-i}(-1)^i\right) N \end{aligned}$$

1.3 Kombinationen, Binomial- und Polynomialkoeffizienten

Definition: Jede n-elementige Teilmenge einer N-elementigen Menge A heißt **Kombination ohne Wiederholung** von N Elementen der Ordnung (Klasse, Umfang) n, wobei $n \leq N$.

Eine Kombination ohne Wiederholung ist eine **Stichprobe ohne Zurücklegen und ohne Beachtung der Reihenfolge** der gezogenen Elemente ($\widehat{=}$ ungeordnete Auswahl ohne Zurücklegen).

Satz: Die Anzahl $K(N,n)$, auch mit C_n^N bezeichnet, voneinander verschiedener Kombinationen ohne Wiederholung ist

$$\begin{aligned} K(N,n) &= \frac{N\,(N-1)\,\ldots\,(N-n+1)}{n!} = \frac{V(N,n)}{P(n)} \\ &= \frac{N!}{n!\,(N-n)!} =: \binom{N}{n} \end{aligned}$$

$\binom{N}{n}$ heißt **Binomialkoeffizient**.

Rekursionen:
$$\begin{aligned} K(N,n) &= K(N,n-1)\,\frac{N-n+1}{n} \\ &= K(N-1,n)\,\frac{N}{N-n} \\ &= K(N-1,n-1)\,\frac{N}{n} \end{aligned}$$

Definition: Faßt man alle Variationen von N Elementen der Ordnung n mit Wiederholung, die aus den gleichen Elementen in der jeweils gleichen Anzahl (ohne Beachtung der Reihenfolge) bestehen, zu einer Äquivalenzklasse zusammen, so heißt jede solche Klasse eine **Kombination mit Wiederholung**.

Eine Kombination mit Wiederholung ist eine **Stichprobe mit Zurücklegen und ohne Beachtung der Reihenfolge** ($\widehat{=}$ ungeordnete Auswahl mit Zurücklegen).

Satz: Die Anzahl $K^*(N,n)$ voneinander verschiedener Kombinationen mit Wiederholung ist

$$\begin{aligned} K^*(N,n) &= \frac{(N+n-1)\,(N+n-2)\,\ldots\,N}{n!} \\ &= \binom{N+n-1}{n} \end{aligned}$$

Rekursionen:

$$\begin{aligned} K^*(N,n) &= K^*(N,n-1)\,\frac{N+n-1}{n} \\ &= K^*(N-1,n)\,\frac{N+n-1}{N-1} \\ &= K^*(N-1,n-1)\,\frac{(N+n-2)\,(N+n-1)}{n\,(N-1)} \end{aligned}$$

Binomische Sätze:

$$\left.\begin{array}{lrcl} 1) & (a+b)^N & = & \sum\limits_{n=0}^{N} \binom{N}{n} a^{N-n} b^n \\ 2) & (a-b)^N & = & \sum\limits_{n=0}^{N} (-1)^n \binom{N}{n} a^{N-n} b^n \end{array}\right\} \text{Darstellung als } \textbf{binomische Reihe}$$

Einige Sätze über Binomialkoeffizienten:

$$\left.\begin{array}{lcl} \binom{N}{n} & = & \binom{N}{N-n} \\ \binom{N}{N} & = & \binom{N}{0} = 1 \\ \binom{N}{N-1} & = & \binom{N}{1} = N \end{array}\right\} \text{Symmetrie}$$

$$\left.\begin{array}{lcl} \binom{N}{n} + \binom{N}{n+1} & = & \binom{N+1}{n+1} \\ \sum\limits_{i=0}^{n} \binom{N+i}{i} & = & \binom{N+n+1}{n} \\ \sum\limits_{i=0}^{n} \binom{N}{i}\binom{M}{n-i} & = & \binom{N+M}{n} \\ \sum\limits_{i=0}^{n} \binom{n}{i} & = & 2^n \\ \sum\limits_{i=0}^{n} (-1)^i \binom{n}{i} & = & 0 \\ \sum\limits_{i=0}^{n} \binom{n}{i}^2 & = & \binom{2n}{n} \\ \sum\limits_{i=0}^{m} \binom{n}{i}\binom{n-i}{m-i} & = & 2^m \binom{n}{m}, \; m \leq n \\ \sum\limits_{i=0}^{m} (-1)^i \binom{n}{i}\binom{n-i}{m-i} & = & 0, \; m \leq n \end{array}\right\} \text{einige Additionssätze}$$

Polynomischer Satz:

$$(a_1 + a_2 + \ldots + a_k)^n = \sum \binom{n}{n_1, n_2, \ldots, n_k} a_1^{n_1} a_2^{n_2} \ldots a_k^{n_k}$$

$\binom{n}{n_1, n_2, \ldots, n_k}$ heißt **Polynomialkoeffizient**. Zu summieren ist über alle k-Tupel $n_1, n_2, \ldots, n_k$, für die $n_1 + n_2 + \ldots + n_k = n$ mit $0 \leq n_i \leq n$ gilt. Die Zahl der Summanden ist $\binom{n+k-1}{n}$. Ferner ist

$$\sum \binom{n}{n_1, n_2, \ldots, n_k} = k^n.$$

Abb. B1/1: Konzepte der Kombinatorik im Überblick

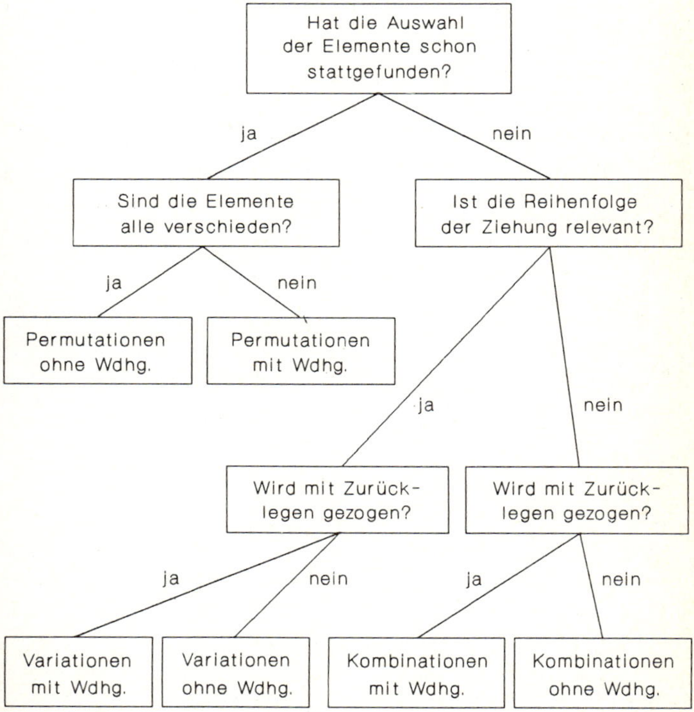

Kapitel 2

Konzepte der Wahrscheinlichkeitsrechnung

Die Wahrscheinlichkeitsrechung als Teilgebiet der Mathematik befaßt sich mit

- **Zufallsereignissen**,
- **Zufallsvariablen**, d. h. mit Zuordnungen von Zahlen zu den Zufallsereignissen,
- **Zufallsprozessen** (syn.: stochastische Prozesse), d. h. mit Zuordnungen von Funktionen zu den Zufallsereignissen.

2.1 Zufallsexperiment und Ereignisse

Fundamental für die Wahrscheinlichkeitstheorie sind die beiden Begriffe „Zufallsereignis“ und „Wahrscheinlichkeit für ein Zufallsereignis“.

2.1.1 Definitionen

Zufallsexperiment: unter gleichen Bedingungen wiederholbarer Vorgang (naturwissenschaftlicher Versuch, sozialwissenschaftliche Beobachtung oder Befragung), dessen Ergebnis oder Ausgang nicht mit Sicherheit vorhersagbar ist.

Elementarereignis: mögliches Ergebnis eines Zufallsexperiments

Symbol: ω_i; $i = 1, 2, \ldots$

Ergebnismenge: Menge der möglichen Ergebnisse eines Zufallsexperiments

Symbol: $\Omega = \{\omega \,|\, \omega \text{ ist Ergebis des Zufallsexperiments}\}$

Nach der Mächtigkeit der Ergebnismenge unterscheidet man:

- **endliche Ergebnismenge** mit N Elementarereignissen,
- **abzählbare Ergebnismengen** mit der Mächtigkeit der Menge der natürlichen Zahlen $\mathbb{N}$,
- **überabzählbare Ergebnismengen** mit der Mächtigkeit der Menge der reellen Zahlen $\mathbb{R}$ oder eines Teilintervalls von $\mathbb{R}$.

Ereignis: eine Teilmenge von Ω

Arten von Ereignissen:

- **sicheres Ereignis** – Ω (eine unechte Teilmenge von Ω)
- **unmögliches Ereignis** – $\emptyset = \{\ \}$ (leere Menge, unechte Teilmenge von Ω)
- **Zufallsereignis** – $A,\ B,\ C,\ \ldots$ oder $A_1,\ A_2,\ A_3,\ \ldots$ mit $A \subset \Omega$ (echte Teilmenge von Ω)
- **Elementarereignis** – einelementiges Zufallsereignis $\{\omega_i\}$

Eintritt eines Ereignisses A: eines der zu A gehörenden Elementarereignisse ist eingetreten.

2.1.2 Ereignisverknüpfungen

Aus gegebenen Ereignissen lassen sich durch bestimmte Verknüpfungen, die aus der Mengenlehre bekannt sind, neue Ereignisse bilden.

Die folgende Tabelle B2/1 gibt eine Übersicht über die wichtigsten Operationen, wobei sich einige dieser Operationen auf andere zurückführen lassen. Es bedeuten in Tab. B2/1:

$\omega \in A$ – ω ist ein Ergebnis, das zum Ereignis A gehört.

$\omega \notin A$ – ω ist ein nicht zu A gehörendes Ergebnis.

(Aussage 1) $\wedge$ (Aussage 2) – Aussage 1 **und** Aussage 2 treffen zu.

(Aussage 1) $\vee$ (Aussage 2) – Mindestens eine der Aussagen 1, 2 trifft zu.

In Abb. B2/1 sind diese Operationen an Punktemengen im VENN-Diagramm (JOHN VENN, 1834 – 1923) dargestellt, wobei das Ergebnis der Operation durch Schraffur markiert ist.

Tab. B2/1: Operationen mit Ereignissen

Operation	Name	Eigenschaft	Bedeutung, Redewendung
$A \cap B$ $\bigcap_{i=1}^{n} A_i$	Durchschnitt	$\{\omega \mid \omega \in A \wedge \omega \in B\}$ $\{\omega \mid \omega \in A_1 \wedge \omega \in A_2 \wedge \ldots \wedge \omega \in A_n\}$	$A \cap B$ ist das Ereignis, das aus allen Ergebnissen besteht, die **sowohl** zu A **als auch** zu B gehören. $A \cap B$ bedeutet: A **und** B sind eingetreten. Lesart: A **geschnitten** mit B
$A \cup B$ $\bigcup_{i=1}^{n} A_i$	Vereinigung	$\{\omega \mid \omega \in A \vee \omega \in B\}$ Hinweis: $A \cup B = (A \setminus B) \cup (A \cap B) \cup (B \setminus A)$ $\{\omega \mid \omega \in A_1 \vee \omega \in A_2 \vee \ldots \vee \omega \in A_n\}$	$A \cup B$ das Ereignis, das aus allen Ergebnissen besteht, die zu A **oder** zu B **oder** zu beiden gehören. $A \cup B$ bedeutet: **mindestens eines** der Ereignisse A, B ist eingetreten. Lesart: A **vereinigt** mit B
$A \setminus B$	Logische Differenz	$\{\omega \mid \omega \in A \wedge \omega \notin B\}$ Hinweis: $A \setminus B = A \cap \overline{B}$	$A \setminus B$ ist das Ereignis, das aus den Ergebnissen besteht, die zu A, **aber nicht** zu B gehören. $A \setminus B$ bedeutet: **nur** A ist eingetreten. Lesart: A **ohne** B
$\overline{A}$	Komplement	$\{\omega \mid \omega \notin A\}$ Hinweis: $\overline{A} = \Omega \setminus A$	$\overline{A}$ ist das Ereignis, das aus allen Ergebnissen von Ω besteht, die **nicht zu** A gehören. $\overline{A}$ bedeutet: Gegenteil von A ist eingetreten. Lesarten: **nicht** A bzw. Komplement von A
$A \circ B$	Symmetrische Differenz	$\{\omega \mid \omega \in A \cup B \wedge \omega \notin A \cap B\}$ Hinweis: $A \circ B = (A \cup B) \setminus (A \cap B)$ $= (A \setminus B) \cup (B \setminus A)$	$A \circ B$ ist das Ereignis, das aus allen Ergebnissen besteht, die zu A, aber nicht zu B, oder zu B, aber nicht A gehören. $A \circ B$ bedeutet: **entweder** A **oder** B; A oder B, aber nicht beide Lesart: **nur** A **oder nur** B

Abb. B2/1: Operationen mit Ereignissen im VENN-Diagramm

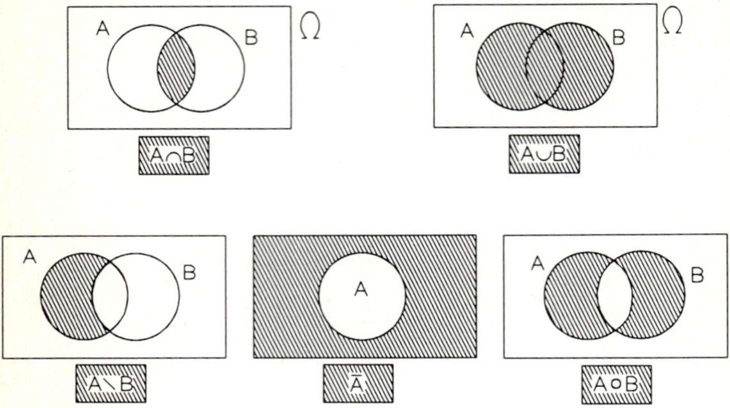

Tab. B2/2: Gesetze für Operationen mit Ereignissen

Vereinigung	Durchschnitt	Gesetz
$A \cup B = B \cup A$	$A \cap B = B \cap A$	Kommutativgesetz
$A \cup (B \cup C) = (A \cup B) \cup C$	$A \cap (B \cap C) = (A \cap B) \cap C$	Assoziativgesetz
$A \cup (B \cap C) = (A \cup B) \cap (A \cup C)$	$A \cap (B \cup C) = (A \cap B) \cup (A \cap C)$	Distributivgesetz
$A \cup (A \cap B) = A$	$A \cap (A \cup B) = A$	Einschmelzungsgesetz
$A \cup \overline{A} = \Omega$	$A \cap \overline{A} = \emptyset$	Komplementgesetz
$A \cup \Omega = \Omega$	$A \cap \emptyset = \emptyset$	Identität
$A \cup \emptyset = A$	$A \cap \Omega = A$	
$A \cup A = A$	$A \cap A = A$	Idempotenz
$\overline{A \cup B} = \overline{A} \cap \overline{B}$	$\overline{A \cap B} = \overline{A} \cup \overline{B}$	DE MORGAN-Gesetz[1]
$A \subseteq B \Longleftrightarrow A \cup B = B$	$A \subseteq B \Longleftrightarrow A \cap B = A$	Äquivalenzen[2]
$A \subseteq B \Longleftrightarrow \overline{A} \cup B = \Omega$	$A \subseteq B \Longleftrightarrow A \cap \overline{B} = \emptyset$	

[1] AUGUSTUS DE MORGAN (1806 – 1871)

[2] $\subseteq$ bedeutet Teilmenge von

Zwischen Ereignissen können etwa folgende **Beziehungen** bestehen:

- A und B sind **disjunkt**
  (syn.: unvereinbar, einander ausschließend).
  Kennzeichen: $A \cap B = \emptyset$

Abb. B2/2:
Disjunkte Ereignisse

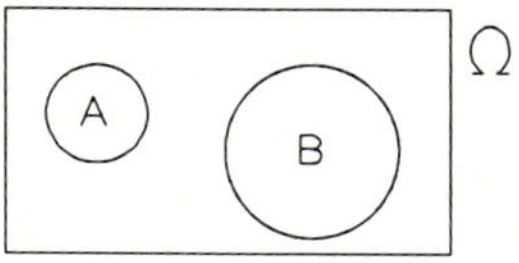

- A ist in B **enthalten**
  (syn.: A **zieht** B **nach sich**).
  Kennzeichen: $A \subseteq B \iff A \wedge B = A$

Abb. B2/3:
A zieht B nach sich

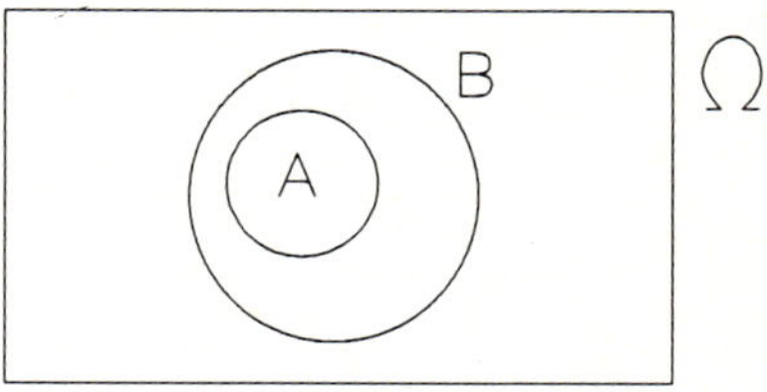

- A und B sind **identisch**.
  Kennzeichen: $A \subseteq B \;\wedge\; B \subseteq A$
  $A \cup B \;=\; A \cap B$

Abb. B2/4:
$A = B$

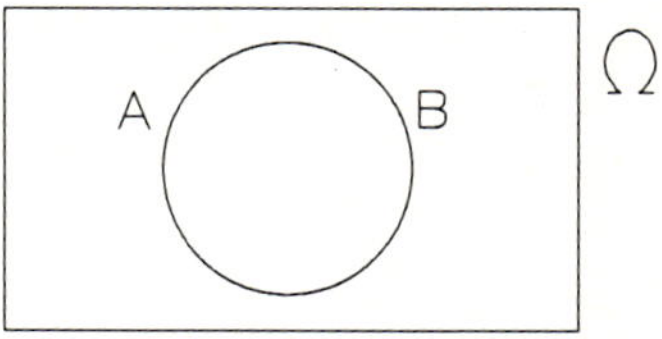

- $A_1, A_2, \ldots, A_k$ bilden ein **vollständiges Ereignissystem**
  (syn.: Klasseneinteilung von Ω),

Abb. B2/5:
Vollständiges Ereignissystem

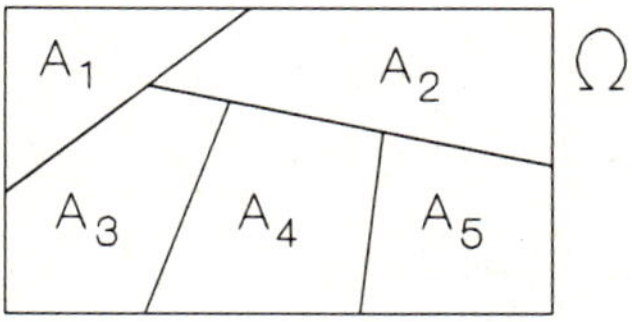

wenn:

- ▷ $A_i \neq \emptyset \quad \forall\, i$ und
- ▷ $A_i \cap A_j = \emptyset \quad \forall\, i \neq j$ und
- ▷ $\bigcup_{i=1}^{k} A_i = \Omega$.

- Ein Ereignis $A \neq \emptyset$ heißt ein **Elementarereignis**, wenn es kein $B \neq \emptyset$ mit $B \subset A$ gibt.[3]
- Ein Ereignis A heißt **zusammengesetzt**, wenn es als Vereinigung zweier Ereignisse B, C mit $B \neq A$ und $C \neq A$ darstellbar ist.

2.1.3 Ereignisalgebren

Aus einer gegebenen Menge Ω lassen sich Teilmengen $E_i \subseteq \Omega$ bilden und zu einer neuen Menge zusammenstellen, **Teilmengensystem** genannt und mit $\mathcal{S}$ bezeichnet:

$$\mathcal{S} = \{E_i \,|\, E_i \subseteq \Omega\}.$$

Ein spezielles, nicht-leeres Teilmengensystem heißt eine **Algebra** $\mathcal{A}$, wenn

- $A,\ B \in \mathcal{A} \implies A \setminus B \in \mathcal{A}$,
- $A,\ B \in \mathcal{A} \implies A \cup B \in \mathcal{A}$,
- $\Omega \in \mathcal{A}$.

<u>Folgerungen:</u>
$$A \cap B = A \setminus \overline{B} = A \setminus (\Omega \setminus B) \in \mathcal{A},$$
$$\overline{A} = \Omega \setminus A \in \mathcal{A},$$
$$\emptyset = \Omega \setminus \Omega \in \mathcal{A}.$$

Eine Algebra $\mathcal{A}$ heißt **σ-Algebra**, wenn

- $\emptyset \in \mathcal{A}$,
- $A \in \mathcal{A} \implies \overline{A} \in \mathcal{A}$,
- $A_i \in \mathcal{A} \;\; (i \in \mathbb{N}) \implies \bigcup\limits_{i=1}^{\infty} A_i \in \mathcal{A}$.

<u>Folgerungen:</u>
$$\Omega = \overline{\emptyset} \in \mathcal{A},$$
$$A \cup B \in \mathcal{A},$$
$$A \setminus B = A \cap \overline{B} = \overline{\overline{A} \cup B} \in \mathcal{A},$$
$$\bigcap_{i=1}^{\infty} A_i \in \mathcal{A}, \text{ da } \bigcap_{i=1}^{\infty} A_i = \overline{\bigcup_{i=1}^{\infty} \overline{A_i}} \in \mathcal{A}.$$

[3] $\subset$ bedeutet echte Teilmenge von

Ist ein Teilmengensystem $\mathcal{S}$ einer Menge Ω gegeben, so existiert unter allen $\mathcal{S}$ enthaltenden σ-Algebren auf Ω eine kleinste ($\mathcal{S}$ enthaltende) σ-Algebra. Sie heißt die **von $\mathcal{S}$ erzeugte σ-Algebra** und wird mit $\sigma(\mathcal{S})$ bezeichnet.

Die kleinste σ-Algebra von Teilmengen des $\mathbb{R}^1$, die alle Intervalle der Form $(-\infty, a]$ enthält – und somit alle offenen und abgeschlossenen Teilmengen des $\mathbb{R}^1$ –, heißt die BORELsche σ-Algebra des $\mathbb{R}^1$ und wird mit $\mathcal{B}^1$ bezeichnet. Die ihr zugehörenden Elemente heißen **BOREL-Mengen des $\mathbb{R}^1$** (EMILE BOREL, 1871 – 1956). Analog bezeichnet man mit $\mathcal{B}^n$ die kleinste σ-Algebra von Teilmengen des $\mathbb{R}^n$, die alle offenen und abgeschlossenen Teilmengen des $\mathbb{R}^n$ enthält, wobei die zu $\mathcal{B}^n$ gehörenden Elemente als BOREL-Mengen des $\mathbb{R}^n$ bezeichnet werden.

Wenn auf einer Menge $\mathcal{X}$ zwei Verknüpfungen $\cap$ und $\cup$ gegeben sind, d. h. zu je zwei Elementen x, $y \in \mathcal{X}$ gibt es in $\mathcal{X}$ gelegene Elemente $x \cup y$ und $x \cap y$, so heißt $\mathcal{X}$ eine **BOOLEsche Algebra** (GEORGE BOOLE, 1815 – 1864), wenn

- für beliebige x, y, $z \in \mathcal{X}$ die in Tab. B2/2 stehenden Kommutativ-, Assoziativ-, Distributiv- und Einschmelzungsgesetze gelten,
- es zwei besondere Elemente 0 ($\mathrel{\hat{=}} \emptyset$) und 1 ($\mathrel{\hat{=}} \Omega$) gibt, so daß die Identitäten von Tab. B2/2 gelten und
- es zu jedem $x \in \mathcal{X}$ ein Element $\bar{x} \in \mathcal{X}$ gibt, so daß die Komplementgesetze von Tab. B2/2 gelten.

Jede BOOLEsche Algebra $\mathcal{X}$ ist einer Algebra $\mathcal{A}$ von Teilmengen einer Menge Ω **isomorph**, d. h. es gibt eine eineindeutige Abbildung φ von $\mathcal{X}$ auf $\mathcal{A}$, wobei $x \cap y$ gleich dem Durchschnitt $\varphi(x) \cap \varphi(y)$ und $x \cup y$ gleich der Vereinigung $\varphi(x) \cup \varphi(y)$ der Mengen $\varphi(x)$ und $\varphi(y)$ ist. Die BOOLEsche Algebra $\mathcal{X}$ heißt **BOOLEsche σ-Algebra**, wenn die zu $\mathcal{X}$ isomorphe Mengenalgebra $\mathcal{A}$ eine σ-Algebra ist.

Ein wichtiger Fall einer BOOLEschen σ-Algebra ist die **Ereignisalgebra** (syn.: Ereignisfeld). Diese ist eine Menge $\mathcal{E}$ von Ereignissen, auf die die Struktur einer BOOLEschen σ-Algebra zutrifft. Enthält $\mathcal{E}$ nur endlich viele Elemente, so spricht man von einer **endlichen Ereignisalgebra**.

2.2 Wahrscheinlichkeitsbegriffe und die Axiomatik von KOLMOGOROV

Axiomatischer Wahrscheinlichkeitsbegriff: Jedem Ereignis E einer σ-Ereignisalgebra $\mathcal{E}$ wird eine reelle Zahl $P(E)$, die **Wahrscheinlichkeit von** E so zugeordnet, daß die folgenden von A. N. KOLMOGOROV (1903 – 1987) in 1933 formulierten drei Axiome erfüllt sind:

- $0 \le P(E) \quad \forall\, E \in \mathcal{E}$ Die Wahrscheinlichkeit ist eine nicht-negative Zahl. **(Maß der Ereignisse)**

- $P(\Omega) = 1$ Das sichere Ereignis hat die Wahrscheinlichkeit 1. **(Normierung)**
- Für $E = \bigcup_{j=1}^{m} E_j$ mit $E_j \in \mathcal{E}$ und $E_j \cap E_k = \emptyset \; \forall \; j \neq k$; $j, k = 1, 2, \ldots, m$, gilt:

$$P(E) = \sum_{j=1}^{m} P(E_j).$$

Die Wahrscheinlichkeit für die Vereinigung E von m einander ausschließender Ereignisse E_j ist die Summe ihrer Wahrscheinlichkeiten.

(Additivität von P**)**

Die Axiome legen die **mathematischen Eigenschaften** der Wahrscheinlichkeit P als Mengenfunktion fest. Demnach ist die Wahrscheinlichkeit:
- ein nicht-negatives (→ 1. Axiom),
- normiertes (→ 2. Axiom),
- additives (→ 3. Axiom) **Maß**.

Abb. B2/6: Wahrscheinlichkeit als Mengenfunktion (diskreter Fall)

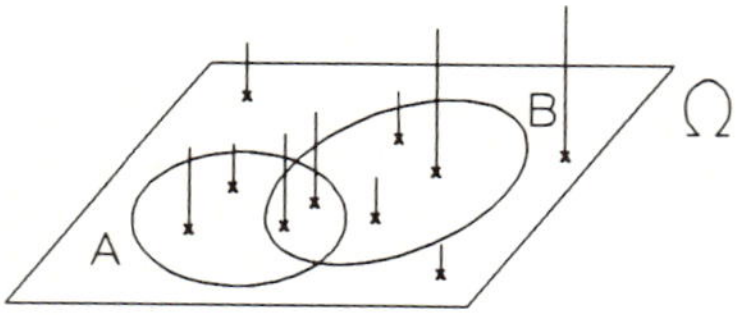

Summe der Länge aller in Ω errichteter Stäbe ist 1.
$P(A)$ ist Summe der Länge aller Stäbe in A.

Abb. B2/7: Wahrscheinlichkeit als Mengenfunktion (stetiger Fall)

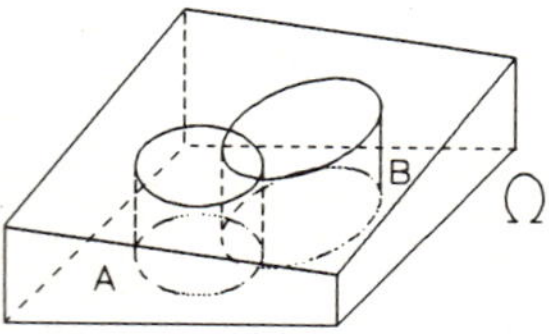

Volumen des Simplex über Ω ist 1.
$P(A)$ ist das Volumen des Zylinders über A.

Wahrscheinlichkeitsalgebra $[\mathcal{E}, P]$: eine Ereignisalgebra $\mathcal{E}$ versehen mit einer Wahrscheinlichkeit P.

meßbarer Raum $[\Omega, \mathcal{A}]$: ein Paar Ω, $\mathcal{A}$ bestehend aus einer Menge Ω und einer σ-Algebra $\mathcal{A}$ von Teilmengen der Menge Ω.

meßbare Menge: Man nennt $\mathcal{A}$, meßbare Menge, wenn $[\Omega, \mathcal{A}]$ ein meßbarer Raum ist.

Wahrscheinlichkeitsraum: Zu jeder Ereignisalgebra $\mathcal{E}$ existiert ein meßbarer Raum $[\Omega, \mathcal{A}]$, so daß sich die Elemente von $\mathcal{E}$ und $\mathcal{A}$ in eineindeutiger Weise entsprechen. Eine auf $\mathcal{E}$ gegebene Wahrscheinlichkeit P erzeugt so auf $\mathcal{A}$ ein normiertes Maß, daß wiederum mit P bezeichnet und **Wahrscheinlichkeitsmaß** genannt wird. Das Tripel $[\Omega, \mathcal{A}, P]$ heißt **Wahrscheinlichkeitsraum**. Die Elemente $A \in \mathcal{A}$ heißen wiederum zufällige Ereignisse, die Zahl $P(A)$ heißt Wahrscheinlichkeit des Ereignisses A, und schließlich nennt man Ω die Menge der Elementarereignisse.

Die Axiomatik sagt nichts über die Art und Weise der Zuordnung von Wahrscheinlichkeiten zu zufälligen Ereignissen, sie legt nur deren formal-mathematische Eigenschaften fest. Inhaltlich ist die Wahrscheinlichkeit ein Maß dafür, wie leicht ($\Rightarrow$ hohe Wahrscheinlichkeit) oder wie schwer ($\Rightarrow$ niedrige Wahrscheinlichkeit) sich ein Zufallsereignis realisiert.

Wahrscheinlichkeitsbegriffe (syn.: Wahrscheinlichkeitsinterpretation) lassen sich grob in eine von vier Kategorien einordnen:

- **Subjektive Wahrscheinlichkeit**: eine auf der Einsicht, Erkenntnis oder Intuition einer Person beruhende Zahlenangabe, die ausdrücken soll, wie hoch nach deren Einschätzung die Realisierungsneigung eines Zufallsereignisses ist. Gelegentlich gewinnt man diese Zahl auch aus dem Wetteinsatz auf das Zufallsereignis.
- **Objektive Prior-Wahrscheinlichkeit** (syn.: klassische Wahrscheinlichkeit oder LAPLACE-Wahrscheinlichkeit [4])

  Quotient aus der Anzahl der dem Zufallsereignis A günstigen Fälle, $N(A)$, und der Anzahl der überhaupt möglichen und als gleichmöglich erachteten Fälle, N,

$$P(A) = \frac{N(A)}{N}.$$

- **Objektive Posterior-Wahrscheinlichkeit** (syn.: frequentistische oder statistische Wahrscheinlichkeit, MISES-Wahrscheinlichkeit [5])

  Quotient aus der Anzahl der beobachteten Versuchsausgänge mit A, $n(A)$, und der Anzahl n der Versuchswiederholungen für großes n (theoretisch: $n \to \infty$),

---

[4] PIERRE SIMON MARQUIS DE LAPLACE, 1749 – 1827

[5] RICHARD VON MISES, 1883 – 1953

$$P(A) = \lim_{n \to \infty} \frac{n(A)}{n}.$$

Diese Interpretation als **relative Häufigkeit** oder **Anteil** stützt sich auf das BERNOULLI-**Gesetz der großen Zahlen** (JACOB BERNOULLI, 1654 - 1705), vgl. Abs. B4.3.

- **Geometrische Wahrscheinlichkeit**: Sei E ein Gebiet in der Ebene (oder in $\mathbb{R}^n$) mit dem endlichen Flächeninhalt (oder Volumen) F_E und $G \subset E$ ein Teilgebiet (Teilmenge) mit Flächeninhalt (Volumen) F_G. Die geometrische Wahrscheinlichkeit $P(G)$ des Ereignisses, daß ein zufällig auf E geworfener Punkt in G fällt, ist

$$P(G) = \frac{F_G}{F_E}.$$

Die geometrische Wahrscheinlichkeit kann als Spezialfall der LAPLACE-Wahrscheinlichkeit aufgefaßt werden.

2.3 Bedingte Wahrscheinlichkeiten und stochastische Unabhängigkeit

Bedingte Wahrscheinlichkeit eines Ereignisses: Es seien $[\mathcal{E}, P]$ eine Wahrscheinlichkeitsalgebra und E ein zufälliges Ereignis mit $P(E) > 0$. Ist die Bedingung „E eingetreten" erfüllt, so bewirkt dies i. a. eine Änderung der Wahrscheinlichkeit eines Ereignisses $E_1 \in \mathcal{E}$. Man schreibt $E_1 \,|\, E$ für das **bedingte Ereignis** mit E als bedingendem Ereignis und $P(E_1 \,|\, E)$ für die Wahrscheinlichkeit von $E_1 \,|\, E$ und definiert

$$P(E_1 \,|\, E) := \frac{P(E_1 \cap E)}{P(E)}.$$

Diese Definition beruht auf folgenden Überlegungen:

- Die Wahrscheinlichkeitsmasse über E ist auf Eins zu normieren, da E zum sicheren Ereignis geworden ist:

$$P(E \,|\, E) = 1.$$

- Die Wahrscheinlichkeiten für das gemeinsame Auftreten von Ereignissen E_i ($i = 1, 2, \ldots$) mit E verhalten sich so zueinander wie die Wahrscheinlichkeiten der $E_i \,|\, E$:

$$P(E_1 \cap E) : P(E_2 \cap E) : \ldots = P(E_1 \,|\, E) : P(E_2 \,|\, E) : \ldots$$

Die bei festem $E \in \mathcal{E}$ und $P(E) > 0$ hierdurch auf $\mathcal{E}$ definierte Funktion

$$P_E(E_1) := P(E_1 \mid E)$$

besitzt alle Eigenschaften einer Wahrscheinlichkeit, d. h. $[\mathcal{E}, P_E]$ ist eine Wahrscheinlichkeitsalgebra und heißt **bedingte Wahrscheinlichkeit eines Ereignisses**.

Bedingtes Wahrscheinlichkeitsmaß: Es seien $[\Omega, \mathcal{B}, P]$ ein Wahrscheinlichkeitsraum und A ein Ereignis mit $P(A) > 0$. Dann heißt das durch

$$P_A(B) := P(B \mid A) := \frac{P(A \cap B)}{P(A)}$$

auf $\mathcal{B}$ definierte Wahrscheinlichkeitsmaß P_A bedingtes Wahrscheinlichkeitsmaß.

Zwei Ereignisse A, B heißen **stochastisch unabhängig** voneinander, wenn:

- **1. Formulierung** (Darstellung der gemeinsamen Wahrscheinlichkeit als Produkt der unbedingten Wahrscheinlichkeiten)

$$P(A \cap B) = P(A)\, P(B)$$

- **2. Formulierung** (Gleichheit der bedingten Wahrscheinlichkeiten)

$$P(A \mid B) = P(A \mid \overline{B})$$

$$P(B \mid A) = P(B \mid \overline{A})$$

- **3. Formulierung** (Gleichheit von bedingter und unbedingter Wahrscheinlichkeit)

$$P(A \mid B) = P(A)$$

$$P(B \mid A) = P(B)$$

Die drei Formulierungen sind äquivalent.

Hinweis: Sind A und B unabhängig, dann sind es auch $\overline{A}$ und $\overline{B}$, ferner $\overline{A}$ und B sowie A und $\overline{B}$.

Stets unabhängig voneinander sind:

- Ω und ein beliebiges A, denn
  $P(\Omega \cap A) = P(A) = 1\, P(A) = P(\Omega)\, P(A)$.
- $\emptyset$ und ein beliebiges A, denn
  $P(\emptyset \cap A) = P(\emptyset) = 0 = 0\, P(A) = P(\emptyset)\, P(A)$.

Stets abhängig voneinander sind:

- A und B, falls $A \subset B$ oder $B \subset A$, denn
  $P(A \cap B) = P(A) \neq P(A)\,P(B)$, falls $A \subset B$ und $B \neq \Omega$;
  $P(A \cap B) = P(B) \neq P(A)\,P(B)$, falls $B \subset A$ und $A \neq \Omega$.
- $A \neq \emptyset$ und $B \neq \emptyset$, falls $A \cap B = \emptyset$, denn
  $P(A \cap B) = 0 \neq P(A)\,P(B)$.

n Ereignisse $A_1, A_2, \ldots, A_n$ heißen **vollständig** oder **total unabhängig** voneinander, wenn

$$P\left(\bigcap_{k=1}^{m} A_{i_k}\right) = \prod_{k=1}^{m} P(A_{i_k})$$

für jedes m-Tupel $(i_1, \ldots, i_m)$ mit $1 \leq i_1 < \ldots < i_m \leq n$ gilt. Speziell gilt dann auch

$$P\left(\bigcap_{j=1}^{n} A_j\right) = \prod_{j=1}^{n} P(A_j).$$

2.4 Einige Sätze der Wahrscheinlichkeitsrechnung

Allgemeine Sätze

$0 \leq P(A) \leq 1$ – Die Wahrscheinlichkeit ist eine reelle Zahl aus $[0;1]$.

$P(\emptyset) = 0$ – Die Wahrscheinlichkeit für **ein** unmögliches Ereignis ist Null.

$P(\Omega) = 1$ – Die Wahrscheinlichkeit für **das** sichere Ereignis ist Eins.

Bemerkungen:

1) Gilt für ein Ereignis $A \in \mathcal{B}$, daß $P(A) = 1$, so heißt A **fast sicher**.

2) Gilt für ein Ereignis $A \in \mathcal{B}$, daß $P(A) = 0$, so heißt A **fast unmöglich**.

Für $A \subseteq B$ gilt: $P(A) \leq P(B)$

Additionssätze

$P\left(\bigcup_{i=1}^{n} A_i\right) = \sum_{i=1}^{n} P(A_i)$ bei paarweise disjunkten A_i, d. h. $A_i \cap A_j = \emptyset\ \forall\, i \neq j$ (**spezieller Additionssatz**)

$P\left(\bigcup_{i=1}^{n} A_i\right) \leq \sum_{i=1}^{n} P(A_i)$ **Boole'sche Ungleichung**

$$\left.\begin{aligned} P\left(\bigcup_{i=1}^{n} A_i\right) &= \sum_{k=1}^{n}(-1)^{k-1} S_k^{(n)} \\ \text{mit} & \\ S_k^{(n)} &:= \sum_{1\le i_1<i_2<\ldots<i_k\le n} P\left(\bigcap\nolimits_{j=1}^{k} A_{i_j}\right) \end{aligned}\right\}$$

allgemeiner Additionssatz für n Ereignisse

$P(A\cup B)$	$= P(A)+P(B)-P(A\cap B)$	– allgemein für zwei Ereignisse
	$= P(A)+P(B)$	– wenn $A\cap B=\emptyset$
	$= P(A)=P(B)$	– wenn $A=B$
	$= P(B)$	– wenn $A\subset B$
	$= P(A)$	– wenn $B\subset A$
$P(A\cup B\cup C)$	$= P(A)+P(B)+P(B)$ $-P(A\cap B)-P(A\cap C)$ $-P(B\cap C)+P(A\cup B\cup C)$	– allgemein für drei Ereignisse

$P\left(\bigcup_{i=1}^{n} A_i\right) = 1$ für $A_1, \ldots, A_n$ als **vollständiges Ereignissystem**, d. h. $\bigcup_{i=1}^{n} A_i=\Omega$ und $A_i\cap A_j=\emptyset\ \forall\ i\neq j$

$P(A)+P(\overline{A}) = 1$ für das „kleinste" vollständige Ereignissystem bestehend aus A und seinem Komplementärereignis

Multiplikationssätze

$$P\left(\bigcap_{i=1}^{n} A_i\right) = \prod_{i=1}^{n} P(A_i), \text{ wenn die } A_i \text{ total unabhängig sind}$$

(**spezieller Multiplikationssatz**)

$$P\left(\bigcap_{i=1}^{n} A_i\right) = P(A_1)\,P(A_2\,|\,A_1)\,P(A_3\,|\,A_1\cap A_2)\ldots \ldots P(A_n\,|\,A_1\cap A_2\cap\ldots\cap A_{n-1})$$

(**allgemeiner Multiplikationssatz für** n Ereignisse)

$$\left.\begin{aligned} P(A\cap B) &= P(A)\,P(B\,|\,A) \\ &= P(B)\,P(A\,|\,B) \end{aligned}\right\}$$

allgemeiner Multiplikationssatz für zwei Ereignisse

Wahrscheinlichkeitssätze für logische Differenzen

$$\begin{aligned} P(A \setminus B) &= P(A) - P(A \cap B) && \text{– allgemein} \\ &= 0 && \text{– wenn } A = B \text{ oder } A \subset B \\ &= P(A) && \text{– wenn } A \cap B = \emptyset \\ &= P(A) - P(B) && \text{– wenn } B \subset A \end{aligned}$$

Wahrscheinlichkeitssätze für symmetrische Differenzen

$$\begin{aligned} P(A \circ B) &= P(A) + P(B) - 2\,P(A \cap B) && \text{– allgemein} \\ &= 0 && \text{– wenn } A = B \\ &= P(A) + P(B) && \text{– wenn } A \cap B = \emptyset \\ &= P(A) - P(B) && \text{– wenn } B \subset A \\ &= P(B) - P(A) && \text{– wenn } A \subset B \end{aligned}$$

Theorem von BAYES (THOMAS BAYES, 1702 - 1761)

Es bilden A_1, A_2, ..., A_n ein vollständiges Ereignissystem. Dann gilt für jedes $B \in \mathcal{B}$:

$$\begin{aligned} P(B) = P\left(\bigcup_{i=1}^{n} (B \cap A_i)\right) &= \sum_{i=1}^{n} P(B \cap A_i) \\ &= \sum_{i=1}^{n} P(B \mid A_i)\, P(A_i) \quad \left\{\begin{array}{l}\textbf{Formel der totalen}\\ \textbf{Wahrscheinlichkeit}\end{array}\right. \end{aligned}$$

Abb. B2/8:

Totale Wahrscheinlichkeit

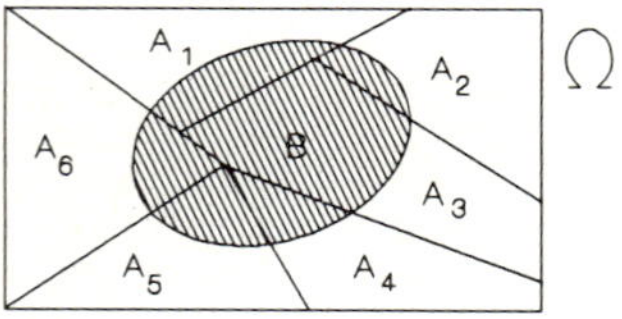

$$\begin{aligned} P(A_i \mid B) &= \frac{P(A_i \cap B)}{P(B)} \\ &= \frac{P(B \mid A_i)\, P(A_i)}{\sum_{j=1}^{n} P(B \mid A_j)\, P(A_j)} \quad \left\{\begin{array}{l}\textbf{Theorem}\\ \textbf{von Bayes}\end{array}\right. \end{aligned}$$

In diesem Kontext heißen:

$P(A_i)$ – **Prior-Wahrscheinlichkeit** für A_i,

$P(A_i \mid B)$ – **Posterior-Wahrscheinlichkeit** für A_i.

Kapitel 3

Zufallsvariablen und ihre Verteilungen

3.1 Definition und Typen von Zufallsvariablen

Definition: Eine Funktion X, die jedem Elementarereignis $\omega \in \Omega$ eindeutig eine reelle Zahl x so zuordnet, daß für jedes $x \in \mathbb{R}$ die Wahrscheinlichkeit $P(X(\omega) \leq x)$ definiert ist, heißt **eindimensionale (reelle) Zufallsvariable**:

$$\Omega \xrightarrow{X} \mathbb{R}.$$

Es ist ω das Funktionsargument, und x bzw. – im endlichen oder abzählbaren Fall – x_i als Funktionswert heißt **Realisation** oder **Wert** der Zufallsvariablen $X(\omega)$. Der Bezug auf ω wird i. a. fortgelassen: $X = x$ bzw. $X = x_i$.

Definition: Eine Funktion $(X_1, X_2, \ldots, X_m)$, die jedem Elementarereignis $\omega \in \Omega$ eindeutig m reelle Zahlen zuordnet, so daß die Wahrscheinlichkeit $P(X_1 \leq x_1, X_2 \leq x_2, \ldots, X_m \leq x_m)$ für jeden Vektor $\mathbf{x} = (x_1, \ldots, x_m) \in \mathbb{R}^m$ definiert ist, heißt **m-dimensionale (reelle) Zufallsvariable** oder **vektorielle** Zufallsvariable:

$$\Omega \xrightarrow{X_1, \ldots, X_m} \mathbb{R}^m.$$

Eine Funktion $g(\cdot)$ einer Zufallsvariablen X bzw. $(X_1, \ldots, X_m)$ ist wiederum eine Zufallsvariable, etwa

$$Y = g(X).$$

Abb. B3/1: Zufallsvariable beim dreimaligen Werfen einer fairen Münze
(W – Wappen, Z – Zahl)
(X = Anzahl der Würfe mit Ereignis Z)

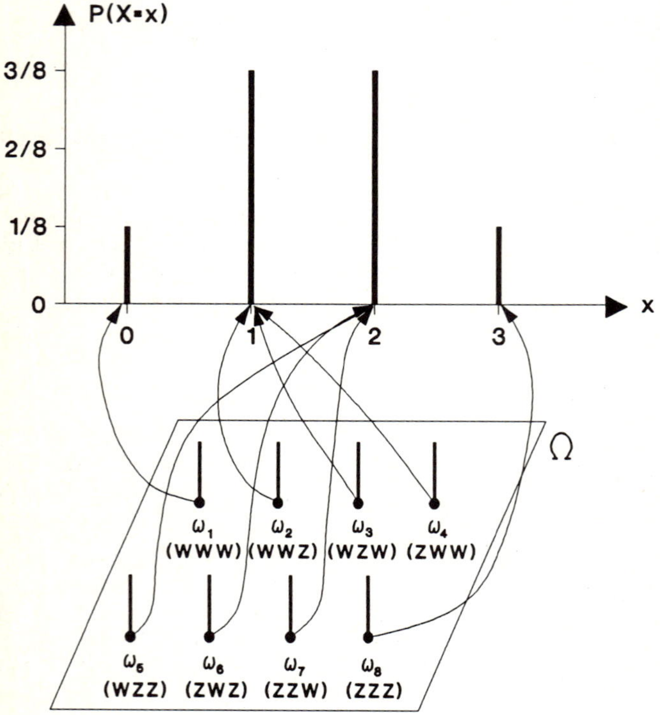

Bemerkung: Ausführliche Darstellungen der Verteilungen von Zufallsvariablen bieten die Handbücher von JOHNSON/KOTZ, (1970, 1972 und 1992) sowie von PATEL/KAPADIA/OWEN, (1976).

3.2 Eindimensionale Zufallsvariable

Über eine Zufallsvariable kann man nur Wahrscheinlichkeitsaussagen machen, etwa:

$P(X = x)$	–	Wahrscheinlichkeit für **eine** Realisation,
$P(X \leq x)$	–	Erreichungswahrscheinlichkeit von x, X ist **höchstens** x,
$P(X > x)$	–	Überschreitungswahrscheinlichkeit von x, X ist **größer** als x,
$P(x_u \leq X \leq x_o)$	–	Wahrscheinlichkeit für das Intervall $[x_u; x_o]$, X liegt – die Grenzen eingeschlossen – zwischen x_u und x_o,
$P(X < x_u \cup X > x_0)$	–	Wahrscheinlichkeit für Realisationen außerhalb des Intervalls $[x_u; x_0]$, X ist **kleiner** als x_u **oder größer** als x_o.

3.2.1 Verteilungskonzepte

Eine Zufallsvariable X ist stochastisch vollständig bekannt, wenn man ihr **Verteilungsgesetz** (kurz: **Verteilung**) kennt. Die Verteilung läßt sich durch verschiedene mathematische Funktionen ausdrücken. Die umfassendste dieser Funktionen, die jede Zufallsvariable besitzt, ist die **Verteilungsfunktion**:

$$F(x) := P(X \leq x); \quad x \in \mathbb{R},$$

mit den Eigenschaften:

1. $0 \leq F(x) \leq 1$.
2. $F(x)$ ist monoton nicht-fallend in x, d. h. $F(x_2) \geq F(x_1) \;\; \forall \, x_2 > x_1$
3. $F(x)$ ist wenigstens rechtsseitig stetig.
4. $F(x) \to 0$ für $x \to -\infty$; $F(x) \to 1$ für $x \to +\infty$.

Für zwei spezielle Arten von Zufallsvariablen läßt sich das Verteilungsgesetz zusätzlich zu $F(x)$ durch eine weitere Funktion ausdrücken:

- für eine **diskrete** Zufallsvariable durch die **Wahrscheinlichkeitsfunktion** $P(X = x)$,
- für eine **stetige** Zufallsvariable durch die **Dichtefunktion** (kurz: **Dichte**) $f(x)$.

<u>Definition:</u> Eine Zufallsvariable X heißt **diskret**, wenn sie endlich oder abzählbar unendlich viele Realisationen x_i annehmen kann.

Hinweis: Der häufigste Fall einer diskreten Zufallsvariablen ist die **Zählvariable** mit $x_i \in \mathbb{N}$.

Definition: Es heißt

$$P(X = x) = \begin{cases} P(X = x_i) =: P_i & \text{für} \quad x = x_i, \; i = 1, 2, \ldots \\ 0 & \text{für} \quad x \text{ sonst} \end{cases}$$

Wahrscheinlichkeitsfunktion von X, deren Graph ein **Stabdiagramm** ist.

Abb. B3/2: Beziehung zwischen Wahrscheinlichkeits- und Verteilungsfunktion

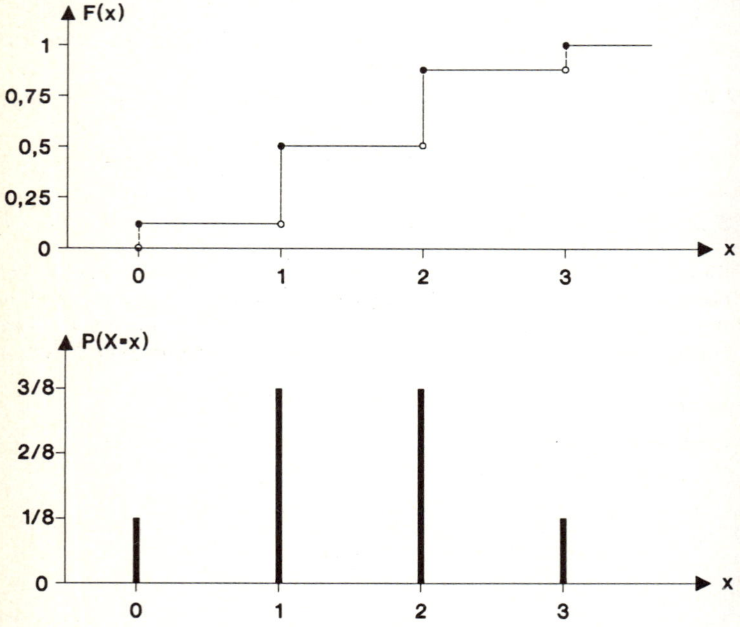

Eigenschaften einer Wahrscheinlichkeitsfunktion:

1. Definitionsbereich: $-\infty < x < +\infty$
2. Wertebereich: $0 \leq P_i \leq 1$
3. Normierung: $\sum_i P_i = 1$

Beziehungen zwischen Wahrscheinlichkeits- und Verteilungsfunktion, deren Graph eine **Treppenfunktion** ist:

$$F(x) = P(X \leq x) = \sum_{x_i \leq x} P(X = x_i) = \sum_{x_i \leq x} P_i; \quad x \in \mathbb{R},$$

$$P(X = x_i) = F(x_i) - F(x_{i-1}); \; F(x_0) = 0\,.$$

Definition 1: Eine Zufallsvariable X heißt **stetig**, wenn die Menge ihrer Realisationen ein Kontinuum ist, d. h. X überabzählbar viele Werte annehmen kann.

Definition 2: Eine Zufallsvariable X heißt **stetig**, wenn sie in jedem Punkt $x \in \mathbb{R}$ eine stetige Verteilungsfunktion $F(x)$ besitzt, deren Ableitung $f(x)$ existiert und nicht-negativ ist.

Abb. B3/3: Beziehung zwischen Dichte- und Verteilungsfunktion

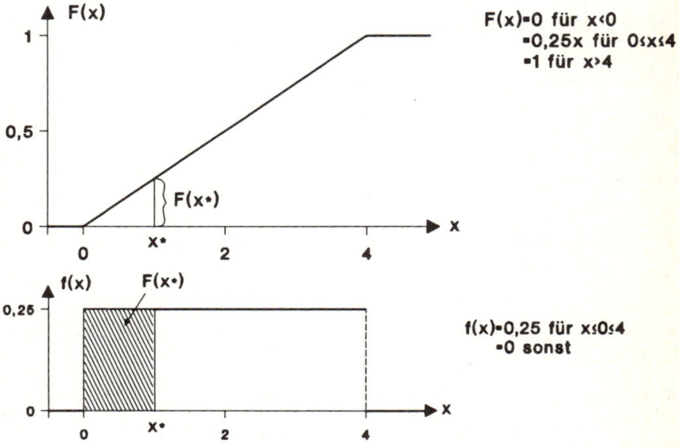

Es heißt

$$f(x) := \frac{dF(x)}{dx}, \; x \in \mathbb{R}$$

Dichtefunktion (kurz: **Dichte**) von X mit den Eigenschaften:

1. Definitionsbereich: $-\infty < x < +\infty$,
2. Wertebereich: $f(x) \geq 0$,
3. Normierung: $\int_{-\infty}^{+\infty} f(x)\, dx = 1$.

Beziehung zwischen Dichte- und Verteilungsfunktion:

$$F(x) = P(X \leq x) = \int_{-\infty}^{x} f(u)\,du\,;\ x \in \mathbb{R}$$

Bemerkungen:

1. Dichtefunktionswerte sind keine Wahrscheinlichkeiten, so daß $f(x) > 1$ möglich ist.
2. $P(X = x^*) = \int_{x^*}^{x^*} f(u)\,du = 0$
   Es heißt x^* **fast unmöglich**.
3. Sei $\mathbb{R}^* = \mathbb{R} \setminus \{x^*\}$, dann ist $P(\mathbb{R}^*) = \int_{\mathbb{R}^*} f(u)\,du = 1$
   Es heißt $\mathbb{R}^*$ **fast sicher**.
4. Approximation
   $$P(x < X < x + \Delta x) \approx f(x)\,\Delta x \text{ für } \Delta x \text{ klein}.$$
   $f(x)\,\Delta x$ heißt **Wahrscheinlichkeitselement**.

3.2.2 Parameterkonzepte

Ist das Verteilungsgesetz – $F(x)$, $f(x)$, $P(X = x)$ – durch eine Funktion gegeben, in der ein oder mehrere Parameter auftreten, so spricht man von einer **parametrischen Verteilung**. Diese Parameter heißen **Funktions-**, **Schar-** oder **Kurvenparameter**. Sie bestimmen

- als **Lokationsparameter** – häufig mit a bezeichnet – die Lage,
- als **Skalenparameter** – häufig mit b bezeichnet – die Skalierung und damit die Streuung,
- als **Formparameter** – häufig mit c bezeichnet – die Form oder Gestalt der Verteilung.

Funktionalparameter, die für parametrische und nicht-parametrische Verteilungen existieren, ergeben sich durch bestimmte Operationen mit dem Verteilungsgesetz, wobei

- das Erwartungskonzept und
- das Perzentilskonzept

die vorherrschenden Konstruktionsarten sind.

Nach der **Aufgabe** der Funktionalparameter unterscheidet man:

- Lageparameter,
- Streuungsparameter,
- Schiefeparameter,
- Wölbungsparameter u. a.

Abb. B3/4: Wirkung der Funktionsparameter anhand der WEIBULL–Dichte
oben: Effekt des Lokationsparameters,
mitte: Effekt des Skalenparameters;
unten: Effekt des Formparameters

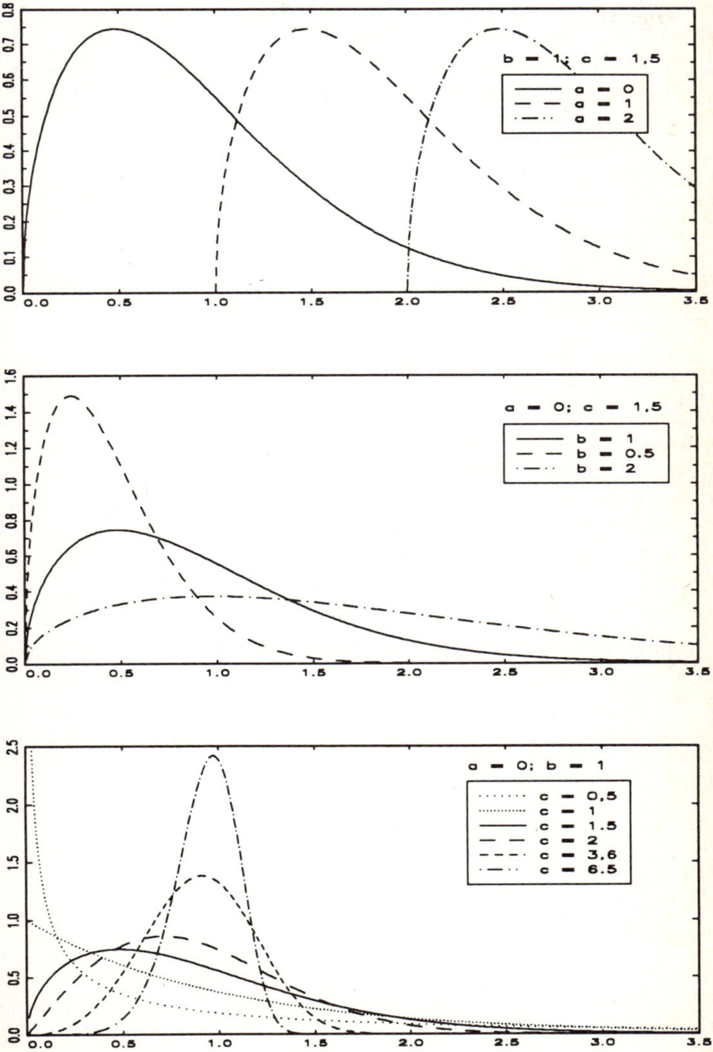

Perzentile

Ein Wert x_P, für den

$$F(x_P) = P(X \le x_p) = P, \quad 0 < P < 1$$

erfüllt ist, heißt **Perzentil** (syn.: Fraktil, Quantil) der Ordnung P.

Für eine stetige Zufallsvariable ergibt sich x_P eindeutig aus der inversen Verteilungsfunktion, **Perzentilsfunktion** genannt:

$$x_P = F^{-1}(P)$$

Beispiel:
$$\begin{aligned} F(x) &= 0,25\,x \quad \text{für} \quad 0 \le x \le 4 \\ F^{-1}(P) &= 4 \cdot P \quad \text{für} \quad 0 < P < 1 \end{aligned}$$

Für eine diskrete Zufallsvariable verwendet man die **verallgemeinerte Perzentilsfunktion**

$$x_P = \inf\{x : F(x) \ge P\},$$

d. h. $x_p = x_i$, so daß $F(x_{i-1}) < P \le F(x_i)$.

Im diskreten Fall ist keine Eineindeutigkeit gegeben, d. h. eine Realisation kann ein Perzentil verschiedener Ordnungen sein.

Beispiel: (vgl. Abb. B3/2)

$$x_P = \begin{cases} 0 & \text{für} \quad 0 < P \le 0,125 \\ 1 & \text{für} \quad 0,125 < P \le 0,5 \\ 2 & \text{für} \quad 0,5 < P \le 0,875 \\ 3 & \text{für} \quad 0,875 < P < 1 \end{cases}$$

Spezielle Perzentile:

$x_{0,5}$	– Median
$x_{0,25}$; $x_{0,75}$	– unteres, oberes Quartil
$x_{j/5}$	– Quintile; $j = 1, 2, 3, 4$
$x_{j/6}$	– Sextile; $j = 1, \dots, 5$
$x_{j/8}$	– Oktile; $j = 1, \dots, 7$
$x_{j/10}$	– Dezile; $j = 1, \dots, 9$

Ein Perzentil ist ein Lageparameter. Die Differenz zweier Perzentile ist ein Streuungsparameter. Aus dem Vergleich zweier Perzentilsdifferenzen kann man auf die Schiefe schließen.

Erwartungswerte

Es heißt

$$E[g(X)] := \begin{cases} \sum_i g(x_i)\, P_i \\ \int_{-\infty}^{+\infty} g(x)\, f(x)\, d\,x, \end{cases}$$

sofern existent, der **Erwartungswert von** $g(X)$.

Speziell heißt

$$\mu := E(X) = \begin{cases} \sum_i x_i\, P_i \\ \int_{-\infty}^{+\infty} x\, f(x)\, d\,x, \end{cases}$$

der **Erwartungswert von** X ($\hat{=}$ gewogenes arithmetisches Mittel der Realisationen von X mit den Wahrscheinlichkeiten als Gewichten).

$E(\cdot)$ ist ein **linearer Operator**, so daß folgende Regeln gelten:

$$E(a) = a; \quad a \text{ – Konstante}$$

$$E(a + b\,X) = a + b\,E(X); \quad a,\, b \text{ – Kostante}$$

$$E\left(\sum_{j=1}^{k} X_j\right) = \sum_{j=1}^{k} E(X_j)$$

$$E\left(\prod_{j=1}^{k} X_j\right) = \prod_{j=1}^{k} E(X_j) \text{ bei Unabhängigkeit der } X_j$$

$$E\big[h(X)\big] \approx h\big[E(X)\big] + 0{,}5\, h''\big[E(X)\big]\, V(X),$$ wenn $h(\cdot)$ eine zweimal differenzierbare und streng monotone Funktion ist.

Ein spezieller Erwartungswert ist die **Varianz** als (quadratischer) Streuungsparameter:

$$\sigma^2 := V(X) := E\big[(X-\mu)^2\big] = \begin{cases} \sum_i (x_i - \mu)^2\, P_i \\ \int_{-\infty}^{+\infty} (x-\mu)^2\, f(x)\, d\,x \end{cases}$$

Es heißt

$$\sigma := \underset{+}{\sqrt{V(X)}}$$

die **Standardabweichung** (linearer Streuungsparameter).

$$V(a) = 0; \quad a \text{ – Konstante}$$

$$V(a + bX) = b^2 V(X); \quad a, b \text{ – Konstante}$$

$$\sigma(a + bX) = |\, b \,|\ \sigma(X)$$

$$V(X \pm Y) = \begin{cases} V(X) + V(Y), \text{ wenn } X \text{ und } Y \text{ unkorreliert} \\ V(X) + V(Y) \pm 2\,Cov(X, Y) \end{cases}$$

$$V\left(\sum_{j=1}^{k} X_j\right) = \sum_{j=1}^{k} V(X_j) \text{ bei paarweiser Unkorreliertheit der } X_j$$

$$V[h(X)] \approx \left\{h'[E(X)]\right\}^2 V(X), \text{ wenn } h(\cdot) \text{ zweimal differenzierbar und streng monoton ist}$$

Momente sind Erwartungswerte spezieller Funktionen $g(X)$, i. a. Potenzen und Polynome in X.

1. **Nullmomente**: $g(X) = X^r; \ r \in \mathbb{N}_0$

$$\mu'_r := E(X^r) = \begin{cases} \sum\limits_i x_i^r P_i \\ \int\limits_{-\infty}^{+\infty} x^r f(x)\, dx \end{cases}$$

$\mu'_0 = 1; \ \ \mu'_1 = E(X) = \mu$

$N_X(t) := E(e^{tX}),\ t \in \mathbb{R}$ – **Nullmomente erzeugende Funktion**

$$\mu'_r = \left.\frac{d^r N_X(t)}{d t^r}\right|_{t=0}, \text{ falls existent}$$

Zwei Zufallsvariablen X und Y haben genau dann dieselbe Verteilung, wenn

$$N_X(t) = N_Y(t)\ \forall t.$$

Falls $E(e^{tX})$ nicht existiert, arbeitet man mit der **charakteristischen Funktion**:

$$C_X(t) := E(e^{itX}); \quad i := \sqrt{-1}.$$

2. **Zentralmomente**: $g(X) = (X - \mu)^r; \ r \in \mathbb{N}^0$

$\mu_r := E\big[(X - \mu)^r\big]$

$\mu_0 = 1; \ \ \mu_1 = 0; \ \ \mu_2 = \sigma^2 = \mu'_2 - \mu^2$

$Z_X(t) := \exp(-t\,\mu)\, E(e^{tX})$ – **Zentralmomente erzeugende Funktion**

$$\mu_r = \left.\frac{d^r Z_X(t)}{d t^r}\right|_{t=0}, \text{ falls existent}$$

3. **Standardmomente:** $g(X) = \left(\frac{X-\mu}{\sigma}\right)^r; \quad r \in \mathbb{N}_0$

   $U := \frac{X-\mu}{\sigma}$ heißt standardisierte Zufallsvariable

   $\mu_r^* := E\left[\left(\frac{X-\mu}{\sigma}\right)^r\right]$

   $\mu_0^* = 1; \quad \mu_1^* = 0; \quad \mu_2^* = 1$

4. **Absolutmomente** (um Null): $\quad g(X) = |X|^r; \quad r \in \mathbb{N}_0$

   $\mu'_{[r]} := E(|X|^r)$

   $\mu'_{[0]} = 1; \quad \mu'_{[1]} \geq \mu; \quad \mu'_{[2]} = \mu_2$

5. **Faktorielle Momente** (um Null):

   $g(X) = X^{(r)} := \frac{X!}{(X-r)!} = X(X-1)\cdot\ldots\cdot(X-r+1); \; r \in \mathbb{N}_0$

   $X^{(0)} := 1$

   $\mu'_{(r)} := E(X^{(r)})$

   $\mu'_{(0)} = 1; \quad \mu'_{(1)} = \mu; \quad \mu'_{(2)} = \mu'_2 - \mu;$

   $\mu'_{(3)} = \mu'_3 - 3\mu'_2 + 2\mu; \quad \mu'_{(4)} = \mu'_4 - 6\mu'_3 + 11\mu'_2 - 6\mu$

   $W_X(t) = E(t^X)$ – **Faktorielle Momente erzeugende Funktion**[1]

   $\mu'_{(r)} = \left.\frac{d^r W_X(t)}{d\,t^r}\right|_{t=1}$, falls existent

Beziehungen zwischen den Momenten

$$\mu'_r = \sum_{j=0}^{r} \binom{r}{j} \mu^j \, \mu_{r-j}\,; \qquad \mu_r = \sum_{j=0}^{r} \binom{r}{j} (-1)^j \mu^j \mu'_{r-j}$$

$$\mu_r^* = \frac{\mu_r}{\mu_2^{r/2}}\,; \qquad \mu'_{[r]} \begin{cases} = \mu_r & \text{für } r = 2k \\ \geq \mu_r & \text{für } r = 2k+1 \end{cases}$$

Schiefemaß

$$\alpha_3 = \frac{\mu_3}{\mu_2^{3/2}} \begin{cases} < 0 & \text{rechtssteile Verteilung} \\ = 0 & \text{symmetrische Verteilung} \\ > 0 & \text{linkssteile Verteilung} \end{cases}$$

Wölbungsmaß

$$\alpha_4 = \frac{\mu_4}{\mu_2^2} \begin{cases} < 3 & \text{platykurtische Verteilung} \\ = 3 & \text{mesokurtische Verteilung} \\ > 3 & \text{leptokurtische Verteilung} \end{cases}$$

Für die Normalverteilung ist $\alpha_4 = 3$.

---

[1] $W_X(t)$ ist eigentlich die **Wahrscheinlichkeit erzeugende Funktion**, deren Ableitung nach t für $t = 1$ auch die faktoriellen Nullmomente liefert. Die Ableitung der Funktion $E\left[(1+t)^X\right]$ nach t liefert für $t = 0$ ebenfalls die faktoriellen Nullmomente.

3.3 Zwei- und mehrdimensionale Zufallsvariable

Eine **zweidimensionale (reelle) Zufallsvariable** (X, Y) ist eine Funktion, die jedem Elementarereignis $\omega \in \Omega$ **zwei** (reelle) Zahlen so zuordnet, daß für jedes $(x, y) \in \mathbb{R}^2$ die Wahrscheinlichkeit

$$P(X \leq x, Y \leq y) =: F(x, y)$$

definiert ist, vgl. Abb. B3/5. Mit (x, y) – im diskreten Fall mit (x_i, y_i) – werden die **Realisationen** von (X, Y) bezeichnet.

Abb. B3/5: Gebiete im $\mathbb{R}^2$

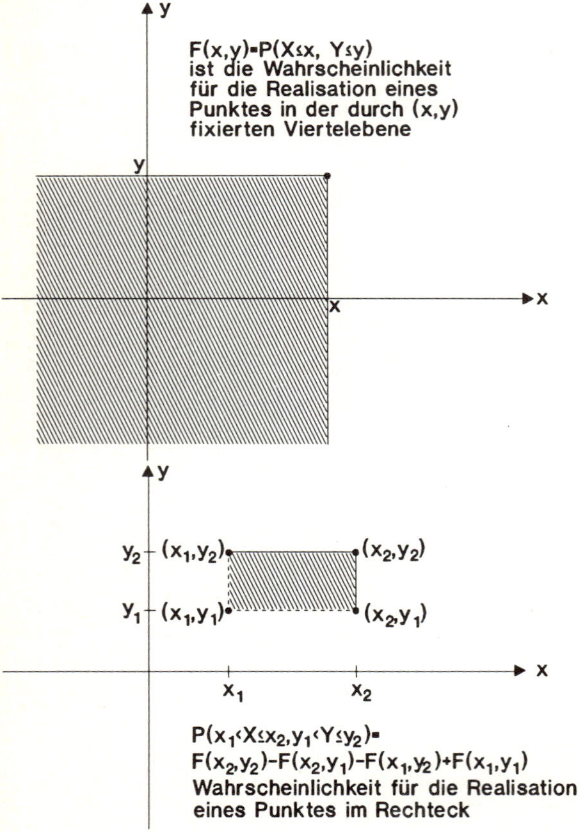

3.3.1 Verteilungskonzepte

Definition: Es heißt

$$F(x,y) := P(X \leq x, Y \leq y); \quad (x,y) \in \mathbb{R}^2$$

zweidimensionale (syn.: gemeinsame) **Verteilungsfunktion** von (X,Y).

Eigenschaften von $F(x,y)$:

1. $0 \leq F(x,y) \leq 1$
2. $F(x,y)$ ist monoton nicht-fallend in beiden Argumenten, d. h.
   $F(x_1,y) \leq F(x_2,y)$ für $x_1 < x_2$,
   $F(x,y_1) \leq F(x,y_2)$ für $y_1 < y_2$.
3. $F(x,y)$ ist in jedem Argument wenigstens rechtsseitig stetig.
4. $P(x_1 < X \leq x_2, \, y_1 < Y \leq y_2) =$
   $= F(x_2,y_2) - F(x_2,y_1) - F(x_1,y_2) + F(x_1,y_1)$
5. $\lim\limits_{x \to -\infty} F(x,y) = \lim\limits_{y \to -\infty} F(x,y) = 0$
   $\lim\limits_{\substack{x \to +\infty \\ y \to +\infty}} F(x,y) = 1$

Definition: Sind X und Y **diskret**, so heißt

$$P(X = x, Y = y) = \begin{cases} P(X = x_i, Y = y_j) =: P_{ij} & \text{für } \begin{cases} x = x_i, \\ y = y_j; \\ i,j = 1,2,\ldots \end{cases} \\ 0 & \text{sonst} \end{cases}$$

zweidimensionale (syn.: gemeinsame) **Wahrscheinlichkeitsfunktion** mit den Eigenschaften:

1. $0 \leq P_{ij} \leq 1$,
2. $\sum\limits_i \sum\limits_j P_{ij} = 1$,
3. $F(x,y) = \sum\limits_{x_i \leq x} \sum\limits_{y_j \leq y} P_{ij}$.

Beziehung zur Verteilungsfunktion:

$P_{ij} = F(x_i, y_j) - F(x_{i-1}, y_j) - F(x_i, y_{j-1}) + F(x_{i-1}, y_{j-1});\ i, j = 1, 2, \ldots$

mit

$F(x_0, y_0) = F(x_0, y_j) = F(x_i, y_0) := 0 \ \ \forall\, i, j$

Definition: Sind X und Y **stetig**, so heißt

$$f(x, y) := \frac{\partial^2 F(x, y)}{\partial x\, \partial y} \quad \text{für} \quad \begin{cases} -\infty < x < +\infty \\ -\infty < y < +\infty \end{cases}$$

zweidimensionale (syn.: gemeinsame) **Dichte** mit den Eigenschaften:

1. $f(x, y) \geq 0$,
2. $\int\limits_{-\infty}^{+\infty} \int\limits_{-\infty}^{+\infty} f(x, y)\, d\,x\, d\,y = 1.$

Beziehung zur Verteilungsfunktion:

$F(x, y) = \int\limits_{-\infty}^{x} \int\limits_{-\infty}^{y} f(u, v)\, d\,v\, d\,u$

Aus den zweidimensionalen Funktionen $F(x, y)$, P_{ij} und $f(x, y)$ lassen sich zwei Typen eindimensionaler Verteilungen gewinnen:

1. **Randverteilungen** durch Integration bzw. Summation über eine der beiden Variablen,
2. **bedingte Verteilungen** durch Konstantsetzung einer der beiden Variablen und Normierung der jeweiligen Funktion.

Randverteilungen

$f_X(x) := \int\limits_{-\infty}^{+\infty} f(x, y)\, d\,y$ – **Randdichte** von X

$P_{i.} := \sum\limits_j P_{ij}$ – **Randwahrscheinlichkeitsfunktion** von X

$f_Y(y) := \int\limits_{-\infty}^{+\infty} f(x, y)\, d\,x$ – Randdichte von Y

$P_{.j} := \sum\limits_i P_{ij}$ – Randwahrscheinlichkeitsfunktion von Y

Randverteilungsfunktion von X

$$F_X(x) \;:=\; F(x,\infty) = P(X \le x) = \begin{cases} \int\limits_{-\infty}^{x} f_X(u)\,d\,u = \int\limits_{-\infty}^{+\infty} F(x,y)\,d\,y \\ \sum\limits_{x_i \le x} P_{i.} = \sum\limits_{j} F(x,y_j) \end{cases}$$

Randverteilungsfunktion von Y

$$F_Y(y) \;:=\; F(\infty,y) = P(Y \le y) = \begin{cases} \int\limits_{-\infty}^{y} f_Y(v)\,d\,v = \int\limits_{-\infty}^{+\infty} F(x,y)\,d\,x \\ \sum\limits_{y_j \le y} P_{.j} = \sum\limits_{i} F(x_i,y) \end{cases}$$

Bedingte Verteilungen

$f(x|y) := \dfrac{f(x,y)}{f_Y(y)}$ – **bedingte Dichte** von X

$P_{i|j} := \dfrac{P_{ij}}{P_{.j}}$ – **bedingte Wahrscheinlichkeitsfunktion** von X

$f(y|x) := \dfrac{f(x,y)}{f_X(x)}$ – bedingte Dichte von Y

$P_{j|i} := \dfrac{P_{ij}}{P_{i.}}$ – bedingte Wahrscheinlichkeitsfunktion von Y

Bedingte Verteilungsfunktion von X

$$F(x|y) \;:=\; P(X \le x \,|\, Y = y) = \begin{cases} \int\limits_{-\infty}^{x} f(u|y)\,d\,u \\ \sum\limits_{x_i \le x} P_{i|j} \quad \text{für } y = y_j \end{cases}$$

Bedingte Verteilungsfunktion von Y

$$F(y|x) \;:=\; P(Y \le y \,|\, X = x) = \begin{cases} \int\limits_{-\infty}^{y} f(v|x)\,d\,v \\ \sum\limits_{y_j \le y} P_{j|i} \quad \text{für } x = x_i \end{cases}$$

Die **stochastische Unabhängigkeit** von X und Y läßt sich auf verschiedene Weise äquivalent definieren:

$$\text{1.}\quad \left.\begin{aligned} F(x,y) &= F(x,\infty)\,F(\infty,y) \\ &= F_X(x)\,F_Y(y) \end{aligned}\right\}\ \forall\,(x,y)\in\mathbb{R}^2$$

$$\begin{array}{llll} \text{2.} & f(x,y) = f_X(x)\,f_Y(y) & \forall\,(x,y) \\ & P_{ij} = P_{i.}\,P_{.j} & \forall\,(i,j) \\ 3a. & f(x|y) = f_X(x) & \forall\,(x,y) \\ & P_{i|j} = P_{i.} & \forall\,(i,j) \\ 3b. & f(y|x) = f_Y(y) & \forall\,(x,y) \\ & P_{j|i} = P_{.j} & \forall\,(i,j) \end{array}$$

3.3.2 Parameterkonzepte

Aus den gemeinsamen Verteilungen lassen sich Produktmomente berechnen, nämlich:

1. **Produktmomente um Null** (der Ordnung $r+s$ mit $r,s\in\mathbb{N}_0$)

$$\mu'_{r,s} := E(X^r\,Y^s) = \begin{cases} \int\limits_{-\infty}^{+\infty}\int\limits_{-\infty}^{+\infty} x^r\,y^s\,f(x,y)\,d\,x\,d\,y \\ \sum\limits_i\sum\limits_j x_i^r\,y_j^s\,P_{ij} \end{cases}$$

$$\mu'_{0,0} = 1$$

$\mu'_{1,0} = E(X) =: \mu_X$ – unbedingter Erwartungswert von X

$\mu'_{0,1} = E(Y) =: \mu_Y$ – unbedingter Erwartungswert von Y

2. **Zentrale Produktmomente** (der Ordnung $r+s$ mit $r,s\in\mathbb{N}_0$)

$$\mu_{r,s} := E\Big[(X-\mu_X)^r(Y-\mu_Y)^s\Big] = \begin{cases} \int\limits_{-\infty}^{+\infty}\int\limits_{-\infty}^{+\infty}(x-\mu_X)^r\,(y-\mu_Y)^s\,f(x,y)\,dx\,dy \\ \sum\limits_i\sum\limits_j(x_i-\mu_X)^r(y_j-\mu_Y)^s\,P_{ij} \end{cases}$$

$$\mu_{0,0} = 1;\quad \mu_{1,0}=\mu_{0,1}=0$$

$$\left.\begin{aligned}\mu_{2,0} &=: V(X) =: \sigma_X^2 \\ &= \mu'_{2,0}-\mu_X^2\end{aligned}\right\}\ \text{unbedingte Varianz von } X$$

$$\left.\begin{aligned}\mu_{0,2} &=: V(Y) =: \sigma_Y^2 \\ &= \mu'_{0,2} - \mu_Y^2\end{aligned}\right\} \text{unbedingte Varianz von } Y$$

$$\left.\begin{aligned}\mu_{1,1} &=: Cov(X,Y) =: \sigma_{X,Y} \\ &= \mu'_{11} - \mu_X \mu_Y\end{aligned}\right\} \textbf{Kovarianz} \text{ von } X \text{ und } Y$$

$$\rho := \frac{Cov(X,Y)}{\sigma_X\, \sigma_Y} \left\{\begin{array}{l}\textbf{Korrelationskoeffizient} \text{ von } X \text{ und } Y \\ -1 \le \rho \le 1\end{array}\right.$$

3. Sätze über Produktmomente

   1. Sind X und Y stochastisch unabhängig, so gilt

   $$E(X\,Y) = E(X)\,E(Y).$$

   Die Umkehrung dieses Satzes gilt i. d. R. nicht.

   2. Wenn $E(X\,Y) = E(X)\,E(Y)$, dann ist $\rho = 0$.

   3. $E(a\,X \pm b\,Y \pm c) = a\,E(X) \pm b\,E(Y) \pm c$

   4. $V(a\,X \pm b\,Y \pm c) = a^2\,V(X) + b^2\,V(Y) \pm 2\,a\,b\,Cov(X,Y)$

   5a. $Cov(a\,X + b, c\,Y + d) = a\,c\,Cov(X,Y)$

   5b. $\rho(a\,X + b, c\,Y + d) = \rho(X,Y)$

   6. $Cov(\text{Konstante}, X) = \rho(\text{Konstante}, X) = 0$

   7a. $Cov\left[a\,X, \sum_{i=1}^{n}(b_i + c_i\,Y_i)\right] = a \sum_{i=1}^{n} c_i\,Cov(X,Y_i)$

   7b. $$\rho\left[a\,X, \sum_{i=1}^{n}(b_i + c_i\,Y_i)\right] = \frac{Cov\left[a\,X, \sum_{i=1}^{n}(b_i + c_i\,Y_i)\right]}{a\sqrt{V(X)}\sqrt{\sum_{i=1}^{n}\sum_{j=1}^{n} c_i\,c_j\,Cov(Y_i,Y_j)}}$$

   mit $Cov(Y_i,Y_i) =: V(Y_i)$

Die in B3.2.2 eingeführten Momente lassen sich auf die bedingten und die Randverteilungen übertragen. Für die Randverteilungen erhält man die sog. **unbedingten Momente**. Es gilt z. B.

1. $$\mu_X := E(X) = \left\{\begin{array}{l}\int\limits_{-\infty}^{+\infty} x\,f_X(x)\,dx = \int\limits_{-\infty}^{+\infty}\int\limits_{-\infty}^{+\infty} x\,f(x,y)\,dx\,dy \\ \sum\limits_i x_i\,P_{i.} = \sum\limits_i\sum\limits_j x_i\,P_{ij}\end{array}\right.$$

$$2.\ \mu_Y := E(Y) = \begin{cases} \int\limits_{-\infty}^{+\infty} y\, f_Y(y)\, dy = \int\limits_{-\infty}^{+\infty}\int\limits_{-\infty}^{+\infty} y\, f(x,y)\, dx\, dy \\ \sum\limits_j y_j\, P_{.j} = \sum\limits_i \sum\limits_j y_j\, P_{ij} \end{cases}$$

$$3.\ \sigma_X^2 := V(X) = \begin{cases} \int\limits_{-\infty}^{+\infty} x^2\, f_X(x)\, dx - \mu_X^2 \\ \sum\limits_i x_i^2\, P_{i.} - \mu_X^2 \end{cases}$$

$$4.\ \sigma_Y^2 := V(Y) = \begin{cases} \int\limits_{-\infty}^{+\infty} y^2\, f_Y(y)\, dy - \mu_Y^2 \\ \sum\limits_j y_j^2\, P_{.j} - \mu_Y^2 \end{cases}$$

Aus den bedingten Verteilungen ergeben sich die **bedingten** Momente. Es gilt z. B.:

$$1.\ \mu_{X|y} := E(X\,|\,Y = y) \quad = \begin{cases} \int\limits_{-\infty}^{+\infty} x\, f(x|y)\, dx \\ \sum\limits_i x_i\, P_{i|j} \end{cases}$$

$$2.\ \mu_{Y|x} := E(Y\,|\,X = x) \quad = \begin{cases} \int\limits_{-\infty}^{+\infty} y\, f(y|x)\, dy \\ \sum\limits_j y_j\, P_{j|i} \end{cases}$$

$$3.\ \sigma_{X|y}^2 := V(X\,|\,Y = y) \quad = \begin{cases} \int\limits_{-\infty}^{+\infty} x^2\, f(x|y)\, dx - \mu_{X|y}^2 \\ \sum\limits_i x_i^2\, P_{i|j} - \mu_{X|y}^2 \end{cases}$$

$$4.\ \sigma_{Y|x}^2 := V(Y\,|\,X = x) \quad = \begin{cases} \int\limits_{-\infty}^{+\infty} y^2\, f(y|x)\, dy - \mu_{Y|x}^2 \\ \sum\limits_j y_j^2\, P_{j|i} - \mu_{Y|x}^2 \end{cases}$$

Zwischen den bedingten und unbedingten Parametern bestehen u. a. folgende Beziehungen:

$$\mu_X = E_Y(\mu_{X|Y}) = \begin{cases} \int\limits_{-\infty}^{+\infty} \mu_{X|y}\, f_Y(y)\, dy \\ \sum\limits_j \mu_{X|y_j}\, P_{.j} \end{cases}$$

Der unbedingte Erwartungswert von X ist der bzgl. Y gebildete Erwartungswert der bedingten Erwartungswerte von X (analog für Y).

$$\sigma_X^2 = \sigma_w^2(X) + \sigma_b^2(X) \quad \textbf{einfache Varianzanalyse}$$

$$\sigma_w^2(X) := E_Y(\sigma_{X|y}^2) = \begin{cases} \int\limits_{-\infty}^{+\infty} \sigma_{X|y}^2 \, f_Y(y) \, dy \\ \sum\limits_j \sigma_{X|y_j}^2 \, P_{\bullet j} \end{cases}$$

Es heißt $\sigma_w^2(X)$ die **interne Varianz** von X (= Erwartungswert der bedingten Varianzen von X).

$$\sigma_b^2(X) := \begin{cases} \int\limits_{-\infty}^{+\infty} (\mu_{X|y} - \mu_X)^2 \, f_Y(y) \, dy \\ \sum\limits_j (\mu_{X|y_j} - \mu_X)^2 \, P_{\bullet j} \end{cases}$$

Es heißt $\sigma_b^2(X)$ die **externe Varianz** von X (= Varianz der bedingten Erwartungswerte von X).

Sonderfälle

1. $\sigma_X^2 = \sigma_w^2(X)$, wenn $\mu_{X|y} =$ konstant

   In diesem Fall heißt X von Y im Mittel (= Erwartungswert) unabhängig.

2. $\sigma_X^2 = \sigma_b^2(X)$, wenn $\sigma_{X|y}^2 = 0 \; \forall \; y$

   Dann ist jede bedingte Verteilung von X eine Ein-Punkt-Verteilung.

3. $\sigma_{X|y}^2 =$ constant $\neq 0$

   In diesem Fall heißt X von Y unabhängig in der Varianz.

4. Aus stochastischer Unabhängigkeit von X und Y folgen sowohl die Unabhängigkeit im Erwartungswert als auch in der Varianz. Die Umkehrung gilt grundsätzlich nicht.

Eine m-**dimensionale** (reelle) **Zufallsvariable** $(X_1, X_2, \ldots, X_m)$ ist eine Funktion, die jedem $\omega \in \Omega$ eindeutig m reelle Zahlen so zuordnet, daß für jeden m-elementigen Vektor $\mathbf{x} \in \mathbb{R}^m$ die Wahrscheinlichkeit

$$P(X_1 \leq x_1, X_2 \leq x_2, \ldots, X_m \leq x_m) =: F(x_1, x_2, \ldots, x_m)$$

definiert ist. Randverteilungen und bedingte Verteilungen mit den zugehörigen Parametern lassen sich auf analoge Weise wie im zweidimensionalen Fall bilden; allerdings gibt es eine größere Vielfalt, da diese Verteilungen $(m-1)$-, $(m-2)$-, $\ldots$, eindimensional sein können.

3.4 Lineare Verteilungen

Lineare Verteilungen sind solche, deren **Dichte linear** oder stückweise linear verläuft.

3.4.1 Gleich- oder Rechtecksverteilung – *Re(a;b)*

Definition: X heißt in $[a; a+b]$ stetig gleich- oder rechtecksverteilt, wenn die Dichte gegeben ist durch

$$f(x) = \begin{cases} \frac{1}{b} & \text{für} \quad a \le x \le a+b;\ a \in \mathbb{R},\ b > 0 \\ 0 & \text{sonst.} \end{cases}$$

Kurzschreibweise: $X \sim Re(a; b)$
gelesen: X ist mit Parametern a und b rechtecksverteilt.

Alternative Schreibweisen (syn.: Parametrisierungen)

1. $$f(x) = \begin{cases} \frac{1}{b^* - a} & \text{für} \quad a \le x \le b^* \\ 0 & \text{sonst} \end{cases}$$

   mit $b^* = a + b$

2. $$f(x) = \begin{cases} \frac{1}{2\,\Delta} & \text{für} \quad a^* - \Delta \le x \le a^* + \Delta \\ 0 & \text{sonst} \end{cases}$$

   mit $a^* = a + \frac{b}{2}$ und $\Delta = \frac{b}{2}$

$$F(x) = \begin{cases} 0 & \text{für} \quad x < a \\ \frac{x-a}{b} & \text{für} \quad a \le x \le a+b \\ 1 & \text{für} \quad x > a+b \end{cases}$$

$F^{-1}(P) = x_P = a + b\,P;\ 0 \le P \le 1$

$x_{0,5} = a + \frac{b}{2}$

$N(t) = \exp(a\,t) \cdot [\exp(b\,t) - 1] / (b\,t);\ t \neq 0$

$$\mu'_r = \sum_{i=0}^{r} \binom{r}{i} \frac{a^i b^{r-i}}{1 + r - i}$$

$$\mu'_1 =: \mu = a + \frac{b}{2}$$

$$\mu'_2 = a^2 + a\,b + \frac{b^2}{3}$$

$$\mu'_3 = a^3 + 3\,a^2\,b/2 + a\,b^2 + b^3/4$$

$$\mu'_4 = a^4 + 2\,a^3\,b + 2\,a^2\,b^2 + a\,b^3 + b^4/5$$

$$\mu_r = \left\{ \begin{array}{ccc} \dfrac{b^r}{2^r(r+1)} & \text{für} & r = 2\,k \\ 0 & \text{für} & r = 2\,k+1 \end{array} \right\} k = 1, 2, \ldots$$

$$\mu_2 =: \sigma^2 = \frac{b^2}{12}$$

$$\mu_4 = \frac{b^4}{80}$$

x_d nicht definiert

$\alpha_3 = 0$

$\alpha_4 = 1,8$

Abb. B3/6: Einige Rechtecksverteilungen
oben: Dichte; unten: Verteilungsfunktion

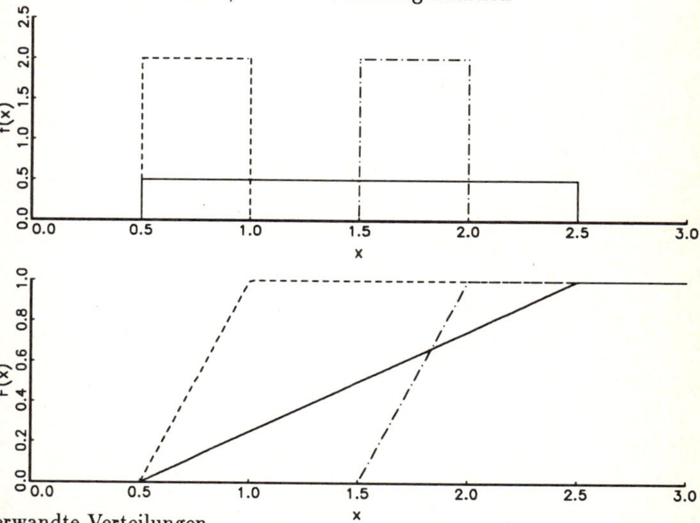

Verwandte Verteilungen

1. $Re(0;1) = Bt(1;1)$ – Beta-Verteilung
2. $Re(a;b) = Pt(a;b;c)$ – Potenz-Verteilung

3.4.2 Dreiecksverteilungen

Der Graph der Dichte einer Dreiecksverteilung ist ein Dreieck, wobei man folgende Sonderfälle unterscheidet (vgl. Abb. B3/7 und B3/8):

- linkssteile,
- rechtssteile,
- symmetrische,
- asymmetrische Dreiecksverteilung.

3.4.2.1 Linkssteile Dreiecksverteilung – *Ld(a;b)*

$$f(x) = \begin{cases} \dfrac{2\,(a+b-x)}{b^2} & \text{für} \quad a \le x \le a+b;\ a \in \mathbb{R},\ b > 0 \\ 0 & \text{sonst} \end{cases}$$

$$F(x) = \begin{cases} 0 & \text{für} \quad x < a \\ 1 - \dfrac{(a+b-x)^2}{b^2} & \text{für} \quad a \le x \le a+b \\ 1 & \text{für} \quad x > a+b \end{cases}$$

Kurzschreibweise: $X \sim Ld(a;b)$

$$F^{-1}(P) = x_P = a + b - b\sqrt{1-P}\,; \quad 0 \le P \le 1$$

$$x_{0,5} \approx a + 0,2929\,b$$

$$\mu'_r = \sum_{i=0}^{r} \binom{r}{i} \frac{2}{(r-i+1)(r-i+2)}\, b^{r-i}\, a^i$$

$$\mu'_1 =: \mu = a + \frac{b}{3}$$

$$\mu_2 =: \sigma^2 = \frac{b^2}{18}$$

$$x_d = a$$

$$\alpha_3 \approx 0,5657$$

$$\alpha_4 = 2,4$$

Verwandte Verteilung

$Ld(0;1) = Bt(1;2)$ – Beta-Verteilung

Abb. B3/7: Links- und rechtssteile Dreiecksverteilung
links: linkssteil; rechts: rechtssteil
oben: Dichte; unten: Verteilungsfunktion

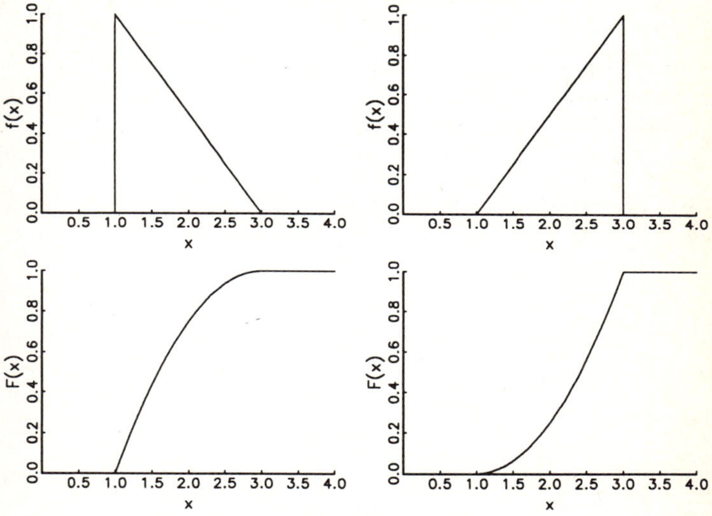

3.4.2.2 Rechtssteile Dreiecksverteilung – *Rd(a;b)*

$$f(x) = \begin{cases} \dfrac{2\,(x-a)}{b^2} & \text{für} \quad a \le x \le a+b;\ a \in \mathbb{R},\ b > 0 \\ 0 & \text{sonst} \end{cases}$$

$$F(x) = \begin{cases} 0 & \text{für} \quad x < a \\ \dfrac{(x-a)^2}{b^2} & \text{für} \quad a \le x \le a+b \\ 1 & \text{für} \quad x > a+b \end{cases}$$

Kurzschreibweise: $X \sim Rd(a;b)$

$F^{-1}(P) = x_P = a + b\sqrt{P};\ 0 \le P \le 1$

$x_{0,5} \approx a + 0,7071\,b$

$$\mu'_r = \sum_{i=0}^{r} \binom{r}{i} \frac{2}{r-i+2}\, b^{r-i}\, a^i$$

$$\mu'_1 =: \mu = a + \frac{2}{3}\,b$$

$$\mu_2 =: \sigma^2 = b^2 \,/\, 18$$

$x_d = a + b$

$\alpha_3 \approx -0,5657$

$\alpha_4 = 2,4$

Verwandte Verteilungen

1. $Rd(0;1) = Bt(2;1)$ – Beta-Verteilung
2. $Rd(a;b) = Pt(a;b;2)$ – Potenz-Verteilung

3.4.2.3 Symmetrische Dreiecksverteilung – *Sd(a;b)*

$$f(x) = \left\{ \begin{array}{lll} \dfrac{4\,(x-a)}{b^2} & \text{für} & a \leq x \leq a + \dfrac{b}{2} \\ \dfrac{4\,(a+b-x)}{b^2} & \text{für} & a + \dfrac{b}{2} \leq x \leq a + b \\ 0 & \text{sonst} & \end{array} \right\} a \in \mathbb{R},\ b > 0$$

$$F(x) = \begin{cases} 0 & \text{für} \quad x < a \\ \dfrac{2\,(x-a)^2}{b^2} & \text{für} \quad a \leq x \leq a + \dfrac{b}{2} \\ 1 - \dfrac{2\,(a+b-x)^2}{b^2} & \text{für} \quad a + \dfrac{b}{2} \leq x \leq a + b \\ 1 & \text{für} \quad x > a + b \end{cases}$$

Kurzschreibweise: $X \sim Sd(a;b)$

$$F^{-1}(P) = x_P = \begin{cases} a + b\sqrt{P/2} & \text{für} \quad 0 \leq P \leq 0,5 \\ a + b\left(1 - \sqrt{\dfrac{1-P}{2}}\right) & \text{für} \quad 0,5 \leq P \leq 1 \end{cases}$$

$x_{0,5} = x_d = \mu = a + \dfrac{b}{2}$

$\sigma^2 = \dfrac{b^2}{24}$

$\alpha_3 = 0$

$\alpha_4 = 2,4$

Abb. B3/8: Symmetrische und asymmetrische Dreiecksverteilung
links: symmetrisch; rechts: asymmetrisch
oben: Dichte; unten: Verteilungsfunktion

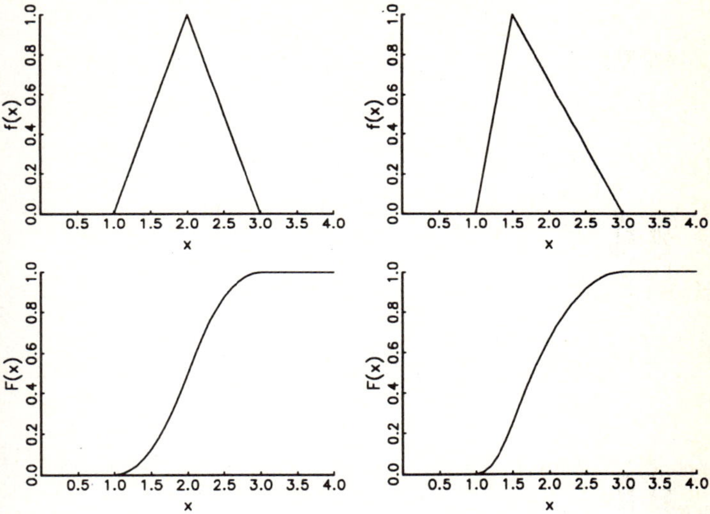

3.4.2.4 Asymmetrische Dreiecksverteilung – *Ad(a;b;c)*

$$f(x) = \begin{cases} \dfrac{2\,(x-a)}{c\,b^2} & \text{für} \quad a \le x \le a + c\,b \\[2ex] \dfrac{2\,(a+b-x)}{(1-c)\,b^2} & \text{für} \quad a + c\,b \le x \le a + b \\[2ex] 0 & \text{sonst} \end{cases} \quad \begin{matrix} a \in \mathbb{R} \\[2ex] b > 0 \\[2ex] 0 < c < 1 \end{matrix}$$

$$F(x) = \begin{cases} 0 & \text{für} \quad x < a \\[2ex] \dfrac{(x-a)^2}{c\,b^2} & \text{für} \quad a \le x \le a + c\,b \\[2ex] 1 - \dfrac{(a+b-x)^2}{(1-c)\,b^2} & \text{für} \quad a + c\,b \le x < a + b \\[2ex] 1 & \text{für} \quad x > a + b \end{cases}$$

Kurzschreibweise: $X \sim Ad(a;b;c)$

$$F^{-1}(P) = x_P = \begin{cases} a + b\sqrt{c\,P} & \text{für} \quad 0 \leq P \leq c \\ a + b\left(1 - \sqrt{(1-c)(1-P)}\right) & \text{für} \quad c \leq P \leq 1 \end{cases}$$

$$\mu = a + \frac{b\,(1+c)}{3}$$

$$\sigma^2 = \frac{b^2\,(1-c+c^2)}{18}$$

$$x_d = a + c\,b$$

$$\alpha_3 = \frac{2 - 3\,c - 3\,c^2 + 2\,c^3}{5\,(1-c+c^2)}\sqrt{\frac{2}{1-c+c^2}}$$

$$\alpha_4 = 2,4$$

Verwandte Verteilungen

Es ergibt sich für:

1. $c \to 0$ – die linkssteile,
2. $c = 0,5$ – die symmetrische,
3. $c \to 1$ – die rechtssteile Dreiecksverteilung.

3.4.3 Trapezverteilung – *Tr(a;b;c;d)*

$$f(x) = \left\{ \begin{array}{lll} \dfrac{2\,(x-a)}{b^2\,c\,(1+d-c)} & \text{für} & a \leq x \leq a + c\,b \\ \dfrac{2}{b\,(1+d-c)} & \text{für} & a + c\,b \leq x \leq a + d\,b \\ \dfrac{2\,(a+b-x)}{b^2\,(1-d)(1+d-c)} & \text{für} & a + d\,b \leq x \leq a + b \\ 0 & \text{sonst} & \end{array} \right\} \begin{array}{l} a \in \mathbb{R} \\ b > 0 \\ 0 < c < d < 1 \end{array}$$

$$F(x) = \begin{cases} 0 & \text{für} \quad x < a \\ \dfrac{(x-a)^2}{b^2\,c\,(1+d-c)} & \text{für} \quad a \le x \le a + c\,b \\ \dfrac{2\,(x-a) - c\,b}{b\,(1+d-c)} & \text{für} \quad a + c\,b \le x \le a + d\,b \\ 1 - \dfrac{(a+b-x)^2}{b^2\,(1-d)(1+d-c)} & \text{für} \quad a + d\,b \le x \le a + b \\ 1 & \text{für} \quad x > a + b \end{cases}$$

Kurzschreibweise: $X \sim Tr(a; b; c; d)$

$$F^{-1}(P) = x_P = \begin{cases} a + b\sqrt{P\,c\,(1+d-c)} \quad \text{für} \quad 0 \le P \le \dfrac{c}{1+d-c} \\ a + \dfrac{b\,[c + P\,(1+d-c)]}{2} \quad \text{für} \quad \dfrac{c}{1+d-c} \le P \le \dfrac{2\,d-c}{1+d-c} \\ a + b - b\sqrt{(1-P)(1-d)(1+d-c)} \\ \quad \text{für} \quad \dfrac{2\,d-c}{1+d-c} \le P \le 1 \end{cases}$$

$$\mu = \frac{c\,\left[(a+b)^3 - (a+d\,b)^3\right] - (1-d)\left[(a+c\,b)^3 - a^3\right]}{3\,b^2\,c\,(1-d)(1+d-c)}$$

$$\sigma^2 = \frac{c\,\left[(a+b)^4 - (a+d\,b)^4\right] - (1-d)\left[(a+c\,b)^4 - a^4\right]}{6\,b^2\,c\,(1-d)(1+d-c)} - \mu^2$$

Verwandte Verteilungen

Die Dreiecksverteilungen und die Rechtecksverteilung ergeben sich als Spezialfälle der Trapezverteilung:

1. $c \to 0;\ d \to 1$ – Rechtecksverteilung,
2. $c \to 0;\ d \to 0$ – linkssteile Dreiecksverteilung,
3. $c \to 1;\ d \to 1$ – rechtssteile Dreiecksverteilung,
4. $c \to 0,5;\ d \to 0,5$ – symmetrische Dreiecksverteilung,
5. $c \to d \neq 0,5$ – asymmetrische Dreiecksverteilung.

Abb. B3/9: Trapezverteilung und symmetrische V-Verteilung
links: Trapez; rechts: V; oben: Dichte; unten: Verteilungsfunktion

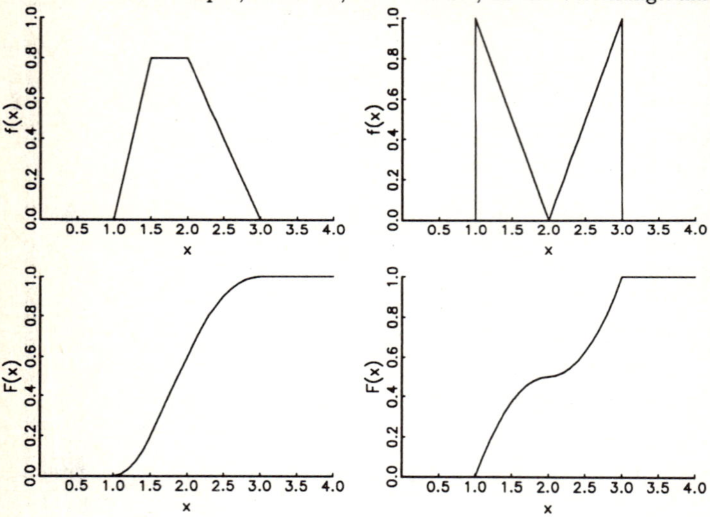

3.4.4 Symmetrische V-Verteilung – *Sv(a;b)*

$$f(x) = \begin{cases} \dfrac{2\,(2\,a+b-2\,x)}{b^2} & \text{für} \quad a \le x \le a+\dfrac{b}{2} \\ \dfrac{2\,(2\,x-2\,a-b)}{b^2} & \text{für} \quad a+\dfrac{b}{2} \le x \le a+b \\ 0 & \text{sonst} \end{cases} \quad \begin{matrix} a \in \mathbb{R} \\ b > 0 \end{matrix}$$

$$F(x) = \begin{cases} 0 & \text{für} \quad x < a \\ \dfrac{2\,(x-a)(a+b-x)}{b^2} & \text{für} \quad a \le x \le a+\dfrac{b}{2} \\ 0,5 + \dfrac{(2\,x-2\,a-b)^2}{2\,b^2} & \text{für} \quad a+\dfrac{b}{2} \le x \le a+b \\ 1 & \text{für} \quad x > a+b \end{cases}$$

Kurzschreibweise: $X \sim Sv(a;b)$

$$F^{-1}(P) = x_P = \begin{cases} a+0,5\,b\,\left(1-\sqrt{1-2\,P}\right) & \text{für} \quad 0 \le P \le 0,5 \\ a+0,5\,b\,\left(1+\sqrt{2\,P-1}\right) & \text{für} \quad 0,5 \le P \le 1 \end{cases}$$

$x_{0,5} = \mu = a + b\,/\,2$; x_d nicht definiert; $\sigma^2 = b^2\,/\,8$

3.5 Verteilungen im Urnenmodell

Das Urnenmodell oder Urnenschema ist ein geeignetes Hilfsmittel zur Erklärung einer Vielzahl ein- und mehrdimensionaler diskreter Verteilungen.

3.5.1 Das Urnenmodell

Eine Urne (= Gefäß) enthält N gleich große und schwere Kugeln, die sich nur durch ihre Farbe oder Markierung (Beschriftung) unterscheiden. Es soll mindestens zwei Arten (Sorten, Kategorien) von Kugeln geben. Der gut gemischten Urne werden zufällig (ohne Hinsehen) Kugeln entnommen. Je nach

- Art der Urnenzusammensetzung, gemessen an der Anzahl m ($m \geq 2$) der Arten von Kugeln, in Verbindung mit
- der Art der Kugelentnahme und in weiterer Verbindung mit
- dem Abbruchkriterium für die Kugelentnahme

gelangt man zu verschiedenen Zufallsvariablen und zugehöriger Verteilung.

Die **Urnenzusammensetzung** bestimmt die Dimension der Zufallsvariablen:

- $m = 2 \;\Rightarrow$ eindimensionale Zufallsvariable
- $m > 2 \;\Rightarrow$ $(m-1)$-dimensionale Zufallsvariable

<u>Fall $m = 2$</u>

M	–	**Anzahl** der roten Kugeln in der Urne (**Rot** steht für eine bestimmte interessierende Eigenschaft, auch **Erfolg** genannt.)
$N - M$	–	Anzahl der nicht–roten Kugeln in der Urne (**Nicht–rot** steht für die komplementäre Eigenschaft, **Mißerfolg** genannt.)
$P := \frac{M}{N}$	–	**Anteil** der roten Kugeln in der Urne
$Q := 1 - P = \frac{N-M}{N}$	–	Anteil der nicht–roten Kugeln in der Urne

<u>Fall $m > 2$</u>

M_i	–	Anzahl der Kugeln in der Urne mit der Farbe i $(i = 1, 2, \ldots, m)$
$P_i := \frac{M_i}{N}$	–	Anteil der Kugeln mit der Farbe i; $\sum_i P_i = 1$

Die **Art der Kugelentnahme** bestimmt, ob und in welcher Form die Stichprobenzüge abhängig sind:

- **Ziehen mit Zurücklegen** $\Rightarrow$ Unabhängigkeit
- **Ziehen ohne Zurücklegen** $\Rightarrow$ Abhängigkeit
- **Ziehen mit Zurücklegen** der gezogenen Kugel **und weiterer** S **Kugeln** der gerade gezogenen Art (S ganze Zahl) $\Rightarrow$ PÓLYA–Schema ($S = 0 \rightarrow$ Ziehen mit Zurücklegen, $S = -1 \rightarrow$ Ziehen ohne Zurücklegen)

Das **Abbruchkriterium** besagt, ob man

- nach einer festen Zahl n ($n \geq 1$) von Kugeln aufhört (Dann ist die Zufallsvariable die auf jede Kategorie entfallende Anzahl Kugeln in der Stichprobe. Man interessiert sich für die Zusammensetzung der Stichprobe.) oder
- nach Erreichung einer festgelegten Anzahl c von Kugeln einer bestimmten Kategorie die Ziehung beendet. (Dann ist der Stichprobenumfang die interessierende Zufallsvariable.)

3.5.2 BERNOULLI–Verteilung[2] – *Be(P)*

Urnenschema: Ziehen einer Stichprobe von $n = 1$ Kugel aus einer dichotomen Urne ($m = 2$ Kategorien)

$$X = \begin{cases} 1 & \text{gezogene Kugel rot (= Erfolg)} \\ 0 & \text{gezogene Kugel nicht-rot (= Mißerfolg)} \end{cases}$$

Die Verteilung heißt auch **Null-Eins-Verteilung**.

$$P(X = k) = \left\{ \begin{array}{lll} P & \text{für} & k = 1 \\ 1 - P =: Q & \text{für} & k = 0 \\ 0 & \text{sonst} & \end{array} \right\} 0 < P < 1$$

$$F(x) = \begin{cases} 0 & \text{für} \quad x < 0 \\ 1 - P & \text{für} \quad 0 \leq x < 1 \\ 1 & \text{für} \quad x \geq 1 \end{cases}$$

Kurzschreibweise: $X \sim Be(P)$

$$F^{-1}(P^*) = \begin{cases} 0 & \text{für} \quad 0 < P^* \leq 1 - P \\ 1 & \text{für} \quad 1 - P < P^* \leq 1 \end{cases}$$

[2] JACOB BERNOULLI, 1654 – 1705

$N_X(t) = Pe^t + Q$

$Z_X(t) = Pe^{tQ} + Qe^{-tP}$

$W_X(t) = Pt$

$\mu_r' = P;\ r = 1, 2, \ldots$

$\mu_1' = \mu = P$

$$\mu_r = \sum_{i=0}^{r-1} \binom{r}{i} (-1)^i P^{i+1} + (-P)^r$$

$\mu_2 = \sigma^2 = PQ$

$\mu_3 = PQ(1 - 2P)$

$\mu_4 = PQ(1 - 3PQ)$

$\mu_{(r)}' = 0$ für $r \geq 2$

$$x_d = \begin{cases} 0 & \text{für} \quad P < 0{,}5 \\ 1 & \text{für} \quad P > 0{,}5 \end{cases}$$

$$\alpha_3 = \frac{1 - 2P}{\sqrt{PQ}}$$

$$\alpha_4 = \frac{1 - 3PQ}{PQ}$$

Verwandte Verteilungen

1. $Be(P) = Bi(1; P)$ – Binomialverteilung mit $n = 1$
2. $Be(P) = Hy(1; N; NP)$ – Hypergeometrische Verteilung mit $n = 1$
3. $Be(0,5) = Gl(0; 1; 1)$ – Diskrete Gleichverteilung

3.5.3 Binomial- und negative Binomialverteilung

Urnenschema: Ziehen **mit** Zurücklegen aus einer dichotomen Urne

- von $n \geq 1$ Kugeln ($\Rightarrow$ Binomialverteilung),
- bis zur Realisierung der c-ten roten Kugel, $c \geq 1$ ($\Rightarrow$ negative Binomialverteilung).

3.5.3.1 Binomialverteilung – *Bi(n;P)*

$$P(X = k) = \begin{cases} \binom{n}{k} P^k Q^{n-k} & \text{für} \quad k = 0, 1, 2, \ldots, n \\ 0 & \text{sonst} \end{cases} \quad \begin{matrix} 0 < P < 1 \\ Q := 1 - P \\ n \in \mathbb{N} \end{matrix}$$

Kurzschreibweise: $X \sim Bi(n; P)$

$$P(X = k+1) = \frac{n-k}{k+1} \frac{P}{Q} P(X = k) \qquad \text{– aufsteigende Rekursion}$$

$$P(X = k-1) = \frac{k}{n-k+1} \frac{Q}{P} P(X = k) \quad \text{– absteigende Rekursion}$$

$$N_X(t) = (Pe^t + Q)^n$$

$$Z_X(t) = \left\{e^{-tP}(Pe^t + Q)\right\}^n$$

$$W_X(t) = (Pt + Q)^n$$

$$\mu_r' = \sum_{i=0}^{r} \binom{n}{i} P^i \left\{ \sum_{j=0}^{i} \binom{i}{j} (-1)^j (i-j)^r \right\}$$

$$\mu_1' = \mu = nP$$

$$\mu_2' = nP + n(n-1)P^2$$

$$\mu_2 = \sigma^2 = nPQ$$

$$\mu_3 = nPQ(Q-P)$$

$$\mu_4 = 3\,(nPQ)^2 + nPQ(1 - 6\,PQ)$$

$$\mu_{(r)}' = n^{(r)} P^r; \quad r = 0, 1, \ldots$$

$$(n+1)P - 1 \le x_d \le (n+1)P$$

$$\alpha_3 = \frac{Q-P}{\sqrt{nPQ}}; \quad \lim_{n\to\infty} \alpha_3 = 0$$

$$\alpha_4 = 3 + \frac{1 - 6\,PQ}{nPQ}; \quad \lim_{n\to\infty} \alpha_4 = 3$$

Eigenschaften

1. Anteil Y der roten Kugeln in der Stichprobe
   $Y := \dfrac{X}{n} \sim Bi(n; P)$ mit $E(Y) = P$ und $V(Y) = \dfrac{PQ}{n}$.
2. $X_i \sim Bi(n_i; P)$ für $i = 1, 2, \ldots, m$ und unabhängig
   $\Rightarrow X = \sum_{i=1}^{m} X_i \sim Bi(n; P)$ mit $n = \sum_{i=1}^{m} n_i$
   Die Binomialverteilung ist **reproduktiv** unter der Summenbildung.
3. **Symmetrie**: $X \sim Bi(n; P) \Rightarrow Y := n - X \sim Bi(n; 1-P)$
   $P(X = k|n; P) = P(Y = n-k|n; 1-P)$
   $F(k|n; P) = 1 - F(n-k-1|n; 1-P)$

Abb. B3/10a: Binomialverteilungen – Effekt von P

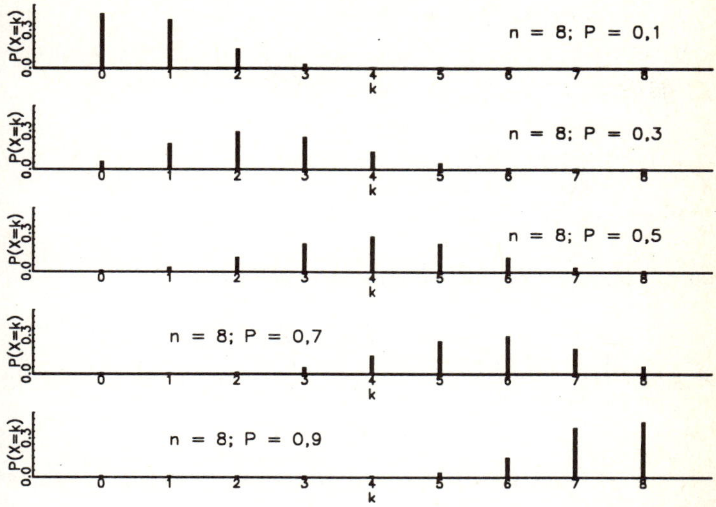

Abb. B3/10b: Binomialverteilungen – Effekt von n

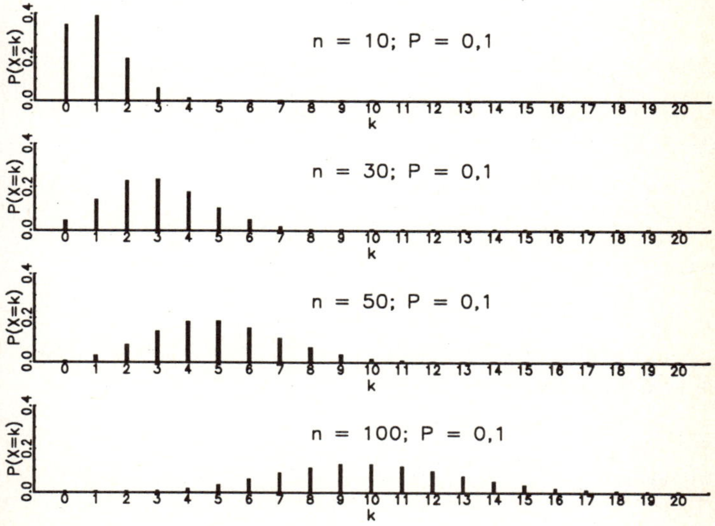

Verwandte Verteilungen

1. $Bi(1; P) = Be(P)$ – BERNOULLI-Verteilung
2. $X_i \sim Be(P)$ für $i = 1, 2, \ldots, n$ und unabhängig $\Rightarrow X = \sum_{i=1}^{n} X_i \sim Bi(n; P)$
3. Negative Binomialverteilung vgl. B3.5.3.2
4. Hypergeometrische Verteilung vgl. B3.5.4.1
5. F-Verteilung vgl. B3.7.6
6. Normalverteilung vgl. B3.7.1
7. POISSON-Verteilung vgl. B3.6.2

3.5.3.2 Negative Binomialverteilung – *Nb(c;P)*

$$P(X = k) = \begin{cases} \binom{c+k-1}{k} P^c Q^k & \text{für } k = 0, 1, 2, \ldots \\ \\ 0 & \text{sonst} \end{cases} \quad \begin{matrix} 0 < P < 1 \\ Q := 1 - P \\ c \in \mathbb{N} \end{matrix}$$

Hinweis: X ist die über die vorgegebene Erfolgszahl c zusätzlich zu ziehende Anzahl von Kugeln bis zum Abbruch der Ziehung.

Kurzschreibweise: $X \sim Nb(c; P)$

$$P(X = k+1) = \frac{c+k}{k+1} Q\, P(X = k) \qquad \text{– aufsteigende Rekursion}$$

$$P(X = k-1) = \frac{k}{c+k-1} \frac{1}{Q} P(X = k) \quad \text{– absteigende Rekursion}$$

$$N_X(t) = \left(\frac{P}{1 - Qe^t}\right)^c$$

$$Z_X(t) = e^{-tcQ/P} \left(\frac{P}{1 - Qe^t}\right)^c$$

$$W_X(t) = \left(\frac{P}{1 - Qt}\right)^c$$

$$\mu_1' = \mu = c\,\frac{Q}{P}$$

$$\mu_2' = \left(c\,\frac{Q}{P}\right)^2 + c\,\frac{Q}{P^2}$$

$$\mu_2 = \sigma^2 = c\,\frac{Q}{P^2}$$

$$\mu_3 = c\,\frac{Q}{P^3}(1 + Q)$$

$$\mu_4 = c\,\frac{Q}{P^2}\left(3\,c\,\frac{Q}{P^2} + 6\,\frac{Q}{P^2} + 1\right)$$

$$\mu'_{(r)} = (c + r - 1)^{(r)} \left(\frac{Q}{P}\right)^r$$

$$x_d = \begin{cases} 0 & \text{, falls} \quad (c\,Q - 1)/P < 0 \\ k^* \text{ und } k^* + 1 & \text{, falls} \quad (c\,Q - 1)/P = k^* \geq 0 \\ \left[\dfrac{c\,Q - 1}{P} + 1\right] & \text{, falls} \quad (c\,Q - 1)/P > 0; \quad [\,.\,] - \text{ganzer Teil} \end{cases}$$

$$\alpha_3 = \frac{Q + 1}{\sqrt{c\,Q}} > 0; \quad \lim_{c \to \infty} \alpha_3 = 0$$

$$\alpha_4 = 3 + \frac{P^2 + 6\,Q}{c\,P} > 3; \quad \lim_{c \to \infty} \alpha_4 = 3$$

Abb. B3/11: Negative Binomialverteilungen – Effekt von c

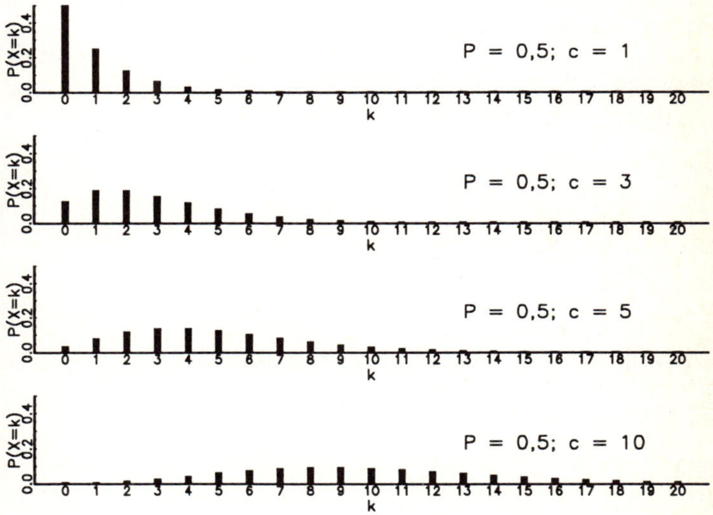

Eigenschaften/Sonderfälle

1. $X_i \sim Nb(c_i; P)$ für $i = 1, 2, \ldots, m$ und unabhängig
   $\Rightarrow X = \sum_{i=1}^{m} X_i \sim Nb(c; P)$ mit $c = \sum_{i=1}^{m} c_i$
   Reproduktivität unter der Summenbildung.

2. Ist $c = 1$, so spricht man von **geometrischer Verteilung**:
   $P(X = k) = PQ^k; \quad k = 0, 1, 2, \ldots$
3. Betrachtet man die Zufallsvariable $Y = c + X$ {Zahl **aller** Kugeln, die man bis zum Abbruch (= Eintritt des c-ten Erfolgs) zieht}, so ist
   $$P(Y = \ell) = \binom{\ell - 1}{c - 1} P^c Q^{\ell - c}; \quad \ell = c, c + 1, \ldots$$
   mit $E(Y) = \frac{c}{P}$ und $V(Y) = \frac{cQ}{P^2}$.

Verwandte Verteilungen

1. Normalverteilung vgl. B3.7.1
2. POISSON-Verteilung vgl. B3.6.2
3. $P(X \leq k) = P(Y \geq c)$ mit $X \sim Nb(c; P)$ und $Y \sim Bi(c + k; P)$

3.5.4 Hypergeometrische und negative hypergeometrische Verteilung

Urnenschema: Ziehen **ohne** Zurücklegen aus einer dichotomen Urne des Umfangs N mit M roten und $N - M$ nicht-roten Kugeln

- von $n \geq 1$ Kugeln ($\Rightarrow$ hypergeometrische Verteilung),
- bis zur Realisierung der c-ten roten Kugel, $c \geq 1$ ($\Rightarrow$ negative hypergeometrische Verteilung).

3.5.4.1 Hypergeometrische Verteilung – *Hy(n;N;M)*

$$P(X = k) = \begin{cases} \dfrac{\binom{M}{k}\binom{N-M}{n-k}}{\binom{N}{n}} & \text{für } \max(0; M + n - N) \leq k \leq \min(n; M) \\ 0 & \text{sonst} \end{cases} \quad \begin{matrix} n, N, M \in \mathbb{N} \\ n \leq N \\ M < N \end{matrix}$$

Der Wertebereich, in dem k eine positive Wahrscheinlichkeit hat, ergibt sich aus der Forderung, daß jede der vier im Innern der Tab. B3/1 stehenden Besetzungszahlen nicht-negativ sein muß.

Tab. B3/1: Zerlegung einer dichotomen Gesamtheit

	Anzahl roter Kugeln	Anzahl nicht-roter Kugeln	insgesamt
Stichprobe	k	$n - k$	n
Restgesamtheit	$M - k$	$N - M - n + k$	$N - n$
Gesamtheit	M	$N - M$	N

Kurzschreibweise: $X \sim Hy(n; N; M)$

$$P(X = k+1) = \frac{(M-k)(n-k)}{(k+1)(N-M-n+k+1)} P(X=k) - \left\{ \begin{array}{l} \textbf{aufsteigende} \\ \textbf{Rekursion} \end{array} \right.$$

$$P(X = k-1) = \frac{k\,(N-M-n+k)}{(M-k+1)(n-k+1)} P(X=k) - \left\{ \begin{array}{l} \textbf{absteigende} \\ \textbf{Rekursion} \end{array} \right.$$

Abb. B3/12: Hypergeometrische Verteilungen – Effekt von M

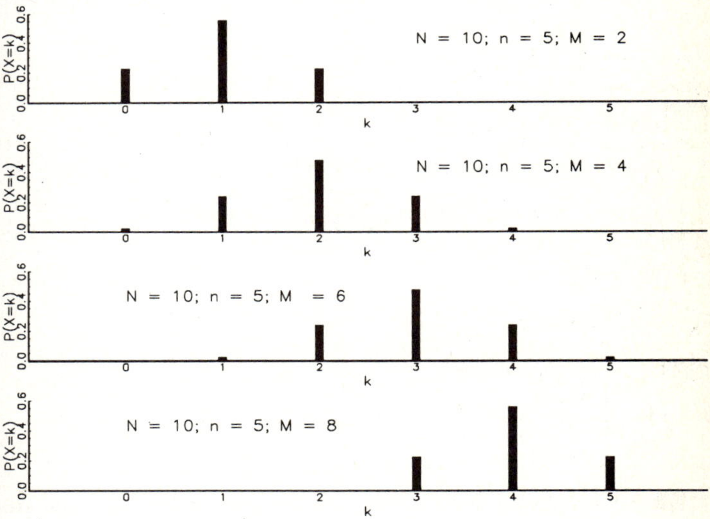

$P := \frac{M}{N}$; $Q := \frac{N-M}{N}$

$\mu_1' = \mu = nP$

$$\mu_2' = nP\left\{1 + \frac{(n-1)(M-1)}{N-1}\right\}$$

$$\mu_2 = \sigma^2 = n\,PQ\frac{N-n}{N-1}$$

$\frac{N-n}{N-1}$ heißt Korrekturfaktor für die endliche Gesamtheit.

$$\mu_3 = nPQ(Q-P)\frac{(N-n)(N-2n)}{(N-1)(N-2)}$$

$$\mu'_{(r)} = \frac{n^{(r)}M^{(r)}}{N^{(r)}}$$

$$\mu'_{(2)} = n(n-1)\frac{M}{N}\frac{M-1}{N-1}$$

$$(n+1)\frac{M+1}{N+2} - 1 \leq x_d \leq (n+1)\frac{M+1}{N+2}$$

$$\alpha_3 = \frac{Q-P}{\sqrt{nPQ}}\,\frac{N-2n}{N-2}\sqrt{\frac{N-1}{N-n}}$$

$$\alpha_4 = \frac{(N-1)\{N(N-1) - 6n(N-n) + 3PQ[N^2(n-2) - Nn^2 + 6n(N-n)]\}}{nPQ(N-n)(N-2)(N-3)}$$

Eigenschaften

1. Symmetrie : $P(X = k|n; N; M) = P(X = k|M; N; n)$
2. Anteil Y der roten Kugeln in der Stichprobe $Y := \dfrac{X}{n} \sim Hy(n; N, M)$ mit $E(Y) = P$ und $V(Y) = \dfrac{PQ}{n}\dfrac{N-n}{N-1}$

Verwandte Verteilungen

1. $Hy(1; N; M) = Be\left(\dfrac{M}{N}\right)$
2. $$\lim_{\substack{N\to\infty \\ M\to\infty \\ M/N\to P}} \left\{ \frac{\binom{M}{k}\binom{N-M}{n-k}}{\binom{N}{n}} \right\} = \binom{n}{k} P^k Q^{n-k}$$

   Für $0,1 < P < 0,9$ und $n > 10$ und $n/N < 0,1$ kann die hypergeometrische Verteilung durch die Binomialverteilung mit $P = M/N$ und gleichem n approximiert werden.
3. $$\lim_{\substack{N\to\infty \\ n\to\infty \\ nM/N\to\lambda}} \left\{ \frac{\binom{M}{k}\binom{N-M}{n-k}}{\binom{N}{n}} \right\} = \frac{\lambda^k e^{-\lambda}}{k!}$$

   Für $P \leq 0,1$ (oder $P \geq 0,9$) und $n \geq 30$ und $n/N \leq 0,1$ ist die hypergeometrische Verteilung durch die POISSON-Verteilung (mit $\lambda = n\,M\,/\,N$) approximierbar.
4. Normalverteilung vgl. B3.7.1

3.5.4.2 Negative hypergeometrische Verteilung – *Nh(c;N;M)*

$$P(X=k)=\left\{\begin{array}{ll}\dfrac{\binom{M}{c-1}\binom{N-M}{k-c}}{\binom{N}{k-1}}\dfrac{M-c+1}{N-k+1} & \text{für } c\le k\le N-M+c\\ 0 & \text{sonst}\end{array}\right\}\begin{array}{l}c,N,M\in\mathbb{N}\\ M<N\\ c\le M\end{array}$$

Kurzschreibweise: $X\sim Nh(c;N;M)$

Alternative Schreibweise:

$$P(X=k)=\left\{\begin{array}{ll}\dfrac{\binom{k-1}{c-1}\binom{N-k}{M-c}}{\binom{N}{M}} & \text{für } c\le k\le N-M+c\\ 0 & \text{sonst}\end{array}\right.$$

$$P(X=k+1)=\frac{k\,(N-M+c-k)}{(k-c+1)(N-k)}\,P(X=k)-\left\{\begin{array}{l}\text{aufsteigende}\\ \text{Rekursion}\end{array}\right.$$

$$P(X=k-1)=\frac{(k-c)(N-k+1)}{(k-1)(N-M+c-k+1)}\,P(X=k)-\left\{\begin{array}{l}\text{absteigende}\\ \text{Rekursion}\end{array}\right.$$

$$\mu=c\,\frac{N+1}{M+1}$$

$$\sigma^2=c\,\frac{(N+1)(N-M)(M+1-c)}{(M+1)^2\,(M+2)}$$

Verwandte Verteilung

$$\lim_{\substack{N\to\infty\\ M\to\infty\\ M/N\to P}}\left\{\frac{\binom{M}{c-1}\binom{N-M}{k-c}}{\binom{N}{k-1}}\,\frac{M-c+1}{N-k+1}\right\}=\binom{k-1}{c-1}P^c\,Q^{k-c};\ k\ge c$$

(Approximation durch die negative Binomialverteilung für großes M und N)

3.5.5 PÓLYA-Verteilung – *Py(n;N;M;S)*

$$P(X=k) = \binom{n}{k} \frac{\prod_{j=1}^{k}(M+(j-1)\,S)\ \prod_{j=1}^{n-k}(N-M+(j-1)\,S)}{\prod_{j=1}^{n}(N+(j-1)\,S)}$$

mit den Parametern

$n, N, M \in \mathbb{N} \quad (M/N =: P;\ 1-P =: Q)$

$M < N$

$S = \ldots, -2, -1, 0, 1, 2, \ldots$

$N + S\,(n-1) > 0$

und den Realisationen

$$\begin{array}{rcll} & 0 \le k \le n & & \text{für } S \ge 0 \\ \max\left(0; n + \dfrac{N-M}{S}\right) & \le k \le & \min\left(n; \dfrac{-M}{S}\right) & \text{für } S < 0 \end{array}$$

Hinweis $\prod_{j=1}^{r}(\,.\,) := 1$ für $r < 1$.

Kurzschreibweise: $X \sim Py(n; N; M; S)$

Abb. B3/13: PÓLYA-Verteilungen – Effekt von S

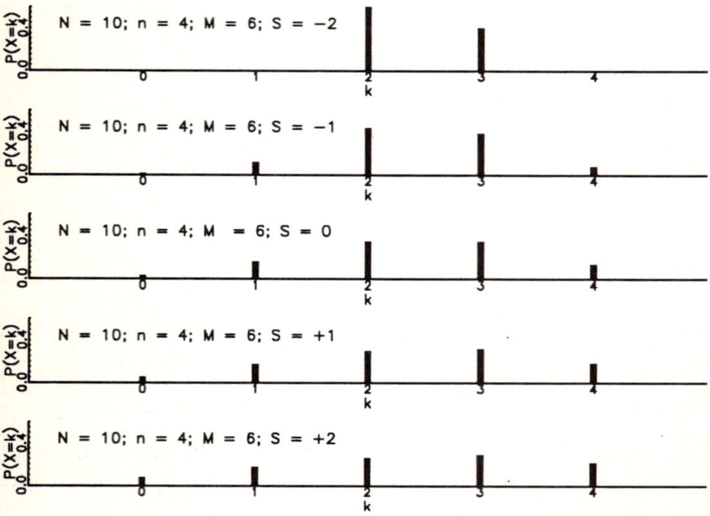

$$P(X = k+1) = \frac{(n-k)(M+kS)}{(k+1)[N-M+(n-k-1)S]} P(X=k) - \left\{ \begin{array}{l}\text{aufsteigende}\\ \text{Rekursion}\end{array}\right.$$

$$P(X = k-1) = \frac{k\,[N-M+(n-k)\,S]}{(n-k+1)[M+(k-1)\,S]} P(X=k) - \left\{ \begin{array}{l}\text{absteigende}\\ \text{Rekursion}\end{array}\right.$$

$$\mu'_{r+1} = (N+rS)^{-1} \sum_{j=0}^{r} \left(nM\binom{r}{j} - (M-nS)\binom{r}{j+1} - S\binom{r}{j+2} \right) \mu'_{r-j}$$

$$\mu'_1 = \mu = nP$$

$$\mu'_2 = nP\left(1 + (n-1)\frac{M+S}{N+S}\right)$$

$$\mu_2 = \sigma^2 = nPQ\frac{N+nS}{N+S}$$

$$\mu'_{(2)} = n(n-1)\frac{M(M+S)}{N(N+S)}$$

$$\mu'_{(3)} = n(n-1)(n-2)\frac{M(M+S)(M+2\,S)}{N(N+S)(N+2\,S)}$$

$$\frac{(n+1)(M-S)}{N-2\,S} - 1 \le x_d \le \frac{(n+1)(M-S)}{N-2\,S}$$

$$\alpha_3 = \frac{Q-P}{\sqrt{nPQ}}\,\frac{1+2\,n\,S/N}{1+2\,S/N}\sqrt{\frac{1+S/N}{1+n\,S/N}}$$

$$\alpha_4 = \frac{(1+\frac{S}{N})\{(1+\frac{2\,nS}{N})(1+\frac{3\,nS}{N})(1-3PQ) + (n-1)[\frac{S}{N} + 3PQ(1+n\frac{S}{N})]\}}{nPQ(1+\frac{nS}{N})(1+\frac{2\,S}{N})(1+3S/N)}$$

Verwandte Verteilungen

1. $Py(1;N;M;0) = Be(M/N)$ – BERNOULLI-Verteilung
2. $Py(n;N;M;0) = Bi(n;M/N)$ – Binomial-Verteilung
3. $Py(n;N;M;-1) = Hy(n;N;M)$ – Hypergeometrische Verteilung
4. $Py(n;N;N-M;N-M) = Gl(0;1;n)$ – Diskrete Gleichverteilung
5. $\lim\limits_{\substack{n\to\infty\\ nM/N\to\lambda}} Py(n;N;M;0) = Po(\lambda)$ – POISSON-Verteilung

3.5.6 Multi- oder Polynomialverteilungen – $Mn(n; P_1; \ldots; P_m)$

$$P(X_1 = k_1, X_2 = k_2, \ldots, X_m = k_m) = n! \prod_{j=1}^{m} \frac{P_j^{k_j}}{k_j!}$$

mit den Parametern

$$n \in \mathbb{N};\ 0 < P_j < 1 \ \text{ und } \ \sum_{j=1}^{m} P_j = 1$$

sowie den Realisationen

$$0 \leq k_j \leq n \ \text{ und } \ \sum_{j=1}^{m} k_j = n\,.$$

Der Zufallsvektor $\boldsymbol{X} = (X_1, X_2, \ldots, X_m)'$ besitzt $\binom{n+m-1}{n}$ Realisationen.

Wegen $k_m = n - \sum_{j=1}^{m-1} k_j$ liegt eine $(m-1)$-dimensionale Verteilung vor.

Kurzschreibweise: $\boldsymbol{X} \sim Mn(n; P_1; \ldots; P_m)$

Abb. B3/14: Multinomialverteilung mit $n = 5$; $P_1 = 0,6$; $P_2 = 0,3; P_3 = 0,1$

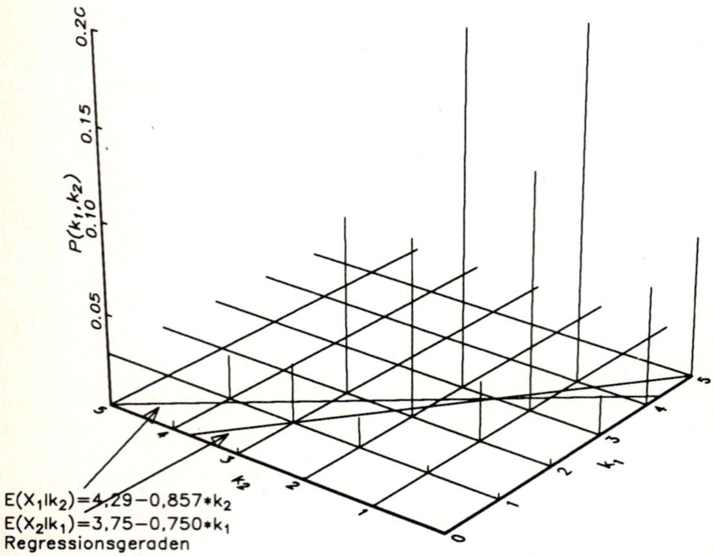

Aufsteigende Rekursion für X_i:

$$P(X_1 = k_1, \ldots, X_i = k_i + 1, \ldots, X_m = k_m) =$$
$$= \frac{(n+1)P_i}{k_i + 1} P(X_1 = k_1, \ldots, X_i = k_i, \ldots, X_m = k_m)$$

Absteigende Rekursion für X_i:

$$P(X_1 = k_1, \ldots, X_i = k_i - 1, \ldots, X_m = k_m) =$$
$$= \frac{k_i}{nP_i} P(X_1 = k_1, \ldots, X_i = k_i, \ldots, X_m = k_m)$$

$$N(t_1, t_2, \ldots, t_m) = \left(\sum_{j=1}^{m} P_j e^{t_j}\right)^n \quad - \begin{cases}\text{Erzeugende Funktion der} \\ \text{Produktmomente um Null}\end{cases}$$

Die **eindimensionalen Randwahrscheinlichkeitsfunktionen** sind jeweils Binomialverteilungen:

$$P(X_j = k_j) = \binom{N}{k_j} P_j^{k_j}(1 - P_j)^{n-k_j}; \quad j = 1, 2, \ldots, m$$

mit

$$E(X_j) = n\,P_j \quad \text{und} \quad V(X_j) = n\,P_j\,(1 - P_j).$$

Die **mehrdimensionale Randwahrscheinlichkeitsfunktion** für jedes s-Tupel ($s < m - 1$) aus den m Zufallsvariablen $X_1, \ldots, X_m$ ist wiederum eine Multinomialverteilung:

$$P(X_{j_1} = k_{j_1}, \ldots, X_{j_s} = k_{j_s}) = n!\, \frac{(1 - P^*)^{n-k^*} \prod_{i=1}^{s} P_{j_i}^{k_{j_i}}}{(n - k^*)! \prod_{i=1}^{s} k_{j_i}!}$$

mit $k^* = \sum_{i=1}^{s} k_{j_i}$ und $P^* = \sum_{i=1}^{s} P_{j_i}$.

Für ein Paar (X_i, X_j), $i \neq j$, von Zufallsvariablen gilt:

$$Cov(X_i, X_j) = -nP_iP_j; \; i \neq j \qquad - \text{ Kovarianz,}$$

$$\rho(X_i, X_j) = -\sqrt{\frac{P_iP_j}{(1 - P_i)(1 - P_j)}} \qquad - \text{ Korrelationskoeffizient.}$$

Die **bedingte Wahrscheinlichkeitsfunktion** für jedes s-Tupel ($s < m - 1$) aus den m Zufallsvariablen X_j ist wiederum eine Multinomialverteilung, die jedoch nicht davon abhängt, wie die Realisationen der $m-s$ prädeterminierten Variablen im einzelnen lauten, sondern die nur von der Summe k^{**} dieser Realisationen bestimmt wird:

$$P(X_{j_1}=k_{j_1},\ldots,X_{j_s}=k_{j_s}|k^{**})=(n-k^{**})!\prod_{i=1}^{s}\left(P_{j_i}\Big/\sum_{\ell=1}^{s}P_{j_\ell}\right)^{k_{j_i}}\Big/k_{j_i}!$$

mit $k^{**}=\sum_{i=s+1}^{m}k_{j_i}$.

Bedingte Erwartungswerte

$$E(X_i|X_j=k_j)=(n-k_j)\,P_i\,(1-P_j)^{-1};\quad i\neq j$$

Dies ist eine lineare Einfachregression von X_i auf X_j.

$$E(X_i|X_{j_1}=k_{j_1},\ldots,X_{j_s}=k_{j_s})=\frac{P_i\left(n-\sum_{\ell=1}^{s}k_{j_\ell}\right)}{1-\sum_{\ell=1}^{s}P_{j_\ell}},\quad\begin{cases}i\neq j_\ell\\ \ell=1,\ldots,s\end{cases}$$

Dies ist eine multiple lineare Regression von X_i auf s Variablen $X_{j_\ell}(s<m-1)$.

Bedingte Varianzen

$$V(X_i|X_j=k_j)=(n-k_j)\frac{P_i}{1-P_j}\frac{1-P_i-P_j}{1-P_j};\ i\neq j$$

$$V(X_i|X_{j_1}=k_{j_1},\ldots,X_{j_s}=k_{j_s})=\left(n-\sum_{\ell=1}^{s}k_{j_\ell}\right)\frac{P_i\left(1-P_i-\sum_{\ell=1}^{s}P_{j_\ell}\right)}{\left(1-\sum_{\ell=1}^{s}P_{j_\ell}\right)^2};$$

für $i\neq j_\ell;\ \ell=1,\ldots,s$.

Abschätzung der multiplen Verteilungsfunktion

$$P(X_1\leq k_1,\ldots,X_m\leq k_m)\leq\prod_{j=1}^{m}P(X_j\leq k_j),$$

wobei $P(X_j\leq k_j)$ die Verteilungsfunktion einer Binomialverteilung mit Parametern n und P_j ist.

Verwandte Verteilung

$Mn(n;P_1;P_2)=Bi(n;P_1)$ – Binomialverteilung bei $m=2$

3.5.7 Multivariate hypergeometrische Verteilung – $Mh(n; N; M_1; \ldots; M_m)$

$$P(X_1 = k_1, X_2 = k_2, \ldots, X_m = k_m) = \frac{\prod_{j=1}^{m} \binom{M_j}{k_j}}{\binom{N}{n}}$$

mit den Parametern

$$n, N, M_j \in \mathbb{N};\ n < N;\ \sum_{j=1}^{m} M_j = N$$

und den Realisationen

$$\max(0; n - N + M_j) \leq k_j \leq \min(n; M_j);\ \ \sum_{j=1}^{m} k_j = n.$$

Wegen $k_m = n - \sum_{j=1}^{m-1} k_j$ liegt eine $(m-1)$-dimensionale Verteilung vor.

Kurzschreibweise: $\boldsymbol{X} \sim Mh(n; N, M_1; \ldots; M_m)$

Aufsteigende Rekursion für X_i:

$$P(X_1 = k_1, \ldots, X_i = k_i + 1, \ldots, X_m = k_m) =$$
$$= \frac{(n+1)(M_i - k_i)}{(N-n)(k_i+1)} P(X_1 = k_1, \ldots, X_i = k_i, \ldots, X_m = k_m)$$

Absteigende Rekursion für X_i

$$P(X_1 = k_1, \ldots, X_i = k_i - 1, \ldots, X_m = k_m) =$$
$$= \frac{(N-n+1)\,k_i}{n\,(M_i - k_i + 1)} P(X_1 = k_1, \ldots, X_i = k_i, \ldots, X_m = k_m)$$

Die **eindimensionalen Randwahrscheinlichkeitsfunktionen** sind jeweils hypergeometrische Verteilungen:

$$P(X_j = k_j) = \frac{\binom{M_j}{k_j}\binom{N-M_j}{n-k_j}}{\binom{N}{n}};\ j = 1, 2, \ldots, m$$

mit

$$E(X_j) = n\,\frac{M_j}{N};\ \ V(X_j) = n\,\frac{M_j}{N}\,\frac{N-M_j}{N}\,\frac{N-n}{N-1}.$$

Die **mehrdimensionale Randwahrscheinlichkeitsfunktion** für jedes s-Tupel ($s < m - 1$) aus dem m Zufallsvariablen $X_1, \ldots, X_m$ ist wieder eine multivariate hypergeometrische Verteilung

$$P(X_{j_1} = k_{j_1}, \ldots, X_{j_s} = k_{j_s}) = \frac{\prod_{i=1}^{s} \binom{M_{j_i}}{k_{j_i}} \binom{N - M^*}{n - k^*}}{\binom{N}{n}}$$

mit

$$k^* = \sum_{i=1}^{s} k_{j_i}; \quad M^* = \sum_{i=1}^{s} M_{j_i}$$

Für ein Paar (X_i, X_j), $i \neq j$, von Zufallsvariablen gilt:

$$Cov(X_i, X_j) = -n \frac{M_i}{N} \frac{M_j}{N} \frac{N - n}{N - 1};$$

$$\rho(X_i, X_j) = -\sqrt{\frac{P_i P_j}{(1 - P_i)(1 - P_j)}}.$$

Die **bedingte Wahrscheinlichkeitsfunktion** für jedes s-Tupel ($s < m - 1$) aus den m Zufallsvariablen X_j ist wieder eine multivariate hypergeometrische Verteilung, die aber nicht davon abhängt, welche Realisationen die $m-s$ prädeterminierten Variablen im einzelnen haben, sondern die nur von der Summe k^{**} dieser Realisationen bestimmt wird:

$$P(X_{j_1} = k_{j_1}, \ldots, X_{j_s} = k_{j_s} | k^{**}) = \frac{\prod_{i=1}^{s} \binom{M_{j_i}}{k_{j_i}}}{\binom{N - M^{**}}{n - k^{**}}}$$

mit

$$k^{**} = \sum_{i=s+1}^{m} k_{i_j}; \quad M^{**} = \sum_{i=s+1}^{m} M_{j_i}.$$

Für die **bedingten Erwartungswerte** gelten die entsprechenden Formeln der Multinomialverteilung, wenn man dort $P_i = M_i/N$ setzt.

Bedingte Varianzen

$$V(X_i | X_j = k_j) = (n - k_j) \frac{P_i}{1 - P_j} \frac{1 - P_i - P_j}{1 - P_j} \frac{N - M_j - n + k_j}{N - M_j - 1}; \quad i \neq j$$

$$V(X_i|X_{j_1} = k_{j_1}, \dots, X_{j_s} = k_{j_s}) = \left(n - \sum_{\ell=1}^{s} k_{j_\ell}\right) \frac{P_i\,(1 - P_i - \sum_{\ell=1}^{s} P_{j_\ell})}{(1 - \sum_{\ell=1}^{s} P_{j_\ell})^2} \times$$

$$\times \frac{N - n - \sum_{\ell=1}^{s} M_{j_\ell} + \sum_{\ell=1}^{s} k_{j_\ell}}{N - \sum_{\ell=1}^{s} M_{j_\ell} - 1} \quad \begin{cases} i \neq j_\ell \\ \ell = 1, \dots, s \end{cases}$$

Verwandte Verteilungen

1. $Mh(1; N; M_1; \dots; M_m) = Mn(1; M_1/N; \dots; M_m/N)$
2. Für $n = N$ liegt eine m-dimensionale Einpunkt-Verteilung vor: $P(X_1 = M_1, X_2 = M_2, \dots, X_m = M_m) = 1$.
3. $Mh(n; N; M_1; M_2) = Hy(n; N; M_1)$ – Hypergeometrische Verteilung für $m = 2$
4. Für $N \to \infty$ und $M_j \to \infty\ \forall j$, so daß $M_j/N \to P_j$, stellt sich eine Multinomialverteilung ein.

3.6 Verteilungen im Warteschlangenmodell

3.6.1 Warteschlangenmodell und Verweilzeit

Vor einer Bedienungseinrichtung (Kasse, Schalter, Ampel o. ä.) treffen in zufälligen Abständen Kunden ein. Ihre Bedienung (Abfertigung) hat eine ebenfalls zufällige Dauer. In Abhängigkeit von

- der Ankunftsintensität,
- der Abfertigungsintensität und
- der Abfertigungsmodalität (FIFO, LIFO, HIFO, LOFO)

bilden sich Warteschlangen.

In diesem Modell lassen sich zwei Arten von Zufallsvariablen untersuchen:

1. als **Zählvariable** (= diskrete Zufallsvariable) die Anzahl der Ankünfte (oder der Abfertigungen) in einem Zeitintervall gegebener Länge und Lage,
2. als **Meßvariable** (= stetige Zufallsvariable) die Zwischenankunftszeit, die Bedienungszeit, die Verweildauer in der Schlange o. ä.

Die Meßvariable gibt die Verweilzeit eines Elements in einem bestimmten Zustand an. Diese Verweildauer sei im folgenden als **Lebensdauer** angesprochen. Sie ist eine nicht-negative Zufallsvariable X, die sich äquivalent durch verschiedene Funktionen statistisch beschreiben läßt:

1. Die Dichte $f(x)$ heißt in diesem Kontext **Ausfalldichte**. Sie ist i. d. R. linkssteil.
$$P(x \leq X \leq x + \Delta x) \approx f(x) \cdot \Delta x$$
ist die **unbedingte** Ausfall- oder Sterbewahrscheinlichkeit im Alter x.
2. Die Verteilungsfunktion $F(x)$ heißt hier **Lebensdauerverteilungsfunktion** oder **Ausfallwahrscheinlichkeitsfunktion**:
$$F(x) = P(X \leq x) = \int_0^x f(u)\, du.$$
3. Die komplementäre Verteilungsfunktion $R(x)$ heißt **Überlebens-** oder **Zuverlässigkeitsfunktion**:
$$R(x) := 1 - F(x) = P(X > x) = \int_x^\infty f(u)\, du.$$
4. Als **Hazardrate** bezeichnet man
$$h(x) := \lim_{\Delta x \to 0} \frac{P(x < X \leq x + \Delta x | X > x)}{\Delta x} = \frac{f(x)}{R(x)}\,.$$

Es ist $h(x)\,\Delta x$ (für Δx klein) die Wahrscheinlichkeit eines Ausfalls unmittelbar nach Erreichen des Alters x (**bedingte** Ausfallwahrscheinlichkeit).[3]

$$h'(x) > 0 \quad \forall x \quad \Rightarrow \text{ positive Alterung}$$

$$h'(x) = 0 \quad \forall x \quad \Rightarrow \text{ keine Alterung}$$

$$h'(x) < 0 \quad \forall x \quad \Rightarrow \text{ negative Alterung}$$

5. Es heißt

$$H(x) := \int_0^x h(u)\,du$$

die **kumulierte Hazardrate**.

6. Die Funktion

$$\mu(x) := E(X - x | X > x) = \frac{\int_x^\infty R(u)\,du}{R(x)}$$

heißt **mittlere Restlebensdauer** eines x-Überlebenden. Speziell ist

$$E(X) = \mu(0) = \mu = \int_0^\infty R(u)\,du$$

das von einem Null-Jährigen zu erwartende Alter.

Tabelle B3/2 zeigt die Übergänge zwischen den vorstehenden sechs Funktionen.

3.6.2 Poisson-Verteilung[4] – $Po(\lambda)$

$$P(X = k) = \left\{ \begin{array}{lll} \frac{\lambda^k}{k!} e^{-\lambda} & \text{für} & k = 0, 1, 2, \ldots \\ 0 & \text{sonst} & \end{array} \right\} \lambda \in \mathbb{R}^+$$

Kurzschreibweise: $X \sim Po(\lambda)$

$$P(X = k + 1) = \frac{\lambda}{k + 1} P(X = k) \quad - \quad \text{aufsteigende Rekursion}$$

$$P(X = k - 1) = \frac{k}{\lambda} P(X = k) \quad - \quad \text{absteigende Rekursion}$$

---

[3] Sie entspricht der einjährigen Sterbewahrscheinlichkeit eines x-Jährigen in einer Sterbetafel.

[4] Siméon Denis Poisson, 1781 – 1840

Tab. B3/2: Zusammenhang zwischen den die Lebensdauer beschreibenden Funktionen

gesucht / gegeben	$f(x)$	$F(x)$	$R(x)$	$h(x)$	$H(x)$	$\mu(x)$
$f(x)$	–	$\int_0^x f(u)\,du$	$\int_x^\infty f(u)\,du$	$\frac{f(x)}{\int_x^\infty f(u)\,du}$	$-\ln\left\{\int_x^\infty f(u)\,du\right\}$	$\frac{\int_0^\infty u f(x+u)\,du}{\int_x^\infty f(u)\,du}$
$F(x)$	$F'(x)$	–	$1-F(x)$	$\frac{F'(x)}{1-F(x)}$	$-\ln\{1-F(x)\}$	$\frac{\int_x^\infty [1-F(u)]\,du}{1-F(x)}$
$R(x)$	$-R'(x)$	$1-R(x)$	–	$\frac{-R'(x)}{R(x)}$	$-\ln R(x)$	$\frac{\int_x^\infty R(u)\,du}{R(x)}$
$h(x)$	$h(x)\exp\left\{-\int_0^x h(u)\,du\right\}$	$1-\exp\left\{-\int_0^x h(u)\,du\right\}$	$\exp\left\{-\int_0^x h(u)\,du\right\}$	–	$\int_0^x h(u)\,du$	$\frac{\int_x^\infty \exp\left\{-\int_0^u h(v)\,dv\right\}du}{\exp\left\{-\int_0^x h(u)\,du\right\}}$
$H(x)$	$-\frac{d\{\exp[-H(x)]\}}{dx}$	$1-\exp\{-H(x)\}$	$\exp\{-H(x)\}$	$H'(x)$	–	$\frac{\int_x^\infty \exp\{-H(u)\}\,du}{\exp\{-H(x)\}}$
$\mu(x)$	$\frac{1+\mu'(x)}{\mu^2(x)}\times\mu(0)\times$ $\times\exp\left\{-\int_0^x \frac{1}{\mu(u)}\,du\right\}$	$1-\frac{\mu(0)}{\mu(x)}\times$ $\times\exp\left\{-\int_0^x \frac{1}{\mu(u)}\,du\right\}$	$\frac{\mu(0)}{\mu(x)}\times$ $\times\exp\left\{-\int_0^x \frac{1}{\mu(u)}\,du\right\}$	$\frac{1}{\mu(x)}\{1+\mu'(x)\}$	$\ln\left\{\frac{\mu(x)}{\mu(0)}\right\}+$ $+\int_0^x \frac{1}{\mu(u)}\,du$	–

Abb. B3/15: POISSON-Verteilungen – Effekt von λ

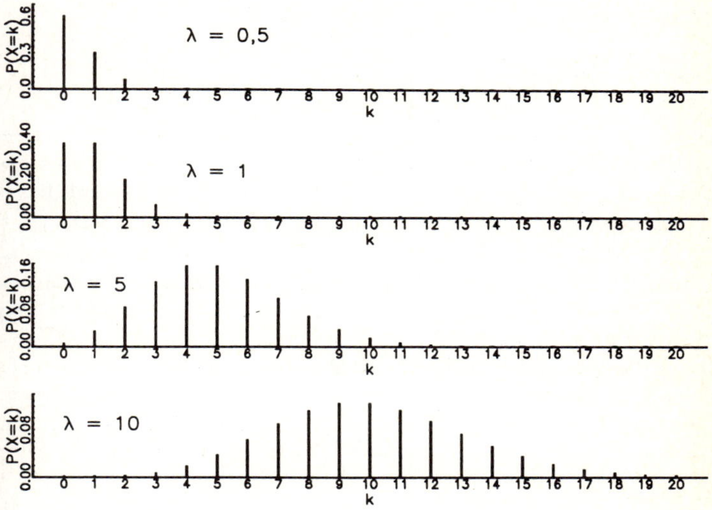

$$N_X(t) = \exp\{\lambda[e^t - 1]\}$$

$$Z_X(t) = \exp\{\lambda[e^t - 1 - t]\}$$

$$W_X(t) = \exp\{\lambda(t - 1)\}$$

$$\mu'_r = \sum_{i=0}^{r} \frac{\lambda^i}{i!} \left\{ \sum_{j=0}^{i} \binom{i}{j} (-1)^j (i-j)^r \right\}$$

$$\mu'_1 = \mu = \lambda$$

$$\mu'_2 = \lambda + \lambda^2$$

$$\mu'_3 = \lambda + 3\,\lambda^2 + \lambda^3$$

$$\mu'_4 = \lambda + 7\,\lambda^2 + 6\,\lambda^3 + \lambda^4$$

$$\mu_r = \lambda \sum_{i=0}^{r-2} \binom{r-1}{i} \mu_i; \quad r \geq 2$$

$$\mu_2 = \sigma^2 = \lambda$$

$$\mu_3 = \lambda$$

$$\mu_4 = 3\,\lambda^2 + \lambda$$

$\mu'_{(r)} = \lambda^r; \quad r = 1, 2, \ldots$

$\lambda - 1 \leq x_d \leq \lambda$

$\alpha_3 = 1/\sqrt{\lambda}; \quad \lim_{\lambda \to \infty} \alpha_3 = 0$

$\alpha_4 = 3 + \frac{1}{\lambda}; \quad \lim_{\lambda \to \infty} \alpha_4 = 3$

Modell

Ereignisse treffen in einem Kontinuum (Zeit, Strecke, Fläche, Volumen) nach einem **homogenen** POISSON-**Prozeß** ein. Dieser besitzt die Eigenschaft

1. der **Stationarität** (= Die Wahrscheinlichkeit für genau k Ereignisse in $(T, T+t)$ ist für alle T dieselbe und nur von der Intervallänge t abhängig.),
2. der **Nachwirkungsfreiheit** (= Die Wahrscheinlichkeit für k Ereignisse in $(T, T+t)$ hängt nicht von der Anzahl der vor T eingetroffenen Ereignisse ab.) und
3. der **Ordinarität** (= Wahrscheinlichkeit für das Eintreffen von zwei oder mehr Ereignissen in einem kleinen Intervall ist praktisch Null, genauer:

$$\lim_{t \to 0} \frac{P(X \geq 2|t)}{t} = 0).$$

Dann ist

$$\lambda = \lim_{t \to 0} \frac{P(X = 1|t)}{t}$$

und

$$1 - \lambda = \lim_{t \to 0} \frac{P(X = 0|t)}{t},$$

so daß

$$E(X) = \lambda$$

als **Ereignisintensität** (= mittlere Anzahl von Ereignissen in einem Intervall von der Länge einer Zeiteinheit) aufzufassen ist. In einem Intervall von τ Zeiteinheiten ist die Wahrscheinlichkeitsverteilung für die Ereigniszahl X:

$$P(X = k|\tau) = \frac{(\lambda\tau)^k e^{-\lambda\tau}}{k!},$$

und die Wahrscheinlichkeit dafür, daß der **Abstand** Y zwischen zwei aufeinanderfolgenden Ereignissen größer als τ ist, innerhalb von τ Zeiteinheiten also kein Ereignis stattfindet $(X = 0)$, lautet

$$P(Y > \tau) = e^{-\lambda\tau}.$$

Das ist die Überlebensfunktion $R(\cdot)$ der **Exponentialverteilung** (vgl. B3.6.3)

Eigenschaft: Reproduktivität unter der Summenbildung

$$X_i \sim Po(\lambda_i);\ i = 1, 2, \ldots m \text{ und unabhängig}$$
$$\Rightarrow\ X = \sum_{i=1}^{m} X_i \sim Po(\lambda) \text{ mit } \lambda = \sum_{i=1}^{m} \lambda_i$$

Verwandte Verteilungen

1.
$$\lim_{\substack{n \to \infty \\ P \to 0 \\ nP \to \lambda \neq 0}} \binom{n}{k} P^k (1-P)^{n-k} = \frac{\lambda^k}{k!} e^{-\lambda}$$

Die POISSON-Verteilung ist eine Grenzverteilung der Binomialverteilung. (Approximation für $n > 10$ und $P < 0,05$)

2.
$$\lim_{\substack{c \to \infty \\ Q \to 0 \\ cQ/P \to \lambda \neq 0}} \binom{c+k-1}{k} P^c Q^k = \frac{\lambda^k}{k!} e^{-\lambda}$$

Die POISSON-Verteilung ist eine Grenzverteilung der Negativen Binomialverteilung.

3. Exponentialverteilung vgl. B3.6.3
4. Gamma- und ERLANG-Verteilung vgl. B3.6.4
5. Normalverteilung vgl. B3.7.1

3.6.3 Exponentialverteilung – $Ex(\lambda)$

$$f(x) = \left\{ \begin{array}{lll} \lambda e^{-\lambda x} & \text{für} & x \geq 0 \\ 0 & \text{sonst} & \end{array} \right\} \lambda \in \mathbb{R}^+$$

Kurzschreibweise: $X \sim Ex(\lambda)$

Alternative Schreibweise:

$$f(x) = \frac{1}{\mu} \exp(-\frac{x}{\mu});\quad \mu = \frac{1}{\lambda} \in \mathbb{R}^+$$

$$F(x) = \begin{cases} 0 & \text{für} \quad x < 0 \\ 1 - e^{-\lambda x} & \text{für} \quad x \geq 0 \end{cases}$$

$R(x) = e^{-\lambda x}$

$h(x) = \lambda$ (konstante Hazardrate; keine Alterung)

$H(x) = \lambda x$

Abb. B3/16: Exponentialverteilungen
oben: Dichte; unten: Verteilungsfunktion

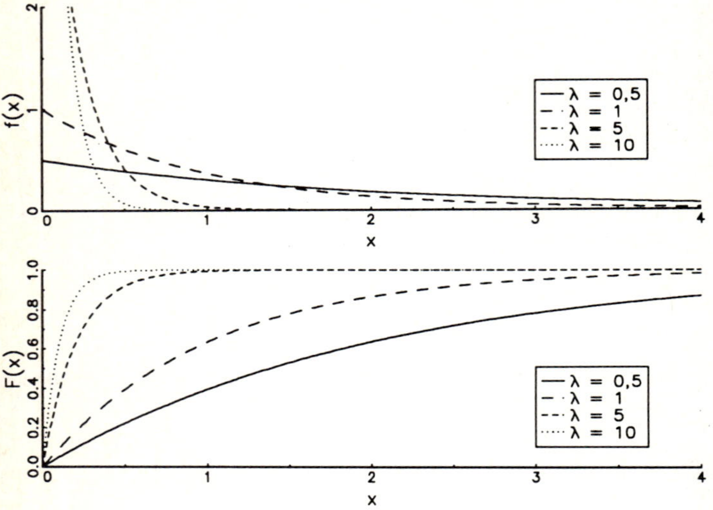

$\mu(x) = 1/\lambda$ (altersunabhängige mittlere Restlebensdauer)

$$F^{-1}(P) = x_P = -\frac{1}{\lambda}\ln(1-P)$$

$x_{0,6321} = \frac{1}{\lambda} = \mu$ – **charakteristische Lebensdauer**

$$N_X(t) = \frac{\lambda}{\lambda - t}$$

$$Z_X(t) = \exp(-t/\lambda)\,\frac{\lambda}{\lambda - t}$$

$$\mu'_r = r!/\lambda^r$$

$\mu'_r = \frac{r}{\lambda}\,\mu'_{r-1}$ – Rekursionsformel für Nullmomente

$$\mu'_1 = \mu = 1/\lambda$$

$$\mu'_2 = 2/\lambda^2; \quad \mu'_3 = 6/\lambda^3; \quad \mu'_4 = 24/\lambda^4$$

$$\mu_r = \sum_{j=0}^{r} \binom{r}{j} (-1)^j (r-j)!\; \lambda^{-r}$$

$$\mu_2 = \sigma^2 = 1/\lambda^2$$

$\mu_3 = 2/\lambda^3; \quad \mu_4 = 9/\lambda^4$

$x_d = 0$

$\alpha_3 = 2$

$\alpha_4 = 9$

Verwandte Verteilungen

1. Beziehung zwischen POISSON- und Exponentialverteilung
   $X \sim Po(\lambda t),\ Y \sim Ex(\lambda)$
   $P(X = 0|t) = \frac{(\lambda t)^0}{0!} e^{-\lambda t} = P(Y > t) = e^{-\lambda t}$
2. ERLANG- und Gamma-Verteilung vgl. B3.6.4
3. WEIBULL-Verteilung vgl. B3.6.5
4. χ^2-Verteilung vgl. B3.7.4
5. LAPLACE-Verteilung vgl. B3.8.4
6. PARETO-Verteilung vgl. B3.8.6
7. Potenz-Verteilung vgl. B3.8.7

3.6.4 Gamma- und ERLANG-Verteilung – $Ga(\lambda; c)$

$$f(x) = \left\{ \begin{array}{lll} \dfrac{\lambda\,(\lambda\,x)^{c-1}\exp(-\lambda\,x)}{\Gamma(c)} & \text{für} & x > 0 \\ 0 & \text{sonst} & \end{array} \right\} \lambda,\ c \in \mathbb{R}^+$$

Kurzschreibweise: $X \sim Ga(\lambda; c)$

Alternative Schreibweise:

$$f(x) = \frac{x^{c-1}\exp(-x/b)}{b^c\,\Gamma(c)}\,;\ b = 1/\lambda \in \mathbb{R}^+$$

$$F(x) = \begin{cases} 0 & \text{für} \quad x < 0 \\ \gamma(\lambda\,x, c)/\Gamma(c) & \text{für} \quad x \geq 0 \end{cases}$$

mit

$$\gamma(\lambda\,x,\ c) := \int_0^{\lambda\,x} u^{c-1}\,e^{-u}\,d\,u$$

als der nur numerisch darstellbaren **unvollständigen Gammafunktion**.

$R(x) = \Gamma(\lambda\, x, c)/\Gamma(c)$
mit

$$\Gamma(\lambda\, x, c) := \int_{\lambda x}^{\infty} u^{c-1}\, e^{-u}\, d\,u\,.$$

$h(x) = \lambda\,(\lambda\, x)^{c-1} \exp(-\lambda\, x)/\Gamma(\lambda\, x, c)$ mit $\lim\limits_{x\to\infty} h(x) = \lambda$

$$h'(x) \begin{cases} < 0 & \text{für} \quad c < 1 \quad \text{(negative Alterung)} \\ = 0 & \text{für} \quad c = 1 \quad \text{(keine Alterung)} \\ > 0 & \text{für} \quad c > 1 \quad \text{(positive Alterung)} \end{cases}$$

Abb. B3/17: Gamma-Verteilungen mit $\lambda = 3$ – Effekt von c
oben: Dichte; unten: Verteilungsfunktion

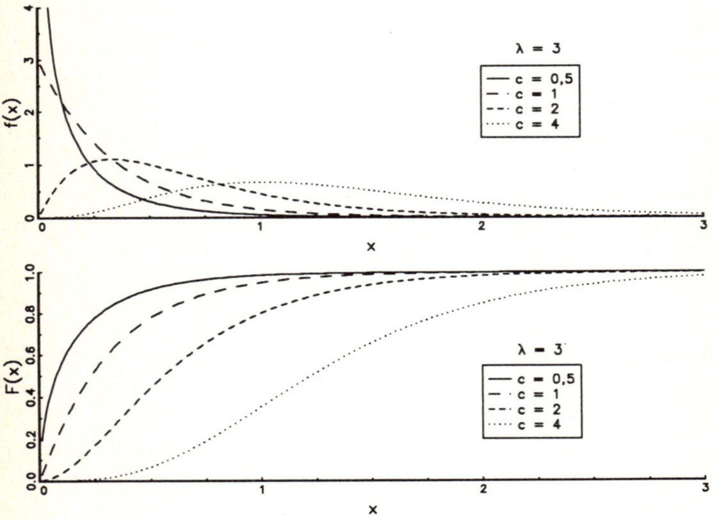

$N_X(t) = \left(\dfrac{\lambda}{\lambda - t}\right)^c$

$Z_X(t) = \exp(-tc/\lambda) \left(\dfrac{\lambda}{\lambda - t}\right)^c$

$\mu_r' = \lambda^{-r}\, \dfrac{\Gamma(r+c)}{\Gamma(c)}$

$\mu'_r = \lambda^{-1}(r-1+c)\,\mu'_{r-1}$ – Rekursionsformel für Nullmomente

$\mu'_1 = \mu = \lambda^{-1}c$

$\mu'_2 = \lambda^{-2}c\,(c+1);\quad \mu'_3 = \lambda^{-3}c\,(c+1)(c+2);\quad \mu'_4 = \lambda^{-4}c\,(c+1)(c+2)(c+3)$

$\mu_{r+1} = \lambda^{-1}r\,(\mu_r + c\,\lambda^{-1}\mu_{r-1})$ – Rekursionsformel für Zentralmomente

$\mu_2 = \sigma_2 = \lambda^{-2}c$

$\mu_3 = 2\,\lambda^{-3}c;\quad \mu_4 = \lambda^{-4}\,(6\,c + 3\,c^2)$

$x_d = (c-1)/\lambda$ für $c \geq 1$

$\alpha_3 = 2/\sqrt{c};\quad \lim\limits_{c\to\infty} \alpha_3 = 0$

$\alpha_4 = 3 + 6/c;\quad \lim\limits_{c\to\infty} \alpha_4 = 3$

Eigenschaft: Reproduktivität unter der Summenbildung

$$X_i \sim Ga(\lambda; c_i);\ i = 1, 2, \ldots, m \text{ und unabhängig}$$
$$\Rightarrow\ X = \sum_{i=1}^{m} X_i \sim Ga(\lambda; c) \text{ mit } c = \sum_{i=1}^{m} c_i$$

Verwandte Verteilungen

1. $Ga(\lambda; 1) = Ex(\lambda)$
2. Im Fall $c \in \mathbb{N}$ spricht man von ERLANG-Verteilung:

   $X_i \sim Ex(\lambda); i = 1, 2, \ldots, c$ und unabhängig $\Rightarrow X = \sum_{i=1}^{c} X_i \sim Ga(\lambda; c)$
3. χ^2-Verteilung vgl. B3.7.4
4. Normalverteilung vgl. B3.7.1

3.6.5 WEIBULL-Verteilung – $We(a; b; c)$

$$f(x) = \begin{cases} \dfrac{c}{b}\left(\dfrac{x-a}{b}\right)^{c-1} \exp\left\{-\left(\dfrac{x-a}{b}\right)^{c}\right\} & \text{für} \quad x \geq a \\ 0 & \text{sonst} \end{cases} \quad \begin{matrix} a \in \mathbb{R} \\ b, c \in \mathbb{R}^+ \end{matrix}$$

Kurzschreibweise: $X \sim We(a; b; c)$

Graphen der Dichtefunktion: vgl. Abb. B3/4

$$F(x) = \begin{cases} 0 & \text{für} \quad x < a \\ 1 - \exp\left\{-\left(\dfrac{x-a}{b}\right)^{c}\right\} & \text{für} \quad x \geq a \end{cases}$$

$$R(x) = \exp\left\{-\left(\dfrac{x-a}{b}\right)^{c}\right\}$$

$$h(x) = \frac{c}{b}\left(\frac{x-a}{b}\right)^{c-1}$$

$$h'(x) \begin{cases} < 0 & \text{für} \quad 0 < c < 1 \quad \text{(negative Alterung)} \\ = 0 & \text{für} \quad c = 1 \quad \text{(keine Alterung)} \\ > 1 & \text{für} \quad c > 1 \quad \text{(positive Alterung)} \end{cases}$$

$$H(x) = \left(\frac{x-a}{b}\right)^{c}$$

$$F^{-1}(P) = x_p = a + b\left[\ln\left(\frac{1}{1-P}\right)\right]^{1/c}$$

$$\mu_1' = \mu = a + b\,\Gamma\left(1 + \frac{1}{c}\right)$$

$$\mu_2 = \sigma^2 = b^2\left\{\Gamma\left(1 + \frac{2}{c}\right) - \Gamma^2\left(1 + \frac{1}{c}\right)\right\}$$

$$x_d = a + b\left(1 - \frac{1}{c}\right)^{1/c} \quad \text{für} \quad c \geq 1$$

$$\alpha_3 \begin{cases} > 0 & \text{für} \quad c \lesssim 3,6 \\ \approx 0 & \text{für} \quad c \approx 3,6 \\ < 0 & \text{für} \quad c \gtrsim 3,6 \end{cases}$$

WEIBULL-Netz

In einem WEIBULL-Netz sind die Maßstäbe der Achsen eines Koordinatensystems so gewählt, daß sich jede WEIBULL-Verteilungsfunktion als Gerade darstellt:

$$\begin{aligned} \ln[-\ln\{1 - F(x)\}] &= 2,302585\, c\,[\log(x-a) - \log b] \\ &= 2,302585\, c \log(x-a) - 2,302585\, c \log b \end{aligned}$$

Die Ordinate für $F(x)$ ist gemäß $\ln[-\ln\{1 - F(x)\}]$, die Abszisse für die um a verschobenen x-Werte ist (dekadisch) logarithmisch skaliert.[5]

Wie jedes andere Wahrscheinlichkeitsnetz dient auch das WEIBULL-Netz mehreren Zwecken:

1. Prüfen, ob eine Stichprobe aus einer WEIBULL-Verteilung stammt (Die – u. U. noch leicht modifizierten – Werte der empirischen Verteilungsfunktion über $\log(x-a)$ aufgetragen müssen regellos um eine Gerade im Netz streuen.),

[5] $2,302585 \approx \ln 10$ ist der Transformationsmodul zwischen dem natürlichen und dekadischen Logarithmensystem.

2. Schätzen der Parameterwerte, z. B. b als Abszisse des Schnittpunkts von Gerade und Horizontale in Höhe von $F = 0,6321$ und c über die Geradensteigung,
3. Ablesen von x (= Perzentil) zu gegebenem F,
4. Ablesen von F zu gegebenem x.

Abb. B3/18: WEIBULL-Netz

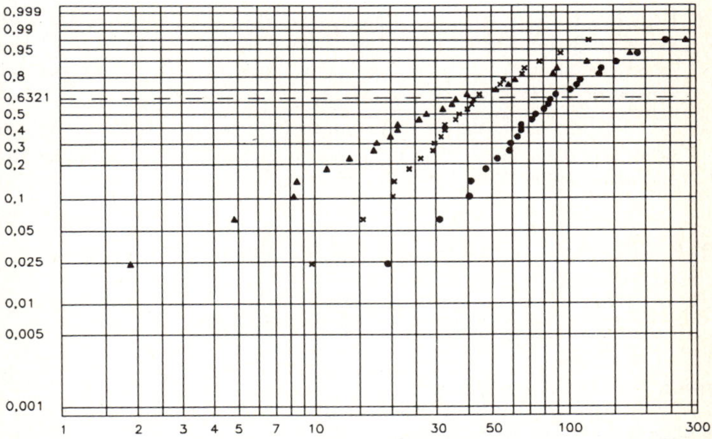

n=25 aus: b=50; c=2 (Kreuz) b=100; c=2 (Punkt) b=50; c=1 (Dreieck)

Eigenschaft

$$X_i \sim We(a;b;c);\ i = 1,2,\ldots,n \text{ und unabhängig} \Rightarrow Y := \min_i X_i \sim We(a;b/n;c)$$

Verwandte Verteilungen

1. $We(0;b;1) = Ex\left(\frac{1}{b}\right)$
2. $X \sim We\,(a;b;c) \;\Rightarrow\; Y = \left(\frac{X-a}{b}\right)^c \sim Ex\,(1)$
3. Für $c \approx 3,6$ liegt praktisch eine Normalverteilung vor.
4. Extremwertverteilung vgl. B3.8.3

3.7 Normalverteilung und verwandte Verteilungen

Die Normalverteilung, auch GAUSS-Verteilung[6] genannt, nimmt eine zentrale Rolle unter den Verteilungen und in der Statistik überhaupt ein (vgl. B4.5):

1. Viele Verteilungen konvergieren bei bestimmten Grenzübergängen ihrer Parameter gegen die Normalverteilung (vgl. unter „Verwandten Verteilungen").
2. Eine Vielzahl von Stichprobenfunktionen (vgl. C1.3), darunter das arithmetische Mittel, der Anteil und die Summe als besonders wichtige Kenngrößen, sind exakt oder approximativ normalverteilt, was Tests und Schätzungen besonders einfach macht.
3. Für die Inferenz wichtige Verteilungen (χ^2-, t- und F-Verteilung) basieren auf der Normalverteilung, indem sie bestimmte Funktionen von normalverteilten Stichprobenvariablen beschreiben.

3.7.1 Eindimensionale Normalverteilung – $No(\mu; \sigma^2)$

$$f(x) = \frac{1}{\sigma\sqrt{2\pi}} \exp\left[-\frac{(x-\mu)^2}{2\,\sigma^2}\right]; \; x \in \mathbb{R},\; \mu \in \mathbb{R},\; \sigma \in \mathbb{R}^+$$

Kurzschreibweise: $X \sim No(\mu; \sigma^2)$

Die **standardisierte Zufallsvariable** $U := \frac{X-\mu}{\sigma}$ mit $E(U) = 0$ und $V(U) = 1$ hat die Dichte:

$$\varphi(u) = \frac{1}{\sqrt{2\pi}} e^{-u^2/2}; \quad u \in \mathbb{R}.$$

$$f(x) = \frac{1}{\sigma}\,\varphi\left(\frac{x-\mu}{\sigma}\right)$$ – Beziehung zwischen Standard- und allgemeiner Dichte

$$\left.\begin{aligned} F(x) &= \int_{-\infty}^{x} f(v)\,dv \\ \Phi(u) &= \int_{-\infty}^{u} \varphi(w)\,dw \end{aligned}\right\}$$ Diese Integrale sind nicht elementar darstellbar. $\Phi(u)$ ist in Tabelle III des Anhangs zu finden.

$$\left.\begin{aligned} F(x) &= \Phi\left(\frac{x-\mu}{\sigma}\right) \\ \Phi(u) &= F(\mu + u\,\sigma) \end{aligned}\right\}$$ Beziehung zwischen Standard- und allgemeiner Verteilungsfunktion

$$\Phi(u) = 1 - \Phi(-u)$$

[6] CARL FRIEDRICH GAUSS, 1777 – 1855

Abb. B3/19: Normalverteilungen
oben: Dichte unten: Verteilungsfunktion

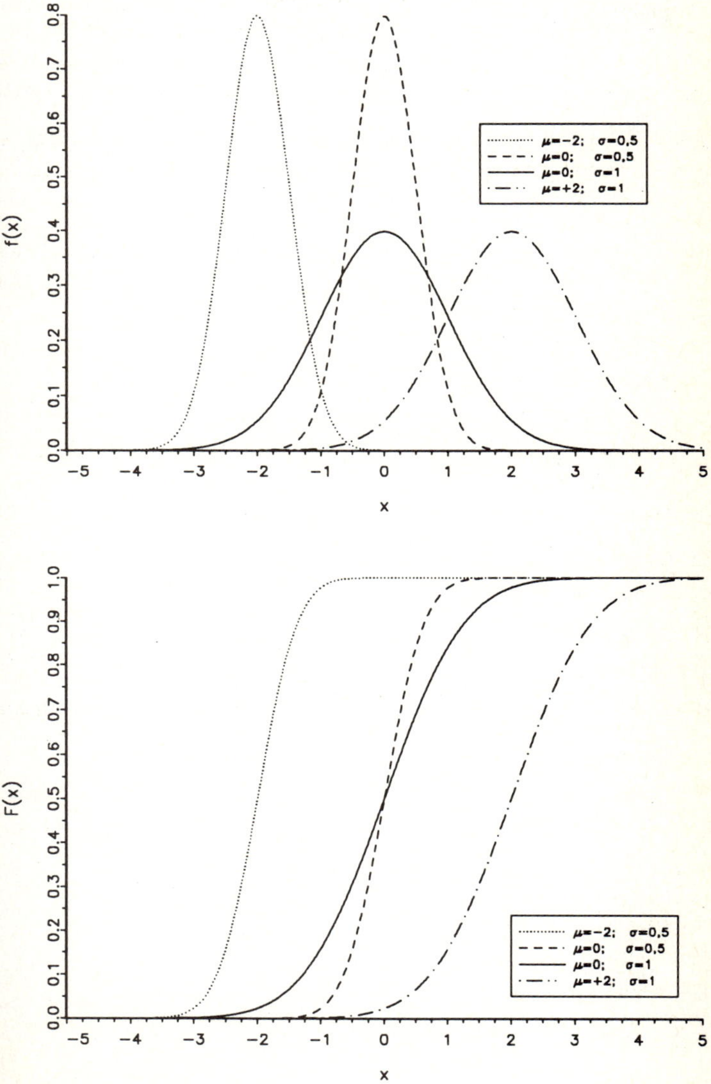

$$\Phi(u) = 1 - \varphi(u)\left\{a_1 t + a_2 t^2 + a_3 t^3\right\} + \varepsilon(u);\ u \geq 0$$

mit:

$$t := \frac{1}{1 + 0{,}33267\,u};$$

$$a_1 := 0{,}4361836; \quad a_2 := 0{,}1201676; \quad a_3 := 0{,}9372980;$$

$$|\varepsilon(u)| < 1 \cdot 10^{-5}$$

$$\left.\begin{array}{l} x_P = F^{-1}(P) \\ u_P = \Phi^{-1}(P) \end{array}\right\}$$ Die Perzentilsfunktion ist nicht elementar darstellbar. u_P ist in Tabelle IV des Anhangs zu finden.

$$x_P = \mu + u_P\,\sigma$$

$$u_P = -u_{1-P}$$

$$u_P = t - \frac{a_0 + a_1 t}{1 + b_1 t + b_2 t^2} + \varepsilon(P);\ 0 < P \leq 0{,}5$$

mit:

$$t := \sqrt{-2\ln P};$$

$$a_0 := 2{,}30753; \quad a_1 := 0{,}99229; \quad b_1 := 0{,}27061; \quad b_2 := 0{,}04481;$$

$$|\varepsilon(P)| < 3 \cdot 10^{-3}$$

$$N_X(t) = \exp\{t\mu + t^2\sigma^2/2\}$$

$$Z_X(t) = \exp\{t^2\sigma^2/2\}$$

$$\mu_1' = \mu$$

$$\mu_2' = \sigma^2 + \mu^2$$

$$\mu_3' = 3\,\mu\,\sigma^2 + \mu^3$$

$$\mu_4' = 3\,\sigma^4 + 6\,\mu^2\sigma^2 + \mu^4$$

$$\mu_r = \begin{cases} 0 & \text{für} \quad r = 2k+1 \\ \sigma^r(r-1)(r-3)\cdot\ldots\cdot 3\cdot 1 & \text{für} \quad r = 2k \end{cases}$$

$$\mu_2 = \sigma^2$$

$$\mu_4 = 3\,\sigma^4$$

$$\mu_6 = 15\,\sigma^6$$

$$x_d = \mu$$

$$\alpha_3 = 0$$

$$\alpha_4 = 3$$

Normalverteilungsnetz:

Die Ordinate für $F(x)$ ist gemäß

$$u_P = \Phi^{-1}(P)$$

skaliert, d. h. daß den Werten $u_P \in (-3,0902; +3,0902)$ auf dieser Achse die Zahlen $P \in (0,001; 0,999)$ zugeordnet sind (vgl. Abb. B3/20). Die Abszisse zum Auftragen der Realisationen x von X hat einen natürlichen Maßstab. Es wird μ als Abszisse des Schnittpunktes von Normalverteilungsgerade und Horizontale in Höhe von $F = 0,5$ abgelesen und σ als halber Abstand der Abszissenwerte der Schnittpunkte von Gerade und Horizontalen in Höhe von $F = 0,1587$ und $F = 0,8413$.

Abb. B3/20: Normalverteilungsnetz

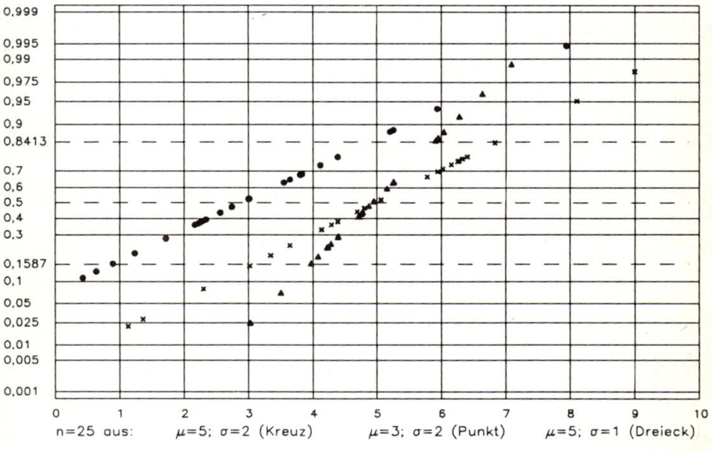

Berechnen von Wahrscheinlichkeiten:

$$P(x_{un} \leq X \leq x_{ob} | \mu; \sigma^2) = \Phi\left(\frac{x_{ob} - \mu}{\sigma}\right) - \Phi\left(\frac{x_{un} - \mu}{\sigma}\right)$$

Berechnen von **Zufallsstreubereichen**[7] zur Sicherheit $P = 1 - \alpha$; $\alpha < 0,5$:

1. einseitig nach **unten begrenzt** $[x_\alpha; +\infty)$
   x_α so, daß $P(X \geq x_\alpha | \mu; \sigma^2) = 1 - \alpha$

$$x_\alpha = \mu + u_\alpha \sigma = \mu - u_{1-\alpha} \sigma$$

[7] Auch **Schwankungsintervall** genannt.

2. einseitig nach **oben begrenzt** $(-\infty; x_{1-\alpha}]$
   $x_{1-\alpha}$ so, daß $P(X \leq x_{1-\alpha}|\mu;\sigma^2) = 1-\alpha$
   $$x_{1-\alpha} = \mu + u_{1-\alpha}\,\sigma = \mu - u_\alpha\,\sigma$$
3. symmetrisch **beidseitig begrenzt** $[x_{\alpha/2}; x_{1-\alpha/2}]$
   $x_{\alpha/2}$ und $x_{1-\alpha/2}$ so, daß $P(x_{\alpha/2} \leq X \leq x_{1-\alpha/2}|\mu;\sigma^2) = 1-\alpha$
   $$x_{\alpha/2} = \mu + u_{\alpha/2}\,\sigma = \mu - u_{1-\alpha/2}\,\sigma$$
   $$x_{1-\alpha/2} = \mu + u_{1-\alpha/2}\,\sigma = \mu - u_{\alpha/2}\,\sigma$$

Modell:

Eine Zufallsvariable X, in der sich **additiv** sehr viele andere Zufallsvariablen X_i überlagern, ist unter sehr schwachen Anforderungen an die X_i in guter Näherung normalverteilt.

Eigenschaft:

$X_i \sim No(\mu_i;\sigma_i^2);\; i = 1,2,\ldots,n \;\Rightarrow\; X = a \pm \sum_{i=1}^{n} b_i X_i \sim No(\mu;\sigma^2)$

mit $\mu = a \pm \sum_{i=1}^{n} b_i\mu_i$ und $\sigma^2 = \sum_{i=1}^{n} b_i^2\sigma_i^2$; X_i unkorreliert.

Eine Linearkombination (speziell: eine Summe) unkorrelierter normalverteilter Zufallsvariablen ist wieder normalverteilt. Insbesondere gilt:

$$X_i \sim No(\mu;\sigma^2);\; i = 1,2,\ldots,n \;\Rightarrow\; \overline{X} = \frac{1}{n}\sum_{i=1}^{n} X_i \sim No\left(\mu;\frac{\sigma^2}{n}\right),$$

d. h. das **arithmetische Mittel** $\overline{X}$ von n unabhängig identisch normalverteilten X_i ist wieder normalverteil mit gleichem μ, aber mit $V(\overline{X}) = \sigma^2/n$.

Verwandte Verteilungen

1. Binomialverteilung für $nPQ \geq 9$
   $$X \sim Bi(n;P) \;\Rightarrow\; X \overset{\text{approx}}{\sim} No(nP;nPQ)$$
2. Negative Binomialverteilung für großes c
   $$X \sim Nb(c;P) \;\Rightarrow\; X \overset{\text{approx}}{\sim} No(cQ/P;cQ/P^2)$$
3. Hypergeometrische Verteilung für $0,1 < P < 0,9;\; n > 30;\; n/N < 0,1$
   $$X \sim Hy(n;N;M) \;\Rightarrow\; X \overset{\text{approx}}{\sim} No\left(n\frac{M}{N}; n\frac{M}{N}\frac{N-M}{N}\frac{N-n}{N-1}\right)$$

4. POISSON-Verteilung für $\lambda \geq 9$

$$X \sim Po(\lambda) \;\Rightarrow\; X \underset{\sim}{\text{approx}} No(\lambda;\, \lambda)$$

5. Gamma-Verteilung für großes c

$$X \sim Ga(\lambda; c) \;\Rightarrow\; X \underset{\sim}{\text{approx}} No(c/\lambda;\; c/\lambda^2)$$

6. WEIBULL-Verteilung für $3,25 \leq c \leq 3,7$

$$X \sim We(a; b; c) \Rightarrow$$

$$X \underset{\sim}{\text{approx}} No\left(a + b\,\Gamma\left[1 + \tfrac{1}{c}\right];\, b^2\left\{\Gamma\left[1 + \tfrac{2}{c}\right] - \Gamma^2\left[1 + \tfrac{1}{c}\right]\right\}\right)$$

7. χ^2-Verteilung für $f > 100$

$$X \sim \chi^2(f) \;\Rightarrow\; X \underset{\sim}{\text{approx}} No(f;\, 2f)$$

8. t-Verteilung für $f > 100$

$$X \sim t(f) \;\Rightarrow\; X \underset{\sim}{\text{approx}} No(0; 1)$$

Hinweis

Bei Approximation einer diskreten Verteilung durch die stetige Normalverteilung ist die **Stetigkeitskorrektur** von i. d. R. $\pm 0,5$ zu beachten, etwa bei der Binomialverteilung:

$$P(k_u \leq X \leq k_o) \approx \Phi\left(\frac{k_o + 0,5 - nP}{\sqrt{nPQ}}\right) - \Phi\left(\frac{k_u - 0,5 - nP}{\sqrt{nPQ}}\right).$$

9. Lognormale Verteilung vgl. B3.7.2
10. Zwei- und mehrdimensionale Normalverteilung vgl. B3.7.3
11. χ^2-Verteilung vgl. B3.7.4
12. t-Verteilung vgl. B3.7.5
13. F-Verteilung vgl. B3.7.6
14. CAUCHY-Verteilung vgl. B3.8.2
15. Logistische Verteilung vgl. B3.8.5

3.7.2 Lognormale Verteilung[8] – $Ln(\mu^*; \sigma^{*2})$

$$f(x) = \begin{cases} \dfrac{1}{\sigma^* \sqrt{2\pi}} \dfrac{1}{x} \exp\left[-\dfrac{(\ln x - \mu^*)^2}{2\sigma^{*2}}\right] & \text{für} \quad x \geq 0 \\ 0 & \text{sonst} \end{cases} \quad \begin{matrix} \mu^* \in \mathbb{R} \\ \sigma^* \in \mathbb{R}^+ \end{matrix}$$

$f(x)$ ist eine linkssteile Dichte (vgl. Abb. B3/21 oben).

Kurzschreibweise: $X \sim Ln(\mu^*; \sigma^{*2})$
$\mu^* = E(\ln X)$
$\sigma^{*2} = V(\ln X)$

$$g(\ln x) = \frac{1}{\sigma^* \sqrt{2\pi}} \exp\left\{-\frac{(\ln x - \mu^*)^2}{2\sigma^{*2}}\right\}$$

$g(\ln x)$ ist die Dichte einer Normalverteilung mit den Parametern μ^* und σ^{*2} (vgl. Abb. B3/21 unten).

$$F(x) = \Phi\left(\frac{\ln x - \mu^*}{\sigma^*}\right)$$

$$F^{-1}(P) = x_P = \exp\left(\mu^* + u_P\, \sigma^*\right); \quad \text{speziell:} \quad x_{0,5} = e^{\mu^*}$$

$$N_{\ln X} = \exp\{t\, \mu^* + t^2 \sigma^{*2}/2\}; \quad Z_{\ln X} = \exp\{t^2 \sigma^{*2}/2\}$$

$$\mu'_r = E(X^r) = \exp\{r\mu^* + r^2 \sigma^{*2}/2\}$$

$$\mu'_1 = E(X) = \exp\left(\mu^* + \sigma^{*2}/2\right) \neq \exp[E(\ln X)] = e^{\mu^*}$$

$$\mu_2 = V(X) = \delta\,(\delta - 1) \exp(2\mu^*) \quad \text{mit} \quad \delta := \exp(\sigma^{*2})$$

$$\mu_r = \left(\frac{\mu_2}{\delta - 1}\right)^{r/2} \sum_{i=0}^{r} (-1)^i \binom{r}{i} \delta^{(r-1)(r-i-1)/2}$$

$$\mu_3 = \delta^{3/2} (\delta - 1)^2 (\delta + 2) \exp(3\,\mu^*)$$

$$\mu_4 = \delta^2 (\delta - 1)^2 (\delta^4 + 2\,\delta^3 - 3\,\delta^2 - 3) \exp(4\,\mu^*)$$

$$x_d = \exp(\mu^* - \sigma^{*2})$$

$x_d < x_{0,5} < \mu \;\Rightarrow\;$ linkssteile Dichte

$$\alpha_3 = (\delta + 2)\sqrt{\delta - 1}; \quad \lim_{\sigma^* \to 0} \alpha_3 = 0$$

$$\alpha_4 = \delta^4 + 2\,\delta^3 + 3\,\delta^2 - 3; \quad \lim_{\sigma^* \to 0} \alpha_4 = 3$$

---

[8] Diese Verteilung wird auch als GALTON-, GIBRAT-, MCALISTER- oder KAPTEYN-Verteilung bezeichnet.

Abb. B3/21: Lognormalverteilungen
oben: Dichte von X unten: Dichte von $\ln X$

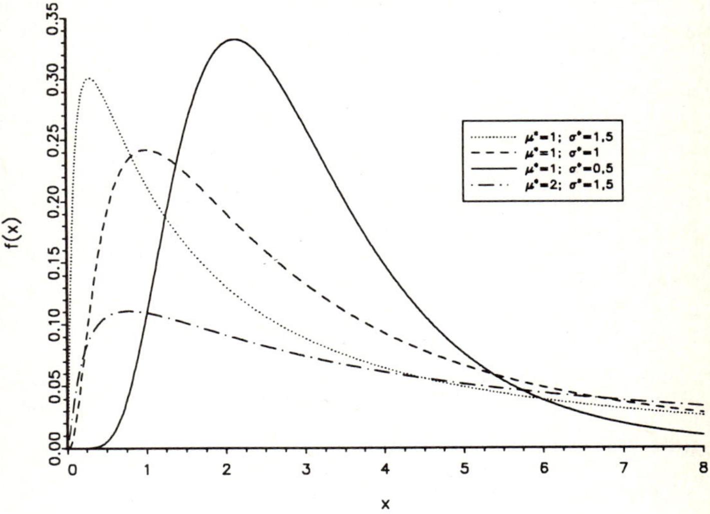

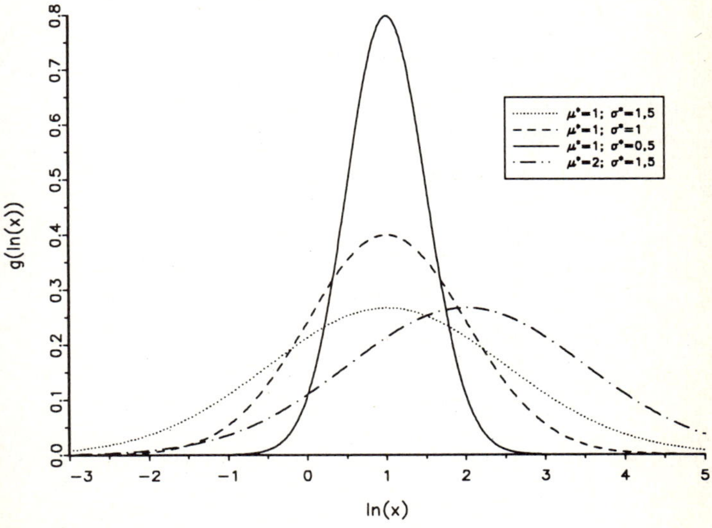

Lognormal-Netz:

Es unterscheidet sich vom Normalverteilungsnetz nur durch eine logarithmisch skalierte Abszisse zum Auftragen der Realisationen von X.

Modell:

Eine Zufallsvariable X, in der sich **multiplikativ** sehr viele andere Zufallsvariable X_i überlagern, ist unter schwachen Annahmen über die X_i in guter Näherung lognormal-verteilt.

Eigenschaften:

$$X_i \sim Ln(\mu_i^*; \sigma_i^{*2});\ i = 1, 2, \ldots, n \quad \Rightarrow \quad X = a \prod_{i=1}^{n} X_i^{b_i} \sim Ln(\mu^*; \sigma^{*2})$$

$$\text{mit } \mu^* = \ln a + \sum_{i=1}^{n} b_i \mu_i^* \text{ und } \sigma^{*2} = \sum_{i=1}^{n} b_i^2 \sigma_i^{*2};\ X_i \text{ unkorreliert.}$$

(Reproduktivität unter der Produktbildung)

Insbesondere gilt:

$$X_i \sim Ln(\mu^*; \sigma^{*2});\ i = 1, 2, \ldots, n \quad \Rightarrow \quad \overline{X}_g = \sqrt[n]{\prod_{i=1}^{n} X_i} \sim Ln\left(\mu^*; \frac{\sigma^{*2}}{n}\right)$$

Das **geometrische Mittel** $\overline{X}_g$ von n unabhängig identisch lognormal-verteilten X_i ist wieder lognormal-verteilt mit gleichem μ^*, aber mit $V(\overline{X}_g) = \sigma^{*2}/n$.

Verwandte Verteilungen

1. Drei-Parameter-Lognormalverteilung

$$f(x) = \begin{cases} \dfrac{1}{\sigma^* \sqrt{2\pi}} \dfrac{1}{x-a} \exp\left\{ -\dfrac{[\ln(x-a) - \mu^*]^2}{2\sigma^{*2}} \right\} & \text{für} \quad x \geq a \\ 0 & \text{sonst} \end{cases} \quad \begin{matrix} a \in \mathbb{R} \\ \mu^* \in \mathbb{R} \\ \sigma^* \in \mathbb{R}^+ \end{matrix}$$

   mit $E\left[\ln(X-a)\right] = \mu^*$ und $V\left[\ln(X-a)\right] = \sigma^{*2}$
   $E(X) = a + \exp(\mu^* + \sigma^{*2}/2)$

2. $X \sim Ln(\mu^*; \sigma^{*2}) \quad \Rightarrow \quad Y = \ln X \sim No(\mu^*; \sigma^{*2})$

3. $X \sim Ln(\mu^*; \sigma^{*2}) \quad \Rightarrow \quad X \overset{\text{approx}}{\sim} No(\mu^*; \sigma^{*2})$ für $\sigma^* \to 0$

3.7.3 Zwei- und mehrdimensionale Normalverteilung – $Nz(\mu_X; \mu_Y; \sigma_X^2; \sigma_Y^2; \rho)$ und $Nm(\boldsymbol{\mu}; \boldsymbol{\Sigma})$

$$f(x,y) = \frac{1}{2\pi\sigma_X\sigma_Y\sqrt{1-\rho^2}} \exp\left\{-\frac{1}{2(1-\rho^2)}\left[\left(\frac{x-\mu_X}{\sigma_X}\right)^2 - 2\rho\,\frac{x-\mu_X}{\sigma_X}\,\frac{y-\mu_Y}{\sigma_Y} + \left(\frac{y-\mu_Y}{\sigma_Y}\right)^2\right]\right\}, \quad \begin{cases} x, y \in \mathbb{R} \\ \sigma_X, \sigma_Y \in \mathbb{R}^+ \\ \mu_X, \mu_Y \in \mathbb{R} \\ -1 \le \rho \le +1 \end{cases}$$

Kurzschreibweise: $(X,Y) \sim Nz(\mu_X; \mu_Y; \sigma_X^2; \sigma_Y^2; \rho)$

Randdichten

$$f_X(x) = \frac{1}{\sigma_X\sqrt{2\pi}} \exp\left\{-\frac{(x-\mu_X)^2}{2\sigma_X^2}\right\}$$

$$f_Y(y) = \frac{1}{\sigma_Y\sqrt{2\pi}} \exp\left\{-\frac{(y-\mu_Y)^2}{2\sigma_Y^2}\right\}$$

$E(X) = \mu_X; \quad E(Y) = \mu_Y$

$V(X) = \sigma_X^2; \quad V(Y) = \sigma_Y^2$

$Cov(X,Y) = E\left[(X-\mu_X)(Y-\mu_Y)\right] = \rho\,\sigma_X\,\sigma_Y$

$\rho(X,Y) = \rho$

Ist $\rho = 0$ (X und Y sind unkorreliert), so gilt

$$f(x,y) = f_X(x)\,f_Y(y)$$

(X und Y sind unabhängig). Bei zweidimensionaler Normalverteilung (und nur bei dieser!) folgt aus Unkorreliertheit auch Unabhängigkeit.

Bedingte Dichten

$$f(x|y) = \frac{1}{\sigma_{X|y}\sqrt{2\pi}} \exp\left\{-\frac{(x-\mu_{X|y})^2}{2\sigma_{X|y}^2}\right\}$$

$\sigma_{X|y}^2 = \sigma_X^2(1-\rho^2)$ – bedingte Varianz von X

$\mu_{X|y} = \mu_X + \rho\,\frac{\sigma_X}{\sigma_Y}(y-\mu_Y)$ – bedingter Erwartungswert von X; Regression von X auf Y (Gerade)

$$f(y|x) = \frac{1}{\sigma_{Y|x}\sqrt{2\pi}} \exp\left\{-\frac{(y-\mu_{Y|x})^2}{2\sigma_{Y|x}^2}\right\}$$

Abb. B3/22a: Zweidimensionale Normalverteilung
oben: Dichtefunktion unten: Linien gleicher Dichte

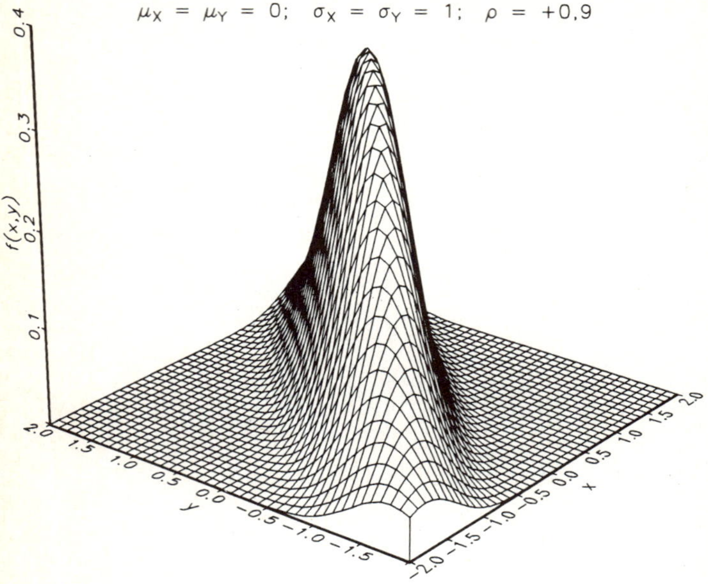

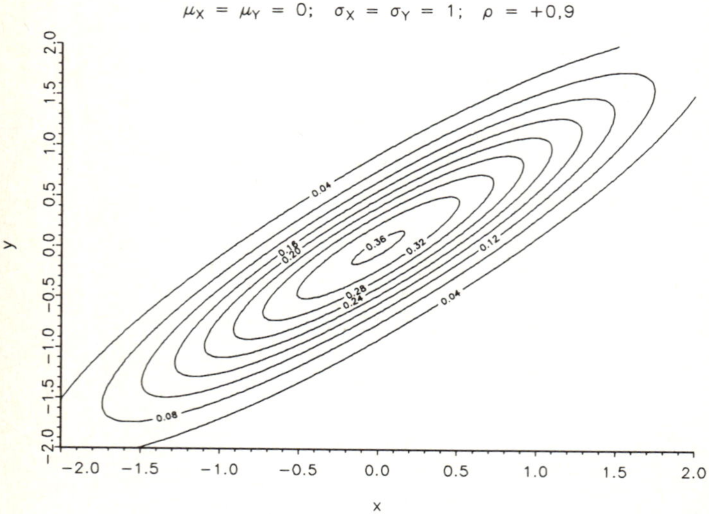

Abb. B3/22b: Zweidimensionale Normalverteilung
oben: Verteilungsfunktion unten: Linien gleicher Wahrscheinlichkeit

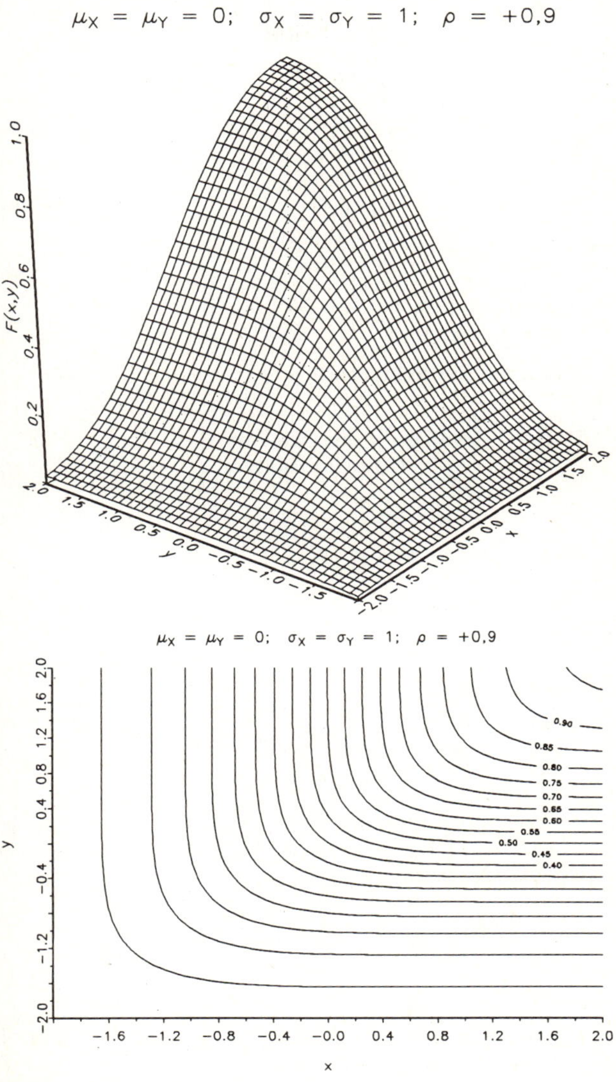

$$\sigma^2_{Y|x} = \sigma^2_Y(1-\rho^2) \quad \text{– bedingte Varianz von } Y$$

$$\mu_{Y|x} = \mu_Y + \rho\,\frac{\sigma_Y}{\sigma_X}(x-\mu_X) \quad – \begin{cases}\text{bedingter Erwartungswert von } Y;\\ \text{Regression von } Y \text{ auf } X \text{ (Gerade)}\end{cases}$$

Umbenennungen:

$X_1 := X; \quad X_2 := Y$

$\mu_1 := \mu_X; \quad \mu_2 := \mu_Y$

$\sigma_{11} := \sigma^2_X; \quad \sigma_{22} := \sigma^2_Y$

$\sigma_{12} = \sigma_{21} := Cov(X,Y)$

$\boldsymbol{X} := \begin{pmatrix} X_1 \\ X_2 \end{pmatrix}$ – Variablenvektor

$\boldsymbol{x} := \begin{pmatrix} x_1 \\ x_2 \end{pmatrix}$ – Realisationsvektor

$\boldsymbol{\mu} := \begin{pmatrix} \mu_1 \\ \mu_2 \end{pmatrix}$ – Vektor der Erwartungswerte

$\boldsymbol{\Sigma} := \begin{pmatrix} \sigma_{11} & \sigma_{12} \\ \sigma_{12} & \sigma_{22} \end{pmatrix}$ – $\begin{cases}\text{Varianz-Kovarianzmatrix}\\ \text{kurz: } \textbf{Kovarianzmatrix}\end{cases}$

$\boldsymbol{\Sigma}$ ist symmetrisch und positiv definit.

$|\boldsymbol{\Sigma}| = \sigma_{11}\sigma_{22} - \sigma^2_{12}$ - Determinante von $\boldsymbol{\Sigma}$

$\boldsymbol{\Sigma}^{-1} = \frac{1}{|\boldsymbol{\Sigma}|}\begin{pmatrix} \sigma_{22} & -\sigma_{12} \\ -\sigma_{12} & \sigma_{11} \end{pmatrix}$ – Inverse der Kovarianzmatix

Alternative Schreibweise von $f(x,y)$:

$$f(\boldsymbol{x}) = \frac{1}{2\pi|\boldsymbol{\Sigma}|^{1/2}} \exp\left[-\frac{1}{2}(\boldsymbol{x}-\boldsymbol{\mu})'\boldsymbol{\Sigma}^{-1}(\boldsymbol{x}-\boldsymbol{\mu})\right]$$

Erweitert man den Zwei-Komponenten-Vektor $\boldsymbol{x}$ auf m Komponenten, so daß $\boldsymbol{\mu}$ ebenfalls m Elemente hat und $\boldsymbol{\Sigma}$ eine $(m \times m)$-Matrix ist, so erhält man als Dichte der $\boldsymbol{m}$-dimensionalen Normalverteilung:

$$f(\boldsymbol{x}) = \frac{1}{(2\pi)^{m/2}|\boldsymbol{\Sigma}|^{1/2}} \exp\left[-\frac{1}{2}(\boldsymbol{x}-\boldsymbol{\mu})'\boldsymbol{\Sigma}^{-1}(\boldsymbol{x}-\boldsymbol{\mu})\right].$$

Kurzschreibweise: $\boldsymbol{X} \sim Nm(\boldsymbol{\mu}; \boldsymbol{\Sigma})$

In der Regressionsrechnung wird die mehrdimensionale Normalverteilung häufig als Verteilung der latenten Variablen genommen.

3.7.4 χ^2-Verteilung[9] – $\chi^2(f)$

$$f(x) = \left\{ \begin{array}{ll} \dfrac{1}{2^{f/2}\,\Gamma(f/2)} x^{(f/2)-1}\, e^{-x/2} & \text{für } x \geq 0 \\ 0 & \text{sonst} \end{array} \right\} f \in \mathbb{N}$$

Kurzschreibweise: $X \sim \chi^2(f)$

Der Parameter f heißt **Zahl der Freiheitsgrade**.

$$F(x) = \int_0^x f(u)\,du - \text{ nicht elementar darstellbar}$$

$$\chi^2_{f;P} := F^{-1}(P) - \begin{cases} \text{Die Perzentilsfunktion ist nicht elementar darstellbar.} \\ \text{Perzentile in Tab. V des Anhangs} \end{cases}$$

$$N_X(t) = (1-2t)^{-f/2}$$

$$\mu'_r = 2^r \prod_{j=0}^{r-1} \left(j + \frac{f}{2}\right)$$

$$\mu'_r = 2\left(r - 1 + \frac{f}{2}\right) \mu'_{r-1} \; - \text{ Rekursionsformel}$$

$$\mu'_1 = \mu = f$$

$$\mu'_2 = f\,(2+f)$$

$$\mu'_3 = f\,(2+f)(4+f)$$

$$\mu'_4 = f\,(2+f)(4+f)(6+f)$$

$$\mu_r = \sum_{i=0}^{r} \binom{r}{i} (-f)^i\, 2^{r-i} \prod_{j=0}^{r-i-1} \left(j + \frac{f}{2}\right)$$

$$\mu_{r+1} = 2\,r\,(\mu_r + f\mu_{r-1}) - \text{ Rekursionsformel}$$

$$\mu_2 = \sigma^2 = 2\,f$$

$$\mu_3 = 8\,f$$

$$\mu_4 = 48\,f + 12\,f^2$$

$$x_d = f - 2 \text{ für } f \geq 2$$

$$\alpha_3 = \sqrt{8/f}\,; \quad \lim_{f\to\infty} \alpha_3 = 0$$

$$\alpha_4 = 3 + \frac{12}{f}\,; \quad \lim_{f\to\infty} \alpha_4 = 3$$

---

[9] Auch HELMERT-PEARSON-Verteilung genannt.
FRIEDRICH ROBERT HELMERT, 1843 – 1917; KARL PEARSON, 1857 – 1936.

Abb. B3/23: Dichte einiger χ^2-Verteilungen

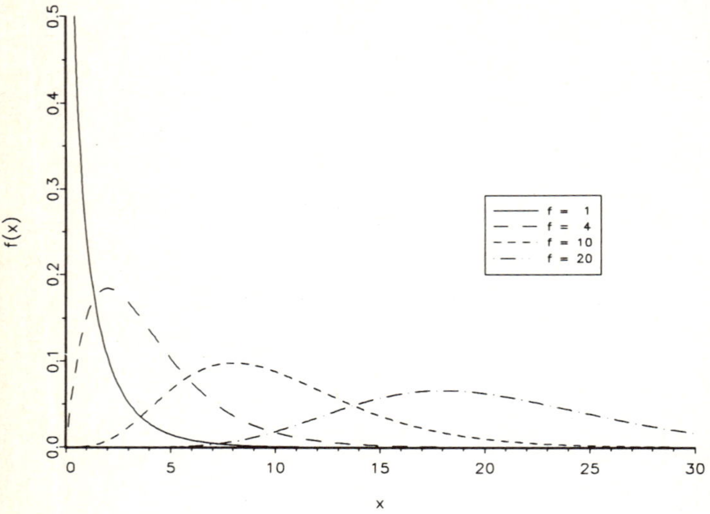

Hinweis:
Außer der hier vorgestellten zentralen χ^2-Verteilung gibt es auch noch eine dezentrale χ^2-Verteilung.

Modell:

$$X_i \sim No(\mu;\sigma^2);\ i = 1,2,\ldots,n \ \Rightarrow\ X = \frac{\sum_{i=1}^{n}(X_i-\mu)^2}{\sigma^2} = \frac{nS^{*2}}{\sigma^2} \sim \chi^2(n)$$

mit

$$S^{*2} := \frac{1}{n}\sum_{i=1}^{n}(X_i-\mu)^2$$

und

$$X_i \sim No(\mu;\sigma^2);\ i = 1,2,\ldots,n \Rightarrow X = \frac{\sum_{i=1}^{n}(X_i-\overline{X})^2}{\sigma^2} = \frac{(n-1)S^2}{\sigma^2} \sim \chi^2(n-1)$$

mit

$$S^2 := \frac{1}{n-1}\sum_{i=1}^{n}(X_i-\overline{X})^2;\quad \overline{X} = \frac{1}{n}\sum_{i=1}^{n}X_i$$

Eigenschaft:

$$X_i \sim \chi^2(f_i);\ i = 1, 2, \ldots, n \text{ und unabh.} \Rightarrow X = \sum_{i=1}^{n} X_i \sim \chi^2(f);\ f = \sum_{i=1}^{n} f_i$$

Reproduktivität unter der Summenbildung

Verwandte Verteilungen

1. $X \sim \chi^2(2) \;\Rightarrow\; X \sim Ex(0,5)$
   Identität von χ^2-Verteilung mit $f = 2$ und Exponentialverteilung mit $\lambda = 0,5$
2. $X \sim \chi^2(f) \;\Rightarrow\; X \sim Ga(0,5; f/2)$
   Identität von χ^2-Verteilung mit f Freiheitsgraden und Gamma-Verteilung mit $\lambda = 0,5$ und $c = f/2$
3. $X \sim \chi^2(2k+1)$ und $Y \sim Po(\lambda)$
   $P(Y \leq k) = 1 - F_X(2\lambda) = 1 - \alpha$
   $\chi^2_{2k+1;\alpha} = 2\lambda$
4. $X \sim Re(0;1) \;\Rightarrow\; Y = -2\ln X \sim \chi^2(2) = Ex(1/2)$
5. Normalverteilung vgl. B3.7.1
6. t-Verteilung vgl. B3.7.5
7. F-Verteilung vgl. B3.7.6
8. Beta-Verteilung vgl. B3.8.1

3.7.5 t-Verteilung[10] – $t(f)$

$$f(x) = \frac{\Gamma\left(\dfrac{f+1}{2}\right)}{\sqrt{f\pi}\,\Gamma(f/2)} \left(1 + \frac{x^2}{f}\right)^{-(f+1)/2} \quad ; \quad x \in \mathbb{R};\ f \in \mathbb{N}$$

Kurzschreibweise: $X \sim t(f)$

Der Parameter f heißt **Zahl der Freiheitsgrade**.

[10] Auch Student-oder GOSSET-Verteilung genannt. WILLIAM SEALY GOSSET, 1876 – 1937; Pseudonym: Student.

Abb. B3/24: Dichte einiger t-Verteilungen

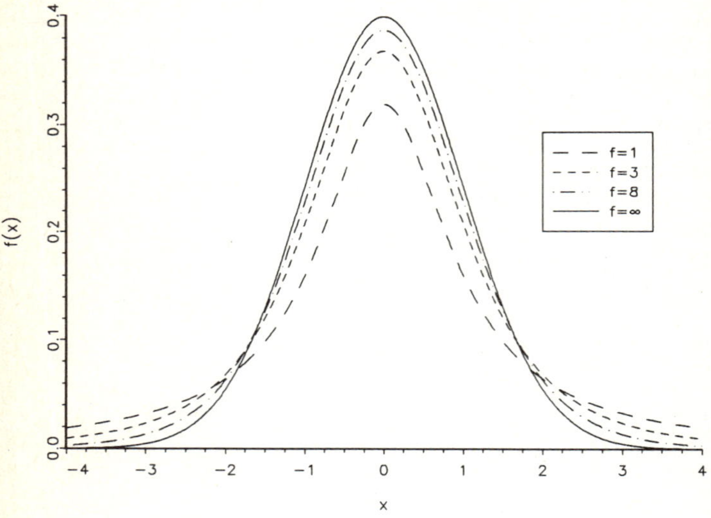

$$f(x) = f(-x) \quad - \text{ Symmetrie um } x = 0$$

$$F(x) = \int_{-\infty}^{x} f(u)\,du \quad - \text{ nicht elementar darstellbar}$$

$$F(x) = 1 - F(-x) \quad - \text{ wegen der Symmetrie der Dichte um } x = 0$$

$$t_{f;P} = F^{-1}(P) \begin{cases} \text{Die Perzentilsfunktion ist nicht elementar darstellbar.} \\ t_{f;P} \text{ ist in Tabelle VI zu finden.} \end{cases}$$

$$t_{f;P} = -t_{f;1-P} \quad - \text{ wegen der Symmetrie der Dichte um } x = 0$$

$$C_X(t) = \frac{1}{B\left(\frac{1}{2}; \frac{f}{2}\right)} \int_{-\infty}^{+\infty} \frac{\exp(i\,t\,u\sqrt{f})}{(1+u^2)^{(f+1)/2}}\,du$$

$$\mu_1' = \mu = 0 \text{ für } f \geq 2$$

$$\mu_r = \left.\begin{cases} f^{r/2} \dfrac{1 \cdot 3 \cdot \ldots \cdot (r-1)}{(f-r)(f-r-2) \cdot \ldots \cdot (f-2)} & \text{für } r = 2k \\ 0 & \text{für } r = 2k+1 \end{cases}\right\} r < f$$

$$\mu_2 = \sigma^2 = \frac{f}{f-2}, \text{ falls } f \geq 3$$

$$x_d = x_{0,5} = \mu = 0$$

$$\alpha_3 = 0, \text{ falls } f \geq 4$$

$$\alpha_4 = 3 + \frac{6}{f-4}, \text{ falls } f \geq 5; \quad \lim_{f\to\infty} \alpha_4 = 3$$

Hinweis:

Außer der hier vorgestellten zentralen t-Verteilung gibt es noch eine dezentrale t-Verteilung.

Modell:

$$X_i \sim No(\mu;\sigma^2);\ i = 1,2,\ldots,n \text{ und unabhängig} \Rightarrow Y := \frac{\overline{X}-\mu}{S}\sqrt{n} \sim t(n-1),$$

wobei $\overline{X} = \frac{1}{n}\sum_{i=1}^{n} X_i$ und $S^2 = \frac{1}{n-1}\sum_{i=1}^{n}(X_i - \overline{X})^2$.

Verwandte Verteilungen

1. $X \sim t(f) \Rightarrow X \overset{\text{approx}}{\sim} No(0;1)$ für $f \to \infty$
   Faustregel: Für $f > 100$ gilt $t_{f;P} \approx u_P$.
2. F-Verteilung vgl. B3.7.6
3. CAUCHY-Verteilung vgl. B3.8.2

3.7.6 F-Verteilung[11] – $Fi(f_1; f_2)$

$$f(x) = \begin{cases} \dfrac{\Gamma\left(\dfrac{f_1+f_2}{2}\right)}{\Gamma\left(\dfrac{f_1}{2}\right)\Gamma\left(\dfrac{f_2}{2}\right)} \left(\dfrac{f_1}{f_2}\right)^{f_1/2} \dfrac{x^{(f_1/2)-1}}{[1+f_1x/f_2]^{(f_1+f_2)/2}} & \text{für } x \geq 0 \\ 0 & \text{sonst} \end{cases} \quad f_1, f_2 \in \mathbb{N}$$

Kurzschreibweise: $X \sim Fi(f_1; f_2)$

Die Parameter f_1 und f_2 heißen **Zähler- und Nennerfreiheitsgrad**.

$$F(x) = \int_0^x f(u)\,du \quad \text{– nicht elementar darstellbar}$$

$F_{f_1;f_2;P} := F^{-1}(P)$ – Die Perzentilsfunktion ist nicht elementar darstellbar. $F_{f_1;f_2;P}$ ist in Tabelle VII zu finden.

[11] Auch FISHER-Verteilung genannt; RONALD AYLMER FISHER, 1890 – 1962.

Bei der Tabellierung wird nur $P \geq 0,5$ berücksichtigt, da:

$$F_{f_1;f_2;1-P} = \frac{1}{F_{f_2;f_1;P}}.$$

Abb. B3/25: Dichte einiger F-Verteilungen

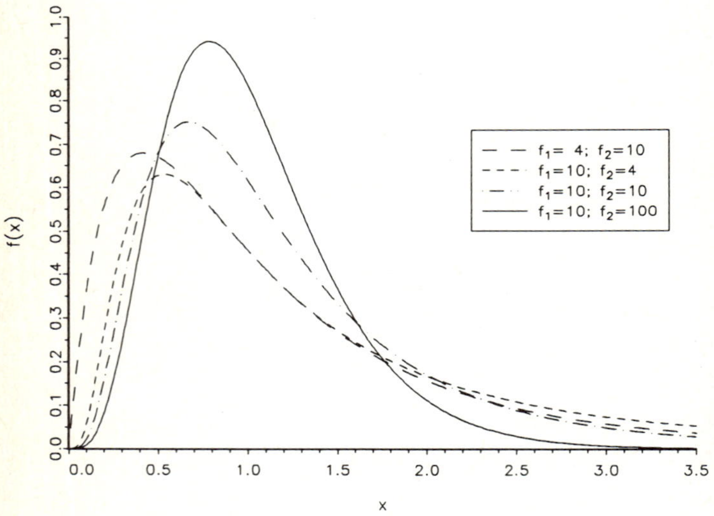

$$\mu_r' = \left(\frac{f_2}{f_1}\right)^r \frac{f_1(f_1+2)\cdot\ldots\cdot(f_1+2[r-1])}{(f_2-2)(f_2-4)\cdot\ldots\cdot(f_2-2r)}, \quad \text{falls } 2r < f_2$$

$$\mu_1' = \mu = \frac{f_2}{f_2-2}, \text{ falls } f_2 > 2$$

$$\mu_2' = \frac{f_2^2(f_1+2)}{f_1(f_2-2)(f_2-4)}, \quad \text{falls } f_2 > 4$$

$$\mu_2 = \sigma^2 = \frac{2f_2^2(f_1+f_2-2)}{f_1(f_2-2)^2(f_2-4)}, \quad \text{falls } f_2 > 4$$

$$x_d = \frac{f_2(f_1-2)}{f_1(f_2+2)}, \quad \text{falls } f_1 \geq 2$$

$$\alpha_3 = \frac{2f_1 + f_2 - 2}{f_2 - 6}\sqrt{\frac{8(f_2 - 4)}{f_1(f_1 + f_2 - 2)}} > 0, \quad \text{falls} \quad f_2 > 6$$

$$\alpha_4 = 3 + \frac{12\{(f_2 - 2)^2(f_2 - 4) + f_1(f_1 + f_2 - 2)(5f_2 - 22)\}}{f_1(f_2 - 6)(f_2 - 8)(f_1 + f_2 - 2)} > 3, \text{ falls } f_2 > 8$$

Hinweis:

Außer der hier vorgestellten zentralen F-Verteilung gibt es noch eine dezentrale F-Verteilung.

Modell:

$X_i \sim No(\mu_X; \sigma_X^2)$; $i = 1, 2, \ldots, n$ und unabhängig;
$Y_j \sim No(\mu_Y; \sigma_Y^2)$; $j = 1, 2, \ldots, m$ und unabhängig

$$\Rightarrow X := \frac{\frac{1}{n-1}\sum_{i=1}^{n}(X_i - \overline{X})^2}{\frac{1}{m-1}\sum_{j=1}^{m}(Y_j - \overline{Y})^2} : \frac{\sigma_X^2}{\sigma_Y^2} = \frac{S_X^2/\sigma_X^2}{S_Y^2/\sigma_Y^2} \sim Fi(n-1; m-1)$$

und

$$X^* := \frac{\frac{1}{n}\sum_{i=1}^{n}(X_i - \mu_X)^2}{\frac{1}{m}\sum_{j=1}^{m}(Y_j - \mu_Y)^2} : \frac{\sigma_X^2}{\sigma_Y^2} = \frac{S_X^{*2}/\sigma_X^2}{S_Y^{*2}/\sigma_Y^2} \sim Fi(n; m)$$

Verwandte Verteilungen

1. $X_1 \sim \chi^2(f_1)$, $X_2 \sim \chi^2(f_2)$ und X_1, X_2 unabhängig

   $$\Rightarrow X := \frac{X_1/f_1}{X_2/f_2} \sim Fi(f_1; f_2) \text{ und } X^{-1} := \frac{X_2/f_2}{X_1/f_1} \sim Fi(f_2; f_1)$$

2. $Y \sim Fi(f_1; \infty) \Rightarrow X := f_1 Y \sim \chi^2(f_1)$

3. $Y \sim Fi(\infty; f_2) \Rightarrow X := f_2/Y \sim \chi^2(f_2)$

4. $Y \sim t(f) \Rightarrow X := Y^2 \sim Fi(1; f)$

5. Beta-Verteilung vgl. B3.8.1

6. $X \sim Fi[2(k+1); 2(n-k)]$ und $Y \sim Bi(n; P)$

   $$P(Y \le k) = 1 - F_X\left(\frac{n-k}{k+1}\frac{P}{1-P}\right) = 1 - \alpha$$

   $$F_{2(k+1);2(n-k);\alpha} = \frac{n-k}{k+1}\frac{P}{1-P}$$

3.8 Weitere stetige Verteilungen

3.8.1 Beta-Verteilung – $Bt(c; d)$

$$f(x) = \left\{ \begin{array}{ccc} \dfrac{1}{B(c;d)}\, x^{c-1}\,(1-x)^{d-1} & \text{für} & 0 \le x \le 1 \\ 0 & \text{sonst} & \end{array} \right\} \quad c, d \in \mathbb{R}^+$$

mit der vollständigen Beta-Funktion

$$B(c;d) := \int_0^1 u^{c-1}\,(1-u)^{d-1}\,du = \frac{\Gamma(c)\,\Gamma(d)}{\Gamma(c+d)}$$

$$\begin{array}{llll} \text{Speziell:} & B(c;d) & = & \dfrac{(c-1)!\,(d-1)!}{(c+d-1)!}, \quad \text{falls } c, d \in \mathbb{N} \\ & B(0,5;0,5) & = & \pi \\ & B(0,5;1) & = & B(1;0,5) = 2 \\ & B(1;1) & = & 1 \\ & B(1;2) & = & B(2;1) = 0,5 \\ & B(2;2) & = & 1/6 \end{array}$$

Kurzschreibweise: $X \sim Bt(c;d)$

Eigenschaften der Dichte (vgl. Abb. B3/26):

1. Vertauscht man c und d, so wird Dichte an der Senkrechten $x = 0,5$ gespiegelt.
2. Für $c = d$ ist die Dichte symmetrisch um $x = 0,5$.
3. Für $0 < c < 1$, d beliebig, gilt: $f(x) \to \infty$ mit $x \to 0$.
4. Für $0 < d < 1$, c beliebig, gilt: $f(x) \to \infty$ mit $x \to 1$.
5. Für $c = 1$, d beliebig, gilt: $f(0) = d$.
6. Für $d = 1$, c beliebig, gilt: $f(1) = c$.
7. Für c, $d > 1$ gilt: $f(0) = f(1) = 0$.
8. Für $c > 1$ und $d > 1$ hat $f(x)$ ein Maximum in $x_d = (c-1)/(c+d-2)$.
9. Für $c < 1$ und $d < 1$ hat $f(x)$ ein Minimum ($\widehat{=}$ Antimodus) in $x^* = (c-1)/(c+d-2)$.
10. Für $c < 1$ und $d < 1$ hat $f(x)$ einen U-förmigen Verlauf.
11. Für $c \le 1 < d$ bzw. für $d \le 1 < c$ hat $f(x)$ einen J- bzw. umgekehrt J-förmigen Verlauf.
12. Es sind
$$x_w = \frac{c-1}{c+d-2} \pm \frac{1}{c+d-2}\sqrt{\frac{(c-1)(d-1)}{c+d-3}},$$
sofern $0 < x_w < 1$, Wendepunkte von $f(x)$.

$$\mu'_r = \prod_{i=0}^{r-1} \frac{c+i}{c+d+i}$$

$$\mu'_r = \mu'_{r-1} \, \frac{c+r-1}{c+d+r-1} \quad - \quad \text{Rekursionsformel für Nullmomente}$$

$$\mu'_1 = \mu = \frac{c}{c+d}$$

$$\mu'_2 = \frac{c\,(c+1)}{(c+d)(c+d+1)}$$

$$\mu_2 = \sigma^2 = \frac{c\,d}{(c+d)^2\,(c+d+1)}$$

$$\mu_3 = \frac{2\,c\,d\,(d-c)}{(c+d)^3\,(c+d+1)(c+d+2)}$$

$$\mu_4 = \frac{3\,c\,d\,[c^2\,(d+2)+d^2\,(c+2)-2\,c\,d]}{(c+d)^4\,(c+d+1)(c+d+2)(c+d+3)}$$

$$x_d = \frac{c-1}{c+d-2}, \quad \text{falls } c>1 \text{ und } d>1$$

$$x_{0,5} \approx \frac{c}{c+d\exp(2\,w)}$$

$$\text{mit} \quad w := \frac{8\,(c\,d^2-c^2d-d^2+c^2)+6\,(d-c)}{3\,(2\,c-1)^2\,(2\,d-1)^2}$$

$$\alpha_3 = \frac{2\,(d-c)}{c+d-2}\sqrt{\frac{c+d+1}{c\,d}}$$

$$\alpha_3 = \begin{cases} <0 & \text{für } d<c \quad - \quad \text{linkssteil} \\ =0 & \text{für } d=c \quad - \quad \text{symmetrisch} \\ >0 & \text{für } d>c \quad - \quad \text{rechtssteil} \end{cases}$$

$$\alpha_4 = \frac{3\,(c+d+1)\left[c^2\,(d+2)+d^2\,(c+2)-2\,c\,d\right]}{c\,d\,(c+d+2)(c+d+3)}$$

Hinweis:

Durch Einführung zweier reeller Parameter $a_1 < a_2$ kann die Beta-Verteilung auf einem beliebigen Intervall $[a_1; a_2]$ definiert werden. Die Dichte lautet dann:

$$f(x) = \frac{1}{B(c;d)}\,\frac{(x-a_1)^{c-1}(a_2-x)^{d-1}}{(a_2-a_1)^{c+d-1}}; \quad a_1 \le x \le a_2.$$

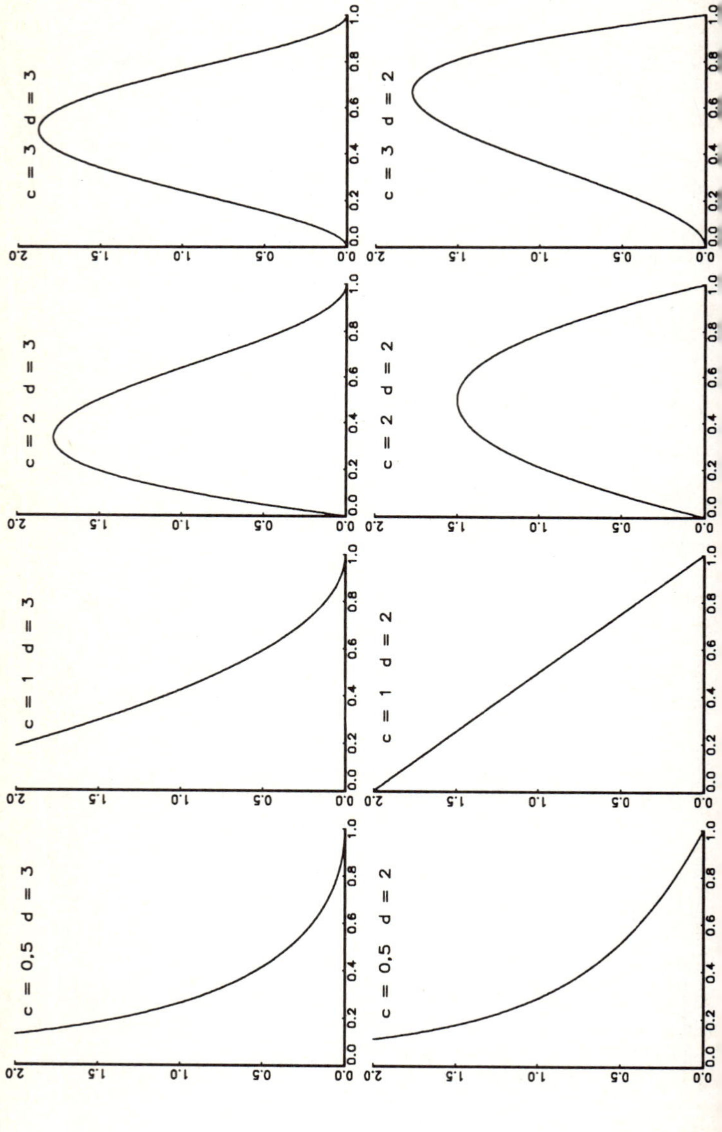

Abb. B3/26: Dichte einiger Beta-Verteilungen

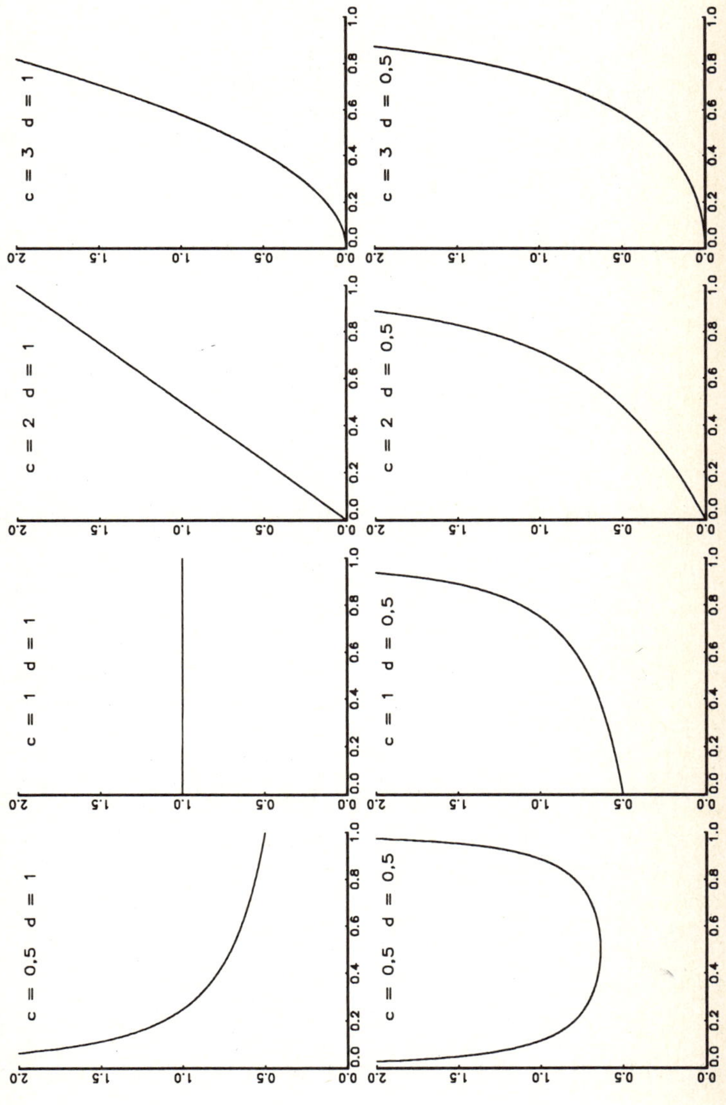

Abb. B3/26: Dichte einiger Beta-Verteilungen (Fortsetzung)

Verwandte Verteilungen:

1. $Bt(1;1) = Re(0;1)$ – Rechtecksverteilung
2. $Bt(1;2) = Ld(0;1)$ – Linkssteile Dreiecksverteilung
3. $Bt(2;1) = Rd(0;1)$ – Rechtssteile Dreiecksverteilung
4. $Bt(c;1) = Pt(0;1;c)$ – Potenz-Verteilung
5. Für $c = d = 0,5$ liegt eine Arkus–Sinus–Verteilung vor:

$$f(x) = \frac{1}{\pi\sqrt{x\,(1-x)}}; \; F(x) = \frac{2}{\pi}\,\arcsin\left(\sqrt{x}\right).$$

6. Binomial- und Beta-Verteilung

$$\sum_{j=k}^{n} \binom{n}{j} P^j (1-P)^{n-j} = \frac{1}{B(k; n-k+1)} \int_0^P u^{k-1}(1-u)^{n-k}\,du$$

7. χ^2- und Beta-Verteilung

$$X_1 \sim \chi^2(f_1);\; X_2 \sim \chi^2(f_2);\; X_1,\, X_2 \text{ unabh.} \quad \Rightarrow \frac{X_1}{X_1 + X_2} \sim Bt\left(\frac{f_1}{2}; \frac{f_2}{2}\right)$$

8. Zwischen der F-Verteilung mit f_1, f_2 Freiheitsgraden und der Beta-Verteilung mit $c = f_1/2$ und $d = f_2/2$ besteht die Beziehung (Y ist die F-, X die Beta-Variable.):

$$P(Y \geq y) = P(X \leq x) \;\text{ mit }\; x = \frac{f_2}{f_2 + f_1 y}.$$

9. Zwischen der t-Verteilung mit f Freiheitsgraden und der Beta-Verteilung mit $c = f/2$ und $d = 1/2$ besteht die Beziehung (Y ist die t-, X die Beta-Variable.):

$$P(-y \leq Y \leq y) = P(X \geq x) \text{ mit } x = \frac{f}{f + y^2}.$$

10. Mit $c, d \to \infty$, so daß $c/d =$ konstant, geht die Beta- gegen die Standardnormalverteilung.

3.8.2 CAUCHY-Verteilung[12] – $Ca(a; b)$

$$f(x) = \frac{1}{\pi\, b\left[1 + \left(\frac{x-a}{b}\right)^2\right]} \qquad \begin{cases} x \in \mathbb{R} \\ a \in \mathbb{R} \\ b \in \mathbb{R}^+ \end{cases}$$

[12] AUGUSTIN CAUCHY, 1789 – 1857

Abb. B3/27: CAUCHY-Verteilungen
oben: Dichte unten: Verteilungsfunktion

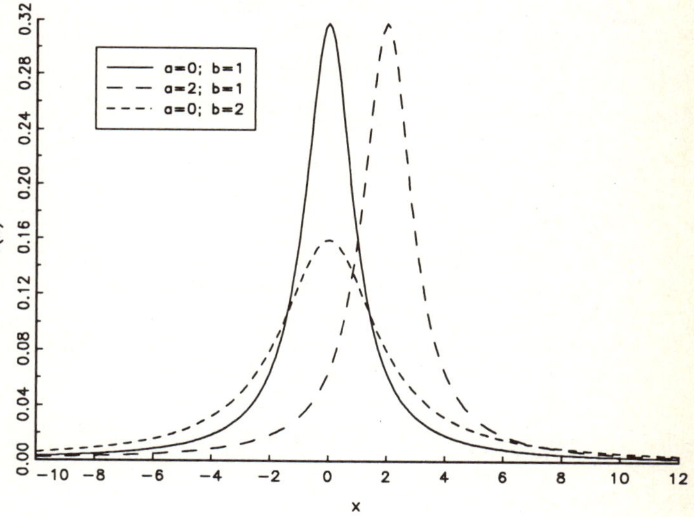

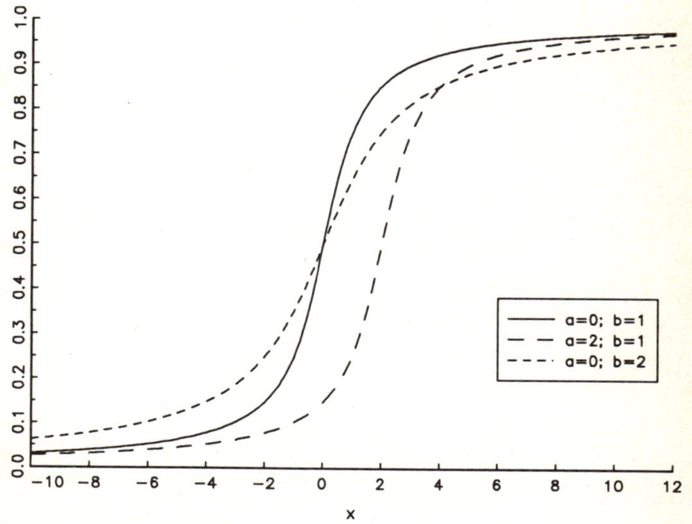

Kurzschreibweise: $X \sim Ca(a; b)$

$F(x) = \frac{1}{2} + \frac{1}{\pi} \arctan\left(\frac{x-a}{b}\right)$

$x_P = F^{-1}(P) = a + b \tan[\pi(P - 0,5)]$

$C_X(t) = \exp(i\,t\,a - |t|\,b)$

Momente existieren nicht.[13]

$x_d = x_{0,5} = a$

Verwandte Verteilungen

1. $Ca(0; 1) = t(1)$ – t-Verteilung
2. Beziehung zwischen CAUCHY- und Normalverteilung
   $X_1 \sim No(0; 1)$; $X_2 \sim No(0; 1)$; X_1, X_2 unabh. $\Rightarrow$ $X_1/X_2 \sim Ca(0; 1)$
3. Die CAUCHY-Verteilung ist reproduktiv unter der Summenbildung:
   $X_i \sim Ca(a_i; b_i)$; $i = 1, 2, \ldots, n$ und unabhängig
   $\Rightarrow X = \sum_{i=1}^{n} X_i \sim Ca(a; b); a = \sum a_i,\ b = \sum b_i.$

3.8.3 Extremwertverteilungen

Unter einer **Extremwertverteilung i. w. S.** versteht man die Verteilung des Stichprobenminimums $X_{<1:n>}$ oder des Stichprobenmaximums $X_{<n:n>}$ in einer unabhängigen, **endlichen Stichprobe** des Umfangs n aus einer Gesamtheit mit $F(x)$ als Verteilungsfunktion. $X_{<1:n>}$ hat dann die Verteilungsfunktion

$$F_{<1:n>}(x) := P(X_{<1:n>} \leq x) = 1 - [1 - F(x)]^n$$

und im stetigen Fall die Dichte

$$f_{<1:n>}(x) = n\,f(x)[1 - F(x)]^{n-1}.$$

$X_{<n:n>}$ hat die Verteilungsfunktion

$$F_{<n:n>}(x) = P(X_{<n:n>} \leq x) = [F(x)]^n$$

und im stetigen Fall die Dichte

$$f_{<n:n>}(x) = n\,f(x)[F(x)]^{n-1}.$$

[13] Da die CAUCHY-Dichte viel Wahrscheinlichkeitsmasse an den Flanken hat (vgl. Abb. B3/27), konvergieren die betreffenden uneigentlichen Integrale nicht.

Unter einer **Extremwertverteilung i. e. S.**, im folgenden kurz Extremwertverteilung genannt, versteht man die Grenzverteilung von $X_{<1:n>}$ bzw. $X_{<n:n>}$ für $n \to \infty$. Die Ausgangsverteilung – $F(x)$ bzw. $f(x)$ – kommt in der asymptotischen Extremwertverteilung nicht mehr vor; in dieser spielt nur der Typus der Ausgangsverteilung eine Rolle. Bereits in den 30er Jahren hat man gezeigt, daß es nur drei Arten von Extremwertverteilungen gibt, die aus dem Verhalten von $f(x)$, $R(x)$ ($\widehat{=}$ Überlebensfunktion) bzw. $g(x)$ ($\widehat{=}$ Hazardrate) der Ausgangsverteilung am jeweils interessierenden Ende (für $x \to \infty$ beim Maximum, für $x \to -\infty$ beim Minimum) resultieren.

Die Verteilungen der asymptotisch kleinsten und asymptotisch größten Stichprobenvariablen sind wegen

$$\min_i X_i = -\left\{\max_i(-X_i)\right\}$$

wie folgt verbunden, wobei Y die Maximum- und X die Minimumvariable bezeichnet und stetige Zufallsvariablen vorausgesetzt sind:

$$\begin{aligned} P(X \leq t) = P(Y \geq -t) &= 1 - P(Y < -t) \\ F_X(t) &= 1 - F_Y(t) \\ f_X(t) &= f_Y(-t). \end{aligned}$$

3.8.3.1 Extremwertverteilung vom Typ I – $EwI(a;b)$

Diese Extremwertverteilung heißt auch doppelte Exponentialverteilung oder GUMBEL-Verteilung.[14] Es wird nur die Verteilung des Maximums vorgestellt. Diese asymptotische Stichprobenmaximumverteilung ergibt sich dann, wenn die Ausgangsverteilung mit der Variablen Y für $y \to \infty$ vom exponentiellen Typ ist, d. h. $f(y)$ und $1 - F(y)$ sehr schnell gegen Null gehen, was etwa für Exponential-, Normal- und χ^2-Verteilung zutrifft.

$$f(x) = \frac{1}{b}\left\{\exp\left(-\frac{x-a}{b}\right)\exp\left[-e^{-(x-a)/b}\right]\right\} \quad \left\{\begin{array}{l} a \in \mathbb{R} \\ b \in \mathbb{R}^+ \\ x \in \mathbb{R} \end{array}\right.$$

Kurzschreibweise: $X \sim EwI(a;b)$

$$F(x) = \exp\left\{-\exp\left(-\frac{x-a}{b}\right)\right\}$$

[14] EMIL JULIUS GUMBEL, 1891 – 1966

Abb. B3/28: Extremwertverteilungen für das Maximum

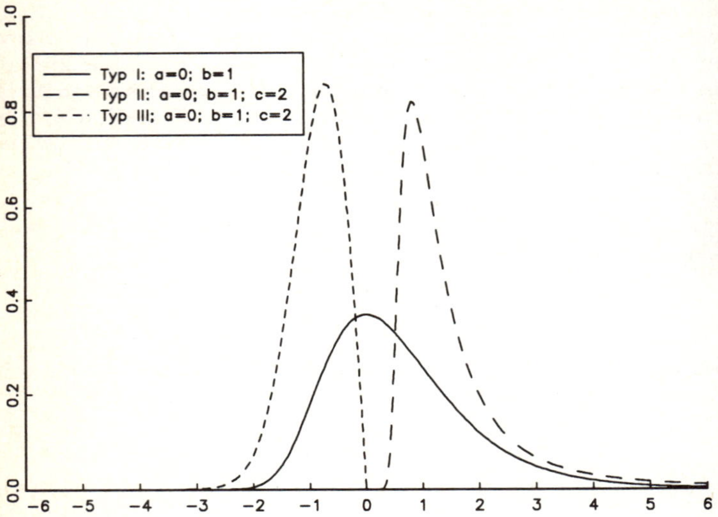

Abb. B3/29: Extremwertverteilungen für das Minimum

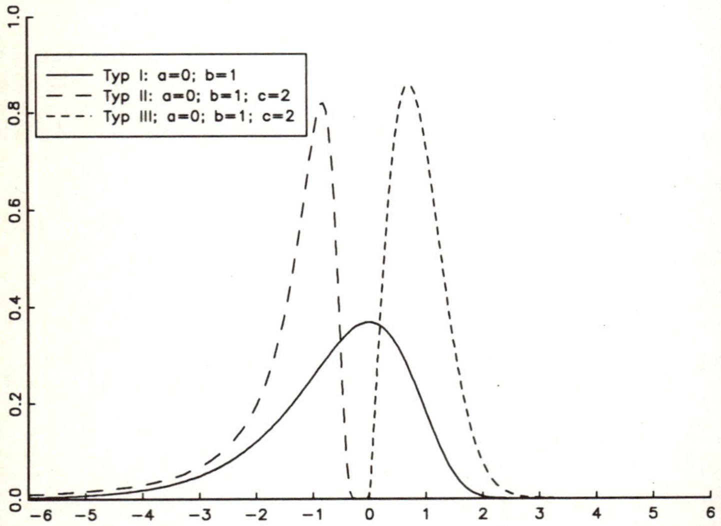

$R(x) = 1 - \exp\left\{-\exp\left(-\frac{x-a}{b}\right)\right\}$

$h(x) = \dfrac{\exp\left(-\frac{x-a}{b}\right)}{b\left[\exp\left\{\exp\left(-\frac{x-a}{b}\right)\right\}-1\right]}; \; h'(x) > 0$

$H(x) = \frac{1}{b}\left(-\ln\left[1-\exp\left\{-\exp\left(-\frac{x-a}{b}\right)\right\}\right]\right)$

$F^{-1}(P) = a - b\,\ln(-\ln P)$

$x_{0,5} \approx a + 0,36651\,b$

$N_X(t) = e^{ta}\,\Gamma(1-b\,t); \; b\,|t| < 1$

$Z_X(t) = e^{-\gamma t}\,\Gamma(1-b\,t); \; \gamma \approx 0,57722$ (EULERsche Zahl)

$\mu_1' = \mu = a + b\,\gamma \approx a + 0,57722\,b$

$\mu_2 = \sigma^2 = b^2\,\pi^2/6 \approx 1,64493\,b^2$

$x_d = a$

$\alpha_3 \approx 1,13955$

$\alpha_4 \approx 5,4$

Verwandte Verteilungen

1. Es hat $Y := -X$ die Extremwertverteilung des Typs I für das Minimum mit der Verteilungsfunktion

$$F(y) = 1 - \exp\left\{-\exp\left(\frac{y-a}{b}\right)\right\}.$$

2. $X \sim EwI(0;1) \Rightarrow Y = e^{-X}$ ist WEIBULL-verteilt.
3. $X \sim EwI(0;b) \Rightarrow Y = e^{-X/b} \sim Ex\left(\frac{1}{b}\right)$ – Exponentialverteilung
4. $X_1,\, X_2 \sim EwI(a;b)$ und unabh. $\Rightarrow Y := X_1 - X_2$ ist logistisch verteilt.
5. X_i ($i = 1,\dots,n$ und unabhängig) $\sim EwI(a;b)$
   $\Rightarrow Y := \max(X_1,\dots,X_n) \sim EwI(a^*;b)$ mit $a^* = a + b\,\ln n$
6. Extremwertverteilung des Typs II vgl. B3.8.3.2
7. Extremwertverteilung des Typs III vgl. B3.8.3.3

3.8.3.2 Extremwertverteilung vom Typ II – $EwII(a;b;c)$

Es wird wiederum nur die Verteilung des Maximums vorgestellt. Sie ergibt sich, wenn die Ausgangsverteilung mit der Variablen Y für $y \to \infty$ in $f(y)$ und $1 - F(y)$ langsamer gegen Null geht als beim exponentiellen Typ, etwa wie eine CAUCHY-Verteilung.

$$f(x) = \begin{cases} \frac{c}{b}\left(\frac{x-a}{b}\right)^{-c-1} \exp\left\{-\left(\frac{x-a}{b}\right)^{-c}\right\} & \text{für} \quad x \geq a \\ 0 & \text{sonst} \end{cases} \quad \begin{matrix} a \in \mathbb{R} \\ b, c \in \mathbb{R}^+ \end{matrix}$$

Kurzschreibweise: $X \sim EwII(a;b;c)$

$$F(x) = \begin{cases} 0 & \text{für} \quad x < a \\ \exp\left\{-\left(\frac{x-a}{b}\right)^{-c}\right\} & \text{für} \quad x \geq a \end{cases}$$

$$R(x) = \begin{cases} 1 & \text{für} \quad x < a \\ 1 - \exp\left\{-\left(\frac{x-a}{b}\right)^{-c}\right\} & \text{für} \quad x \geq a \end{cases}$$

$$F^{-1}(P) = a + b\,\sqrt[c]{1/(-\ln P)}$$

Verwandte Verteilungen

1. Es hat $Y := -X$ die Extremwertverteilung des Typs II für das Minimum.
2. $X \sim EwII(a;b;c) \;\Rightarrow\; Y := \ln(X-a) \sim EwI(a^*;b^*)$ mit $a^* = \ln b$, $b^* = -c$.

3.8.3.3 Extremwertverteilung vom Typ III – $EwIII(a;b;c)$

Vorgestellt wird nur die Verteilung des Maximums, die sich ergibt, wenn die Ausgangsverteilung nur endliche große Realisationen annehmen kann.

$$f(x) = \begin{cases} \frac{c}{b}\left(\frac{a-x}{b}\right)^{c-1} \exp\left\{-\left(\frac{a-x}{b}\right)^{c}\right\} & \text{für} \quad x \leq a \\ 0 & \text{sonst} \end{cases} \quad \begin{matrix} a \in \mathbb{R} \\ b, c \in \mathbb{R}^+ \end{matrix}$$

Kurzschreibweise: $X \sim EwIII(a;b;c)$

$$F(x) = \begin{cases} \exp\left\{-\left(\frac{a-x}{b}\right)^{c}\right\} & \text{für} \quad x \leq a \\ 1 & \text{für} \quad x > a \end{cases}$$

$$R(x) = \begin{cases} 1 - \exp\left\{-\left(\frac{a-x}{b}\right)^c\right\} & \text{für} \quad x \le a \\ 0 & \text{für} \quad x > a \end{cases}$$

$F^{-1}(P) = a - b\sqrt[c]{-\ln P}$

Verwandte Verteilungen

1. Es hat $Y := -X$ die Extremwertverteilung des Typs III für das Minimum, und diese ist die WEIBULL-Verteilung.
2. Ist X Typ III-extremverteilt, so hat $Y := -\ln(a - X)$ eine Typ I-Extremwertverteilung.

3.8.4 LAPLACE-Verteilung[15] – $Lp(a; b)$

$$f(x) = \frac{1}{2\,b}\exp\left\{-\frac{|x-a|}{b}\right\}; x \in \mathbb{R};\ a \in \mathbb{R};\ b \in \mathbb{R}^+$$

Kurzschreibweise: $X \sim Lp(a; b)$

Abb. B3/30: LAPLACE-Verteilung
links: Dichte rechts: Verteilungsfunktion

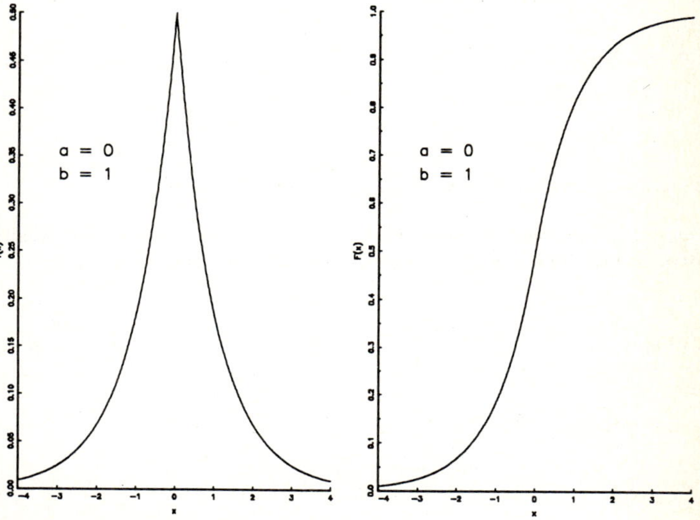

[15] PIERRE SIMON DE LAPLACE, 1749 – 1827

$$F(x) = \begin{cases} 0,5 \exp\left\{-\frac{a-x}{b}\right\} & \text{für} \quad x \le a \\ 1 - 0,5 \exp\left\{-\frac{x-a}{b}\right\} & \text{für} \quad x \ge a \end{cases}$$

$$F^{-1}(P) = \begin{cases} a + b \ln(2\,P) & \text{für} \quad 0 < P \le 0,5 \\ a - b \ln[2\,(1-P)] & \text{für} \quad 0,5 \le P < 1 \end{cases}$$

$$x_{0,5} = a$$

$$N_X(t) = e^{ta}\,(1 - b^2\,t^2)^{-1}$$

$$Z_X(t) = (1 - b^2\,t^2)^{-1}$$

$$\mu_1' = \mu = a$$

$$\left.\begin{aligned} \mu_{2r-1} &= 0 \\ \mu_{2r} &= (2\,r)!\,b^{2\,r} \end{aligned}\right\} r = 1, 2, \ldots$$

$$\mu_2 = \sigma^2 = 2\,b^2$$

$$x_d = a$$

$$\alpha_3 = 0$$

$$\alpha_4 = 6$$

3.8.5 Logistische Verteilung – $Lo(a; b)$

$$f(x) = \frac{\exp\left\{-\frac{x-a}{b}\right\}}{b\left[1 + \exp\left\{-\frac{x-a}{b}\right\}\right]^2} \quad \left.\right\} \begin{aligned} & a \in \mathbb{R};\ b \in \mathbb{R}^+ \\ & x \in \mathbb{R} \end{aligned}$$

Alternative Schreibweisen:

1. $f(x) = \frac{1}{4\,b}\,\mathrm{sch}^2\left\{\frac{1}{2}\;\frac{x-a}{b}\right\}$
   mit
   $\mathrm{sch}(u) = \frac{2}{e^u + e^{-u}}$
   als Hyperbelsekans.

2. $f(x) = \frac{\pi}{\sigma\sqrt{3}}\;\frac{\exp\left\{-\frac{\pi\,(x-\mu)}{\sigma\sqrt{3}}\right\}}{\left[1 + \exp\left\{-\frac{\pi\,(x-\mu)}{\sigma\sqrt{3}}\right\}\right]^2}$ } Parametrisierung mit μ und σ, vgl. unten

Abb. B3/31: Logistische Verteilung
links: Dichte rechts: Verteilungsfunktion

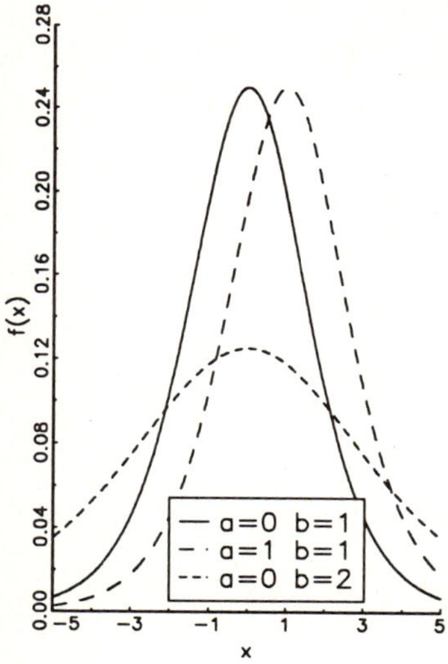

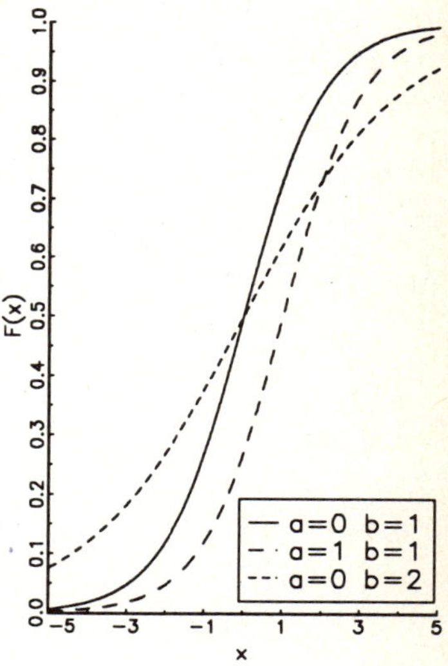

Kurzschreibweise: $X \sim Lo(a;b)$

$$\begin{aligned} F(x) &= \left[1+\exp\left\{-\frac{x-a}{b}\right\}\right]^{-1} \\ &= 1-\left[1+\exp\left\{\frac{x-a}{b}\right\}\right]^{-1} \\ &= \left[1+\exp\left\{-\frac{\pi\,(x-\mu)}{\sigma\sqrt{3}}\right\}\right]^{-1} \\ &= \frac{1}{2}\left[1+\operatorname{th}\left\{\frac{1}{2}\frac{x-a}{b}\right\}\right] \end{aligned}$$

Es ist

$$\operatorname{th}(u)=\frac{e^u-e^{-u}}{e^u+e^{-u}}$$

der Hyperbeltangens.

Zwischen $F(x)$ und $f(x)$ besteht die Beziehung

$$f(x)=\frac{1}{b}\,F(x)\,[1-F(x)]$$

$$h(x) = \frac{1}{b}\left[1 + \exp\left\{-\frac{x-a}{b}\right\}\right]^{-1}; \quad \frac{dh(x)}{dx} > 0 \ \forall \ x$$

$$H(x) = \ln\left[1 + \exp\left\{-\frac{x-a}{b}\right\}\right]$$

$$F^{-1}(P) = a + b\ln\left(\frac{P}{1-P}\right); \quad 0 < P < 1$$

Es wird $\ln[P/(1-P)]$ als Logit bezeichnet.

$$x_{0,5} = a$$

$$\begin{aligned} N_X(t) &= e^{ta}\, B(1-b\,t, 1+b\,t) \\ &= e^{ta}\, \Gamma(1-b\,t)\, \Gamma(1+b\,t) \\ &= e^{ta}\, \pi\, b\, t\ \mathrm{csch}(\pi\, b\, t) \end{aligned}$$

Es ist

$$\mathrm{csch}(u) = \frac{2}{e^u - e^{-u}}$$

der Hyperbelkosekans.

$$\begin{aligned} Z_X(t) &= B(1-b\,t, 1+b\,t) \\ &= \Gamma(1-b\,t)\, \Gamma(1+b\,t) \\ &= \pi\, b\, t\ \mathrm{csch}(\pi\, b\, t) \end{aligned}$$

$$\mu_1' = \mu = a$$

$$\mu_2 = \sigma^2 = b^2\, \pi^2/3$$

$$x_d = a$$

$$\alpha_3 = 0$$

$$\alpha_4 = 4,2$$

Hinweis:

Normal- und logistische Verteilung haben beide eine glockenförmige Dichte, jedoch hat die logistische längere „Schwänze“ als die Normalverteilung, vgl. die Dichtefunktionen in Abb. B3/32. Dort sind die Standardnormalverteilung und die standardisierte logistische Verteilung ($\mu = 0; \sigma = 1$) dargestellt. Die Wendepunkte der Dichte sind $x = \pm 1$ bei der Normalverteilung und $x = \pm(\sqrt{3}/\pi)\ln(2+\sqrt{3}) \approx \pm 0,53)$ bei der logistischen Verteilung.

Verwandte Verteilungen

1. Ist $X \sim Lo(0;1)$, so heißt $Y := a + b\ln(Y - c)$ log-logistisch verteilt.
2. $X_i \sim Lo(0;1)$; $i = 1, 2, \ldots, n$ und unabh. $\Rightarrow$ $Y := \max_i X_i - \ln n \sim EwI(0;1)$; Extremwertverteilung vom Typ I für das Maximum.

3. Verallgemeinerte logistische Verteilung nach GUMBEL:

$$f(x) = \frac{(2k-1)!}{[(k-1)!]^2} \left[e^{-x}(1-e^{-x})^{-2}\right]^k ; \; k \in \mathbb{N} .$$

Für $k = 1$ ergibt sich $Lo(0;1)$.

4. Verallgemeinerte logistische Verteilung nach DUBEY:

$$f(x) = \alpha\, c^{\alpha} \exp\left\{-\frac{x-a}{b}\right\} \left[c + b\exp\left\{-\frac{x-a}{b}\right\}\right]^{-(\alpha+1)} ; \quad \alpha, c \in \mathbb{R}^{+}$$

Für $\alpha = 1$ und $c = b$ ergibt sich $Lo(a;b)$.

Abb. B3/32: Vergleich von logistischer Verteilung und Normalverteilung (jeweils standardisiert)
links: Dichten rechts: Verteilungsfunktionen

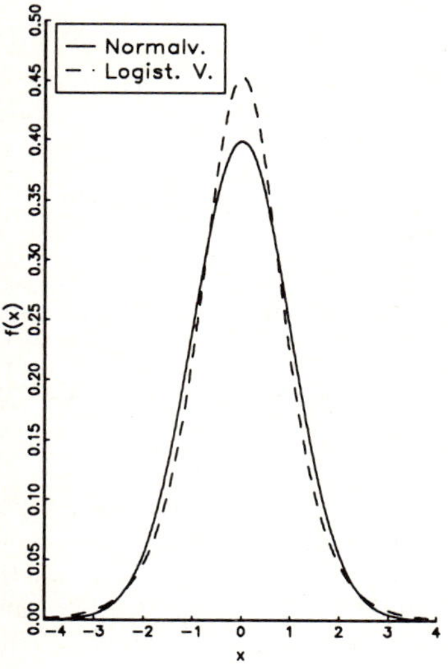

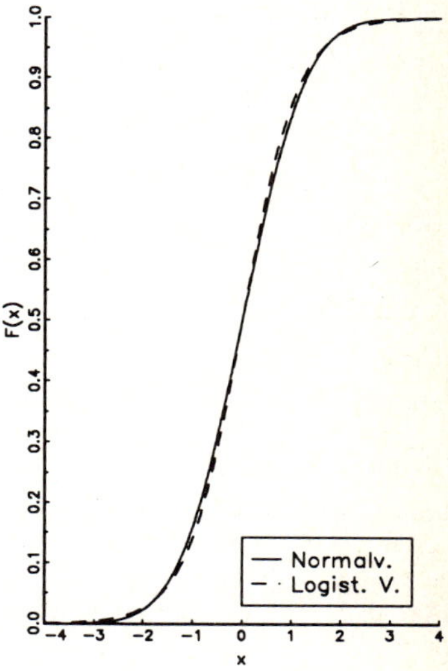

3.8.6 PARETO-Verteilung[16] – $Pa(a;b;c)$

$$f(x) = \begin{cases} \dfrac{c}{b}\left(\dfrac{x-a}{b}\right)^{-c-1} & \text{für} \quad x \geq a+b \\ 0 & \text{sonst} \end{cases} \quad \left.\begin{matrix} a \in \mathbb{R} \\ b, c \in \mathbb{R}^+ \end{matrix}\right.$$

Kurzschreibweise: $X \sim Pa(a;b;c)$

Abb. B3/33: PARETO-Verteilung
links: Dichte rechts: Verteilungsfunktion

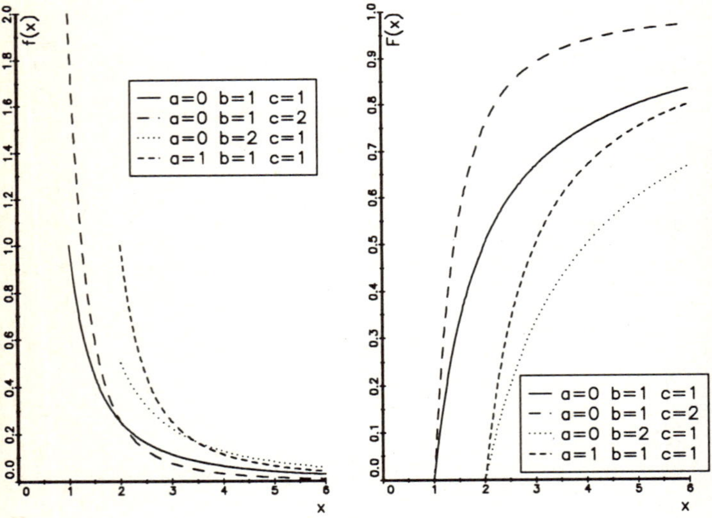

$$F(x) = 1 - \left(\frac{x-a}{b}\right)^{-c} = 1 - \left(\frac{b}{x-a}\right)^{c}$$

$$h(x) = \frac{c}{b}\left(\frac{x-a}{b}\right)^{-1}; \quad \frac{dh(x)}{dx} < 0 \;\; \forall\, x > a$$

$$H(x) = c \, \ln\left(\frac{x-a}{b}\right)$$

$$F^{-1}(P) = a + b\,(1-P)^{-1/c}$$

[16] VILFREDO PARETO, 1848 – 1929

$$x_{0,5} = a + b\sqrt[c]{2}$$

$$\mu'_r = \begin{cases} \sum\limits_{i=0}^{r} \binom{r}{i} \dfrac{c}{c-(r-i)} b^{r-i} a^i & \text{für} \quad c > r \\ \text{nicht definiert} & \text{für} \quad c \le r \end{cases}$$

$$\mu'_1 = \mu = a + b\,\frac{c}{c-1}, \text{ falls } \; c > 1$$

$$\mu_2 = \sigma^2 = \frac{b^2\,c}{(c-1)^2\,(c-2)}, \text{ falls } \; c > 2$$

$$x_d = a + b$$

$$\alpha_3 = \frac{2\,(c+1)}{(c-3)}\sqrt{\frac{c-2}{c}} > 0, \text{ falls } \; c > 3$$

$$\alpha_4 = \frac{3\,(c-2)(3\,c^2+c+2)}{c\,(c-4)\,(c-3)}, \text{ falls } c > 4$$

Verwandte Verteilungen:

1. Die Klasse der verallgemeinerten PARETO-Verteilungen hat die Verteilungsfunktion

$$F(x) = \left\{ \begin{array}{ll} 1 - \left(\dfrac{b+a}{x+a}\right)^c \exp\{-d(x-b)\}; & x \ge b \\ 0 & \text{sonst} \end{array} \right\} d \in \mathbb{R}^+$$

Für $a = d = 0$ und $b = 1$ ergibt sich $Pa(0;1;c)$.

2. $X \sim Pa(0;1;c) \;\Rightarrow\; Y := X^{-1} \sim Pt(0;1;c)$ – Potenz-Verteilung
3. $X \sim Pa(0;1;c) \;\Rightarrow\; Y := \ln X \sim Ex(c)$ – Exponentialverteilung
4. $X_i \sim Pa(0;1;c);\; i = 1, \ldots, n$ und unabhängig

$$\Rightarrow\; Y := \sum_{i=1}^{n} \ln X_i \sim Ga(c;n) \text{ – Gamma-Verteilung}$$

3.8.7 Potenz-Verteilung – $Pt(a;b;c)$

$$f(x) = \left\{ \begin{array}{lll} \dfrac{c}{b}\left(\dfrac{x-a}{b}\right)^{c-1} & \text{für} & a \le x \le a+b \\ 0 & \text{sonst} & \end{array} \right\} \begin{array}{l} a \in \mathbb{R} \\ b; c \in \mathbb{R}^+ \end{array}$$

Kurzschreibweise: $X \sim Pt(a;b;c)$

Abb. B3/34: Potenz-Verteilung
links: Dichte rechts: Verteilungsfunktion

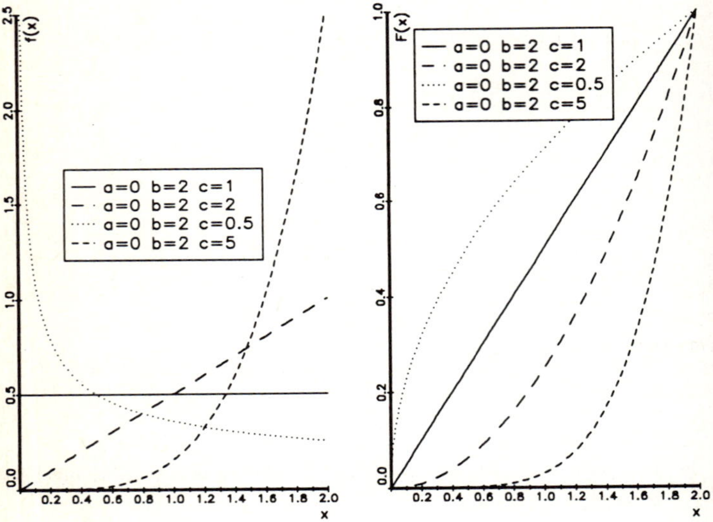

$$F(x) = \left(\frac{x-a}{b}\right)^c$$

$$h(x) = \frac{\frac{c}{b}\left(\frac{x-a}{b}\right)^{c-1}}{1-\left(\frac{x-a}{b}\right)^c}$$

$$H(x) = -\ln\left[1-\left(\frac{x-a}{b}\right)^c\right]$$

$$F^{-1}(P) = a + b\sqrt[c]{P}$$

$$\mu'_r = \sum_{i=0}^{r}\binom{r}{i}\frac{c}{c+r-i}\,b^{r-i}\,a^i$$

$$\mu'_1 = \mu = a + \frac{b\,c}{c+1}$$

$$\mu_2 = \sigma^2 = \frac{b^2 c}{(c+1)^2 (c+2)}$$

$$x_d = \begin{cases} a & \text{für} \quad 0 < c < 1 \\ \text{nicht definiert} & \text{für} \quad c = 1 \\ a + b & \text{für} \quad c > 1 \end{cases}$$

$$\alpha_3 = \frac{2(1-c)}{c+3} \sqrt{\frac{c+2}{c}} \begin{cases} < 0 & \text{für} \quad 0 < c < 1;\ \text{linkssteil} \\ = 0 & \text{für} \quad c = 1;\ \text{symmetrisch} \\ > 0 & \text{für} \quad c > 1;\ \text{rechtssteil} \end{cases}$$

$$\alpha_4 = \frac{3(c+2)(3c^2 - c + 2)}{c(c+3)(c+4)}$$

Verwandte Verteilungen

1. $Pt(a; b; 1) = Re(a; b)$ – Rechtecksverteilung
2. $Pt(0; 1; c) = Bt(c; 1)$ – Beta-Verteilung
3. $X \sim Pt(0; 1; c) \;\Rightarrow\; Y := X^{-1} \sim Pa(0; 1; c)$ – PARETO-Verteilung
4. $X \sim Pt(0; 1; c) \;\Rightarrow\; Y := -\ln X \sim Ex(c)$ – Exponentialverteilung
5. $X_i \sim Pt(0; 1; c);\ i = 1, \ldots, n$ und unabhängig

   $\Rightarrow\; Y := -\sum_{i=1}^{n} \ln X_i \sim Ga(c; n)$ – Gamma-Verteilung

3.9 Weitere diskrete Verteilungen

3.9.1 Einpunkt-Verteilung – $Ep(x_0)$

Die **Einpunkt-Verteilung** ist die Verteilung einer degenerierten Zufallsvariablen, i. e. einer Konstanten x_0, die mit Sicherheit realisiert wird. Durch die Einführung der Einpunkt-Verteilung lassen sich auch Konstanten mit dem Instrumentarium der Wahrscheinichkeitsrechnung behandeln.

$$P(X=x) = \begin{cases} 1 & \text{für} \quad x = x_0 \\ 0 & \text{sonst} \end{cases}$$

$$F(x) = \begin{cases} 0 & \text{für} \quad x < x_0 \\ 1 & \text{sonst} \quad x \geq x_0 \end{cases}$$

Kurzschreibweise: $X \sim Ep(x_o)$

Abb. B3/35: Einpunkt-Verteilung
links: Wahrscheinlichkeitsfunktion; rechts: Verteilungsfunktion

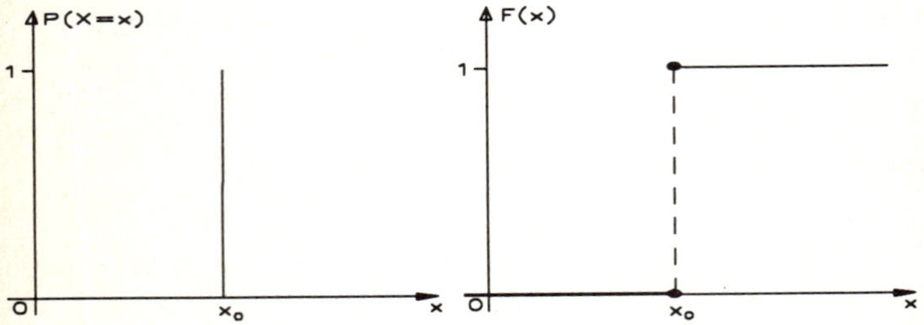

$$F^{-1}(P) = x_0 \quad 0 < P \leq 1$$

$$N_X(t) = \exp(t\,x_0)$$

$$C_X(t) = \exp(i\,t\,x_0)$$

$$Z_X(t) = \exp(0) = 1$$

$$\mu'_r = x_0^r; \quad r = 0, 1, 2, \ldots$$

$$\mu_r = 0; \quad r = 1, 2, 3 \ldots$$

$$\mu'_{(r)} = x_0^{(r)}; \quad r = 0, 1, 2, \ldots$$

$$x_d = x_0$$

α_3, α_4 nicht definiert

Verwandte Verteilungen

1. $X_i \sim Ep(x_i)$ für $i = 1, 2, \ldots, n \Rightarrow X = \sum_{i=1}^{n} X_i \sim Ep(x)$ mit $x = \sum_{i=1}^{n} x_i$.
2. $X_i \sim Ep(x_i)$ für $i = 1, 2, \ldots, n \Rightarrow X = \sum_{i=1}^{n} X_i P_i \sim Ep(x)$ mit $0 \le P_i \le 1$, $\sum_{i=1}^{n} P_i = 1$ und $x = \sum_{i=1}^{n} x_i P_i$.

3.9.2 Gleichverteilung – $Gl(a; b; L)$

$$P(X = x) = \begin{cases} \dfrac{1}{L+1} & \text{für } \begin{cases} x = a + b\,k \\ k = 0, 1, \ldots, L \end{cases} \\ 0 & \text{sonst} \end{cases} \quad \begin{matrix} a \in \mathbb{R} \\ b \in \mathbb{R}^+ \\ L \in \mathbb{N} \end{matrix}$$

$$F(x) = \begin{cases} 0 & \text{für } x < a \\ \dfrac{1}{L+1}\ \text{ent}\left(\dfrac{x - a + b}{b}\right) & \text{für } a \le x \le a + b\,L \\ 1 & \text{für } x > a + b\,L \end{cases}$$

mit $\text{ent}(y) \;\widehat{=}\;$ ganzer Teil von y

Kurzschreibweise: $X \sim Gl(a; b; L)$

Abb. B3/36: Gleichverteilung mit $a = -2$; $b = 1,5$; $L = 3$
links: Wahrscheinlichkeitsfunktion; rechts: Verteilungsfunktion

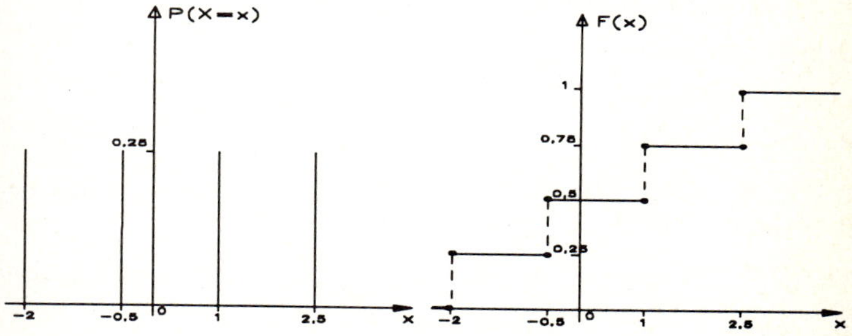

$$F^{-1}(P) = \begin{cases} a + b\ \{(L+1)P - 1\}, & \text{falls } (L+1)P \text{ ganzzahlig} \\ a + b\ \text{ent}[(L+1)P], & \text{falls } (L+1)P \text{ nicht ganzzahlig} \end{cases}$$

$$N_X(t) = \frac{1}{L+1} \exp(a\,t) \, \frac{\exp[b\,t\,(L+1)] - 1}{\exp(b\,t) - 1}$$

$$Z_X(t) = \frac{1}{L+1} \exp(0,5\,b\,L\,t) \frac{\exp[b\,t\,(L+1)] - 1}{\exp(b\,t) - 1}$$

$$W_X(t) = \frac{t^a}{L+1} \, \frac{1 - t^{b\,(L+1)}}{1 - t^b}$$

$$\mu'_r = a^r + \frac{1}{L+1} \sum_{j=1}^{r} \left\{ \binom{r}{j} a^{r-j}\, b^j \sum_{k=1}^{L} k^j \right\}$$

$$\mu'_1 = \mu = a + 0,5\,b\,L$$

$$\mu'_2 = a^2 + a\,b\,L + b^2\,L\,(2\,L+1)/6$$

$$\mu_r = b^r \sum_{j=0}^{L} (j - 0,5\,L)^r$$

$\mu_r = 0$ für r ungerade

$$\mu_2 = \sigma^2 = b^2\,L\,(L+2)/12$$

$$\mu_4 = b^4(3\,L^4 + 12\,L^3 + 8\,L^2 - 8\,L)/240$$

$$\mu'_{(1)} = a\,(a-1) + b\,L\,(a - 0,5) + b^2(2\,L+1)/6$$

$x_d =$ nicht definiert

$$x_{0,5} = \begin{cases} a + 0,5\,b\,L & \text{für } L \text{ gerade} \\ a + 0,5\,b\,(L+1) & \text{für } L \text{ ungerade} \end{cases}$$

$\alpha_3 = 0$ (symmetrischeVerteilung)

$$\alpha_4 = (9\,L^3 + 36\,L^2 + 24\,L - 24)/(5\,L^3 + 20\,L^2 + 20\,L)$$

Verwandte Verteilungen

1. $Gl(0;1;L)$ ist die Standardform der Gleichverteilung mit den Realisationen $x = 0, 1, \ldots, L$.
2. $Gl(0;\frac{1}{L};L)$ ist die diskrete Gleichverteilung im Einheitsintervall $[0;1]$.
3. $Gl(a;b;0) = Ep(a)$ – Einpunkt-Verteilung
4. $Gl(a;b;1) = Zp(a;a+b;0,5)$ – Zweipunkt-Verteilung
5. $Gl(0;1;1) = Be(0,5)$ – BERNOULLI-Verteilung
6. $Gl(0;1;n) = Py(n;N;N-M;N-M)$ – PÓLYA-Verteilung

3.9.3 Logarithmische Verteilung – $Lg(\theta)$

$$P(X=k)=\begin{cases}\dfrac{a\,\theta^k}{k} & \text{für} \quad k=1,2,\ldots \\ 0 & \text{sonst}\end{cases} \qquad 0<\theta<1, \quad a=\frac{-1}{\ln(1-\theta)}$$

Die $P(X=k)$ sind die Terme in der Reihenentwicklung von $-a\ln(1-\theta)$, daher der Name dieser Verteilung.

Kurzschreibweise: $X \sim Lg(\theta)$

Abb. B3/37: Wahrscheinlichkeitsfunktion zweier logarithmischer Verteilungen

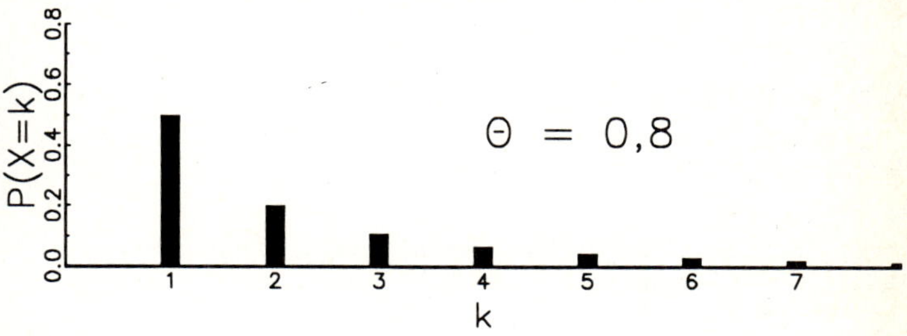

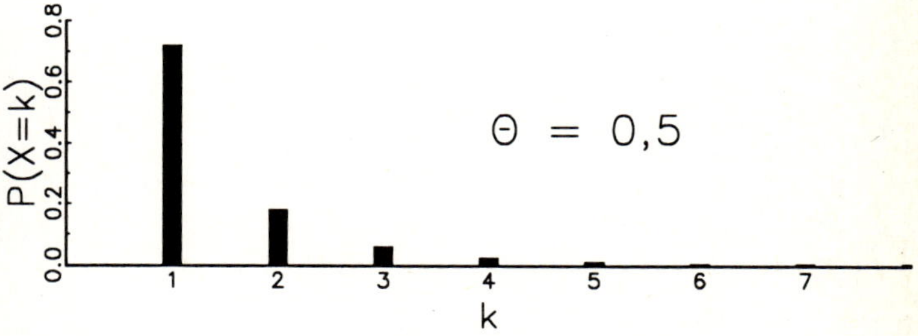

$$P(X=k+1)=\frac{k\,\theta}{k+1}\,P(X=k) \text{ – aufsteigende Rekursion}$$

$$P(X=k-1)=\frac{k}{(k+1)\,\theta}\,P(X=k) \text{ – absteigende Rekursion}$$

$$N_X(t)=\frac{\ln(1-\theta\,e^t)}{\ln(1-\theta)}$$

$$Z_X(t)=\exp[-t\,a\,\theta/(1-\theta)]\,\frac{\ln(1-\theta\,e^t)}{\ln(1-\theta)}$$

$$W_X(t)=\frac{\ln(1-\theta\,t)}{\ln(1-\theta)}$$

$\mu'_{r+1} = \theta \dfrac{d\,\mu'_r}{d\,\theta}$ – Rekursionsformel für Nullmomente

$\mu'_1 = \mu = a\,\theta/(1-\theta)$

$\mu'_2 = a\,\theta/(1-\theta)^2$

$\mu'_3 = a\,\theta\,(1+\theta)/(1-\theta)^3$

$\mu'_4 = a\,\theta\,(1+4\,\theta+\theta^2)/(1-\theta)^4$

$\mu_{r+1} = \theta \dfrac{d\,\mu_r}{d\,\theta} + r\,\mu_2\,\mu_{r-1}$ – Rekursionsformel für Zentralmomente

$\mu_2 = \sigma^2 = a\,\theta\,(1-a\,\theta)/(1-\theta)^2$

$\mu_3 = a\,\theta\,(1+\theta-3\,a\,\theta+2\,a^2\,\theta^2)/(1-\theta)^3$

$\mu_4 = a\,\theta\left[1+4\,\theta+\theta^2-4\,a\,\theta\,(1+\theta)+6\,a^2\,\theta^2-3\,a^3\,\theta^3\right]/(1-\theta)^4$

$\mu'_{(r)} = a\,\theta^r\,(r-1)!/(1-\theta)^r$

$\mu'_{(2)} = a\,\theta^2/(1-\theta)^2$

$\mu'_{(3)} = 2\,a\,\theta^2/(1-\theta)^3$

$\mu'_{(4)} = 6\,a\,\theta^4/(1-\theta)^4$

$x_d = 1$ (Die Wahrscheinlichkeitsfunktion ist streng monoton fallend.)

$x_{0,5} \approx 0,81524 + \dfrac{0,56146}{\sqrt{1-\theta}}$

$\alpha_3 = (1+\theta-3\,a\,\theta+2\,a^2\,\theta^2)(a\,\theta)^{-1/2}(1-a\,\theta)^{-3/2}$

$\alpha_3 > 0$ (linkssteile Verteilung)

$\lim\limits_{\theta\to 0} \alpha_3 = \lim\limits_{\theta\to 1} \alpha_3 = \infty$

$\alpha_4 = (1+4\,\theta+\theta^2-4\,a\,\theta(1+\theta)+6\,a^2\,\theta^2-3\,a^3\,\theta^3)(a\,\theta)^{-1}(1-a\,\theta)^{-2}$

$\lim\limits_{\theta\to 0} \alpha_4 = \lim\limits_{\theta\to 1} \alpha_4 = \infty$

3.9.4 Zweipunkt-Verteilung – $Zp(x_1; x_2; P)$

$$P(X=x) = \begin{cases} \left.\begin{array}{lll} 1-P & \text{für} & x_1 \\ P & \text{für} & x_2 \end{array}\right\} x_1 < x_2;\ 0 < P < 1 \\ 0 \quad \text{sonst} \end{cases}$$

$$F(x) = \begin{cases} 0 & \text{für} \quad x < x_1 \\ 1-P & \text{für} \quad x_1 \le x < x_2 \\ 1 & \text{für} \quad x \ge x_2 \end{cases}$$

Kurzschreibweise: $X \sim Zp(x_1; x_2; P)$

Abb. 3/38: Zweipunkt-Verteilung
links: Wahrscheinlichkeitsfunktion; rechts: Verteilungsfunktion

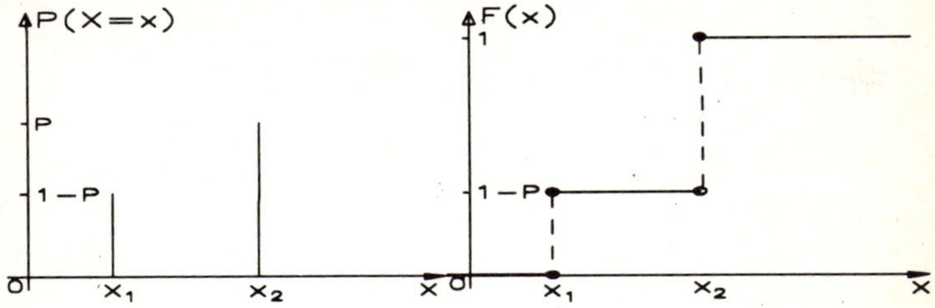

$$F^{-1}(P^*) = \begin{cases} x_1 & \text{für } 0 < P^* \leq 1 - P \\ x_2 & \text{für } 1 - P < P^* \leq 1 \end{cases}$$

$N_X(t) = e^{t\,x_1} + P(e^{t\,x_2} - e^{t\,x_1})$

$Z_X(t) = P \exp\left[t\,(1-P)(x_2 - x_1)\right] + (1-P)\exp\left[-t\,P\,(x_2 - x_1)\right]$

$W_X(t) = t^{x_1} + P\,(t^{x_2} - t^{x_1})$

$\mu'_r = x_1^r + P\,(x_2^r - x_1^r)$

$\mu'_1 = \mu = x_1 + P\,(x_2 - x_1)$

$\mu_2 = \sigma^2 = P\,(1-P)(x_2 - x_1)^2$

$\mu_3 = P\,(1-P)(1-2\,P)(x_2 - x_1)^3$

$\mu_4 = P\,(1-P)\left[1 - 3\,P\,(1-P)\right](x_2 - x_1)^4$

$$x_d = \begin{cases} x_1 & \text{für} \quad P < 0{,}5 \\ x_2 & \text{für} \quad P > 0{,}5 \end{cases}$$

$$\alpha_3 = \frac{1 - 2\,P}{\sqrt{P\,(1-P)}} \begin{cases} < 0 & \text{für} \quad P > 0{,}5 \quad \text{(rechtssteil)} \\ = 0 & \text{für} \quad P = 0{,}5 \quad \text{(symmetrisch)} \\ > 0 & \text{für} \quad P < 0{,}5 \quad \text{(linkssteil)} \end{cases}$$

$$\alpha_4 = \frac{1 - 3\,P\,(1-P)}{P\,(1-P)}$$

Verwandte Verteilungen

1. $Zp(x_1; x_2; 0) = Ep(x_1)$
   $Zp(x_1; x_2; 1) = Ep(x_2)$ } – Einpunkt-Verteilung
2. $Zp(x_1; x_2; 0{,}5) = Gl(x_1; x_2 - x_1; 1)$ – Gleichverteilung
3. $Zp(0; 1; P) = Be(P)$ – BERNOULLI-Verteilung

Kapitel 4

Grenzwertsätze und stochastische Prozesse

Grenzwertsätze machen als

- **Gesetze der großen Zahlen** eine Aussage über das Verhalten empirischer Verteilungen und deren Parameter bei zunehmendem Stichprobenumfang und als
- **zentrale Grenzwertsätze** eine Aussage, unter welchen Voraussetzungen eine Folge von Verteilungen gegen eine Normalverteilung konvergiert.

Die Argumentation stützt sich auf die Theorie der stochastischen Prozesse.

4.1 Stochastische Prozesse im Überblick

Gegeben sind eine Menge $\Omega = \{\omega\}$ von Elementarereignissen und eine reelle Indexmenge $\mathbb{T} = \{t\}$. Die Menge der Funktionen

$$\{X(\omega, t)\,;\ \omega \in \Omega \ \text{ und } \ t \in \mathbb{T}\}$$

heißt dann ein **stochastischer Prozeß**.

Es ist t ein nicht-zufälliger Parameter[1], etwa die Zeit oder die Koordinaten eines Punktes in der Ebene oder im Raum:

- **diskreter Prozeß** ($\mathbb{T}$ ist abzählbar),
- **stetiger Prozeß** ($\mathbb{T}$ ist überabzählbar).

$X(\omega, t)$ nimmt Werte aus einem **Zustandsraum** an:

- **Punktprozeß** (Der Zustandsraum ist die Menge der ganzen Zahlen.),
- **Prozeß mit stetigem Zustandsraum** (Der Zustandsraum ist $\mathbb{R}$ oder ein Intervall aus $\mathbb{R}$.).

Für festes $\omega^* \in \Omega$ wird die Funktion

$$X(\omega^*, t) =: g(t|\omega^*) =: x_t$$

[1] $\mathbb{T}$ wird daher auch als **Parameterraum** bezeichnet.

als eine **Realisierung** (syn.: Pfad, Trajektorie) **des Prozesses** bezeichnet (Längsschnittbetrachtung). Ist der Parameter t die Zeit, so heißt x_t eine **Zeitreihe**. Für festes $t^* \in \mathbb{T}$ ist die Funktion

$$X(\omega, t^*) =: X(\omega) =: X$$

eine **Zufallsvariable** (Querschnittsbetrachtung). Für jedes t kann diese Zufallsvariable (und ihre zugehörige Verteilung) eine andere sein.

Ein stochastischer Prozeß heißt **streng stationär**, falls für jede endliche Teilmenge $\{t_1, \ldots, t_n\}$ von $\mathbb{T}$ $(n = 1, 2, \ldots)$ und jedes $h > 0$ mit $\{t_1 + h, \ldots, t_n + h\} \subset \mathbb{T}$ die Zufallsvektoren $(X_{t_1}, \ldots, X_{t_n})$ und $(X_{t_1+h}, \ldots, X_{t_n+h})$ dieselbe Verteilung besitzen, kurz: Bei streng stationären Prozessen ist der „Beobachtungszeitpunkt" unwichtig für das Beobachtungsergebnis.

Ein streng stationärer Prozeß ist z. B. der **reine Zufallsprozeß**, auch **weißes Rauschen** genannt.[2] Er entsteht als Folge von i.i.d. Zufallsvariablen Z_t. (Es steht i.i.d. für „independent identically distributed".) Für Z_t kann man eine beliebige Verteilung ansetzen; beliebt sind die Normal- und die BERNOULLI-Verteilung. Im letzteren Fall spricht man von einem BERNOULLI-Prozeß. Die $2^4 = 16$ möglichen Trajektorien eines solchen Prozesses über 4 Zeitpunkte zeigt Abb. B4/1. Die Realisationswahrscheinlichkeit einer bestimmten Trajektorie mit k „Einsen" und $4 - k$ „Nullen" ist $P^k(1-P)^{4-k}$.

Ein stochastischer Prozeß heißt **mittelwert-stationär**, wenn

$$\mu_t := E_\Omega[X(\omega, t)] = \text{ konstant.}$$

Er heißt **varianz-stationär**, wenn

$$\sigma_t^2 := E_\Omega\{[X(\omega, t) - \mu_t]^2\} = \text{ konstant.}$$

Er heißt schließlich **autokovarianz-stationär**, wenn

$$\begin{aligned} \gamma(t_1; t_2) &:= Cov(X_{t_1}, X_{t_2}) \\ &= E_\Omega[(X_{t_1} - \mu_{t_1})(X_{t_2}, -\mu_{t_2})] \\ &= \gamma(\ell) \text{ mit } \ell := t_2 - t_1, \end{aligned}$$

d. h. die Autokovarianz nur vom Abstand (**lag**) der betrachteten Zeitpunkte abhängt.[3] Ein stochastischer Prozeß, der mittelwert- und autokovarianz-stationär ist (dessen ersten beiden Momente also zeitinvariant sind), heißt **schwach stationär**.

[2] Bei der Spektraldarstellung dieses Prozesses ist die Spektraldichte konstant und hat mithin die Eigenschaften des weißen Lichtes.

[3] Es ist $\gamma(t, t) = \sigma_t^2$, so daß aus Autokovarianz-Stationarität die Varianz-Stationarität folgt. (Die Umkehrung gilt nicht ohne weiteres.)

Abb. B4/1: Realisationen eines BERNOULLI-Prozesses

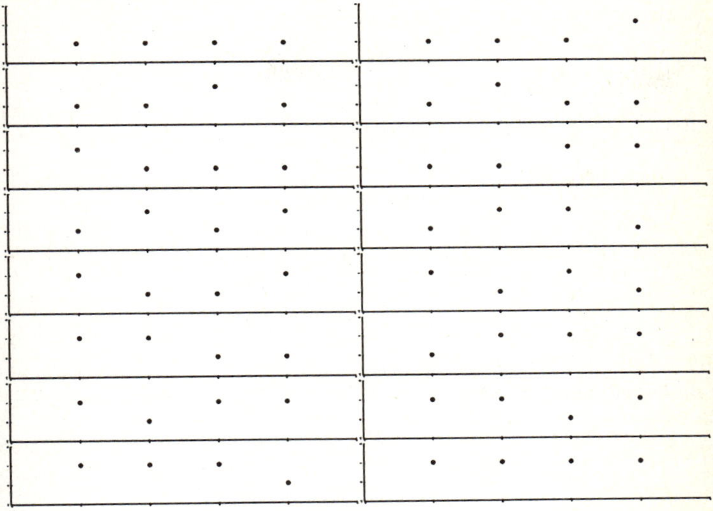

Sind für jede endlich Menge $\{t_1, \ldots, t_n\} \subset \mathbb{T}$ von $X(\omega, t)$ die **Zuwächse**

$$X_{t_2} - X_{t_1},\ X_{t_3} - X_{t_2}, \ldots,\ X_{t_n} - X_{t_{n-1}}$$

unabhängige Zufallsvariablen, so spricht man von einem **Prozeß mit unabhängigen (additiven) Zuwächsen**. Ist zusätzlich die Verteilung aller Zuwächse $X_t - X_s$ nur von der Differenz $t - s$ abhängig, so spricht man von einem Prozeß mit **stationären unabhängigen Zuwächsen**.

Ein **Random Walk** ist ein Beispiel für einen stochastischen Prozeß mit stationären unabhängigen Zuwächsen:

$$X_t - X_{t-1} = Z_t\,,$$

mit Z_t als weißes Rauschen und den Parametern

$$E(Z_t) = \mu_Z \text{ und } V(Z_t) = \sigma_Z^2 \ \ \forall\, t.$$

Startet der X-Prozeß in $t = 0$ mit dem Anfangswert x_0, so ist

$$X_1 = x_0 + Z_1; \quad X_2 = x_0 + Z_1 + Z_2\,,$$

allgemein:

$$X_t = x_0 + \sum_{\tau=1}^{t} Z_\tau\,.$$

Führt man die zentrierte Zufallsvariable

$$\varepsilon_t := Z_t - \mu_Z$$

ein, so ist

$$E(\varepsilon_t) = 0 \;\; \forall\, t; \quad V(\varepsilon_t) = V(Z_t) = \sigma_Z^2 \;\; \forall\, t.$$

Ein Random Walk hat dann die Darstellung

$$X_t = x_0 + t\,\mu_Z + \sum_{\tau=1}^{t} \varepsilon_\tau .$$

Im Falle $\mu_Z = 0$ spricht man von einem Random Walk **ohne Drift**:

$$X_t^o = x_0 + \sum_{\tau=1}^{t} \varepsilon_\tau ,$$

der mittelwert-stationär

$$E(X_t^o) = x_0,$$

aber varianz-instationär ist:

$$V(X_t^o) = t\,\sigma_Z^2.$$

Im Falle $\mu_Z \neq 0$ liegt ein Random Walk **mit Drift** vor:

$$X_t^m = x_0 + t\,\mu_Z + \sum_{\tau=1}^{t} \varepsilon_\tau ,$$

der sowohl mittelwert-instationär

$$E(X_t^m) = x_0 + t\,\mu_Z$$

als auch varianz-instationär ist:

$$V(X_t^m) = t\,\sigma_Z^2.$$

Abb. B4/2 zeigt die $2^4 = 16$ Trajektorien eines in $t = 0$ mit $x_0 = 0$ startenden Random Walks mit Drift, bei dem Z_t ein BERNOULLI-Prozeß ist. In diesem Fall ist $X_t \sim Bi(t, P)$. Die Mittelwertfunktion von $X(\omega, t)$ lautet $\mu_t = t\,P$ und die Varianzfunktion $\sigma_t^2 = t\,P\,(1 - P)$.

Weitere stochastische Prozesse, die auf Z_t als weißes Rauschen aufbauen, sind:

1. die **autoregressiven Prozesse** p-ter Ordnung ($p = 1, 2, \ldots$), kurz $AR(p)$,

$$X_t = \alpha_1\, X_{t-1} + \ldots + \alpha_p\, X_{t-p} + Z_t;$$

Abb. B4/2: Random-Walk mit Drift

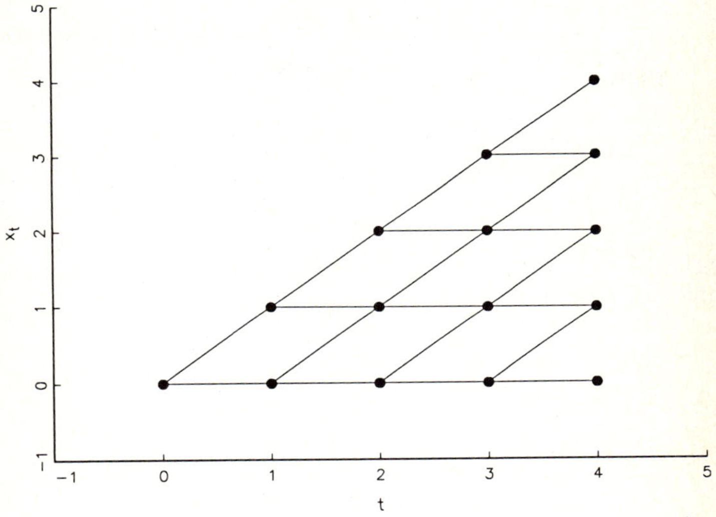

2. die **moving-average Prozesse** q-ter Ordnung ($q = 1, 2, \ldots$), kurz $MA(q)$,

$$X_t = Z_t + \beta_1 Z_{t-1} + \ldots + \beta_q Z_{t-q};$$

3. die Kombination von 1) und 2), kurz $ARMA(p, q)$,

$$X_t = \alpha_1 X_{t-1} + \ldots + \alpha_p X_{t-p} + \beta_1 Z_{t-1} + \ldots + \beta_q Z_{t-q} + Z_t;$$

4. die $ARIMA(p, d, q)$-Prozesse

$$W_t = \alpha_1 W_{t-1} + \ldots + \alpha_p W_{t-p} + \beta_1 Z_{t-1} + \ldots + \beta_q Z_{t-q} + Z_t,$$

   in denen

$$W_t = \Delta^d X_t$$

   die d-te Differenz von X_t ist.

Die vorstehenden Prozesse lassen sich alle als Sonderfälle des sog. **linearen Prozesses** auffassen:

$$X_t = \sum_{j=0}^{\infty} a_j Z_{t-j}.$$

4.2 Ungleichung von BIENAYMÉ-TSCHEBYSCHEFF[4]

Es sei Y eine nicht-negative Zufallsvariable mit endlichem Erwartungswert $E(Y)$, dann gilt

$$P(Y \geq k) \leq \frac{E(Y)}{k}.$$

Das ist die MARKOV-Ungleichung (A. A. MARKOV, 1856 – 1922).

Sei X eine beliebige Zufallsvariable mit $E(X) = \mu$ und $V(X) = \sigma^2$, so ist

$$Y := (X - \mu)^2$$

nicht-negativ mit $E(Y) = \sigma^2$. Für $k = c^2 \sigma^2$ (c als Konstante) erhält man die BIENAYMÉ-TSCHEBYSCHEFF-Ungleichung:

$$P\left[(X - \mu)^2 \geq c^2\sigma^2\right] \leq \frac{1}{c^2}$$

oder äquivalent

$$P[|X - \mu| \geq c\,\sigma] \leq \frac{1}{c^2}$$

bzw.

$$P[(X \geq \mu + c\,\sigma) \cup (X \leq \mu - c\,\sigma)] = P[X \geq \mu + c\,\sigma] + P[X \leq \mu - c\,\sigma] \leq \frac{1}{c^2}.$$

Für das komplementäre Ereignis folgt dann

$$P\left[(X - \mu)^2 < c^2\sigma^2\right] \geq 1 - \frac{1}{c^2}$$

bzw. äquivalent

$$P(\mu - c\,\sigma < X < \mu + c\,\sigma) \geq 1 - \frac{1}{c^2}.$$

Demnach ist die Wahrscheinlichkeit für eine Realisation im c-fachen zentralen Schwankungsintervall $(\mu - c\,\sigma; \mu + c\,\sigma)$ mindestens $1 - 1/c^2$.

4.3 Konvergenzarten

Es sei $\{X_n | n > 0\}$ eine Folge von Zufallsvariablen (stochastischer Prozeß) mit zugehörigen Verteilungsfunktionen F_n. Es sei ferner X eine Zufallsvariable[5] mit Verteilungsfunktion F. Man sagt, die Folge der X_n **konvergiert** gegen X

[4] I. J. BIENAYMÉ, 1796 – 1878; P. L. TSCHEBYSCHEFF, 1821 – 1894.

[5] X darf auch eine degenerierte Zufallsvariable sein, die sicher einen festen Wert annimmt. Dann ist F die Einpunktverteilung.

1. **stochastisch** (syn.: **schwach, in Wahrscheinlichkeit**), wenn für jedes $\varepsilon > 0$ gilt
$$\lim_{n\to\infty} P(|X_n - X| \geq \varepsilon) = 0;$$
Abkürzung: $\text{plim}(X_n) = X$
gelesen: X ist der Wahrscheinlichkeitslimes der X_n.
2. **fast sicher** (syn.: **stark, mit Wahrscheinlichkeit 1**), wenn gilt
$$P\left(\lim_{n\to\infty} X_n = X\right) = 1;$$
Abkürzung: $X_n \stackrel{f.s.}{\rightarrow} X$
3. **in der Verteilung**, wenn für jede Stetigkeitsstelle x von F gilt
$$\lim_{n\to\infty} F_n(x) = F(x);$$
4. **im r-ten Mittel** ($r \geq 2$), wenn
$$\lim_{n\to\infty} E(|X_n - X|^r) = 0.$$

Speziell bei $r = 2$ spricht man von Konvergenz im quadratischen Mittel.

Zwischen den obigen Konvergenzarten bestehen die in Abb. B4/3 wiedergegebenen Implikationen.

Abb. B4/3: Implikationen zwischen den Konvergenzarten

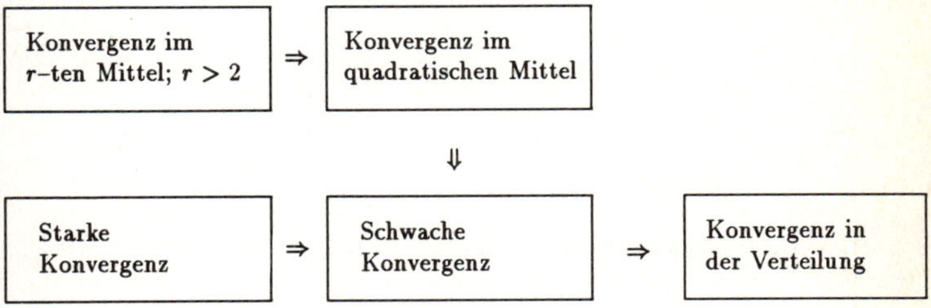

Für den **Wahrscheinlichkeitslimes** $\text{plim}(X_n) = X$ gelten u. a. folgende Gesetze:

$\text{plim}(a + b\,X_n) = a + b\,X$

$\text{plim}[\varphi(X_n)] = \varphi(X); \quad \varphi : \mathbb{R} \to \mathbb{R}$ als stetige Funktion

$\text{plim}(X_n) = X$ und $\text{plim}(Y_n) = Y$
$\Rightarrow \text{plim}(X_n + Y_n) = X + Y$
$\Rightarrow \text{plim}[\varphi(X_n, Y_n)] = \varphi(X, Y); \quad \varphi : \mathbb{R}^2 \to \mathbb{R}$ als stetige Funktion.

4.4 Gesetze der großen Zahlen

BERNOULLI-**Gesetz der großen Zahlen** (schwaches Gesetz):

Sei $\Pi_n(A)$ die relative Häufigkeit für das Eintreten von A bei n unabhängigen Beobachtungen eines Versuches, in dem das Ereignis A mit Wahrscheinlichkeit $P(A)$ eintritt, dann gilt (**Konvergenz der relativen Häufigkeit gegen die Wahrscheinlichkeit**):

$$\lim_{n\to\infty} P\big[|\Pi_n(A) - P(A)| < \varepsilon\big] = 1$$
$$\operatorname{plim}[\Pi_n(A)] = P(A)\,.$$

Beweis mittels der Ungleichung von TSCHEBYSCHEFF unter Beachtung von $\sigma^2 := P(A)\,[1-P(A)]/n$ und $\varepsilon = c\sqrt{P(A)\,[1-P(A)]/n}$:

$$P\big\{|\Pi_n(A) - P(A)| < \varepsilon\big\} \geq 1 - \frac{P(A)\,[1-P(A)]}{n\,\varepsilon^2}\,.$$

Abb. B4/4 zeigt das BERNOULLI-Gesetz der großen Zahlen für Wappenwurf (A) bei einer fairen Münze $[P(A) = 0,5]$ und einer verzerrten Münze $[P(A) = 0,6]$.

Abb. B4/4: BERNOULLI-Gesetz der großen Zahlen

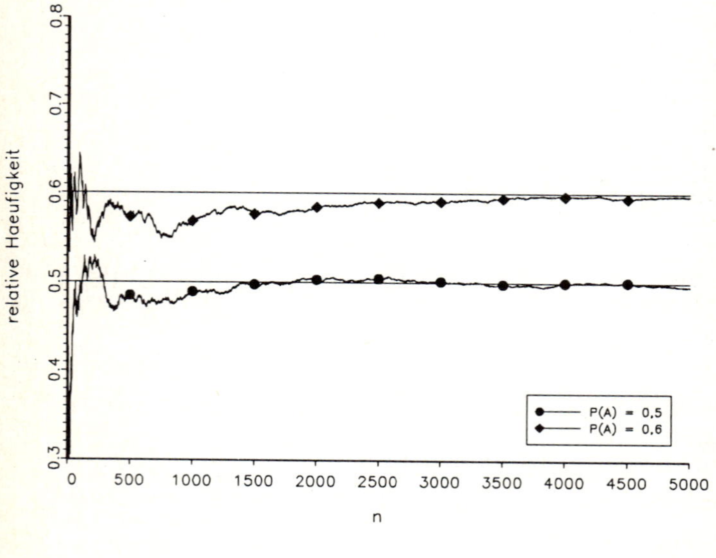

Allgemeiner gilt das **schwache Gesetz der großen Zahlen von** CHINTSCHIN (A. J. CHINTSCHIN, 1894 - 1959):

Sei X_n eine Folge von i.i.d. Zufallsvariablen mit $E(X_n) = \mu \; \forall \, n$ und ferner $\overline{X}_n := \frac{1}{n}\sum_{i=1}^{n} X_i$, dann gilt (**Konvergenz des Mittelwerts gegen den Erwartungswert**):

$$\lim_{n\to\infty} P(|\overline{X}_n - \mu| < \varepsilon) = 1\,,$$

Beweis mittels der Ungleichung von TSCHEBYSCHEFF.

Starkes Gesetz der großen Zahlen von BOREL-CANTELLI:

Sei X_n eine Folge von i.i.d. Zufallsvariablen mit $E(X_n) = \mu \; \forall \, n$ und $V(X_n) = \sigma^2 \; \forall \, n$, dann gilt für $\overline{X}_n = \frac{1}{n}\sum_{i=1}^{n} X_i$:

$$P\Big(\lim_{n\to\infty} \overline{X}_n = \mu\Big) = 1 \quad \text{oder} \quad \overline{X}_n \xrightarrow{f.s.} \mu\,.$$

Satz von GLIWENKO (1933) **und** CANTELLI (1933):

Es sei $F_n(x)$ die empirische Verteilungsfunktion:

$$F_n(x) = \begin{cases} 0 & \text{für} \quad x < x_{<1>} \\ \nu/n & \text{für} \quad x_{<\nu>} \le x < x_{<\nu+1>};\; \nu = 1,\ldots,n-1 \\ 1 & \text{für} \quad x \ge x_{<n>} \end{cases}$$

in einer unabhängigen Stichprobe des Umfangs n aus einer Verteilung mit der Verteilungsfunktion $F(x)$; ferner sei

$$D_n := \sup_{x\in\mathbb{R}} \Big|F_n(x) - F(x)\Big|\,.$$

Dann gilt

$$P\Big(\lim_{n\to\infty} D_n = 0\Big) = 1\,,$$

also

$$D_n \xrightarrow{f.s.} 0\,,$$

d. h. mit $n \to \infty$ konvergiert die empirische Verteilungsfunktion stark gegen die Verteilungsfunktion der Gesamtheit. Auf D_n baut der KOLMOGOROV-SMIRNOV-Anpassungstest (C3.3.4) auf.

4.5 Zentrale Grenzwertsätze

Grenzwertsatz von De Moivre, 1733 (Abraham de Moivre, 1667 - 1754):
Sei

$$F_n(k) = \sum_{i=0}^{k} \binom{n}{i} P^i (1-P)^{n-i},$$

dann gilt

$$\lim_{n\to\infty} F_n(k) = \Phi\left(\frac{k+0,5-nP}{\sqrt{nPQ}}\right)$$

mit $\Phi(\cdot)$ als Verteilungsfunktion der Standardnormalverteilung.

Grenzwertsatz von Lindeberg **und** Lévy:

Es sei X_n eine Folge von i.i.d. Zufallsvariablen mit $E(X_n) = \mu \,\forall\, n$ und $V(X_n) = \sigma^2 \,\forall\, n$. Die Folge der standardisierten Zufallsvariablen

$$U_n := \frac{\sum\limits_{i=1}^{n} X_i - n\,\mu}{\sigma\sqrt{n}}$$

konvergiert dann in Verteilung gegen die Standardnormalverteilung:

$$\lim_{n\to\infty} F_n(u) = \Phi(u).$$

Auch die **Folge der Stichprobenmittelwerte** $\overline{X}_n = \frac{1}{n}\sum_{i=1}^{n} X_i$ hat nach Standardisierung

$$U_n := \frac{\overline{X}_n - \mu}{\sigma}\sqrt{n}$$

die Standardnormalverteilung als Grenzverteilung.

Noch allgemeiner ist der **Grenzwertsatz** (1901) **von** Ljapunov, (A. M. Ljapunov, 1857 – 1918):

Sei X_n eine Folge beliebiger unabhängiger Zufallsvariablen mit $E(X_n) = \mu_n$ und $V(X_n) = \sigma_n^2 > 0$ und $\overline{X}_n$ die zugehörige Folge der Mittelwerte. Unter einer Zusatzvoraussetzung über gewisse Momente gilt für den standardisierten Mittelwert

$$U_n := \frac{\overline{X}_n - \sum\limits_{i=1}^{n} \mu_i}{\sqrt{\sum\limits_{i=1}^{n} \sigma_i^2}}\sqrt{n},$$

daß er in Verteilung gegen die Standardnormalverteilung konvergiert.

Teil C

Inferentielle Statistik

Kapitel 1

Grundlegende Konzepte der Inferenzstatistik

Inferenz bedeutet, aus partiellen Informationen über eine Grundgesamtheit mittels wahrscheinlichkeitstheoretisch fundierter Methoden auf diese Grundgesamtheit rückzuschließen.

1.1 Statistische Theorien im Überblick

In jeder wissenschaftlichen Disziplin gibt es **Theorien** (syn.: Lehrmeinungen, Paradigmen). Neben den weniger bekannten Ansätzen der

- **Fiduzialinferenz** (R. A. FISHER),
- **Likelihoodinferenz** (G. A. BARNARD; A. BIRNBAUM; A. W. F. EDWARDS),
- **Strukturinferenz** (D. A. S. FRASER),

dominieren in der Statistik die

- **klassische Inferenz**[1] (R. A. FISHER; EGON S. PEARSON, 1895 – 1980; JERZY NEYMAN, 1894 – 1981),
- BAYES-**Inferenz** (H. JEFFREYS; D. V. LINDLEY; L. J. SAVAGE) und
- **statistische Entscheidungstheorie** (ABRAHAM WALD, 1902 – 1950).

Die Schlüsselfragen zur Diskriminierung zwischen den Ansätzen sind im wesentlichen folgende:[2]

1. Welches **Wahrscheinlichkeitskonzept** liegt dem Ansatz zugrunde?

   KI – frequentistisch

   BI – subjektiv, frequentistisch und auch logisch

   SE – subjektiv, frequentistisch und auch logisch

---

[1] Dieser Ansatz wird hier grundsätzlich vertreten.

[2] Nachstehend bedeuten: KI – Klassische Inferenz
BI – BAYES-Inferenz
SE – Statistische Entscheidungstheorie

2. Welches ist die für den Ansatz **relevante Information** (vgl. Abb. C1/1)?

KI – Stichprobendaten

BI – Stichprobendaten und Prior-Informationen

SE – Stichprobendaten, Prior-Informationen und mögliche Handlungsfolgen

Abb. C1/1: Relevante Informationen für die Statistik

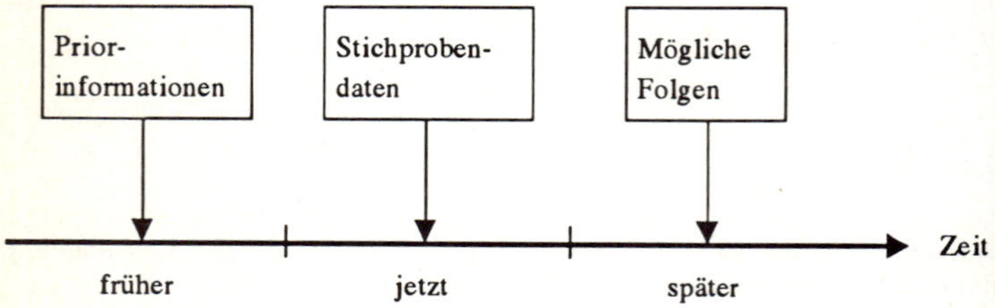

3. In welcher Form wird diese **Information präsentiert** und **verarbeitet**?

KI – Likelihood-Funktion und Stichprobenfunktionen

BI – Likelihood-Funktion für die Stichprobendaten und Prior-Verteilung für die Prior-Information, beide verbunden durch die BAYES-Formel zur Posterior-Verteilung

SE – Likelihood-Funktion und Prior-Verteilung wie bei BI sowie die Verlustfunktion für die möglichen Konsequenzen

4. Welche **Fragestellungen** will der Ansatz beantworten?

KI – Schätzen und Testen von Verteilungen und Parametern

BI – wie bei der Klassischen Inferenz

SE – Auswahl einer Handlungsalternative aus einem Aktionsraum

5. Welche **Methoden** werden eingesetzt?

KI – Vgl. die Ausführungen in den Kapiteln C2 und C3

BI – Punkt- und Intervallschätzverfahren sowie Testverfahren, jeweils auf der Basis der Posterior-Verteilung

SE – Aufstellung von Entscheidungsfunktionen und Auswahl mittels einer Entscheidungsregel

6. Wie werden die **Methoden beurteilt**? – Bei der Inferenz über einen unbekannten Parameter Θ unterscheiden sich KI einerseits und BI sowie SE andererseits fundamental. Für die KI ist Θ nicht stochastisch, sondern ein fester, unbekannter Wert und die Wahrscheinlichkeitsaussagen betreffen nicht Θ, sondern gewisse auf den Stichprobendaten beruhende, damit also zufällige Schätz- und Testgrößen $\widehat{\Theta}_n$, und Maßstab ist die **Prior-Güte**. Für BI und SE ist Θ ebenfalls unbekannt, aber stochastisch, so daß die Wahrscheinlichkeitsaussagen direkt Θ betreffen. Maßstab ist hier die **Posterior-Güte**.

1.2 Zufallsstichproben

Die Inferenz verlangt Daten aus einer Zufallsstichprobe. Nicht jede Teilauswahl (vgl. A1.3.1) genügt diesem Anspruch, daß nämlich jedes Element der Grundgesamtheit eine von Null verschiedene und bekannte Auswahlwahrscheinlichkeit besitzt (**theoretischer Anspruch**) und daß der Mechanismus zur Festlegung der Stichprobenelemente nicht mit dem Ziel der Erhebung zusammenhängt (**praktischer Anspruch**). Die Art der Auswahlunterlagen (Karteien, Dateien, Bebauungs- oder Flächennutzungspläne) und die Genauigkeitsanforderungen haben zu verschiedenen Formen von Zufallsstichproben geführt. Zur Erläuterung dient das Urnenmodell (vgl. Abb. C1/2a-d).

1.2.1 Einstufige Stichproben

Die N Elemente einer Gesamtheit werden durch Kugeln in **einer** Urne dargestellt (Abb. C1/2a), aus der n Einheiten direkt und in **einem** Zufallsvorgang gezogen werden (Realisierungstechniken vgl. Abs. C1.2.3), entweder mit oder ohne Zurücklegen des gezogenen Elementes vor Auswahl des nächsten Elementes innerhalb der Stichprobe des Umfangs n.

Ziehen mit Zurücklegen

Ein und dasselbe Element kann mehrfach in die Stichprobe gelangen. Die Stichprobenzüge sind stochastisch unabhängig, was die Auswertung erleichtert, jedoch den auswahlbedingten Stichprobenfehler vergrößert.[3]

1. Anzahl verschiedener Stichproben: N^n
2. Realisationswahrscheinlichkeit für jede dieser Stichproben: N^{-n}
3. Wahrscheinlichkeit für das k-malige Ziehen des ν-ten Elements in einer Stichprobe:

$$P(Z=k)=\binom{n}{k}\left(\frac{1}{N}\right)^k\left(\frac{N-1}{N}\right)^{n-k} \quad \text{für } \nu=1,2,\ldots,N$$

[3] Ziehen mit Zurücklegen wird – sofern nichts anderes gesagt – nachfolgend unterstellt.

Ziehen ohne Zurücklegen

Ein und dasselbe Element kann höchstens einmal in die Stichprobe gelangen. Innerhalb einer Stichprobe sind die Züge stochastisch abhängig, wobei die Abhängigkeit um so stärker ist, je größer der **Stichprobenauswahlsatz** n/N ist.[4]

1. Anzahl verschiedener Stichproben: $N!/(N-n)!$ mit $n \leq N$
2. Realisationswahrscheinlichkeit für jede dieser Stichproben: $(N-n)!/N!$
3. Wahrscheinlichkeit für das k-malige Ziehen des ν-ten Elements in einer Stichprobe:

$$P(Z=k) = \left\{ \begin{array}{cl} \dfrac{\binom{1}{k}\binom{N-1}{n-k}}{\binom{N}{n}} & \text{für} \quad k = 0, 1 \\ 0 & \text{für} \quad k \geq 2 \end{array} \right\} \; \nu = 1, 2, \ldots, N$$

Abb. C1/2a: Urnenmodell der einstufigen Stichprobe

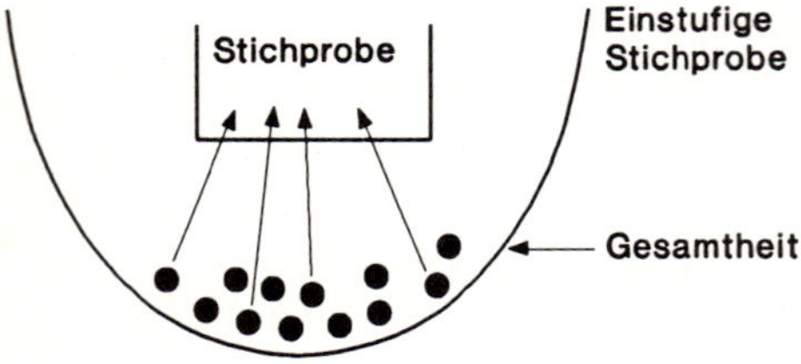

Bemerkungen:

1. Ziehen mit bzw. ohne Zurücklegen ist auch **auf jeder Stufe** von zwei- und mehrstufigen Stichproben möglich.
2. Man kann den Elementen auch **unterschiedliche Auswahlwahrscheinlichkeiten** (aber stets größer als Null) zuordnen (Ziehen mit ungleicher Wahrscheinlichkeit), was allerdings beim Rückschluß eine Gewichtung erfordert.
3. Eine einstufige Stichprobe mit Zurücklegen heißt **einfache Zufallsstichprobe**. Die Ziehungswahrscheinlichkeit ist für alle Elemente gleich und konstant während der Ziehung der Stichprobe.
4. Eine **uneingeschränkte Stichprobe** ist gegeben, wenn alle möglichen Stichproben dieselbe Ziehungswahrscheinlichkeit haben.
5. Einstufige Stichproben setzen ein vollständiges und aktuelles Verzeichnis der Erhebungseinheiten voraus.

[4] In der Praxis sind fast alle gezogenen Stichproben solche ohne Zurücklegen, wobei häufig die Auswertung mit den einfacheren, aber nur approximativ geltenden Formeln für das Ziehen mit Zurücklegen erfolgt.

1.2.2 Zweistufige Stichproben und ihre Sonderformen

Die **Erhebungseinheiten** werden nicht direkt und in einem Zufallsvorgang gezogen, sondern durch zwei (⇒ zweistufige Auswahl) oder mehr (⇒ mehrstufige Auswahl) hintereinander geschaltete Zufallsvorgänge mit von Stufe zu Stufe anderen **Auswahleinheiten**. Anwendungsvoraussetzung ist eine hierarchisch strukturierte Gesamtheit, z. B. Gemeinden → Straßen → Häuser → Wohnungen → Familien → Personen.

Primäreinheiten	–	Auswahleinheiten der ersten Stufe
Sekundäreinheiten	–	Auswahleinheiten der zweiten Stufe
Tertiäreinheiten	–	Auswahleinheiten der dritten Stufe

Prinzip:	Stufenweises Herantasten an die Erhebungseinheiten
Vorteile:	Verzeichnisse werden nur über jene Einheiten der nachfolgenden Stufe benötigt, die auf der laufenden Stufe ausgewählt worden sind. Kostengünstiges Vorgehen
Nachteil:	i. a. höherer Stichprobenauswahlfehler

Echte zweistufige Stichprobe (vgl. Abb. C1/2b): Zufällige Auswahl (mit/ohne Zurücklegen und mit gleichen/ungleichen Wahrscheinlichkeiten) einiger Primäreinheiten. Zufällige Auswahl von Sekundäreinheiten (= Erhebungseinheiten) aus den gezogenen Primäreinheiten.

Abb. C1/2b: Urnenmodell der echten zweistufigen Stichprobe

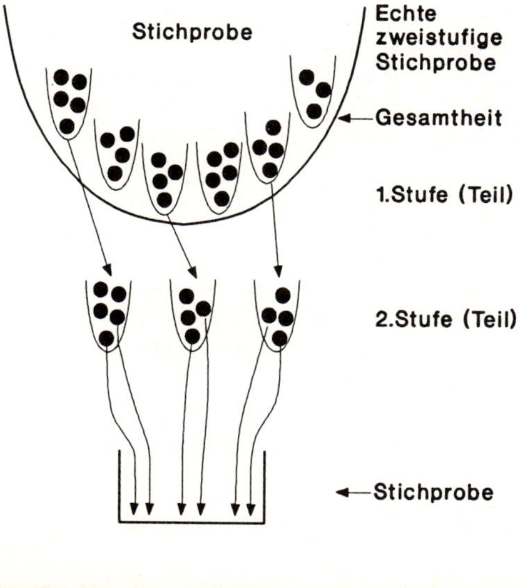

Unechte zweistufige Stichproben sind die Klumpen- und die Schichtenstichprobe.

Klumpenstichprobe (vgl. Abb. C1/2c): Teilauswahl unter den Primäreinheiten (Klumpen genannt); Totalerhebung der Sekundäreinheiten in den ausgewählten Primäreinheiten. Die Klumpenbildung erfolgt:

- regional (etwa Flächenstichprobe),
- zeitlich (Tagesfertigung, Wochenumsatz),
- sachlich/natürlich (Betriebe, Familien).

Zweck: Vereinfachung der Auswahl und Reduktion der Erhebungskosten

Klumpeneffekt: Vergrößerung des Auswahlfehlers gegenüber einer gleich großen einstufigen Stichprobe. Je heterogener bezüglich des Erhebungsmerkmals die Klumpen in sich sind (hohe interne Varianz), desto geringer ist der Klumpeneffekt.

Abb. C1/2c: Urnenmodell der Klumpenstichprobe

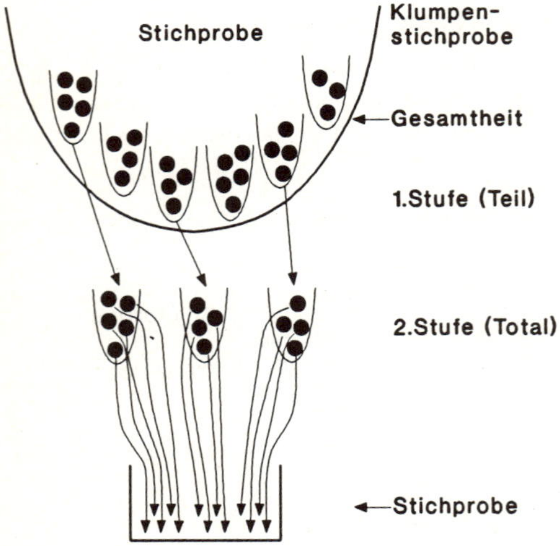

Schichtenstichprobe (vgl. Abb. C1/2d): Totalerhebung der Primäreinheiten (Schichten genannt); Teilerhebung der Sekundäreinheiten

Zweck: Erhöhung der Genauigkeit bei gleichen Kosten (oder Stichprobenumfang)

Schichtungseffekt: Reduktion des Auswahlfehlers gegenüber einer einstufigen Stichprobe gleichen Umfangs. Je homogener bezüglich des Erhebungsmerkmals die Schichten in sich sind (niedrige interne Varianz), desto größer ist der Schichtungseffekt.

Abb. C1/2d: Urnenmodell der Schichtenstichprobe

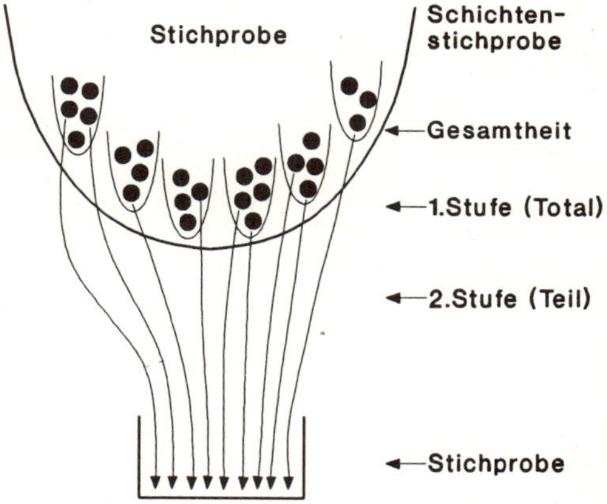

Probleme der Schichtenstichprobe:

- Nach welchem Merkmal oder welchen Merkmalen ist zu schichten?
- Wie viele (L) Schichten sind zu bilden?
- Wie sind die Grenzen zwischen den Schichten zu ziehen?
- Wie ist der Gesamtstichprobenumfang n auf die L Schichten aufzuteilen (Allokationsproblem)?
- Wie soll die Hochrechnung erfolgen (frei oder gebunden, kombiniert oder separat)?

Einige **Allokationsvorschläge:**

1. Gleichmäßige Allokation
   $n_h = n/L; \quad h = 1, \ldots, L$
2. Proportionale Allokation
   $n_h = n \, \frac{N_h}{N}; \quad N_h$ – Umfang der h-ten Schicht
3. Optimale Allokation ohne Kostenberücksichtigung
   $$n_h = n \, \frac{N_h \, \sigma_h}{\sum_{i=1}^{L} N_i \, \sigma_i}; \quad \sigma_i - \begin{cases} \text{Standardabweichung} \\ \text{des Erhebungsmerkmals} \\ \text{in Schicht } i \end{cases}$$

4. Optimale Allokation mit Kostenberücksichtigung

$$n_h = n \frac{\frac{N_h \sigma_h}{\sqrt{c_h}}}{\sum_{i=1}^{L} \frac{N_i \sigma_i}{\sqrt{c_i}}}; \quad c_i - \begin{cases}\text{Erhebungskosten für} \\ \text{eine Einheit in Schicht } i\end{cases}$$

1.2.3 Realisierung von Zufallsstichproben

Die Techniken zur Auswahl, egal ob von Primär-, Sekundäreinheiten oder der Erhebungseinheiten, zeigt Abb. C1/3.

Abb. C1/3: Zufällige Auswahlverfahren

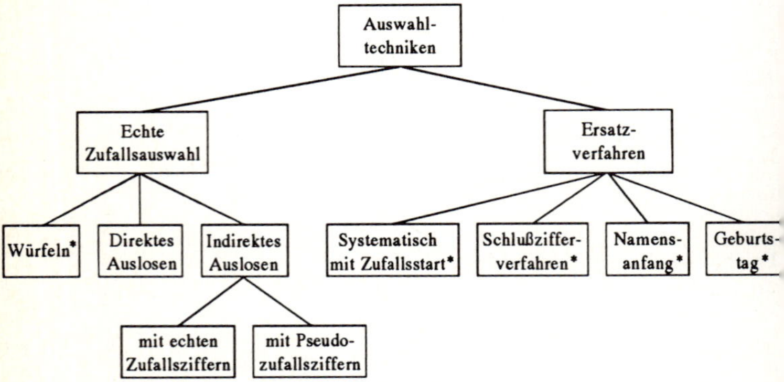

*) Ein vorgegebener Stichprobenumfang ist nicht immer einzuhalten.

Würfeln: Bei jedem Element wird gewürfelt, ob es in die Auswahl gelangen soll oder nicht.

Direktes Auslosen: Für jedes Element wird ein Los angefertigt, in eine Urne gelegt, diese gut gemischt, und dann werden n Lose (mit/ohne Zurücklegen) entnommen.

Indirektes Auslosen: Die Elemente der Gesamtheit werden fortlaufend numeriert von $\underbrace{0\ldots01}_{z}$ bis N (mit z als Stellenzahl von N). Dann werden n z-stellige **digitale Zufallsziffern** generiert, die die Nummern der auszuwählenden Elemente angeben. Digitale Zufallsziffern sind die Ziffern $0, 1, \ldots, 8, 9$ in regelloser Reihenfolge (vgl. Tab. C1/1), die einer 10-Punkte-Gleichverteilung genügen. Man gewinnt sie

a) als **echte Zufallsziffern** aus einem zufälligen Vorgang:
- Ziehen von Kugeln (mit Zurücklegen), von denen sich jeweils gleich viele mit $0, 1, \ldots, 9$ beschriftet in einer Urne befinden;
- Drehen einer in zehn gleich große Sektoren aufgeteilten Scheibe und Ablesen der Ziffer des Sektors unter dem Zeiger (Abb. C1/4);

Abb. C1/4: Scheibe mit zehn gleich großen Sektoren

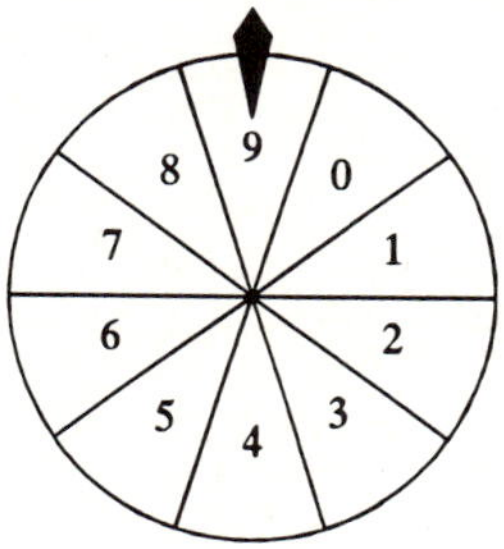

- Ausrollen eines zehnseitigen regulären Prismas (Abb. C1/5);

Abb. C1/5: Zehnseitiges reguläres Prisma

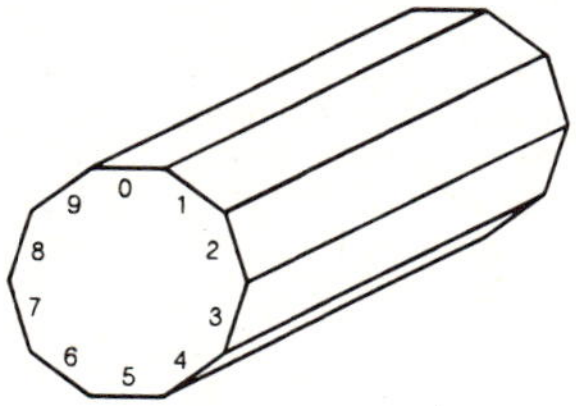

- Würfeln eines Ikosaeders (= reguläres Polyeder mit zwanzig gleichseitigen Dreiecken, als Begrenzungsflächen), das jede der zehn digitalen Ziffern zweimal enthält (Abb. C1/6);

Abb. C1/6: Ikosaeder

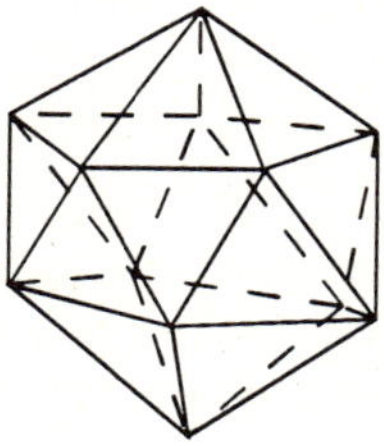

Tab. C1/1: 2500 digitale Zufallsziffern

21022	17702	94978	70932	58999	31534	73587	55204	36442	99496
51892	38481	16753	88316	70139	27421	40648	35833	91562	35401
35746	13987	59215	78467	31987	07235	51475	44766	25918	52640
82307	84880	19802	20875	67848	47349	90005	26947	19064	89771
03758	05158	99062	47961	30969	68399	10917	04791	70283	19596
30459	33380	76348	54537	90940	09172	71469	36119	29232	31087
46560	21029	82240	74755	46383	85734	08560	60782	89528	77892
28123	62088	15915	85060	08299	38520	59467	61163	43117	09820
95717	99580	63669	89134	52126	55746	22878	75196	39433	72440
07699	48505	21781	14794	80711	47589	19971	26440	12035	11997
78526	58680	14649	79478	58006	03704	66253	57694	68818	63667
17716	36881	55453	31997	48364	37005	55799	24022	41063	40512
73978	11679	53118	54027	79756	66068	71012	16119	14543	08820
62015	94062	10178	51881	15736	29406	44017	81987	52756	83040
95151	36828	44858	39803	54498	23239	56616	88445	91873	75564
32956	32996	63814	17694	27323	57619	39680	55841	11670	64460
56360	16331	83188	30833	80154	95892	23588	74393	79776	16776
77093	02646	91896	80148	09920	96363	59576	58889	71461	53263
54602	18129	85399	31594	65291	39056	76878	24796	70358	70918
92219	62085	94364	59143	15609	01826	28861	84913	96794	34282
25845	76248	61783	18373	68738	65039	17454	59764	33851	32638
84309	84316	50447	57803	93544	60633	85830	29416	06563	28645
77290	85793	74583	08310	29605	53226	83639	56162	84744	91973
81680	12212	46807	67710	94979	93844	65806	62056	71606	40648
35525	75981	82841	89488	32964	08233	11531	76517	24238	35022
10245	74933	61768	30665	63425	01933	69047	23077	97333	6717
62744	57547	93810	17977	70900	88764	54002	25821	03204	1829
88960	32091	58785	07219	96196	05151	21044	96332	31503	9656
55220	60292	35753	52116	20067	13272	25763	67262	24618	6183
35399	49015	86833	35156	16457	64477	65982	31683	80960	5179
37041	84064	09199	90774	09146	78985	05396	39843	64904	8040
03359	71447	34330	09404	93389	27225	07847	17905	56544	3705
16839	13996	22656	46064	28034	17520	81412	91562	97760	7978
32124	92278	31111	35149	02570	15527	98445	63775	43075	3742
44658	38740	04151	67444	24228	63154	59454	61841	42334	2316
74134	10045	13949	90178	72318	07468	11586	51530	73961	4467
33025	80906	54254	19165	91337	55215	12906	30721	46784	1904
03105	21819	36727	63360	49854	69634	56321	41130	64811	7441
84618	29152	18387	80541	79768	89110	32044	38290	14352	3376
23670	56870	62480	17537	47868	78128	89547	13078	59293	0902
56971	42121	85426	32368	67541	41378	61111	19004	64843	3248
56533	08848	98924	14748	81833	85268	34714	06235	63303	5499
29107	11933	41137	28270	17045	46799	08881	46843	86060	2344
43615	83446	56623	13584	28191	71108	47795	19492	99614	2152
23028	83294	61306	54410	65980	16632	06837	49737	20345	5702
85001	23769	02407	51963	80944	71868	46158	36770	02361	0501
64925	76789	78019	28927	38378	34615	84043	83264	01196	3295
94679	17238	19912	77275	91601	78265	54759	20974	04586	5637
79725	68128	62772	31417	33709	53416	99820	68760	67412	7337
68182	14528	73829	72300	62936	91474	99484	60140	97903	2462

b) als **Pseudozufallsziffern** durch Anwendung einer bestimmten mathematischen Rekursionsformel (**Zufallszahlengenerator**): Jede Folge dieser Pseudozufallsziffern läßt sich identisch reproduzieren und wiederholt sich nach mehr oder minder vielen Ziffern.

Beispiel: Lineare Kongruenzmethode

$$Y_{i+1} = (a \cdot Y_i + b) \bmod m, \qquad m \in \mathbb{N}$$

d. h. Y_{i+1} ist der Rest der Division von $a \cdot Y_n + b$ durch m.
Mit $y_0 = 3, a = 5, b = 1$ und $m = 16$ ergibt sich:
$y_1 = 0$; $y_2 = 1$; $y_3 = 6$; $y_4 = 15$; $y_5 = 12$; $y_6 = 13$; $y_7 = 2$; $y_8 = 11$;
$y_9 = 8$; $y_{10} = 9$; $y_{11} = 14$; $y_{12} = 7$; $y_{13} = 4$; $y_{14} = 5$; $y_{15} = 10$; $y_{16} = 3$,
d. h. ab $y_{16} = 3$ wiederholt sich die Ziffernfolge.

Systematische Auswahl mit Zufallsstart: Man wähle zufällig eine Startzahl zwischen 1 und N/n und von dort ab jedes (N/n)-te Element. N/n ist der **Auswahlabstand**.

Schlußziffernverfahren: Alle Elemente einer durchnumerierten Gesamtheit, die eine bzw. mehrere zufällig ausgewählte ein- oder mehrstelligen Schlußziffern haben, kommen in die Stichprobe.

Namensanfang: Bei Personenauswahl gelangen alle Personen mit einem oder mehreren zufällig ausgewählten Anfangsbuchstaben des Familiennamens in die Stichprobe.

Geburtstag: Bei Personenauswahl gelangen alle Personen, die an einem oder mehreren zufällig ausgewählten Tagen des Jahres geboren worden sind, in die Stichprobe.

1.3 Stichprobenvektor und Stichprobenfunktionen

Die Zufallsvariable X in der Gesamtheit habe eine von m ($m \geq 1$) Parametern $\Theta_1, \ldots, \Theta_m$, zusammengefaßt im Parametervektor $\boldsymbol{\Theta}$, abhängende Verteilung. Eine Stichprobe vom Umfang n liefert einen n-dimensionalen Zufallsvektor (**Stichprobenvektor**) $\boldsymbol{X}$, dessen Realisation der Vektor $\boldsymbol{x}$ ist. Bei einer einfachen Zufallsstichprobe sind die Komponenten X_i von $\boldsymbol{X}$ i.i.d. wie X in der Gesamtheit, so daß $\boldsymbol{X}$ besitzt

$$\begin{aligned} F(\boldsymbol{x}|\boldsymbol{\Theta}) &= P(X_1 \leq x_1, \ldots, X_n \leq x_n|\boldsymbol{\Theta}) \\ &= \prod_{i=1}^{n} F(x_i|\boldsymbol{\Theta}) \end{aligned}$$

als **gemeinsame Verteilungsfunktion**,

$$f(\boldsymbol{x}|\Theta) = f(x_1, \ldots, x_n|\Theta) = \prod_{i=1}^{n} f(x_i|\Theta)$$

als **gemeinsame Dichte** bei stetigen X_i bzw.

$$\begin{aligned} P(\boldsymbol{X} = \boldsymbol{x}|\Theta) &= P(X_1 = x_1, \ldots, X_n = x_n|\Theta) \\ &= \prod_{i=1}^{n} P(X_i = x_i|\Theta) \end{aligned}$$

als **gemeinsame Wahrscheinlichkeitsfunktion** bei diskreten X_i.

Eine Funktion

$$\psi(\boldsymbol{X}) = \psi(X_1, \ldots, X_n)$$

mit

$$\mathbb{R}^n \xrightarrow{\psi} \mathbb{R}^\ell, \ \ell \ll n$$

heißt **Stichprobenfunktion**[5]. Sie überführt die n-dimensionale Zufallsvariable $\boldsymbol{X}$ in eine ℓ-dimensionale (häufig $\ell = 1$), so daß die Stichprobenfunktion handlicher ist als der Stichprobenvektor. $\psi(\boldsymbol{X})$ dient dann der Inferenz und heißt **Schätzfunktion** beim Schätzen oder **Prüf-** bzw. **Testfunktion** beim Prüfen von Hypothesen über X.

Einige Stichprobenfunktionen:

1. $\psi(\boldsymbol{X}) = \sum\limits_{i=1}^{n} X_i =: X_n^T$,
   die **Stichprobensumme** oder der **Totalwert**; (Im Falle $X_i \sim Be(P)$ ist dies die Anzahl von Merkmalsträgern mit der Eigenschaft A, für die $P(A) = P$.)
2. $\psi(\boldsymbol{X}) = \dfrac{1}{n} \sum\limits_{i=1}^{n} X_i =: \overline{X}_n$,
   der **Stichprobenmittelwert**; (Im Falle $X_i \sim Be(P)$ ist dies der Stichprobenanteil Π_n.)
3. $\psi(\boldsymbol{X}) = \dfrac{1}{n-1} \sum\limits_{i=1}^{n} (X_i - \overline{X}_n)^2 =: S_n^2$,
   die **Stichprobenvarianz**;
4. $\psi(\boldsymbol{X}) = \min\limits_{i} X_i =: X_{<1>}$,
   das **Stichprobenminimum**;
5. $\psi(\boldsymbol{X}) = \max\limits_{i} X_i =: X_{<n>}$,
   das **Stichprobenmaximum**;

[5] Auch Statistik (engl. statistic) genannt.

6. $\psi(\boldsymbol{X}) = \widetilde{X}_n := \begin{cases} X_{<k+1>} & \text{für} \quad n = 2k+1 \\ \dfrac{X_{<k+1>} + X_{<k>}}{2} & \text{für} \quad n = 2k\,, \end{cases}$

   der **Stichprobenmedian**.

Grundproblem der mathematischen Statistik ist die Bestimmung der Verteilung von $\psi(\boldsymbol{X})$, die abhängt von

1. der Ausgangsverteilung (Verteilung von X in der Grundgesamtheit),
2. dem Funktionstyp $\psi(.)$,
3. dem Stichprobenumfang n,
4. der Art der Stichprobe.[6]

Für kleine Stichproben benötigt man die **exakte Verteilung** von $\psi(\boldsymbol{X})$.

Beispiele für exakte Verteilungen von Stichprobenfunktionen:

1. $X \sim Be(M/N)$

   $\Rightarrow$ mit Zurücklegen: $X_n^T \sim Bi(n;P)$; $\quad \Pi_n := \overline{X}_n = \dfrac{X_n^T}{n} \sim Bi(n;P)$

   $\Rightarrow$ ohne Zurücklegen: $X_n^T \sim Hy(n;N;M)$; $\quad \Pi_n := \dfrac{X_n^T}{n} \sim Hy(n;N;M)$

2. $X \sim Ex(\lambda)$

   $\Rightarrow \quad X_n^T \sim Ga(\lambda;n)$

   $\Rightarrow \overline{X}_n = \dfrac{X_n^T}{n}$ hat eine modifizierte Gamma-Verteilung mit der Dichte

   $$f(\bar{x}) = n\frac{(\lambda n\bar{x})^{n-1}}{(n-1)!}\exp(-\lambda n\bar{x}).$$

3. $X \sim Po(\lambda)$

   $\Rightarrow \quad X_n^T \sim Po(n\lambda) \quad \text{und} \quad \overline{X}_n = \dfrac{X_n^T}{n} \sim Po(n\lambda)$

4. $X \sim No(\mu;\sigma^2)$

   $\Rightarrow \quad X_n^T \sim No(n\mu;n\sigma^2) \quad \text{und} \quad \overline{X}_n = \dfrac{X_n^T}{n} \sim No\left(\mu;\dfrac{\sigma^2}{n}\right)$

   $$\Rightarrow \quad \frac{\sum\limits_{i=1}^{n}(X_i-\mu)^2}{\sigma^2} = \frac{n\cdot S_n^{*2}}{\sigma^2} \sim \chi^2(n); \quad S_n^{*2} = \frac{1}{n}\sum_{i=1}^{n}(X_i-\mu)^2$$

   $$\Rightarrow \quad \frac{\sum\limits_{i=1}^{n}(X_i-\overline{X}_n)^2}{\sigma^2} = \frac{(n-1)S_n^2}{\sigma^2} \sim \chi^2(n-1); \; S_n^2 = \frac{1}{n-1}\sum_{i=1}^{n}(X_i-\overline{X}_n)^2$$

   $$\Rightarrow \quad \frac{\overline{X}_n-\mu}{S_n}\sqrt{n} \sim t(n-1)$$

---

[6] Es muß nicht unbedingt eine einfache Stichprobe gezogen werden.

5. $X \sim No(\mu_X; \sigma_X^2)$ und $Y \sim No(\mu_Y; \sigma_Y^2)$

$$\Rightarrow \frac{S_X^2}{S_Y^2} : \frac{\sigma_X^2}{\sigma_Y^2} \sim Fi(n-1; m-1) \quad \text{mit} \quad \begin{cases} S_X^2 = \dfrac{1}{n-1}\displaystyle\sum_{i=1}^{n}(X_i - \overline{X}_n)^2 \\ S_Y^2 = \dfrac{1}{m-1}\displaystyle\sum_{j=1}^{m}(Y_j - \overline{Y}_m)^2 \end{cases}$$

Für große Stichproben benötigt man die **asymptotische Verteilung** von $\psi(\boldsymbol{X})$, die häufig eine Normalverteilung oder eine χ^2–Verteilung (vgl. C 3.3.2–4) ist. Insbesondere gilt:

Für das r–te Stichprobenmoment um Null

$$m'_r := \overline{X_n^r} = \frac{1}{n}\sum_{i=1}^{n} X_i^r$$

in einer Stichprobe aus beliebiger Verteilung ist

$$\overline{X_n^r} \overset{asymp}{\sim} No\Big[E(\overline{X_n^r}), V(\overline{X_n^r})\Big]$$

mit $E\left(\overline{X_n^r}\right) = \mu'_r$ und $V\left(\overline{X_n^r}\right) = \dfrac{\mu'_{2r} - (\mu'_r)^2}{n}$,

sofern die Gesamtheitsmomente μ'_r und μ'_{2r} existieren.

Der wichtigste Spezialfall dieses Satzes ist:

$$\bar{X}_n \overset{asymp}{\sim} No\left(\mu; \frac{\sigma^2}{n}\right).$$

1.4 Likelihood-Funktion

Die **Likelihood-Funktion**

$$L(\boldsymbol{\Theta}|\boldsymbol{x}) := \left\{ \begin{array}{ll} \prod_{i=1}^{n} f(x_i|\boldsymbol{\Theta}) & - \ X \text{ stetig} \\ \prod_{i=1}^{n} P(X = x_i|\boldsymbol{\Theta}) & - \ X \text{ diskret} \end{array} \right\} \quad \text{einfache Stichprobe}$$

ist bei gegebenen Vektoren $\boldsymbol{x}$ und $\boldsymbol{\Theta}$ mit der gemeinsamen Dichte $f(\boldsymbol{x}|\boldsymbol{\Theta})$ bzw. der gemeinsamen Wahrscheinlichkeitsfunktion $P(\boldsymbol{X} = \boldsymbol{x}|\boldsymbol{\Theta})$ identisch. Unterschiede liegen im Formalen und in der Betrachtungsweise:

1. $f(\boldsymbol{x}|\boldsymbol{\Theta})$ bzw. $P(\boldsymbol{X} = \boldsymbol{x}|\boldsymbol{\Theta})$ ist eine n-dimensionale Funktion von $\boldsymbol{x}$ bei festen, numerisch vorgegebenen Werten der m Parameter Θ_j in $\boldsymbol{\Theta}$. Das n-fache Integral über $f(\boldsymbol{x}|\boldsymbol{\Theta})$ bzw. die n-fache Summe über $P(\boldsymbol{X} = \boldsymbol{x}|\boldsymbol{\Theta})$ ist normiert auf 1.

2. $L(\boldsymbol{\Theta}|\boldsymbol{x})$ ist eine m-dimensionale Funktion von $\boldsymbol{\Theta}$ bei festen, in einer gezogenen Stichprobe realisierten Werten x_i der Variablen X_i. $L(\boldsymbol{\Theta}|\boldsymbol{x})$ ist grundsätzlich nicht auf den Wert 1 als Summe (bei diskreten Θ_j) bzw. als Integral (bei stetigen Θ_j) normiert.

Fazit: Zwischen den Funktionen $f(\boldsymbol{x}|\boldsymbol{\Theta})$ bzw. $P(\boldsymbol{X} = \boldsymbol{x}|\boldsymbol{\Theta})$ einerseits und $L(\boldsymbol{\Theta}|\boldsymbol{x})$ andererseits sind die Rollen von $\boldsymbol{x}$ und $\boldsymbol{\Theta}$ als Variable und Parameter vertauscht.

Interpretation: $L(\boldsymbol{\Theta}|\boldsymbol{x})$ ist ein **Plausibilitätsmaß** (keine Wahrscheinlichkeit) für alternative Werte von $\boldsymbol{\Theta}$ bei gegebener Stichprobe $\boldsymbol{x}$.

Es heißt

$$L^*(\boldsymbol{\Theta}|\boldsymbol{x}) := \ln\{L(\boldsymbol{\Theta}|\boldsymbol{x})\}$$

die **Log-Likelihood-Funktion**. Sofern $L(\boldsymbol{\Theta}|\boldsymbol{x})$ Extremwerte hat, liegen sie an denselben Stellen $\boldsymbol{\Theta}_k$ wie die Extremwerte von $L^*(\boldsymbol{\Theta}|\boldsymbol{x})$, da $\ln\{.\}$ eine isotone Transformation ist. Die i. d. R. nicht interessierenden Extremwerte von $L(\boldsymbol{\Theta}|\boldsymbol{x})$ und $L^*(\boldsymbol{\Theta}|\boldsymbol{x})$ sind jedoch verschieden.

Abb. C1/7: Gemeinsame Wahrscheinlichkeitsfunktion einer einfachen Stichprobe von $n = 2$ aus einer POISSON-Verteilung mit $\lambda = 1$

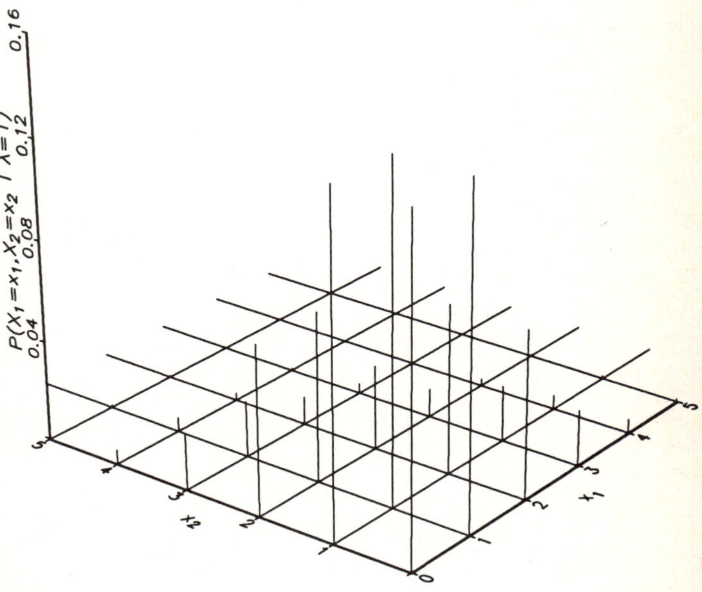

1. Beispiel: Ziehen einer Stichprobe von $n = 2$ aus einer POISSON-Verteilung

Gemeinsame Wahrscheinlichkeitsfunktion:

$$P(X_1 = x_1, X_2 = x_2|\lambda) = \frac{\lambda^{x_1}}{x_1!}\,e^{-\lambda} \cdot \frac{\lambda^{x_2}}{x_2!}\,e^{-\lambda} = \frac{\lambda^{x_1+x_2}}{x_1!\,x_2!}\,e^{-2\lambda} \quad \left\{ x_1, x_2 \in \mathbb{N}^0 \right.$$

Abb. C1/7 zeigt diese Funktion für $\lambda = 1$.

Likelihood-Funktion:

$$L(\lambda|x_1, x_2) = \frac{\lambda^{x_1+x_2}}{x_1!\,x_2!}\,e^{-2\lambda}, \ \lambda \in \mathbb{R}^+$$

Log-Likelihood-Funktion:

$$L^*(\lambda|x_1, x_2) = (x_1 + x_2)\ln\lambda - 2\lambda - \ln x_1! - \ln x_2!$$

Abb. C1/8 zeigt diese beiden Funktionen für eine realisierte Stichprobe mit $x_1 = 1, x_2 = 0$. Das Maximum liegt bei $\lambda = 0,5$.

Abb. C1/8: Likelihood-Funktion (oben) und Log-Likelihood-Funktion (unten) einer einfachen Stichprobe von $n = 2$ mit $x_1 = 1$ und $x_2 = 0$ aus einer POISSON-Verteilung

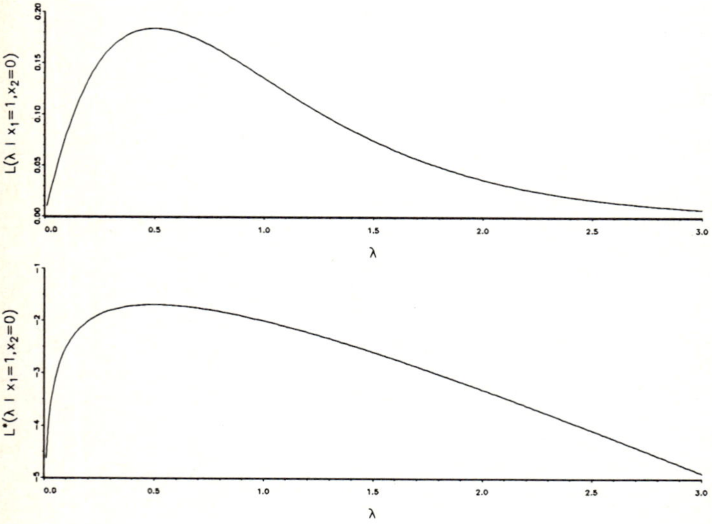

2. Beispiel: Ziehen einer einfachen Stichprobe von $n = 2$ aus einer Exponentialverteilung

Gemeinsame Dichtefunktion:

$$f(x_1, x_2|\lambda) = \lambda e^{-\lambda x_1} \cdot \lambda e^{-\lambda x_2} = \lambda^2 e^{-\lambda(x_1+x_2)} \quad \{ \; x_1, x_2 \in \mathbb{R} \setminus \mathbb{R}^-$$

Abb. C1/9 zeigt diese Funktion für $\lambda = 0,5$.

Abb. C1/9: Gemeinsame Dichtefunktion einer einfachen Stichprobe von $n = 2$ aus einer Exponentialverteilung mit $\lambda = 0,5$

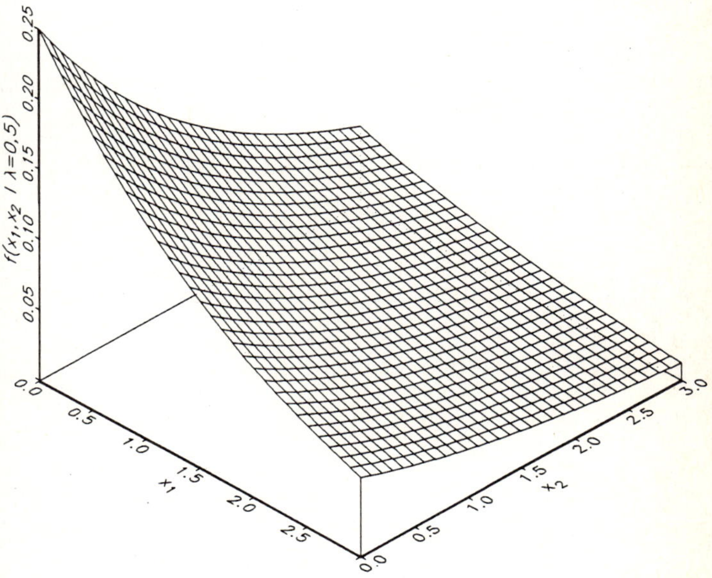

Likelihood-Funktion:

$$L(\lambda|x_1, x_2) = \lambda^2 e^{-\lambda(x_1+x_2)}, \;\; \lambda \in \mathbb{R}^+$$

Log-Likelihood-Funktion:

$$L^*(\lambda|x_1, x_2) = 2 \ln \lambda - \lambda (x_1 + x_2)$$

Abb. C1/10 zeigt diese beiden Funktionen für eine realisierte Stichprobe mit $x_1 = 0,40; x_2 = 0,85$. Das Maximum liegt bei $\lambda = 1,6$.

Abb. C1/10: Likelihood-Funktion (oben) und Log-Likelihood-Funktion (unten) einer einfachen Stichprobe von $n = 2$ mit $x_1 = 0,40$ und $x_2 = 0,85$ aus einer Exponentialverteilung

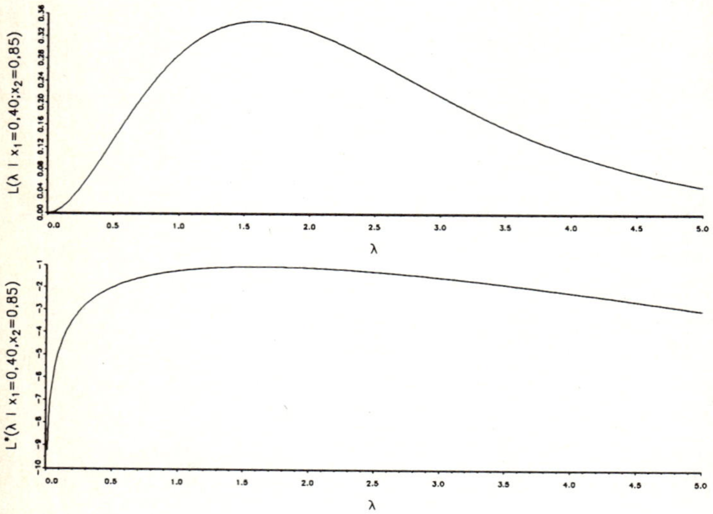

Kapitel 2

Schätztheorie

In der Statistik schätzt man u. a.:

- die Verteilung einer Zufallsvariablen X in Form
  - ▷ der Verteilungsfunktion $F(x)$,
  - ▷ der Dichte $f(x)$ bzw.
  - ▷ der Wahrscheinlichkeitsfunktion $P(X = x)$;
- Parameter Θ_i ($i = 1, \ldots, m$) einer Zufallsvariablen, nämlich
  - ▷ Funktionsparameter,
  - ▷ Funktionalparameter (Momente, Perzentile);
- Realisationen einer Zufallsvariablen. (In diesem Fall wird von Prognose gesprochen.)

Die Formen, in denen Schätzungen gemacht werden, sind:

- die Punktschätzung (= Angabe eines Schätzwertes für Θ),
- die Intervallschätzung (= Angabe eines Wertebereiches für Θ).

2.1 Punktschätzung

Die Stichprobenfunktion

$$\widehat{\Theta}_n = \psi\left(X_1, \ldots, X_n\right)$$

heißt **Schätzfunktion** oder **Schätzer** (engl. estimator) für den Parameter Θ. Eine Realisation der Zufallsvariablen $\widehat{\Theta}_n$ heißt **Schätzwert** (engl. estimate):

$$\vartheta_n = \psi(x_1, \ldots, x_n).$$

Beurteilen läßt sich nicht der einzelne Schätzwert ϑ_n, sondern nur die Schätzfunktion $\widehat{\Theta}_n$, also die Methode zur Gewinnung der ϑ_n. Wünschenswerte, günstige Eigenschaften werden in Abs. C2.1.1 vorgestellt. Prinzipien zur Aufstellung oder Konstruktion von Schätzfunktionen findet man in Abs. C2.1.2.

2.1.1 Eigenschaften von Schätzfunktionen

Die wichtigsten Eigenschaften sind:

- Erwartungstreue (syn.: Unverzerrtheit),
- Mediantreue,
- Effizienz,
- Konsistenz,
- Suffizienz,
- Normalität,
- Linearität.

Einige dieser Eigenschaften sind rein **asymptotisch** (Verhalten von $\widehat{\Theta}_n$ für $n \to \infty$), etwa die Konsistenz, andere sind rein **nicht-asymptotisch** (Verhalten von $\widehat{\Theta}_n$ für endliches n), etwa die Linearität, andere wiederum gibt es in asymptotischer und nicht-asymptotischer Variante.

Definition: Eine Schätzfunktion $\widehat{\Theta}_n$ für Θ heißt **erwartungstreu** oder **unverzerrt** (engl. unbiased), wenn

$$E(\widehat{\Theta}_n) = \Theta \quad \forall\, n.$$

Interpretation: Mit $\widehat{\Theta}_n$ wird im Durchschnitt richtig geschätzt, d. h. der Mittelwert aller von $\widehat{\Theta}_n$ gelieferten Schätzwerte ϑ_n ist Θ.

Beispiel: $\Theta := \mu = E(X); \quad \widehat{\Theta}_n = \overline{X}_n = \frac{1}{n}\sum_{i=1}^{n} X_i$

$$E(\overline{X}_n) = \mu \quad \forall\, n$$

Definition: Die Differenz

$$B(\widehat{\Theta}_n) := E(\widehat{\Theta}_n) - \Theta$$

heißt **Bias** oder **Verzerrung**.

$$B(\widehat{\Theta}_n) \begin{cases} < 0 & \text{systematische Unterschätzung} \\ = 0 & \text{Unverzerrtheit} \\ > 0 & \text{systematische Überschätzung} \end{cases}$$

Beispiel: $\Theta = \sigma^2 = V(X)$

$$\begin{aligned}\widehat{\Theta}_n^1 := S_n^{*2} &:= \frac{1}{n}\sum_{i=1}^{n}(X_i - \overline{X}_n)^2 \\ E(S_n^{*2}) &= \frac{n-1}{n}\,\sigma^2 \\ B(S_n^{*2}) &= -\frac{\sigma^2}{n} \quad \Rightarrow \quad \text{systematische Unterschätzung} \\ \widehat{\Theta}_n^2 := S_n^2 &= \frac{1}{n-1}\sum_{i=1}^{n}(X_i - \overline{X}_n)^2 \quad \text{ist unverzerrt.}\end{aligned}$$

Definition: $\widehat{\Theta}_n$ mit $B(\widehat{\Theta}_n) \neq 0$ heißt **asymptotisch erwartungstreu** (syn.: asymptotisch unverzerrt), wenn

$$\lim_{n\to\infty} E(\widehat{\Theta}_n) = \Theta$$

bzw.

$$\lim_{n\to\infty} B(\widehat{\Theta}_n) = \lim_{n\to\infty} E(\widehat{\Theta}_n - \Theta) = 0\,.$$

Beispiel: $\lim\limits_{n\to\infty} E(S_n^{*2}) = \sigma^2$

Aus $E(\widehat{\Theta}_n) = \Theta$ folgt nicht, daß auch für jede beliebige Funktion $g(.)$ gilt: $E[g(\widehat{\Theta}_n)] = g(\Theta)$.

1. Beispiel: $E(\widehat{\Theta}_n) = \Theta$ und $g(\widehat{\Theta}_n) = a + b\,\widehat{\Theta}_n$

$$\Rightarrow \; E(a + b\,\widehat{\Theta}_n) = a + b\,E(\widehat{\Theta}_n) = a + b\,\Theta = g(\Theta)$$

2. Beispiel: $E(S_n^2) = \sigma^2$ und $g(S_n^2) = \sqrt{S_n^2} = S_n$

$$\Rightarrow \; E(S_n) \neq \sigma = \sqrt{\sigma^2}$$

Ist $X \sim No(\mu;\sigma^2)$, so ist

$$E(\widehat{\sigma}_n) = \sigma \quad \text{mit} \quad \widehat{\sigma}_n := \frac{\sqrt{n}\,\Gamma\left(\frac{n}{2}\right)}{\sqrt{2}\,\Gamma\left(\frac{n+1}{2}\right)}\sqrt{\sum_{i=1}^{n}(X_i - \overline{X}_n)^2}\,.$$

Definition: Eine Schätzfunktion $\widehat{\Theta}_n$ für Θ heißt **mediantreu**, wenn

$$P(\widehat{\Theta}_n \leq \Theta) = 0,5\,,$$

d. h. Θ der Median der Verteilung von $\widehat{\Theta}_n$ ist.

Interpretation: Bei einer mediantreuen Schätzfunktion ist die Wahrscheinlichkeit einer Überschätzung von Θ ebenso groß wie die einer Unterschätzung, nämlich 0,5.

Hinweise:

1) Hat $\widehat{\Theta}_n$ eine symmetrische Verteilung, so ist $\widehat{\Theta}_n$ genau dann erwartungstreu, wenn es mediantreu ist.

2) Ist $\widehat{\Theta}_n$ mediantreu, so ist $g(\widehat{\Theta}_n)$ für jede monotone Funktion $g(.)$ auch mediantreu für $g(\Theta)$.

Die **Variabilität** einer Schätzfunktion wird **allgemein** gemessen mit dem **mittleren quadratischen Fehler**, *MSE* (engl. mean square error):

$$\begin{aligned} MSE(\widehat{\Theta}_n) &:= E\left[(\widehat{\Theta}_n - \Theta)^2\right] \\ &= \underbrace{E\left[\{\widehat{\Theta}_n - E(\widehat{\Theta}_n)\}^2\right]} + \underbrace{\left\{E(\widehat{\Theta}_n) - \Theta\right\}^2} \\ &= \qquad V(\widehat{\Theta}_n) \qquad + \qquad B^2(\widehat{\Theta}_n) \end{aligned}$$

Für einen unverzerrten Schätzer ist *MSE* mit der Varianz von $\widehat{\Theta}_n$ identisch, für einen verzerrten Schätzer ist $MSE(\widehat{\Theta}_n) > V(\widehat{\Theta}_n)$.

Es heißt

$$RMSE(\widehat{\Theta}_n) := \sqrt{MSE\,(\widehat{\Theta}_n)}$$

der **Quadratwurzelfehler** (engl. root mean square error).

Definition: Es seien $\widehat{\Theta}_n^1$ und $\widehat{\Theta}_n^2$ zwei erwartungstreue Schätzfunktionen für Θ. Dann heißt $\widehat{\Theta}_n^1$ **effizienter** (wirksamer) als $\widehat{\Theta}_n^2$, wenn

$$V(\widehat{\Theta}_n^1) < V(\widehat{\Theta}_n^2).$$

Es heißt

$$\eta := \frac{V(\widehat{\Theta}_n^1)}{V(\widehat{\Theta}_n^2)}$$

die **relative Effizienz** von $\widehat{\Theta}_n^1$ gegenüber $\widehat{\Theta}_n^2$. Da häufig die Varianz eines Schätzers umgekehrt proportional zum Stichprobenumfang n ist, liefert $1/\eta > 1$ den Faktor, mit dem n zu multiplizieren ist, damit $\widehat{\Theta}_n^1$ und $\widehat{\Theta}_{\tilde{n}}^2$ mit $\tilde{n} := n/\eta$ gleiche Varianz besitzen. $\widehat{\Theta}_n^1$ hat dann einen um $(1-\eta)\cdot 100\%$ kleineren Stichprobenumfang als $\widehat{\Theta}_{\tilde{n}}^2$.

Definition: Eine erwartungstreue Schätzfunktion $\widehat{\Theta}_n^*$ für Θ heißt **absolut effizient** oder **wirksamst**, wenn $\widehat{\Theta}_n^*$ die kleinst mögliche Varianz annimmt. Diese wird unter gewissen Regularitätsvoraussetzungen für $f(x|\Theta)$ bzw. $P(X = x|\Theta)$ durch die rechte Seite der **Rao-Cramér-Ungleichung** geliefert:

$$V(\widehat{\Theta}_n) \geq \begin{cases} \dfrac{1}{n \cdot E\left\{\left[\dfrac{\partial \ln f(x|\Theta)}{\partial \Theta}\right]^2\right\}} & \text{für stetiges } X, \\[2ex] \dfrac{1}{n \cdot E\left\{\left[\dfrac{\partial \ln P(X=x|\Theta)}{\partial \Theta}\right]^2\right\}} & \text{für diskretes } X. \end{cases}$$

Beispiel:

$$X \sim Be(P), \text{ d. h. } P(X=x|P) = P^x(1-P)^{1-x} \quad \text{für} \quad x = 0 \text{ oder } 1$$

$$\frac{\partial \ln P(X=x|P)}{\partial P} = \frac{x}{P} - \frac{1-x}{1-P}$$

$$E\left\{\left[\frac{\partial \ln P(X=x|P)}{\partial P}\right]^2\right\} = \sum_{x=0}^{1}\left(\frac{x}{P} - \frac{1-x}{1-P}\right)^2 P^x(1-P)^{1-x}$$

$$= \frac{1}{P(1-P)} = \frac{1}{PQ}$$

$$V(\widehat{P}_n) \geq \frac{1}{n\frac{1}{PQ}} = \frac{PQ}{n}$$

$$\Pi_n = \frac{1}{n}\sum_{i=1}^{n} X_i \quad \text{ist wirksamst, da} \quad V(\Pi_n) = \frac{PQ}{n}.$$

Definition: Eine Schätzfunktion $\widehat{\Theta}_n$ für Θ heißt

1. **einfach konsistent**, wenn

$$\lim_{n\to\infty} P(|\widehat{\Theta}_n - \Theta| > \varepsilon) = 0 \quad \text{oder} \quad \operatorname{plim} \widehat{\Theta}_n = \Theta\,,$$

2. **konsistent im mittleren Fehlerquadrat**, wenn

$$\lim_{n\to\infty} MSE(\widehat{\Theta}_n) = 0\,,$$

3. **stark konsistent**, wenn

$$P\left(\lim_{n\to\infty} \widehat{\Theta}_n = \Theta\right) = 1.$$

Hinweise:

1) $\lim\limits_{n\to\infty} MSE(\widehat{\Theta}_n) = 0 \quad \Rightarrow \quad \operatorname{plim} \widehat{\Theta}_n = \Theta$

2) $E(\widehat{\Theta}_n) = \Theta$ und $\lim\limits_{n\to\infty} V(\widehat{\Theta}_n) = 0 \quad \Rightarrow \quad \lim\limits_{n\to\infty} MSE(\widehat{\Theta}_n) = 0.$

Definition: Eine Schätzfunktion $\widehat{\Theta}_n$ für Θ heißt **suffizient** oder **erschöpfend**, wenn $\widehat{\Theta}_n = \psi(X_1, \ldots, X_n)$ die in den n Stichprobenvariablen X_i enthaltene Information ausschöpft. Notwendig und hinreichend für die Suffizienz von $\widehat{\Theta}_n$ ist das **Faktorisierungskriterium** von NEYMAN-FISHER:

$$\left.\begin{array}{l} f(\boldsymbol{x}|\boldsymbol{\Theta}) \\ P(\boldsymbol{X} = \boldsymbol{x}|\boldsymbol{\Theta}) \end{array}\right\} = g_1(\widehat{\boldsymbol{\Theta}}_n; \boldsymbol{\Theta}) \cdot g_2(\boldsymbol{x}).$$

Definition: Eine Schätzfunktion $\widehat{\Theta}_n$ für Θ heißt

1. **normal**, wenn
$$\frac{\widehat{\Theta}_n - E(\widehat{\Theta}_n)}{\sqrt{V(\widehat{\Theta}_n)}} \sim No(0;1);$$

2. **asymptotisch normal**, wenn
$$\frac{\widehat{\Theta}_n - E(\widehat{\Theta}_n)}{\sqrt{V(\widehat{\Theta}_n)}} \overset{\text{asymp}}{\sim} No(0;1).$$

Definition: Eine Schätzfunktion $\widehat{\Theta}_n$ für Θ heißt **linear**, wenn

$$\widehat{\Theta}_n = a_0 + \sum_{i=1}^{n} a_i X_i \quad \text{mit} \quad a_0, a_i \in \mathbb{R}.$$

Definition: Ein Schätzer $\widehat{\Theta}_n$ für Θ heißt

1. **gleichmäßig bester unter allen unverzerrten** Schätzern, kurz **UMVU-Schätzer** (engl. uniformly minimal variance unbiased), wenn er
   - erwartungstreu ist und
   - unter allen erwartungstreuen Schätzern für Θ die kleinste Varianz besitzt;
2. **bester linearer Schätzer**, kurz **BLU-Schätzer**, wenn er
   - erwartungstreu und

- linear ist sowie
- unter allen erwartungstreuen linearen Schätzern für Θ die kleinste Varianz hat;

3. **bester asymptotisch normaler Schätzer**, kurz **BAN-Schätzer**, wenn er
   - asymptotisch normalverteilt ist und
   - die kleinst mögliche Varianz, gegeben durch die untere Schranke der RAO-CRAMÉR-Ungleichung, besitzt.

2.1.2 Konstruktionsprinzipien für Schätzfunktionen

Momentenmethode (KARL PEARSON, 1857 - 1936)

Das r-te Stichprobenmoment um Null

$$\overline{X_n^r} := \frac{1}{n}\sum_{i=1}^{n} X_i^r; \quad X_i \sim \text{ i.i.d. }; \quad r = 1, 2, \ldots$$

schätzt das r-te Gesamtheitsmoment um Null:

$$\mu_r' = E(X^r)$$

als

$$\widehat{\mu}_r' = \overline{X_n^r},$$

wobei

$$\overline{X_n^r} \overset{\text{asymp}}{\sim} No\left[\mu_r'; \frac{\mu_{2r}' - (\mu_r')^2}{n}\right].$$

Der Funktionalparameter μ_r' hängt von den Funktionsparametern $\Theta_1, \ldots, \Theta_m$ der Verteilung von X gemäß der Funktion $h_r(\Theta_1, \ldots, \Theta_m)$; $r = 1, 2, \ldots, m$; ab. Schreibt man die ersten m Nullmomente

$$\begin{aligned} \mu_1' &= h_1(\Theta_1, \ldots, \Theta_m) \\ &\vdots \\ \mu_m' &= h_m(\Theta_1, \ldots, \Theta_m) \end{aligned}$$

auf und ersetzt die μ_r' durch ihre Schätzer $\overline{X_n^r}$, so erhält man ein Gleichungssystem mit m Gleichungen für die m unbekannten $\Theta_1, \ldots, \Theta_m$, dessen Auflösung dann die Momentenschätzer $\widehat{\Theta}_1, \ldots, \widehat{\Theta}_m$ liefert.

Tab. C2/1: Einige Parameterschätzer und ihre Eigenschaften

Θ	$\widehat{\Theta}_n$	$E(\widehat{\Theta}_n)$	$V(\widehat{\Theta}_n)$	Eigenschaften von $\widehat{\Theta}_n$
(1)	(2)	(3)	(4)	(5)
μ	$\widehat{\mu} = \bar{X}_n := \frac{1}{n}\sum_{i=1}^{n} X_i$	μ	$\frac{\sigma^2}{n}$ – Stichprobe mit Zurücklegen $\frac{\sigma^2}{n} \cdot \frac{N-n}{N-1}$ – Stichprobe ohne Zurücklegen	erwartungstreu; konsistent; effizient; normal bei Stichprobe aus Normalverteilung, ansonsten asymptotisch normal
P	$\widehat{P} = \Pi_n := \frac{1}{n}\sum_{i=1}^{n} X_i \; ; X_i = \begin{cases} 0 \\ 1 \end{cases}$	P	$\frac{PQ}{n}$ – Stichprobe mit Zurücklegen $\frac{PQ}{n} \cdot \frac{N-n}{N-1}$ – Stichprobe ohne Zurücklegen	erwartungstreu; konsistent; effizient; asymptotisch normal
σ^2	$\widehat{\sigma^2} = \tilde{S}_n^2 := \frac{1}{n}\sum_{i=1}^{n}(X_i - \mu)^2$	σ^2	$\frac{\mu_4 - \sigma^4}{n}$	erwartungstreu; konsistent; effizient; bei Stichprobe aus Normalverteilung: $n\,\tilde{S}_n^2/\sigma^2 \sim \chi^2(n)$
	$\widehat{\sigma^2} = S_n^{*\,2} := \frac{1}{n}\sum_{i=1}^{n}(X_i - \overline{X}_n)^2$	$\frac{n-1}{n} \cdot \sigma^2$	$\frac{\mu_4 - \sigma^4}{n} + 0\left(\frac{1}{n}\right)$	asymptotisch erwartungstreu; konsistent
	$\widehat{\sigma^2} = S_n^2 := \frac{1}{n-1}\sum_{i=1}^{n}(X_i - \overline{X}_n)^2$	σ^2	$\frac{1}{n} \cdot \left[\mu_4 - \frac{n-3}{n-1} \cdot \sigma^4\right]$ – {Stichprobe mit Zurücklegen $\left(\frac{1}{n} - \frac{1}{N}\right) \cdot (\mu_4 - \sigma^4)$ – {Stichprobe ohne Zurücklegen	erwartungstreu; konsistent; bei Stichprobe aus Normalverteilung: $(n-1)\,S_n^2/\sigma^2 \sim \chi^2(n-1)$

1. Beispiel: $\Theta = \lambda$ einer Exponentialverteilung

$$\mu'_1 = 1/\lambda \;\Rightarrow\; \overline{X}_n = 1/\widehat{\lambda} \;\Rightarrow\; \widehat{\lambda} = 1/\overline{X}_n$$

2. Beispiel: b und c einer WEIBULL-Verteilung (Es sei $a = 0$.)

$$\mu'_1 = b\,\Gamma\left(1 + \frac{1}{c}\right) = h_1(b, c)$$

$$\mu'_2 = b^2\,\Gamma\left(1 + \frac{2}{c}\right) = h_2(b, c)$$

$$\overline{X}_n = h_1(\widehat{b}, \widehat{c}) \qquad I$$

$$\overline{X_n^2} = h_2(\widehat{b}, \widehat{c}) \qquad II$$

I und II bilden ein interdependentes, nicht-lineares Gleichungssystem für $\widehat{b}$ und $\widehat{c}$, das nur numerisch lösbar ist.

Momentenschätzer sind:

- immer konsistent,
- zumindest asymptotisch erwartungstreu,
- i. d. R. asymptotisch normal,
- oftmals nicht wirksamst und
- oftmals nicht suffizient.

Perzentilsmethode (syn. Methode der Quantile oder der geordneten Stichprobenvariablen)

Das Quantil x_P einer stetigen Zufallsvariablen X mit der Dichte $f(x)$ wird geschätzt durch das korrespondierende Quantil in der Stichprobe:

$$\widehat{X}_P = X_{<[nP]+1>}, \quad [\cdot] - \text{GAUSS-Klammer-Funktion}$$

Es ist

$$\widehat{X}_P \overset{\text{asymp}}{\sim} No\left[x_P; \frac{P(1-P)}{n \cdot f(x_P)}\right].$$

Über die Stichprobenperzentile lassen sich auch Funktionsparameter der Verteilung von X schätzen. Der Funktionalparameter x_{P_i} hängt von den Funktionsparametern $\Theta_1, \ldots, \Theta_m$ gemäß der Funktion $g_i(\Theta_1, \ldots, \Theta_m)$; $i = 1, \ldots, m$; ab. Schreibt man die m geeignet gewählten Perzentile

$$\left.\begin{array}{rcl} x_{P_1} & = & g_1(\Theta_1, \ldots, \Theta_m) \\ & \vdots & \\ x_{P_m} & = & g_m(\Theta_1, \ldots, \Theta_m) \end{array}\right\} P_i \neq P_j \text{ für } i \neq j;\; i, j = 1, \ldots, m$$

auf und ersetzt die x_{P_i} durch ihre Schätzer $\widehat{X}_{P_i}$, so erhält man ein Gleichungssystem mit m Gleichungen für die m unbekannten $\Theta_1, \ldots, \Theta_m$, dessen Auflösung dann die Perzentilsschätzer $\widehat{\Theta}_1, \ldots, \widehat{\Theta}_m$ liefert.

1. Beispiel: $\Theta = \lambda$ einer Exponentialverteilung

$$x_P = -\frac{\ln(1-P)}{\lambda}, \text{ insb. } x_{0,6321} = \frac{1}{\lambda}, \text{ d. h. } \lambda = \frac{1}{x_{0,6321}}$$

$$\Rightarrow \widehat{\lambda} = 1/X_{<[0,6321n]+1>}$$

2. Beispiel: Normalverteilung mit $\Theta_1 = \mu$ und $\Theta_2 = \sigma$

Wegen $\mu = x_{0,5}$ nimmt man $\Theta_1 = x_{0,5}$;

wegen $\mu + 1\,\sigma = x_{0,8413}$ nimmt man $\Theta_2 = x_{0,8413} - x_{0,5}$.

$$\Rightarrow \widehat{\mu} = \widehat{\Theta}_1 = X_{<[0,5n]+1>} \text{ und}$$

$$\widehat{\sigma} = \widehat{\Theta}_2 = X_{<[0,8413n]+1>} - X_{<[0,5n]+1>}$$

Perzentilsschätzer sind:

- zumindest asymptotisch erwartungstreu,
- i. d. R. asymptotisch normal,
- selten wirksamst.

Maximum-Likelihood-Methode (R. A. Fisher)

Die Likelihood-Funktion ist – vgl. Abs. C1.4 – ein Plausibilitätsmaß für alternative Werte des Parametervektors $\boldsymbol{\Theta}$ bei gegebenem Wert $\boldsymbol{x}$ des Stichprobenvektors $\boldsymbol{X}$. Daher liegt es nahe, bei realisierter Stichprobe $\boldsymbol{x}$ für $\boldsymbol{\Theta}$ den plausibelsten Wert $\widehat{\boldsymbol{\Theta}}_n$ zu wählen, und das ist jener, der die Likelihood-Funktion $L(\boldsymbol{\Theta}|\boldsymbol{x})$ bzw. die Log-Likelihood-Funktion $L^*(\boldsymbol{\Theta}|\boldsymbol{x})$ maximiert:

$$\max_{\boldsymbol{\Theta}} L(\boldsymbol{\Theta}|\boldsymbol{x}) = L(\widehat{\boldsymbol{\Theta}}_n|\boldsymbol{x})$$

bzw.

$$\max_{\boldsymbol{\Theta}} L^*(\boldsymbol{\Theta}|\boldsymbol{x}) = L^*(\widehat{\boldsymbol{\Theta}}_n|\boldsymbol{x}).$$

Ist $L(.)$ bzw. $L^*(.)$ partiell differenzierbar nach allen m Parametern in $\boldsymbol{\Theta}$, so gewinnt man die ML-Schätzer durch Null-Setzung der m partiellen Ableitungen:

$$\begin{aligned} \frac{\partial L(\boldsymbol{\Theta}|\boldsymbol{x})}{\partial \Theta_1} &= 0 & \qquad \frac{\partial L^*(\boldsymbol{\Theta}|\boldsymbol{x})}{\partial \Theta_1} &= 0 \\ &\vdots \qquad \text{bzw.} & &\vdots \\ \frac{\partial L(\boldsymbol{\Theta}|\boldsymbol{x})}{\partial \Theta_m} &= 0 & \qquad \frac{\partial L^*(\boldsymbol{\Theta}|\boldsymbol{x})}{\partial \Theta_m} &= 0, \end{aligned}$$

wobei die hinreichenden Bedingungen für ein Maximum noch zu untersuchen sind. Bei nicht-differenzierbaren Funktionen muß man zu anderen Methoden der Extremwertbestimmung greifen.

1. Beispiel: $\Theta = \lambda$ einer POISSON-Verteilung ist aus einer einfachen Stichprobe zu schätzen.

$$\begin{aligned}
L(\lambda|\boldsymbol{x}) &= \prod_{i=1}^{n} \frac{\lambda^{x_i}}{x_i!} e^{-\lambda}; \quad x_i = 0, 1, 2, \ldots \\
L^*(\lambda|\boldsymbol{x}) &= \sum_{i=1}^{n} \left\{ x_i \ln \lambda - \ln(x_i!) - \lambda \right\} \\
\frac{\partial L^*(\lambda|\boldsymbol{x})}{\partial \lambda} &= \sum_{i=1}^{n} \left(\frac{x_i}{\lambda} - 1 \right) = 0 \\
&\Rightarrow \quad \widehat{\lambda}_n = \frac{1}{n} \sum_{i=1}^{n} X_i = \overline{X}_n \\
\frac{\partial^2 L^*(\lambda|\boldsymbol{x})}{\partial \lambda^2} &= \sum_{i=1}^{n} \left(-\frac{x_i}{\lambda^2} \right) \\
\left.\frac{\partial^2 L^*(\lambda|\boldsymbol{x})}{\partial \lambda^2}\right|_{\lambda=\widehat{\lambda}_n} &= -\sum_{i=1}^{n} \frac{X_i}{\overline{X}_n^2} < 0, \text{ falls mindestens ein } X_i > 0.
\end{aligned}$$

2. Beispiel: Es sind $\Theta_1 = a$ und $\Theta_2 = b^*$ einer Rechteckverteilung mit der Dichte $f(x) = (b^* - a)^{-1}$ für $a \leq x \leq b^*$ aus einer einfachen Stichprobe zu schätzen.

$$L(a, b^*|\boldsymbol{x}) = \prod_{i=1}^{n} \frac{1}{b^* - a} = \frac{1}{(b^* - a)^n}.$$

$L(a, b^*|\boldsymbol{x})$ wird maximal, wenn $(b^* - a)$ im Rahmen der gezogenen Stichprobe minimal wird. Nun sind $a \leq x_{<1>}$ und $b^* \geq x_{<n>}$ und $x_{<n>} - x_{<1>} \leq b^* - a$, so daß $\widehat{a}_n = X_{<1>}$ und $\widehat{b}_n^* = X_{<n>}$ die ML-Schätzer sind.

ML-Schätzer sind:

- konsistent,
- zumindest asymptotisch erwartungstreu,
- zumindest asymptotisch wirksamst,
- suffizient,
- BAN.

ML-Schätzer sind ferner **funktionalinvariant**, d. h. ist $\widehat{\Theta}_n$ ML-Schätzer für Θ, so ist $g(\widehat{\Theta}_n)$ ein ML-Schätzer für $g(\Theta)$, falls g(.) streng monoton ist.

Kleinst-Quadrate-Methode (C. F. GAUSS, P. S. DE LAPLACE)

Diese Schätzmethode dominiert in der Regressionsanalyse (Abs. C4) und der Varianzanalyse. Die m Parameter Θ_j; $j = 1, \ldots, m$; in $\boldsymbol{\Theta}$ sind auf der Basis von $n > m$ Beobachtungen y_i der Zufallsvariablen Y_i zu schätzen, wobei

$$Y_i = \xi_i(\boldsymbol{\Theta}) + e_i.$$

Es ist e_i, der Beobachtungsfehler, eine zentrierte Zufallsvariable, d. h. $E(e_i) = 0$. Das KQ-Prinzip verlangt, $\widehat{\boldsymbol{\Theta}}_n$ so zu wählen, daß

$$Q := \sum_{i=1}^{n} \left[y_i - \xi_i(\widehat{\boldsymbol{\Theta}}_n) \right]^2$$

minimiert wird. Die Bestimmungsgleichungen (Normalgleichungen) für die KQ-Schätzer ergeben sich aus

$$\sum_{i=1}^{n} \left[y_i - \xi_i(\widehat{\boldsymbol{\Theta}}_n) \right] \frac{\partial \xi_i(\widehat{\boldsymbol{\Theta}}_n)}{\partial \Theta_j} = 0; \quad j = 1, 2, \ldots, m.$$

Sind die ξ_i **linear** in den Θ_j, d. h.

$$\xi_i = \sum_{j=1}^{m} x_{ij}\, \Theta_j \; ; \quad \text{mit} \quad x_{ij} \quad \text{als Konstanten,}$$

erhält man das sog. **lineare Modell**, für das die KQ-Schätzer die BLU-Eigenschaft besitzen.

χ^2-Minimum-Methode

Diese Methode wird i. V. m. dem χ^2-Anpassungstest (vgl. Abs. C3.3.4) herangezogen, um bei einer nicht voll-spezifizierten Verteilungshypothese die nicht festgelegten Parameter aus dem Ansatz

$$\min_{\Theta_1,\ldots,\Theta_m} \chi^2 := \min_{\Theta_1,\ldots,\Theta_m} \sum_{i=1}^{k} \frac{\left\{ n_i - n\, P_i(\Theta_1, \ldots, \Theta_m) \right\}^2}{n\, P_i(\Theta_1, \ldots, \Theta_m)}$$

zu schätzen, wobei n_i die Besetzungszahl in der i-ten Klasse ist, und $P_i(\Theta_1, \ldots, \Theta_m)$ die Wahrscheinlichkeit dafür, unter der behaupteten Verteilung eine Realisation in dieser Klasse zu erhalten. Die χ^2-Minimum-Schätzer stimmen asymptotisch mit den ML-Schätzern überein.

2.2 Intervallschätzung

Ein Schätzwert ϑ_n trifft den zu schätzenden Parameter Θ allenfalls zufällig, so daß eine Punktschätzung ohne Hinweis auf ihre Genauigkeit relativ wertlos ist. Aussagen über die mögliche Abweichung zwischen ϑ_n und Θ lassen sich in folgenden Formen machen:

- Angaben der **Varianz** $V(\widehat{\Theta}_n)$ bei erwartungstreuer bzw. des **mittleren quadratischen Fehlers** $MSE(\widehat{\Theta}_n)$ bei verzerrter Schätzfunktion,
- Angabe eines **Schätzfehlerintervalls**,
- Angabe eines **Konfidenzintervalls**,

wobei die letzteren zwei auf den Schwankungsintervallen für $\widehat{\Theta}_n$ basieren.

2.2.1 Schwankungs- und Schätzfehlerintervalle

Ein **Schwankungsintervall**, abgekürzt SI, (syn.: **Zufallsstreubereich** oder **Prognoseintervall**) ist ein in Lage und Breite fester Bereich, in dem ein vorgegebener (hoher) Anteil $1-\alpha$ (i. a. $\alpha = 0,1; 0,05; 0,01$) aller Realisationen ϑ_n von $\widehat{\Theta}_n$ liegen wird. Hier heißt $1-\alpha$ die **Aussagewahrscheinlichkeit** oder **Sicherheit**. Die Grenzen eines Schwankungsintervalls für $\widehat{\Theta}_n$ sind Perzentile $\vartheta_{n;P}$ der Verteilung von $\widehat{\Theta}_n$. Man unterscheidet drei Arten von SI:

1. **zentral** oder **beidseitig begrenzte**[1]
$$\vartheta_{n;\alpha/2} \leq \widehat{\Theta}_n \leq \vartheta_{n;1-\alpha/2}\,, \quad \text{d. h.} \quad P\Big(\vartheta_{n;\alpha/2} \leq \widehat{\Theta}_n \leq \vartheta_{n;1-\alpha/2}\Big) = 1-\alpha;$$
2. **einseitig nach oben begrenzte**
$$\widehat{\Theta}_n \leq \vartheta_{n;1-\alpha}\,, \quad \text{d. h.} \quad P\Big(\widehat{\Theta}_n \leq \vartheta_{n;1-\alpha}\Big) = 1-\alpha;$$
3. **einseitig nach unten begrenzte**
$$\widehat{\Theta}_n \geq \vartheta_{n;\alpha}\,, \quad \text{d. h.} \quad P\Big(\widehat{\Theta}_n \geq \vartheta_{n;\alpha}\Big) = 1-\alpha.$$

Beispiel: SI für S_n^2 in einer einfachen Stichprobe aus einer Normalverteilung mit unbekanntem μ. Da $(n-1)S_n^2/\sigma^2 \sim \chi^2(n-1)$, ergeben sich folgende SI:

$$\begin{aligned}
\frac{\sigma^2}{n-1}\,\chi^2_{n-1;\alpha/2} \;\leq\; & S_n^2 \;\leq\; \frac{\sigma^2}{n-1}\,\chi^2_{n-1;1-\alpha/2}\,, \\
& S_n^2 \;\leq\; \frac{\sigma^2}{n-1}\,\chi^2_{n-1;1-\alpha}\,, \\
\frac{\sigma^2}{n-1}\,\chi^2_{n-1;\alpha} \;\leq\; & S_n^2\,.
\end{aligned}$$

[1] Hier ist α symmetrisch aufgeteilt. Bei asymmetrischer Verteilung von $\widehat{\Theta}_n$ liefert diese Aufteilung von α nicht das kürzeste Schwankungsintervall.

Subtrahiert man in den das *SI* definierenden Ungleichungen den zu schätzenden Parameter Θ, so erhält man **Intervalle für den absoluten Schätzfehler** $\varepsilon := \widehat{\Theta}_n - \Theta$:

1. zentral $\quad \vartheta_{n;\alpha/2} - \Theta \leq \varepsilon \leq \vartheta_{n;1-\alpha/2} - \Theta,$
2. einseitig, oben begrenzt $\quad \varepsilon \leq \vartheta_{n;1-\alpha} - \Theta,$
3. einseitig, unten begrenzt $\quad \vartheta_{n;\alpha} - \Theta \leq \varepsilon.$

Dividiert man noch durch Θ, so erhält man **Intervalle für den relativen Schätzfehler** $\varepsilon_r := (\widehat{\Theta}_n - \Theta)/\Theta$:

1. zentral $\quad \dfrac{\vartheta_{n;\alpha/2} - \Theta}{\Theta} \leq \varepsilon_r \leq \dfrac{\vartheta_{n;1-\alpha/2} - \Theta}{\Theta},$
2. einseitig, oben begrenzt $\quad \varepsilon_r \leq \dfrac{\vartheta_{n;1-\alpha} - \Theta}{\Theta},$
3. einseitig, unten begrenzt $\quad \dfrac{\vartheta_{n;\alpha} - \Theta}{\Theta} \leq \varepsilon_r.$

Beispiel: Schätzfehlerintervall für S_n^2 in einer einfachen Stichprobe aus einer Normalverteilung mit unbekanntem μ:

$$\sigma^2\left(\frac{\chi^2_{n-1;\alpha/2}}{n-1} - 1\right) \leq \varepsilon \leq \sigma^2\left(\frac{\chi^2_{n-1;1-\alpha/2}}{n-1} - 1\right),$$

$$\frac{\chi^2_{n-1;\alpha/2}}{n-1} - 1 \leq \varepsilon_r \leq \frac{\chi^2_{n-1;1-\alpha/2}}{n-1} - 1.$$

Gibt man den Wert des – absoluten oder relativen – Schätzfehlers vor, der bei Schätzung von Θ mit Wahrscheinlichkeit $1-\alpha$ einzuhalten ist, so läßt sich aus den Schätzfehlerintervallen der diesen Schätzfehler garantierende **Mindeststichprobenumfang** herleiten.

Beispiel: σ^2 einer Normalverteilung ist bei einer Sicherheit von 90% ($\Rightarrow 1-\alpha = 0,90$) mit einer Abweichung (in beide Richtungen) von 20% ($\Rightarrow \varepsilon_r = 0,2$) genau zu schätzen. – Aus der Forderung

$$\max\left(\left|\frac{\chi^2_{n-1;0,05}}{n-1} - 1\right|; \frac{\chi^2_{n-1;0,95}}{n-1} - 1\right) \leq 0,2$$

folgt mit den χ^2-Perzentilen aus Tab. V:

$$\max\left(\left|\frac{\chi^2_{146;0,05}}{146} - 1\right|; \frac{\chi^2_{146;0,95}}{146} - 1\right) =$$

$$= \max\left(\left|\frac{119,075}{146} - 1\right|; \frac{175,198}{146} - 1\right) = \max(0,1844; 0,2000) \leq 0,2,$$

so daß $n \geq 147$.

In Tab. C2/2 sind Formeln für den erforderlichen Stichprobenumfang zur Schätzung von P bzw. μ zusammengestellt, die auf der Normalapproximation der Verteilung von $\widehat{P}$ bzw. $\widehat{\mu}$ basieren. Zur Auswertung der Formeln benötigt man präsumtive Werte[2] für μ, σ und P. Bei Vorgabe von ε sollte man P in Richtung auf 0,5 ansetzen, bei Vorgabe von ε_r in Richtung auf 0.

Tab. C2/2: Erforderlicher Stichprobenumfang zur Schätzung von μ bzw. P mit vorgegebener Genauigkeit

Fall	Stichprobe mit Zurücklegen	Stichprobe ohne Zurücklegen
$\boxed{\Theta = P}$		
ε gegeben	$n \geq \dfrac{u^2 P\,(1-P)}{\varepsilon^2}$	$n \geq \dfrac{N u^2 P\,(1-P)}{u^2 P\,(1-P) + (N-1)\,\varepsilon^2}$
ε_r gegeben	$n \geq \dfrac{u^2\,(1-P)}{\varepsilon_r^2\,P}$	$n \geq \dfrac{N u^2\,(1-P)}{u^2\,(1-P) + (N-1)\,\varepsilon_r^2\,P}$
$\boxed{\Theta = \mu}$		
ε gegeben	$n \geq \dfrac{u^2\,\sigma^2}{\varepsilon^2}$	$n \geq \dfrac{N u^2 \sigma^2}{u^2\,\sigma^2 + (N-1)\,\varepsilon^2}$
ε_r gegeben	$n \geq \dfrac{u^2\,\sigma^2}{\varepsilon_r^2\,\mu^2}$	$n \geq \dfrac{N u^2 \sigma^2}{u^2\,\sigma^2 + (N-1)\,\varepsilon_r^2\,\mu^2}$

Bem.: $u = u_{1-\alpha/2}$ als Perzentil der Standardnormalverteilung

2.2.2 Konfidenzintervalle

Ein **Konfidenzintervall**, KI abgekürzt, (syn.: **Vertrauensbereich** oder **Mutungsintervall**) ist ein in Lage und/oder Breite zufälliger Bereich, der den unbekannten Parameter Θ mit Wahrscheinlichkeit $1-\alpha$ überdeckt. Hier heißt $1-\alpha$ das **Konfidenzniveau**. Eine weitere Interpretation des KI ergibt sich i. V. m. der Testtheorie (vgl. Abs. C3.1): Ein KI enthält alle Werte des Parameters Θ, die auf dem Signifikanzniveau α nicht signifikant sind, d. h. als Werte unter der Nullhypothese nicht zu deren Ablehnung führen.

Man unterscheidet drei Arten von KI:

1. **zentral** oder **beidseitig begrenzt**

$$\widehat{\Theta}_{n;\alpha/2} \quad \leq \quad \Theta \quad \leq \quad \widehat{\Theta}_{n;1-\alpha/2},$$

2. **einseitig, oben begrenzt**

$$\Theta \quad \leq \quad \widehat{\Theta}_{n;1-\alpha},$$

[2]Diese sind so zu wählen, daß n eher zu hoch als zu niedrig ausfällt, d. h. man muß auf die sichere Seite gehen.

3. **einseitig, unten begrenzt**

$$\widehat{\Theta}_{n;\alpha} \;\leq\; \Theta.$$

Da die Perzentile $\vartheta_{n;P}$, die die Grenze eines SI festlegen, i. d. R. umkehrbar eindeutig von Θ abhängen, ergibt sich folgende **Konstruktionsvorschrift** für die Konfidenzgrenzen (vgl. Abb. C2/1):

1. Eine **untere Konfidenzgrenze** $\widehat{\Theta}_{n;\alpha/2}$ bzw. $\widehat{\Theta}_{n;\alpha}$ erhält man durch Auflösen einer oberen SI-Grenze $\vartheta_{n;1-\alpha/2}$ bzw. $\vartheta_{n;1-\alpha}$ nach Θ und Ersetzen von Θ durch $\widehat{\Theta}_{n;P}$.
2. Entsprechend ergibt sich eine **obere Konfidenzgrenze** $\widehat{\Theta}_{n;1-\alpha/2}$ bzw. $\widehat{\Theta}_{n;1-\alpha}$ durch Auflösen einer unteren SI-Grenze $\vartheta_{n;\alpha/2}$ bzw. $\vartheta_{n;\alpha}$ nach Θ und Ersetzen von Θ durch $\widehat{\Theta}_{n;P}$.

Nachfolgend sind für einige Parameter die beidseitig begrenzten KI zu finden. Die einseitig begrenzten KI ergeben sich daraus ohne größere Schwierigkeiten.

1. μ einer Normalverteilung
   - bei bekanntem σ^2

$$\overline{X}_n - u_{1-\alpha/2}\,\frac{\sigma}{\sqrt{n}} \;\leq\; \mu \;\leq\; \overline{X}_n + u_{1-\alpha/2}\,\frac{\sigma}{\sqrt{n}}$$

   - bei unbekanntem σ^2 (Verwendung der t-Verteilung)

$$\overline{X}_n - t_{n-1;1-\alpha/2}\,\frac{S_n}{\sqrt{n}} \;\leq\; \mu \;\leq\; \overline{X}_n + t_{n-1;1-\alpha/2}\,\frac{S_n}{\sqrt{n}}$$

2. σ^2 einer Normalverteilung
   - bei bekanntem μ mit $\widetilde{S}_n^2 = \dfrac{1}{n}\sum\limits_{i=1}^{n}(X_i-\mu)^2$

$$\frac{n\,\widetilde{S}_n^2}{\chi^2_{n;1-\alpha/2}} \;\leq\; \sigma^2 \;\leq\; \frac{n\,\widetilde{S}_n^2}{\chi^2_{n;\alpha/2}}$$

   - bei unbekanntem μ mit $S_n^2 = \dfrac{1}{n-1}\sum\limits_{i=1}^{n}(X_i-\overline{X}_n)^2$

$$\frac{(n-1)\,S_n^2}{\chi^2_{n-1;1-\alpha/2}} \;\leq\; \sigma^2 \;\leq\; \frac{(n-1)\,S_n^2}{\chi^2_{n-1;\alpha/2}}$$

Abb. C2/1: Zusammenhang zwischen Prognose- und Konfidenzintervall
oben: zweiseitiger Fall; Mitte und unten: einseitige Fälle

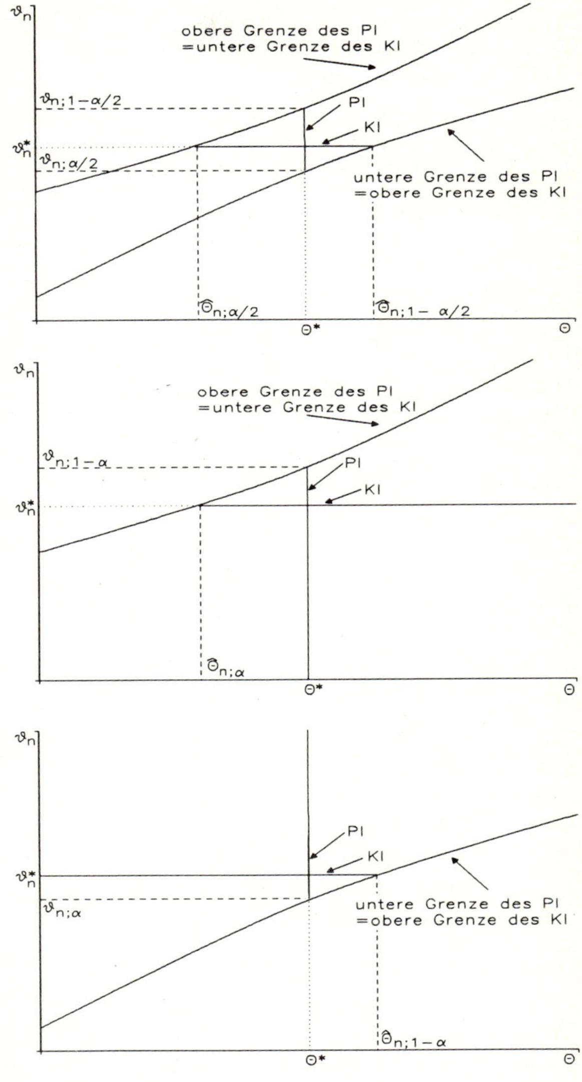

3. P einer BERNOULLI-Verteilung (Ziehen mit Zurücklegen)
   - exakt (Verwendung der F-Verteilung)

$$\frac{X_n^T}{X_n^T + (n - X_n^T + 1)\, F_{f_1^*;f_2^*;1-\alpha/2}} \leq P \leq$$

$$\leq \frac{(X_n^T + 1)\, F_{f_1;f_2;1-\alpha/2}}{n - X_n^T + (X_n^T + 1)\, F_{f_1;f_2;1-\alpha/2}}$$

   mit X_n^T als Anzahl der „Erfolge" in der Stichprobe und

   $f_1^* = 2\,(n - X_n^T + 1)\,; \quad f_2^* = 2\,X_n^T$

   $f_1 = 2\,(X_n^T + 1)\,; \quad f_2 = 2\,(n - X_n^T)$

   - Sonderfälle $X_n^T = 0 \quad \Rightarrow \quad 0 \leq P \leq 1 - \sqrt[n]{\alpha/2}$

     $X_n^T = n \quad \Rightarrow \quad \sqrt[n]{\alpha/2} \leq P \leq 1$

   - approximativ mit der Normalverteilung unter Verwendung des Stichprobenanteils $\Pi_n := X_n^T/n$ und $u := u_{1-\alpha/2}$

$$\frac{\Pi_n + \dfrac{u^2}{2\,n} - u\sqrt{\dfrac{\Pi_n\,(1 - \Pi_n)}{n} + \dfrac{u^2}{4\,n^2}}}{1 + \dfrac{u^2}{n}} \leq P \leq$$

$$\leq \frac{\Pi_n + \dfrac{u^2}{2\,n} + u\sqrt{\dfrac{\Pi_n\,(1 - \Pi_n)}{n} + \dfrac{u^2}{4\,n^2}}}{1 + \dfrac{u^2}{n}}$$

   - vereinfacht, wenn $u^2/n \ll 1,\ u^2/(2\,n) \ll \Pi_n,\ u^2/(4\,n) \ll \Pi_n\,(1 - \Pi_n)$

$$\Pi_n - u_{1-\alpha/2}\sqrt{\frac{\Pi_n\,(1 - \Pi_n)}{n}} \leq P \leq \Pi_n + u_{1-\alpha/2}\sqrt{\frac{\Pi_n\,(1 - \Pi_n)}{n}}$$

4. λ einer POISSON-Verteilung
   - exakt (Verwendung der χ^2-Verteilung)

$$\frac{1}{2}\,\chi^2_{f^*;\alpha/2} \leq \lambda \leq \frac{1}{2}\,\chi^2_{f;1-\alpha/2}$$

   mit X_n^T als Anzahl der beobachteten Ereignisse und

$$f^* = 2\,X_n^T;\ f = 2\,(X_n^T + 1)$$

   - Sonderfall $X_n^T = 0 \quad \Rightarrow \quad 0 \leq \lambda \leq \ln(2/\alpha)$

- approximativ mit der Normalverteilung ($u := u_{1-\alpha/2}$)

$$X_n^T + \frac{u^2}{2} - u\sqrt{X_n^T + \frac{u^2}{4}} \leq \lambda \leq X_n^T + \frac{u^2}{2} + u\sqrt{X_n^T + \frac{u^2}{4}}$$

- vereinfacht, wenn $u^2/2 \ll X_n^T$

$$X_n^T - u_{1-\alpha/2}\sqrt{X_n^T} \leq \lambda \leq X_n^T + u_{1-\alpha/2}\sqrt{X_n^T}$$

2.2.3 Toleranzintervalle oder statistische Anteilsbereiche

Ein Toleranzintervall (syn.: statistischer Anteilsbereich), abgekürzt mit *TI*, ist ein Bereich, in dem sich mit der Wahrscheinlichkeit $1-\alpha$ mindestens der Anteil γ aller Realisationen einer Zufallsvariablen X befindet. Es werden nur zweiseitige Toleranzintervalle vorgestellt.

1. Fall: X ist mit unbekanntem μ und σ^2 normalverteilt.

Das zweiseitige *TI* für den Mindestanteil γ zur Sicherheit $1-\alpha$ ist:

$$\overline{X}_n - k_{\gamma;1-\alpha;n}\,S_n \leq X \leq \overline{X}_n + k_{\gamma;1-\alpha;n}\,S_n\,.$$

Für einige Werte der Parameter γ, $1-\alpha$ und n finden sich die Abgrenzungsfaktoren in Tab. C2/3.

Tab. C2/3: Abgrenzungsfaktoren $k_{\gamma;1-\alpha;n}$ für zweiseitige Toleranzintervalle einer Normalverteilung

	$1-\alpha=0,95$		$1-\alpha=0,99$	
n	$\gamma=0,90$	$\gamma=0,95$	$\gamma=0,90$	$\gamma=0,95$
5	4,275	5,079	6,612	7,855
10	2,839	3,379	3,582	4,265
15	2,480	2,954	2,945	3,507
20	2,310	2,752	2,659	3,168
25	2,208	2,631	2,494	2,972
30	2,140	2,549	2,385	2,841
40	2,052	2,445	2,247	2,677
50	1,996	2,379	2,162	2,576
100	1,874	2,233	1,977	2,355
∞	1,645	1,960	1,645	1,960

2. Fall: X ist stetig, aber beliebig verteilt.

Im Toleranzintervall, dessen Grenzen durch die Stichprobenextremwerte gegeben sind, also in

$$[X_{<1>}, X_{<n>}],$$

liegt mit der Wahrscheinlichkeit $1 - \alpha$ mindestens der Anteil γ der Verteilung von X, wenn gilt:

$$n\,\gamma^{n-1} - (n-1)\,\gamma^n = \alpha.$$

Tabellen C2/4 und C2/5 zeigen zwei Auswertungen dieser Formel.

Tab. C2/4: Anteilswerte $\gamma_{1-\alpha;n}$ für verteilungsfreie Toleranzintervalle $[X_{<1>}, X_{<n>}]$

n	$1-\alpha=0,95$	$1-\alpha=0,99$
5	0,3426	0,2221
10	0,6058	0,4956
15	0,7206	0,6321
20	0,7839	0,7112
25	0,8239	0,7625
30	0,8514	0,7984
40	0,8868	0,8453
50	0,9086	0,8745
100	0,9534	0,9355

Tab. C2/5: Stichprobenumfang $n_{1-\alpha;\gamma}$ für verteilungsfreie Toleranzintervalle $[X_{<1>}, X_{<n>}]$

γ	$1-\alpha=0,95$	$1-\alpha=0,99$
0,50	8	11
0,75	18	24
0,80	22	31
0,90	46	64
0,95	93	130
0,99	473	662
0,999	4742	6636

Kapitel 3

Testtheorie

Eine **statistische Hypothese** ist eine Behauptung über Eigenschaften einer oder mehrerer Zufallsvariablen, etwa über deren Parameter (→ Verteilungshypothesen, vgl. Abs. C3.3.2 – C3.3.4). Mit H_0 wird die zu prüfende Hypothese (= **Nullhypothese**[1]) bezeichnet, mit H_1 die **Gegen-** oder **Alternativhypothese**. Ein Verfahren zur Überprüfung einer statistischen Hypothese auf der Basis einer Zufallsstichprobe aus der unter der Hypothese stehenden Verteilung heißt ein **statistischer Test**.

3.1 Grundbegriffe der Testtheorie

Anknüpfend an die zur Prüfung von H_0 herangezogene Stichprobenfunktion $\psi(\boldsymbol{X})$ unterscheidet man zwischen

- **verteilungsgebundenen** Testverfahren (Die Verteilung von $\psi(\boldsymbol{X})$ hängt von der Verteilung in der Grundgesamtheit ab, auf die sich H_0 bezieht.),
- **verteilungsfreien** (syn.: **parameterfreien**) Testverfahren. (Die Verteilung von $\psi(\boldsymbol{X})$ hängt nicht von der Verteilung in der Grundgesamtheit ab, auf die sich H_0 bezieht.)

Anknüpfend an den Inhalt der Hypothesen unterscheidet man zwischen

- **parametrischen Tests** (syn.: **Parametertests**), wenn sich die Hypothese auf Verteilungsparameter bezieht, und
- **nicht-parametrischen Tests** sonst.

3.1.1 Ablauf eines Tests

Eine Nullhypothese H_0 wird als statistisch widerlegt angesehen und abgelehnt (= verworfen), wenn der Stichprobenbefund – ausgedrückt durch eine Stichprobenfunktion – in deutlichem (syn.: **signifikantem**) Gegensatz zu ihr steht, d. h. unter H_0 nur eine sehr geringe Eintrittswahrscheinlichkeit α hat. Entsprechend konzipierte Prüfverfahren heißen daher **Signifikanztests**.

[1] Der Zusatz „Null“ mag damit erklärt werden, daß beim Signifikanztest diese Hypothese als Null und nichtig erwiesen werden soll.

Ein Signifikanztest umfaßt folgende Schritte:

1. Festlegung von Nullhypothese H_0 und Alternativhypothese H_1;
2. Festlegung des Stichprobenumfangs n und ggf. der Art der Stichprobenziehung;
3. Wahl des **Signifikanzniveaus** α;
4. Wahl einer Stichprobenfunktion $G := \psi(\boldsymbol{X})$ als **Prüfgröße** (syn.: **Testfunktion**);
5. Konstruktion eines **Ablehnbereichs** (syn.: **kritischer Bereich**) K_α für die Prüfgröße G;
6. Stichprobenziehung; Auswertung von $\psi(\cdot)$ mit dem realisierten Stichprobenvektor $\boldsymbol{x}$ zu $g = \psi(\boldsymbol{x})$ und Entscheidung:
   - Lehne H_0 auf dem Niveau α ab, wenn $g \in K_\alpha$.
   - Lehne H_0 nicht ab, wenn $g \notin K_\alpha$.

Bemerkung: Statt der Schritte 5 und 6 kann man äquivalent auch einen Schritt 5* durchführen: Berechne das **empirische Signifikanzniveau** α^* als Wahrscheinlichkeit dafür, daß G unter H_0 den realisierten Wert g „in Richtung auf H_1 überschreitet", d. h. man berechnet das Niveau, bei dem der Test gerade noch ablehnen würde.[2] H_0 wird dann auf dem Niveau α verworfen, wenn $\alpha^* < \alpha$.

Die Schritte seien am Parametertest erläutert. Gegeben ist eine Verteilungsfunktion $F_X(x|\Theta)$, die von einem Parameter Θ abhängt, der Werte aus einem **Parameterraum** Ω annehmen kann: $\Theta \in \Omega$. Der wahre Wert von Θ ist unbekannt.

1. Schritt
Hypothesenbildung[3]

$$H_0 : \Theta \in \Omega_0; \quad H_1 : \Theta \in \Omega_1 = \Omega \setminus \Omega_0, \text{ wobei weder } \Omega_0 = \emptyset \text{ noch } \Omega_0 = \Omega.$$

Es heißt H_i $(i = 0, 1)$

- **einfach**, wenn $|\Omega_i| = 1$, d. h. Ω_i einelementig ist,
- **zusammengesetzt**, wenn $|\Omega_i| > 1$. Ω_i ist dann i. a. ein Intervall oder Bereich.

Der Test heißt

- **einseitig**, wenn Ω_1 einseitig beschränkt ist,
- **zweiseitig**, wenn Ω_1 nach oben und unten unbeschränkt ist.

[2] Diese Vorgehensweise wird in vielen Statistik-Software-Paketen realisiert, da die numerische Bestimmung von Wahrscheinlichkeiten einer Prüfverteilung einfacher ist als die ihrer Perzentile.

[3] Formal gesehen zerlegt man mit der Hypothesenbildung den Parameterraum in zwei disjunkte, nicht-leere Teilmengen. Sachlich-inhaltliche Aspekte der Hypothesenformulierung werden in Abs. C3.1.3 behandelt.

Beispiele:

1. $H_0 : \mu = 2; \quad H_1 : \mu \neq 2$
   $\Rightarrow$ einfache Hypothese gegen eine zusammengesetzte Alternative mit einem zweiseitigen Test,
2. $H_0 : P \leq 0,1; \quad H_1 : P > 0,1$
   $\Rightarrow$ zusammengesetzte Hypothese gegen eine zusammengesetzte Alternative mit einem einseitigen Test.

2. Schritt
Die Höhe des Stichprobenumfangs n und die Art der Stichprobenziehung beeinflussen die Varianz der Prüfgröße und damit die Güte des Tests (vgl. Abs. C3.1.2): Je kleiner die Varianz von $\psi(\boldsymbol{X})$, desto trennschärfer der Test.

3. Schritt
Das Signifikanzniveau α ist die maximal tolerierte Wahrscheinlichkeit dafür, daß H_0 zu Unrecht abgelehnt wird. Als **Fehler erster Art** bezeichnet man das **Verwerfen von** H_0, **wenn** H_0 **zutrifft** ($\widehat{=}$ **irrtümliches Verwerfen**). Je kleiner α gewählt wird (gebräuchliche Werte sind 0,1; 0,05; 0,01; 0,001), desto unwahrscheinlicher wird diese Fehlentscheidung. Da man H_0 bei kleinem α-Wert selten ablehnt, steigt aber die Wahrscheinlichkeit, auch H_0 dann nicht abzulehnen, wenn H_0 falsch ist. Als **Fehler zweiter Art** bezeichnet man das **Nicht-Verwerfen von** H_0 (kurz: Annahme von H_0), **wenn** H_0 **nicht zutrifft** ($\widehat{=}$ **irrtümliche Annahme**). Während beim Signifikanztest der Fehler erster Art durch Vorgabe von α unter Kontrolle ist, kann der Fehler zweiter Art eine sehr hohe Wahrscheinlichkeit haben, bis zu $1 - \alpha$, vgl. Abb. C3/1. Da Ablehnung von H_0 mit dem Ereignis $G \in K_\alpha$ äquivalent ist, wird ein Signifikanztest zum Niveau α im Falle $H_0 : \Theta \in \Omega_0$ durch

$$\alpha = \sup_{\Theta \in \Omega_0} P(G \in K_\alpha | \Theta)$$

definiert. Das Supremum aller Ablehnwahrscheinlichkeiten, wenn Θ in Ω_0 liegt (also H_0 zutrifft), muß gleich dem Signifikanzniveau sein. Im Falle einer einfachen Nullhypothese $H_0 : \Theta = \Theta_0$ ergibt sich

$$\alpha = P(G \in K_\alpha | \Theta_0).$$

Bemerkung: Im Falle einer diskreten Prüfgröße G lassen sich die obigen Bestimmungsgleichungen für α nicht immer genau erfüllen. Zwei Auswege bieten sich an:

- Durchführung eines **randomisierten Tests**;
- **Gehen-auf-die-sichere-Seite**, indem man $\sup_{\Theta \in \Omega_0} P(G \in K_\alpha | \Theta) \leq \alpha$ erfüllt, d. h. α nicht voll ausschöpft.

Tab. C3/1: Entscheidungsalternativen und deren Wahrscheinlichkeiten* beim Signifikanztest

Wert der Hypothese / Entscheidung	H_0 ist wahr	H_0 ist falsch
H_0 nicht verwerfen (Wert der Entscheidung)	$P(G \notin K_\alpha \mid H_0) \geq 1 - \alpha$ (richtige Entscheidung)	$P(G \notin K_\alpha \mid H_1)$ (Fehler 2. Art)
H_0 verwerfen (Wert der Entscheidung)	$P(G \in K_\alpha \mid H_0) \leq \alpha$ (Fehler 1. Art)	$P(G \in K_\alpha \mid H_1)$ (richtige Entscheidung)

*)Die Wahrscheinlichkeiten in dieser Tabelle sind bedingte Wahrscheinlichkeiten. Innerhalb einer Spalte ergänzen sie sich zu Eins, nicht aber innerhalb einer Zeile.

4. Schritt

Die Wahl der Prüfgröße $G = \psi(\boldsymbol{X})$ ist im Prinzip beliebig; i. d. R. wählt man G so, daß sie gute stochastische Eigenschaften hat. Zu beachten ist aber:

- Die Verteilung von G muß von den zu testenden Hypothesen H_0 und H_1 abhängen.
- Die Verteilung von G unter H_0 muß bekannt sein, denn nur dann läßt sich feststellen, ob das gegebene Signifikanzniveau α eingehalten wird.

5. Schritt

Der Ablehnbereich K_α bzw. sein Komplement $\overline{K}_\alpha$, der Annahmebereich, wird unter Beachtung der Verteilung von G unter H_0 so festgelegt, daß

1. $\sup\limits_{\Theta \in \Omega_0} P(G \in K_\alpha \mid \Theta) = \alpha$ (bzw. $\leq \alpha$) bei zusammengesetzter H_0

   $P(G \in K_\alpha \mid \Theta_0) = \alpha$ (bzw. $\leq \alpha$) bei einfacher H_0,
2. $\sup\limits_{\Theta \in \Omega_1} P(G \in \overline{K}_\alpha \mid \Theta)$ minimal wird.

Forderung 2 erfüllt man, indem K_α so gelegt wird, daß ein Wert g von G, der in K_α fällt, stark gegen H_0 und damit für H_1 spricht.

6. Schritt

Die **Nullhypothese** H_0 wird dann **abgelehnt**, wenn der Wert g von G in den kritischen Bereich K_α fällt. Man sagt, die Beobachtung steht im signifikanten Widerspruch zu H_0 und faßt dies als **Bestätigung der Gegenhypothese** H_1 auf. Die Behauptung, daß dann H_1 zutreffend sei, ist eine statistische Entscheidung, die richtig oder falsch sein kann.[4] Diese Entscheidung (für H_1) ist unter Kontrolle, da die Irrtumswahrscheinlichkeit höchstens α beträgt.

[4]Merke: Ein statistischer Test, der nur auf einer Teilinformation (Stichprobe) über eine Grundgesamtheit beruht, kann H_0 (bzw. H_1) niemals im Sinne der Logik als wahr oder falsch nachweisen.

Kann die **Nullhypothese nicht abgelehnt** werden, da g nicht in den kritischen Bereich K_α fällt, so bedeutet dies **nicht die Bestätigung von** H_0, sondern nur, daß die Beobachtung nicht zur Verwerfung ausreicht (Freispruch mangels Beweis). Man nimmt dann zwar H_0 an, da eine Entscheidung getroffen werden muß, d. h. man arbeitet mit H_0 weiter, bis man ggf. vom Gegenteil überzeugt wird. Die Entscheidung „Annahme von H_0" ist aber nicht unter statistischer Kontrolle, da man für den Fehler 2. Art beim Signifikanztest keine vorgegebene Höchstwahrscheinlichkeit β einhalten kann.

Bemerkung: Das Konfidenzintervall zum Niveau $1 - \alpha$ (vgl. Abs. C2.2.2) für den zu testenden Parameter Θ ist die Menge jener hypothetischen Werte unter H_0, für die das Stichprobenergebnis zum Niveau α nicht signifikant ist.

3.1.2 Beurteilung eines Tests

Zum Testen einer Nullhypothese bieten sich oft verschiedene Tests an. Die Auswahl eines Tests verlangt einen Beurteilungsmaßstab. Dieser ist die **Gütefunktion** (syn.: Machtfunktion, power function) oder die dazu (auf Eins) komplementäre **OC-Funktion** (syn.: Operationscharakteristik).

Definition der Gütefunktion eines Tests für den Parameter Θ:

$$GF : \Omega \to [0;1]; \quad GF(\Theta) := P(G \in K_\alpha | \Theta)$$

Die **Gütefunktion** ist also die **Ablehnwahrscheinlichkeit** in Abhängigkeit von Θ, wobei

- $GF(\Theta)$ eine Fehlentscheidungswahrscheinlichkeit (für den Fehler 1. Art) ist, wenn $\Theta \in \Omega_0$,
- $GF(\Theta)$ die Wahrscheinlichkeit einer richtigen Entscheidung ist, wenn $\Theta \in \Omega_1$.

Es ist $\alpha = \sup_{\Theta \in \Omega_0} GF(\Theta)$.

Definition der OC-Funktion eines Tests für den Parameter Θ:

$$OC : \Omega \to [0;1]; \quad OC(\Theta) := P(G \notin K_\alpha | \Theta)$$

Die **OC-Funktion** ist also die **Annahmewahrscheinlichkeit** in Abhängigkeit von Θ, wobei

- $OC(\Theta)$ eine Fehlentscheidungswahrscheinlichkeit (für den Fehler 2. Art) ist, wenn $\Theta \in \Omega_1$,
- $OC(\Theta)$ die Wahrscheinlichkeit einer richtigen Entscheidung ist, wenn $\Theta \in \Omega_0$.

Es ist $\beta := \sup_{\Theta \in \Omega_1} OC(\Theta)$.

Definition: Ein Test mit dem Signifikanzniveau α heißt **konservativ**,[5] wenn

$$\sup_{\Theta \in \Omega_0} GF(\Theta) < \alpha .$$

Interpretation: Der Test schöpft die vorgegebene Wahrscheinlichkeit für den Fehler 1. Art nicht voll aus.

Definition: Ein Test mit dem Signifikanzniveau α heißt **unverfälscht** (syn.: **unverzerrt**), wenn

$$GF(\Theta) \geq \alpha \quad \forall\, \Theta \in \Omega_1 .$$

Interpretation: Bei einem unverfälschten Test wird die Nullhypothese, wenn sie nicht zutrifft (d. h. $\Theta \in \Omega_1$), mit einer mindestens so hohen Wahrscheinlichkeit verworfen wie im Falle ihres Zutreffens.

Definition: Ein Test heißt **konsistent**, wenn

$$\lim_{n \to \infty} P(G_n \in K_\alpha | \Theta \in \Omega_1) = 1 .$$

Interpretation: Mit wachsendem Stichprobenumfang wird die Ablehnung einer unzutreffenden Nullhypothese immer sicherer.

Definition: Ein Test heißt **gleichmäßig bester** (syn.: **trennscharfer**) Test, wenn dessen Gütefunktion $GF(\Theta)$ über Ω_1 mindestens so groß ist wie die Gütefunktion $\widetilde{GF}(\Theta)$ eines beliebigen anderen Niveau-α-Tests:

$$GF(\Theta) \geq \widetilde{GF}(\Theta) \quad \forall\, \Theta \in \Omega_1 .$$

Beispiel „Mittleres Abfüllgewicht“:[6]
Es soll 1 kg Zucker in Tüten abgefüllt werden. Das Abfüllgewicht X sei unstrittig normalverteilt, $X \sim No(\mu; \sigma^2)$, mit bekannter Standardabweichung $\sigma = 2\ g$. Der Erwartungswert μ des Abfüllgewichts ist unbekannt, da sich die Abfüllvorrichtung in ihrer Einstellung im Zeitablauf verändert. Die Nullhypothese lautet zunächst:

$$H_0 : \mu = \mu_0 \;\; \text{mit } \mu_0 = 1000\ g$$

Die Alternativhypothese wird nach der jeweiligen Interessenlage anders ausfallen (vgl. Abb. C3/3).

a) Eine **Verbraucherorganisation** möchte nachweisen, daß im Mittel zu wenig abgefüllt wird, also lautet hier

$$H_1 : \mu < \mu_0 \;\; \text{mit } H_0 : \mu \geq \mu_0 .^7$$

[5] Man spricht auch von einem „Gehen auf die sichere Seite“.
[6] Beispiel in Anlehnung an BAMBERG/BAUR (1993), p. 173.
[7] Da durch H_0 und H_1 der gesamte Parameterraum (hier: $\Omega = \mathbb{R}$) aufgeteilt wird, ist diese Form von H_0 erforderlich.

b) Der **Abfüller** möchte nachweisen, daß er im Mittel mehr als erforderlich abfüllt, also lautet hier

$$H_1 : \mu > \mu_0 \text{ mit } H_0 : \mu \leq \mu_0.^7$$

c) Die **Gewerbeaufsicht** möchte nachweisen, daß im Mittel nicht korrekt abfüllt wird, also lautet hier

$$H_1 : \mu \neq \mu_0 \text{ mit } H_0 : \mu = \mu_0.^7$$

Wegen der günstigen Eigenschaften von $\overline{X}_n$ als Schätzer für μ wird $\overline{X}_n$ als Prüfgröße G genommen: $\overline{X}_n \sim No(\mu; \sigma^2/n)$. Dann wird H_0 abgelehnt, wenn

a) im Falle der Verbraucherorganisation $\overline{X}_n$ viel kleiner als μ_0,
b) im Falle des Abfüllers $\overline{X}_n$ viel größer als μ_0 und
c) im Falle der Gewerbeaufsicht $|\overline{X}_n - \mu_0|$ groß ausfällt.

Der kritische Bereich K_α bei gegebenem α ergibt sich unter H_0 aus $No(\mu_0; \sigma^2/n)$ als

a) $\overline{X}_n < \mu_0 - u_{1-\alpha} \frac{\sigma}{\sqrt{n}}$ bzw. $K_\alpha^a = \left(-\infty; \mu_0 - u_{1-\alpha} \frac{\sigma}{\sqrt{n}}\right)$

b) $\overline{X}_n > \mu_0 + u_{1-\alpha} \frac{\sigma}{\sqrt{n}}$ bzw. $K_\alpha^b = \left(\mu_0 + u_{1-\alpha} \frac{\sigma}{\sqrt{n}}; \infty\right)$

c) $\overline{X}_n < \mu_0 - u_{1-\alpha/2} \frac{\sigma}{\sqrt{n}}$ oder $\overline{X}_n > \mu_0 + u_{1-\alpha/2} \frac{\sigma}{\sqrt{n}}$

bzw. $K_\alpha^c = \left(-\infty; \mu_o - u_{1-\alpha/2} \frac{\sigma}{\sqrt{n}}\right) \cup \left(\mu_0 + u_{1-\alpha/2} \frac{\sigma}{\sqrt{n}}; \infty\right)$

Würde man α nicht hälftig auf den oberen und unteren Teil des kritischen Bereichs aufteilen, würde der Test eine gleich große Abweichung des unbekannten μ von μ_0 nach oben oder nach unten mit unterschiedlichen Wahrscheinlichkeiten entdecken, was sicherlich von der Gewerbeaufsicht nicht erwünscht ist.

Sei $\alpha = 0,01$, so daß $u_{0,99} \approx 2,33$ und $u_{0,995} \approx 2,57$. In einer Stichprobe von $n = 16$ habe sich $\bar{x}_{16} = 998,5\ g$ eingestellt.

a) $\bar{x}_{16} = 998,5 \in K_\alpha^a = (-\infty; 998,835)$
$\Rightarrow$ Die Verbraucherorganisation kann $H_0 : \mu \geq 1000$ zugunsten von $H_1 : \mu < 1000$ verwerfen.

b) $\bar{x}_{16} = 998,5 \notin K_\alpha^b = (1001,165; \infty)$
$\Rightarrow$ Der Abfüller kann $H_0 : \mu \leq 1000$ nicht zugunsten von $H_1 : \mu > 1000$ verwerfen.

c) $\bar{x}_{16} = 998,5 \in K_\alpha^c = (-\infty; 998,715) \cup (1001,285; \infty)$
$\Rightarrow$ Die Gewerbeaufsicht kann $H_0 : \mu = 1000$ zugunsten von $H_1 : \mu \neq 1000$ verwerfen.

Eine Testdurchführung mit dem empirischen Signifikanzniveau α^* liefert äquivalent:

a)
$$\begin{aligned}\alpha^* &= P(\overline{X}_{16} < \bar{x}_{16}|\mu = 1000; \sigma_{\bar{X}} = 0,5)\\ &= P\left(U < \frac{998,5 - 1000}{0,5}\right) = P(U < -3) \approx 0,00135\end{aligned}$$

$\Rightarrow$ Ablehnung von H_0, da $\alpha^* \approx 0,00135 < \alpha = 0,01$.

b)
$$\begin{aligned}\alpha^* &= P(\overline{X}_{16} > \bar{x}_{16}|\mu = 1000; \sigma_{\bar{X}} = 0,5)\\ &= P\left(U > \frac{998,5 - 1000}{0,5}\right) = P(U > -3) \approx 0,99865\end{aligned}$$

$\Rightarrow$ Keine Ablehnung von H_0, da $\alpha^* \approx 0,99865 > \alpha = 0,01$.

c) Sei $\eta := \overline{X}_{16} - \mu_0$. Unter H_0 ist $\eta \sim No(0; 0,5^2)$.

$$\begin{aligned}\alpha^* &= P(|\eta| > |\bar{x}_{16} - \mu_0|) = P(|\eta| > 1,5)\\ &= P(\eta < -1,5 \vee \eta > 1,5) =\\ &= P(U < -3 \vee U > 3) = 2\,P(U < -3) \approx 0,0027\end{aligned}$$

$\Rightarrow$ Ablehnung von H_0, da $\alpha^* \approx 0,0027 < 0,01$.

Die Gütefunktion des Tests für die Verbraucherorganisation ergibt sich als

$$\begin{aligned}GF^a(\mu) &= P(\overline{X}_{16} \in K_\alpha^a|\mu) = P(\overline{X}_{16} < 998,835|\mu)\\ &= P\left(U < \frac{998,835 - \mu}{0,5}\right)\\ &= \Phi\left(\frac{998,835 - \mu}{0,5}\right),\end{aligned}$$

die des Abfüllers als

$$\begin{aligned}GF^b(\mu) &= P(\overline{X}_{16} \in K_\alpha^b|\mu) = P(\overline{X}_{16} > 1001,165|\mu)\\ &= P\left(U > \frac{1001,165 - \mu}{0,5}\right)\\ &= 1 - \Phi\left(\frac{1001,165 - \mu}{0,5}\right)\end{aligned}$$

und die der Gewerbeaufsicht als

$$\begin{aligned}GF^c(\mu) &= P(\overline{X}_{16} \in K_\alpha^c|\mu) = P(\overline{X}_{16} < 998,715|\mu) + P(\overline{X}_{16} > 1001,285|\mu)\\ &= P\left(U < \frac{998,715 - \mu}{0,5}\right) + P\left(U > \frac{1001,285 - \mu}{0,5}\right)\\ &= 1 - \Phi\left(\frac{1001,285 - \mu}{0,5}\right) + \Phi\left(\frac{998,715 - \mu}{0,5}\right).\end{aligned}$$

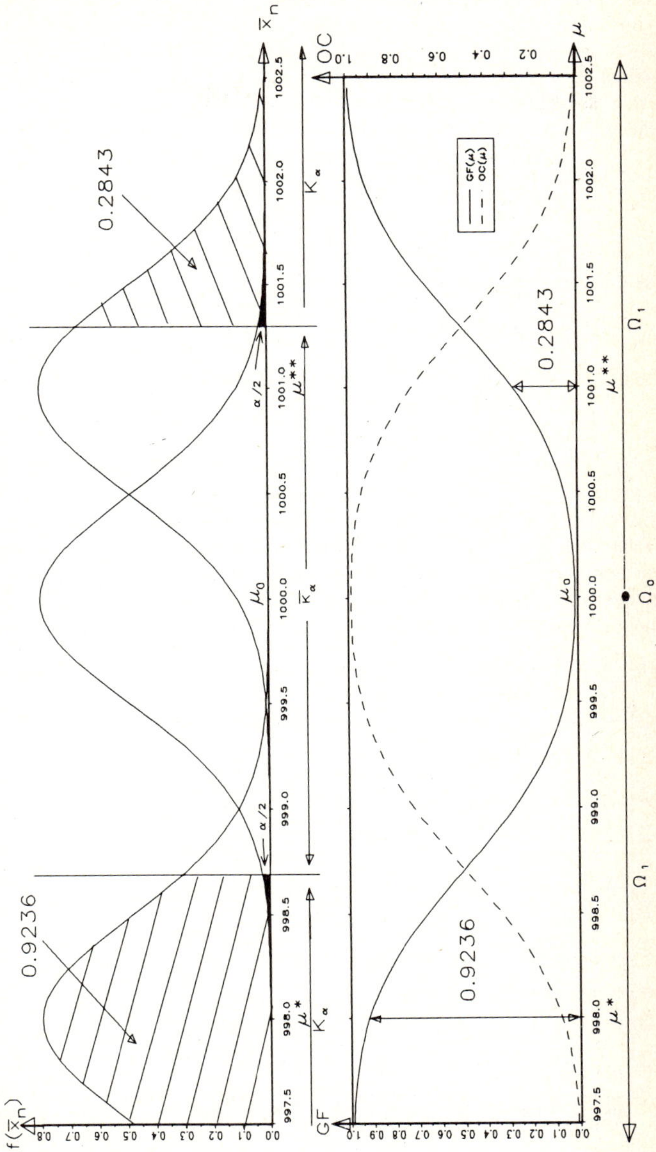

Abb. C3/1: Güte- und OC-Funktion eines zweiseitigen Tests

Die letztere Gütefunktion ist – zusammen mit der komplementären OC-Funktion – im unteren Teil der Abb. C3/1 dargestellt. Diese Gütefunktion ist symmetrisch um $\mu_0 = 1000$. Sie nimmt mit wachsender Abweichung $|\mu - \mu_0|$ zu. Im oberen Teil der Abb. C3/1 sind drei Verteilungen für $\overline{X}_n = \overline{X}_{16}$ angegeben. Unter der Verteilung mit $\mu = \mu_0 = 1000$ findet man jeweils $\alpha/2 = 0,005$ im linken und rechten Teil von K_α. Für die Verteilung mit $\mu^* = 998$ ergibt sich

$$\begin{aligned} GF^c(998) &= 1 - \Phi\left(\frac{1001,285 - 998}{0,5}\right) + \Phi\left(\frac{998,715 - 998}{0,5}\right) \\ &= \underbrace{1 - \Phi(6,57)}_{\approx 0} + \underbrace{\Phi(1,43)}_{\approx 0,9236} \approx 0,9236, \end{aligned}$$

für die Verteilung mit $\mu^{**} = 1001$

$$\begin{aligned} GF^c(1001) &= 1 - \Phi\left(\frac{1001,285 - 1001}{0,5}\right) + \Phi\left(\frac{998,715 - 1001}{0,5}\right) \\ &= \underbrace{1 - \Phi(0,57)}_{\approx 0,2843} + \underbrace{\Phi(-4,57)}_{\approx 0} \approx 0,2843. \end{aligned}$$

Abb. C3/2 zeigt den Verlauf der drei Gütefunktionen $GF^a(\mu)$, $GF^b(\mu)$ und $GF^c(\mu)$. Man sieht, daß bei den zwei einseitigen Tests das Signifikanzniveau α jeweils am „Rand" μ_0 des unter H_0 stehenden Parameterteilraums Ω_0 angenommen wird und die Wahrscheinlichkeit des Fehlers 1. Art mit wachsender „Entfernung" des Parameters μ vom Rand abnimmt. Man erkennt ferner, daß ein einseitiger Test über Ω_1 trennschärfer ist als unter sonst gleichen Bedingungen der zweiseitige Test, dessen Gütefunktion flacher verläuft. Wo immer möglich, sollte man daher einseitige Hypothesen formulieren und testen.

Abb. C3/2: Vergleich der Gütefunktionen ein- und zweiseitiger Tests

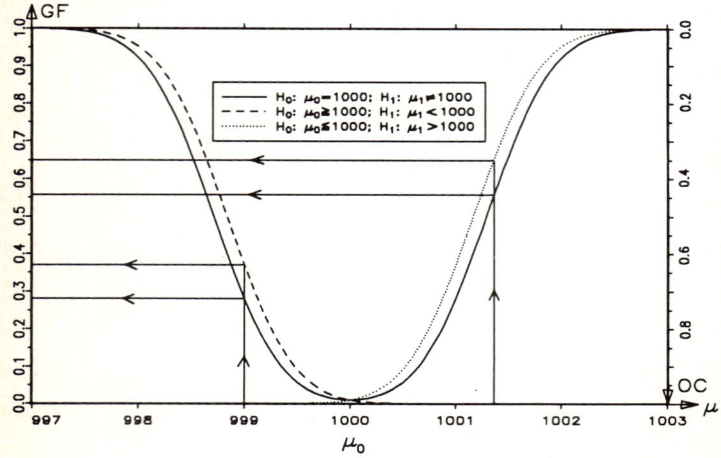

3.1.3 Hypothesenformulierung

Beim Signifikanztest werden Null- und Alternativhypothese ungleich behandelt. Das Hauptinteresse gilt H_0, die möglichst selten und nur mit kontrollierter Wahrscheinlichkeit irrtümlich abgelehnt werden soll. Auch stellen Ablehnung und Nichtablehnung von H_0 Aussagen unterschiedlicher Qualität dar, was seinen Grund in der bei der Aufstellung des Ablehnbereichs deutlich gewordenen Ungleichbehandlung der Fehler erster und zweiter Art hat. Als **Faustregel** gilt, daß man diejenige Hypothese unter H_1 stellt, die man bestätigen oder statistisch untermauern möchte. Bei Ablehnung von H_0 gilt H_1 als statistisch bestätigt, während die Nicht-Ablehnung von H_0 nicht als statistische Bestätigung von H_0 aufzufassen ist. Abb. C3/3 enthält einen ausführlichen Leitfaden zur Hypothesenbildung.

Beispiel: Eine Maschine M1 hat bisher Werkstücke mit einer Ausschußquote von $P_0 = 0,2$ produziert. Diese Maschine soll durch eine neue Maschine M2 ersetzt werden, aber nur dann, wenn sie besser ist, also mit einer niedrigeren Ausschußquote P als $M1$ arbeitet. In einem Probelauf beim Hersteller von M2 wird eine Stichprobe von $n = 30$ Werkstücken gefertigt und geprüft. Um die Beziehung $P < P_0 = 0,2$ (M2 ist besser als M1) statistisch abzusichern, wird sie unter H_1 gestellt und man erhält

$$H_0 : P \geq 0,2; \quad H_1 : P < 0,2 .$$

Es sei $\alpha = 0,05$. Die Prüfgröße

$$X_n^T = \sum_{i=1}^{30} X_i \quad \text{mit} \quad X_i = \begin{cases} 0 - i\text{-tes Werkstück gut} \\ 1 - i\text{-tes Werkstück defekt} \end{cases}$$

ist mit P und $n = 30$ binomialverteilt. Je kleiner X_n^T ausfällt, desto deutlicher spricht dies für H_1 und gegen H_0, so daß der Ablehnbereich von der Gestalt

$$K_\alpha = \{0, 1, 2, \ldots, c\}$$

ist, wobei zu fordern ist

$$\sup_{P \geq 0,2} P\big(X_n^T \leq c|P\big) \leq \alpha = 0,05$$

und

$$\sup_{P \geq 0,2} P\big(X_n^T \leq c + 1|P\big) > \alpha = 0,05 .$$

Da $P\big(X_n^T \leq c|P\big)$ monoton fallend in P ist, ergeben sich die beiden supremalen Wahrscheinlichkeiten aus $Bi(30; 0,2)$ als:

$$\sum_{i=0}^{2} \binom{30}{i} 0,2^i\, 0,8^{30-i} \approx 0,0442 < \alpha = 0,05$$

$$\sum_{i=0}^{3} \binom{30}{i} 0,2^i\, 0,8^{30-i} \approx 0,1227 > \alpha = 0,05,$$

Abb. C3/3: Hypothesenformulierung beim Signifikanztest

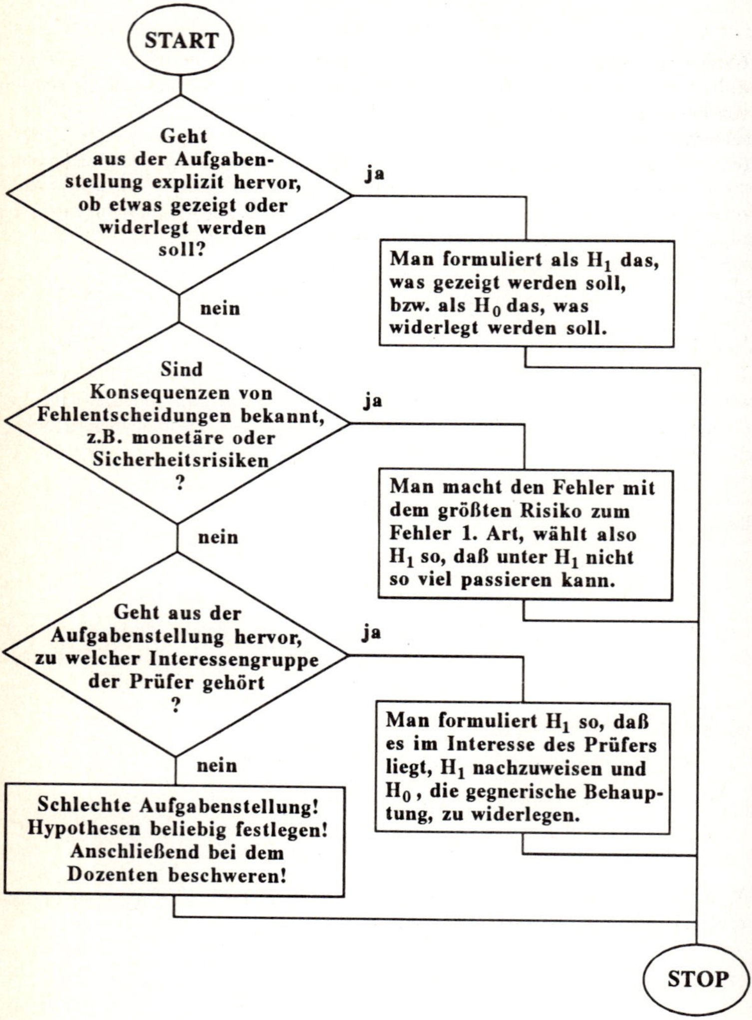

so daß der Ablehnbereich konkret lautet:

$$K_\alpha = \{0,1,2\}.$$

Finden sich also in $n = 30$ bis zu zwei defekte Stücke, wird H_0 abgelehnt, d. h. man entscheidet sich dann für die neue Maschine M2 und hat ein Risiko von höchstens 4,42%, dann eine Maschine installiert zu haben, die gleich oder schlechter ist als die alte Maschine M1. Wäre die neue Maschine besser als M1, so sieht man am Komplement der Gütefunktion über Ω_1 in Abb. C3/4, daß die Wahrscheinlichkeit der Nicht-Ablehnung von H_0 bis zu 95,58% betragen kann; man also eine sehr hohe Chance hat, bei M1 zu bleiben, wenn M2 besser ist.

Abb. C3/4: Gütefunktionen der Tests von $H_0 : P \geq 0,2$ gegen $H_1 : P < 0,2$ und $H_0^* : P < 0,2$ gegen $H_1^* : P \geq 0,2$ mit $n = 30$ und $\alpha = 0,05$

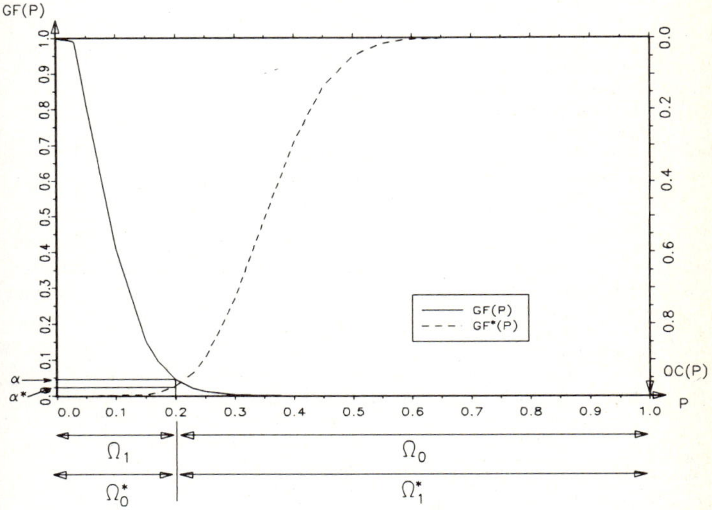

Will das Unternehmen das Risiko unter Kontrolle halten, bei der alten und schlechteren Maschine M1 zu bleiben, so muß es

$$H_0^* : P < 0,2 \text{ gegen } H_1^* : P \geq 0,2$$

testen und bei der alten Maschine bleiben, wenn der Test zur Ablehnung von H_0^* führt, also gezeigt ist, daß die neue Maschine statistisch gesichert schlechter arbeitet. Seien wieder $\alpha = 0,05, n = 30$ und X_n^T die Prüfgröße. Je größer jetzt

X_n^T, desto deutlicher spricht dies für H_1^* und gegen H_0^*, so daß der Ablehnbereich die Gestalt

$$K_\alpha^* = \{d, d+1, \ldots, 30\}$$

hat und zu fordern ist

$$\sup_{P<0,2} P\left(X_n^T \geq d|P\right) \leq \alpha = 0,05$$

und

$$\sup_{P<0,2} P\left(X_n^T \geq d-1|P\right) > \alpha = 0,05.$$

Da $P(X_n^T \geq d|P)$ monoton steigend in P ist, ergeben sich die supremalen Wahrscheinlichkeiten mit $P = 0,2$ als

$$\sum_{i=11}^{30} \binom{30}{i} 0,2^i\, 0,8^{30-i} \approx 0,0256 < \alpha = 0,05,$$

$$\sum_{i=10}^{30} \binom{30}{i} 0,2^i\, 0,8^{30-i} \approx 0,0611 > \alpha = 0,05$$

so daß der Ablehnbereich definitiv lautet

$$K_\alpha^* = \{11, 12, \ldots, 30\}.$$

Findet man in $n = 30$ elf oder mehr defekte Stücke, wird H_0^* abgelehnt und weiter mit M1 produziert. Wird H_0^* nicht abgelehnt, wird man wohl M2 einführen. Die Chance, daß man bei M1 bleibt, wenn M2 besser ist ($P < 0,2$), liest man in Abb. C3/4 unter $GF^*(P)$ über Ω_0^* bei $P \approx 0,2$ mit 2,56% ab. Das Risiko, M2 einzuführen und damit eine schlechtere Maschine als M1 zu haben, ist als Wahrscheinlichkeit des Fehlers 2. Art das Komplement von $GF^*(P)$ über Ω_1^*. Bei $P + \varepsilon$, ε klein, kann diese Wahrscheinlichkeit bis zu 97,44% betragen.

3.1.4 Likelihood-Quotienten-Tests

Sind H_0 und H_1 jeweils einfache Parameterhypothesen

$$H_0 : \Theta = \Theta_0; \quad H_1 : \Theta = \Theta_1$$

mit (o. B. d. A.) $\Theta_1 > \Theta_0$ und die Stichprobenvariablen X_i stetig, so existiert ein trennscharfer Test von H_0 gegen H_1, nämlich der 1933 von J. Neyman und E. S. Pearson emtwickelte **Likelihood-Quotienten-Test**. Für eine vorzugebende Größe $c := c(\alpha)$ wird H_0 abgelehnt, wenn:

$$LQ := \frac{L(\Theta_1|\boldsymbol{x})}{L(\Theta_0|\boldsymbol{x})} > c\,.$$

Beispiel: $X_i \sim No(\mu;\sigma^2)$; σ^2 bekannt

$$H_0 : \mu = \mu_0;\; H_1 : \mu = \mu_1 \text{ mit } \mu_1 > \mu_0$$

$$L(\mu_1|\boldsymbol{x}) = \left(\frac{1}{\sigma\sqrt{2\pi}}\right)^n \exp\left[-\frac{1}{2\sigma^2}\sum_{i=1}^{n}(x_i-\mu_1)^2\right]$$

$$L(\mu_0|\boldsymbol{x}) = \left(\frac{1}{\sigma\sqrt{2\pi}}\right)^n \exp\left[-\frac{1}{2\sigma^2}\sum_{i=1}^{n}(x_i-\mu_0)^2\right]$$

$$LQ = \frac{L(\mu_1|\boldsymbol{x})}{L(\mu_0|\boldsymbol{x})} = \exp\left[-\frac{1}{2\sigma^2}\left(\sum_{i=1}^{n}(x_i-\mu_0)^2 - \sum_{i=1}^{n}(x_i-\mu_1)^2\right)\right] > c$$

Aus dieser Ungleichung erhält man unter Beachtung von $\sum X_i = n\overline{X}_n$ für die handlichere Prüfgröße $\overline{X}_n$ äquivalent:

$$\overline{X}_n > \frac{2\,\sigma^2\,\ln c + n\,(\mu_1^2 - \mu_0^2)}{2\,n\,(\mu_1-\mu_0)} =: A\,.$$

Soll der Test das Signifikanzniveau α haben, ist A so zu wählen, daß gilt

$$P(\overline{X}_n > A|\mu_0) = \alpha,$$

d. h.
$$\begin{aligned} 1-\Phi\left(\frac{A-\mu_0}{\sigma/\sqrt{n}}\right) &= \alpha & (*)\\ \iff \frac{A-\mu_0}{\sigma/\sqrt{n}} &= u_{1-\alpha}\\ \iff A &= \mu_0 + u_{1-\alpha}\,\frac{\sigma}{\sqrt{n}}\,. \end{aligned}$$

Arbeitet man mit der originären Prüfgröße LQ, so ist der zugehörige kritische Wert bei einem Signifikanzniveau α:

$$c(\alpha) = \exp\left\{\frac{n\,(\mu_1-\mu_0)\left[2\,u_{1-\alpha}\,\frac{\sigma}{\sqrt{n}} - (\mu_1-\mu_0)\right]}{2\,\sigma^2}\right\}.$$

Die Wahrscheinlichkeit des Fehlers 2. Art ist

$$\beta = P(\overline{X}_n \leq A|\mu_1) = \Phi\left(\frac{A-\mu_1}{\sigma/\sqrt{n}}\right). \qquad (**)$$

Mit (*) und (**) hat man zwei Gleichungen, in denen die vier Größen α, β, A und n vorkommen. Es gibt $\binom{4}{2} = 6$ Möglichkeiten, aus diesen vier Größen zwei vorzugeben und dann die anderen beiden zu berechnen.

1) Vorgabe von α und β

$$n = -\left[-\frac{\sigma^2}{(\mu_0-\mu_1)^2}(u_\beta - u_{1-\alpha})^2\right], \quad [\cdot] - \text{GAUSS-Klammer},$$

$$A = \mu_0 + u_{1-\alpha}\,\sigma/\sqrt{n}; \qquad (+)$$

2) Vorgabe von α und A

$$n = -\left[-\frac{\sigma^2\, u_{1-\alpha}^2}{(A-\mu_0)^2}\right],$$

β gemäß $(**)$;

3) Vorgabe von β und A

$$n = -\left[-\frac{\sigma^2\, u_\beta^2}{(A-\mu_1)^2}\right],$$

α gemäß $(*)$;

4) Vorgabe von α und n (Vorgehensweise des Signifikanztests)

A aus $(+)$,

β aus $(**)$;

5) Vorgabe von β und n

$A = \mu_1 + u_\beta\,\sigma/\sqrt{n}$;

α aus $(*)$,

6) Vorgabe von A und n

α aus $(*)$,

β aus $(**)$.

Bemerkung: In den Fällen 1) bis 3) wird n aufgerundet, d. h. man geht auf die sichere Seite, so daß die zugehörigen effektiven Fehlerwahrscheinlichkeiten nicht größer werden als die Vorgaben α und/oder β.

Der klassische, auf NEYMAN und PEARSON zurückgehende LQ-Test arbeitet mit einem **festen Stichprobenumfang** n und **einem kritischen Wert** $c(\alpha)$. Der 1947 von A. WALD eingeführte **sequentielle Likelihood-Quotienten-Test** (SPRT = sequential probability ratio test) arbeitet mit **zwei kritischen Werten** $A = A(\alpha,\beta)$ und $B = B(\alpha,\beta)$ und einem **variablen Stichprobenumfang**, der zufällig ist. Der SPRT besitzt folgende Entscheidungsregel:

$$LQ_n(\boldsymbol{x}) = \frac{L(\Theta_1|\boldsymbol{x})}{L(\Theta_0|\boldsymbol{x})}\begin{cases} \gg 1 & \Rightarrow \quad H_1 \text{ annehmen,} \\ \ll 1 & \Rightarrow \quad H_0 \text{ annehmen,} \\ \approx 1 & \Rightarrow \quad \text{neue Beobachtung } x_{n+1} \text{ ziehen.} \end{cases}$$

Vorgehensweise:

1. Wähle A, B mit $0 < A < 1 < B$, setze $n = 1$ und ziehe das erste Stichprobenelement.
2. Nimm H_0 an, falls $LQ_n(\boldsymbol{x}) \leq A$. (Ende des Tests)

3. Nimm H_1 an, falls $LQ_n(\boldsymbol{x}) \geq B$. (Ende des Tests)
4. Ziehe ein weiteres Stichprobenelement, wenn $A < LQ_n(\boldsymbol{x}) < B$ (Fortsetzung des Tests), und bilde $LQ_{n+1}(\boldsymbol{x})$. Setze $LQ_{n+1}(\boldsymbol{x}) = LQ_n(\boldsymbol{x})$ und gehe zu 2.

Mit

$$A = \frac{\beta}{1-\alpha}, \quad B = \frac{1-\beta}{\alpha}$$

erhält man einen konservativen Test. I. d. R. wird mit dem logarithmierten Likelihood-Quotienten

$$\ln LQ_n(\boldsymbol{x}) = \begin{cases} \sum\limits_{i=1}^{n} \left[\ln f(x_i|\Theta_1) - \ln f(x_i|\Theta_0) \right] & - \quad X \text{ stetig} \\ \sum\limits_{i=1}^{n} \left[\ln P(X = x_i|\Theta_1) - \ln P(X = x_i|\Theta_0) \right] & - \quad X \text{ diskret} \end{cases}$$

gearbeitet und dieser verglichen mit (vgl. Abb. C3/5)

$$b := \ln B, \quad a := \ln A\,.$$

Unter allen Tests mit nicht größeren Wahrscheinlichkeiten α und β für die Fehler erster und zweiter Art ist der erwartete Stichprobenumfang beim SPRT am kleinsten. Diese Aussage macht den SPRT bei der zerstörenden Qualitätsprüfung und teueren Testobjekten interessant.

Abb. C3/5: Skizze zur Durchführung eines SPRT mit zwei Prüftrajektorien

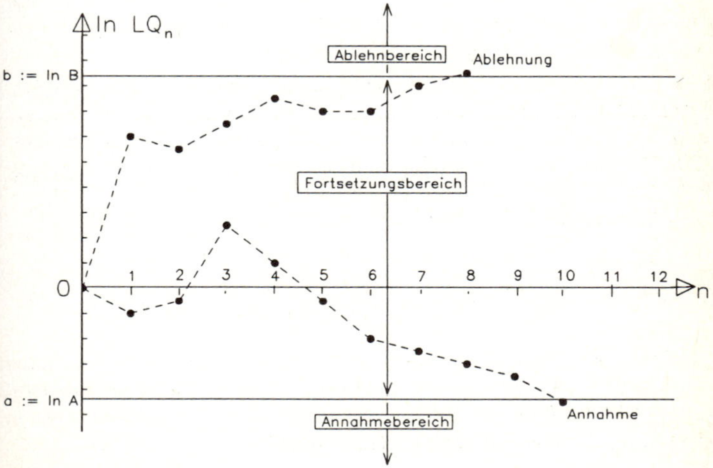

3.2 Verteilungsgebundene Testverfahren

Die nachfolgend zusammengestellten Testverfahren gehen von einer bestimmten Verteilung in der Grundgesamtheit aus, in den meisten Fällen von einer Normalverteilung, oder verwenden letztere approximativ als Prüfgrößenverteilung.

3.2.1 Tests für einen Mittelwert

Tab. C3/2: GAUSS-Test — Hypothesen über μ einer Normalverteilung bei bekanntem σ^2

H_0	H_1	Prüfgröße	Ablehnbereich	Gütefunktion $GF(\mu)$
$\mu \leq \mu_0$	$\mu > \mu_0$	$(\overline{X}_n - \mu_0)\sqrt{n}/\sigma$	$(u_{1-\alpha}; \infty)$	$\Phi[-u_{1-\alpha} - (\mu_0 - \mu)\sqrt{n}/\sigma]$
$\mu \geq \mu_0$	$\mu < \mu_0$	$(\overline{X}_n - \mu_0)\sqrt{n}/\sigma$	$(-\infty; -u_{1-\alpha})$	$\Phi[-u_{1-\alpha} + (\mu_0 - \mu)\sqrt{n}/\sigma]$
$\mu = \mu_0$	$\mu \neq \mu_0$	$\lvert\overline{X}_n - \mu_0\rvert\sqrt{n}/\sigma$	$(u_{1-\alpha/2}; \infty)$	$\Phi[-u_{1-\alpha/2} + (\mu_0 - \mu)\sqrt{n}/\sigma]+$ $+\Phi[-u_{1-\alpha/2} - (\mu_0 - \mu)\sqrt{n}/\sigma]$

Tab. C3/3: t-Test — Hypothesen über μ einer Normalverteilung bei unbekanntem σ^2

H_0	H_1	Prüfgröße	Ablehnbereich	Gütefunktion
$\mu \leq \mu_0$	$\mu > \mu_0$	$(\overline{X}_n - \mu_0)\sqrt{n}/S_n$	$(t_{n-1;1-\alpha}; \infty)$	Berechnung über
$\mu \geq \mu_0$	$\mu < \mu_0$	$(\overline{X}_n - \mu_0)\sqrt{n}/S_n$	$(-\infty; -t_{n-1;1-\alpha})$	die nicht-zentrale
$\mu = \mu_0$	$\mu \neq \mu_0$	$\lvert\overline{X}_n - \mu_0\rvert\sqrt{n}/S_n$	$(t_{n-1;1-\alpha/2}; \infty)$	t-Verteilung

Bemerkung: $S_n := \sqrt{\frac{1}{n-1}\sum(X_i - \overline{X}_n)^2}$

Sind die X_i nicht normalverteilt, sondern i. i. d. mit $\mu = E(X_i)$ und bekanntem $\sigma^2 = V(X_i)\ \forall\, i$, so läßt sich bei nicht zu kleinem n approximativ nach Tab. C3/2 vorgehen. Ist σ^2 unbekannt, läßt sich approximativ mit Tab. C3/3 arbeiten, da der t-Test robust ist gegen Abweichungen von der Normalverteilung.

Tab. C3/4: Test von Hypothesen über μ ($= \lambda$) einer POISSON-Verteilung

H_0	H_1	Prüfgröße	Ablehnbereich	Gütefunktion $GF(\mu)$
$\lambda \leq \lambda_0$	$\lambda > \lambda_o$	X	$\{x_o + 1,\ x_o + 2, \ldots\}$	$\sum_{i=x_o+1}^{\infty} \frac{\lambda^i}{i!} e^{-\lambda}$
$\lambda \geq \lambda_0$	$\lambda < \lambda_0$	X	$\{0,\ 1, \ldots, x_u - 1\}$	$\sum_{i=0}^{x_u-1} \frac{\lambda^i}{i!} e^{-\lambda}$
$\lambda = \lambda_0$	$\lambda \neq \lambda_0$	X	$\{0,\ 1, \ldots, x_u^* - 1\} \cup$ $\cup \{x_o^* + 1, x_o^* + 2, \ldots\}$	$1 - \sum_{i=x_u^*}^{x_o^*} \frac{\lambda^i}{i!} e^{-\lambda}$

Bemerkungen:

1. Vorgehen nach Tab. C3/4 für $\lambda_0 \leq 9$ bzw. $\lambda \leq 9$, ansonsten mit Normalapproximation und Stetigkeitskorrektur
2. x_o so, daß

$$\sum_{i=0}^{x_o-1} \frac{\lambda_0^i}{i!} e^{-\lambda_0} < 1 - \alpha \leq \sum_{i=0}^{x_o} \frac{\lambda_0^i}{i!} e^{-\lambda_0}.$$

x_u so, daß

$$\sum_{i=0}^{x_u-1} \frac{\lambda_0^i}{i!} e^{-\lambda_0} \leq \alpha < \sum_{i=0}^{x_u} \frac{\lambda_0^i}{i!} e^{-\lambda_0}.$$

3. Für die Bestimmung von x_u^* und x_o^* ist wie vorstehend zu verfahren, nachdem jeweils α durch $\alpha/2$ ersetzt worden ist.

3.2.2 Tests zum Vergleich von Mittelwerten

1. Fall: Vergleich der Erwartungswerte μ_1 und μ_2 von **zwei** Normalverteilungen bei **unabhängigen Stichproben**

$$X_{1i} \sim No(\mu_1; \sigma_1^2); \quad i = 1, 2, \ldots, n_1$$

$$\overline{X}_1 := \frac{1}{n_1} \sum_{i=1}^{n_1} X_{1i}; \quad S_1^2 := \frac{1}{n_1 - 1} \sum_{i=1}^{n_1} (X_{1i} - \overline{X}_1)^2$$

$$X_{2j} \sim No(\mu_2; \sigma_2^2); \quad j = 1, 2, \ldots, n_2$$

$$\overline{X}_2 := \frac{1}{n_2} \sum_{j=1}^{n_2} X_{2j}; \quad S_2^2 := \frac{1}{n_2 - 1} \sum_{j=1}^{n_2} (X_{2j} - \overline{X}_2)^2$$

Tab. C3/5: Vergleich von μ_1 und μ_2 bei bekannten σ_1^2 und σ_2^2

H_0	H_1	Prüfgröße	Ablehnbereich	Gütefunktion $G(d)$
$\mu_1 - \mu_2 \leq \delta$	$\mu_1 - \mu_2 > \delta$	$(\overline{X}_1 - \overline{X}_2 - \delta)/\sigma_d$	$(u_{1-\alpha}; \infty)$	$\Phi[-u_{1-\alpha} - (\delta - d)/\sigma_d]$
$\mu_1 - \mu_2 \geq \delta$	$\mu_1 - \mu_2 < \delta$	$(\overline{X}_1 - \overline{X}_2 - \delta)/\sigma_d$	$(-\infty; -u_{1-\alpha})$	$\Phi[-u_{1-\alpha} + (\delta - d)/\sigma_d]$
$\mu_1 - \mu_2 = \delta$	$\mu_1 - \mu_2 \neq \delta$	$\lvert\overline{X}_1 - \overline{X}_2 - \delta\rvert/\sigma_d$	$(u_{1-\alpha/2}; \infty)$	$\Phi[-u_{1-\alpha/2} - (\delta - d)/\sigma_d]+$ $+\Phi[-u_{1-\alpha/2} + (\delta - d)/\sigma_d]$

Bemerkungen:

1. $d := \mu_1 - \mu_2$
2. Häufig ist $\delta = 0$.
3. $\sigma_d^2 := \frac{\sigma_1^2}{n_1} + \frac{\sigma_2^2}{n_2}$

Tab. C3/6: Vergleich von μ_1 und μ_2 bei unbekannten, aber als gleich vorausgesetzten σ_1^2 und σ_2^2

H_0	H_1	Prüfgröße	Ablehnbereich	Gütefunktion
$\mu_1 - \mu_2 \leq \delta$	$\mu_1 - \mu_2 > \delta$	$(\overline{X}_1 - \overline{X}_2 - \delta)/S_d$	$(t_{f;1-\alpha}; \infty)$	Berechnung über
$\mu_1 - \mu_2 \geq \delta$	$\mu_1 - \mu_2 < \delta$	$(\overline{X}_1 - \overline{X}_2 - \delta)/S_d$	$(-\infty; -t_{f;1-\alpha})$	die nicht-zentrale
$\mu_1 - \mu_2 = \delta$	$\mu_1 - \mu_2 \neq \delta$	$\lvert\overline{X}_1 - \overline{X}_2 - \delta\rvert/S_d$	$(t_{f;1-\alpha/2}; \infty)$	t-Verteilung

Bemerkungen:

1. Häufig ist $\delta = 0$.
2. $S_d := \sqrt{\frac{(n_1 - 1)\, S_1^2 + (n_2 - 1)\, S_2^2}{n_1 + n_2 - 2}}$
3. $f = n_1 + n_2 - 2$

Der in Tab. C3/6 vorgestellte Test sollte nur angewendet werden, wenn zuvor im Test von $H_0 : \sigma_1^2 = \sigma_2^2$ nach Tab. C3/12 nicht abgelehnt werden mußte. Ansonsten oder wenn von vornherein bekannt ist, daß die **unbekannten Varianzen verschieden** sind, gehe man nach Tab. C3/6 mit folgenden Modifikationen vor:

1. Man ersetze S_d durch $S_d^* := \sqrt{\frac{S_1^2}{n_1} + \frac{S^2}{n_2}}$.
2. Man ersetze f durch $f^* := \left(\frac{k^2}{n_1 - 1} + \frac{(1-k)^2}{n_2 - 1}\right)^{-1}$,

wobei auf eine ganze Zahl aufzurunden ist und

$$k := \frac{S_1^2/n_1}{(S_1^2/n_1) + (S_2^2/n_2)} .$$

2. Fall: Erwartungswertvergleich bei zwei **abhängigen** (syn.: **verbundenen**) Stichproben aus Normalverteilungen

Es liegt eine Stichprobe von n Wertepaaren (X_{1i}, X_{2i}); $i = 1, 2, \ldots, n$; vor. Für jedes i gehören X_{1i} und X_{2i} aus sachlichen Gründen (Links-Rechts-Vergleich, Untersuchung von Zwillingen) zusammen. Die n Differenzen

$$D_i := X_{1i} - X_{2i}$$

sind unabhängige Beobachtungen aus einer Normalverteilung mit

$$E(D_i) = \Delta \quad \text{und} \quad V(D_i) = \sigma_D^2 .$$

Es sei

$$\begin{aligned} \overline{D} &:= \frac{1}{n}\sum_{i=1}^{n} D_i = \overline{X}_1 - \overline{X}_2 , \\ S_D^2 &:= \frac{1}{n-1}\sum_{i=1}^{n}(D_i - \overline{D})^2 . \end{aligned}$$

Tab. C3/7: Paar-Vergleich mittels t - Test

H_0	H_1	Prüfgröße	Ablehnbereich	Gütefunktion
$\Delta \leq 0$	$\Delta > 0$	$\overline{D}\sqrt{n}/S_D$	$(t_{n-1;1-\alpha}; \infty)$	Berechnung über
$\Delta \geq 0$	$\Delta < 0$	$\overline{D}\sqrt{n}/S_D$	$(-\infty; -t_{n-1;1-\alpha})$	die nicht-zentrale
$\Delta = 0$	$\Delta \neq 0$	$\lvert\overline{D}\rvert\sqrt{n}/S_D$	$(t_{n-1;1-\alpha/2}; \infty)$	t-Verteilung

3. Fall: Vergleich der **Erwartungswerte** μ_i **mehrerer** ($k > 2$) **Normalverteilungen**

$H_0 : \mu_1 = \mu_2 = \ldots = \mu_k = \mu$

$H_1 : \mu_i \neq \mu_j$ für mindestens ein Indexpaar $i \neq j$

Aus der i-ten Normalverteilung; $i = 1, 2, \ldots, k$; liegt eine Stichprobe des Umfangs n_i vor. Es sind zu berechnen:

$n = \sum_{j=1}^{k} n_j$ – Umfang aller Stichproben zusammen

$\overline{X}_j = \frac{1}{n_j} \sum_{i=1}^{n_j} X_{ij}$ – arithm. Mittel der j-ten Stichprobe

$\overline{X} = \frac{1}{n} \sum_{j=1}^{k} \sum_{i=1}^{n_j} X_{ij} = \frac{1}{n} \sum_{j=1}^{k} \overline{X}_j \, n_j$ – arithm. Mittel aller Stichproben

$S_j^2 = \frac{1}{n_j - 1} \sum_{i=1}^{n_j} (X_{ij} - \overline{X}_j)^2$ – Varianz der j-ten Stichprobe

$F := \frac{n-k}{k-1} \, \frac{\sum_{j=1}^{k} (\overline{X}_j - \overline{X})^2 \, n_j}{\sum_{j=1}^{k} (n_j - 1) \, S_j^2}$ – Prüfgröße

H_0 ist abzulehnen, wenn

$$F > F_{f_1;f_2;1-\alpha},$$

mit $F_{f_1;f_2;1-\alpha}$ als $(1-\alpha)$-Perzentil der F-Verteilung mit $f_1 = k - 1$ Zähler- und $f_2 = n - k$ Nennerfreiheitsgraden. Dieser Test setzt gleiche Varianzen in den k Normalverteilungen voraus. Diese Voraussetzung ist zuvor mit dem BARTLETT-Test (vgl. Abs. C3.2.6) zu prüfen.

3.2.3 Tests für einen Anteilswert

Es wird eine Stichprobe des Umfangs n **mit Zurücklegen** aus einer dichotomen Grundgesamtheit gezogen, so daß X_n^T, die Anzahl der Erfolge, exakt binomialverteilt ist.

Tab. C3/8: Hypothesen über P einer Binomialverteilung

H_0	H_1	Prüfgröße	Ablehnbereich	Gütefunktion $GF(P)$
$P \le P_0$	$P > P_0$	X_n^T	$\{x_o + 1, x_o + 2, \ldots, n\}$	$\sum_{i=x_o+1}^{n} \binom{n}{i} P^i Q^{n-i}$
$P \ge P_0$	$P < P_0$	X_n^T	$\{0, 1, \ldots, x_u - 1\}$	$\sum_{i=0}^{x_u-1} \binom{n}{i} P^i Q^{n-i}$
$P = P_0$	$P \ne P_0$	X_n^T	$\{0, 1, \ldots, x_u^* - 1\} \cup$ $\cup \{x_o^* + 1, x_o^* + 2, \ldots, n\}$	$1 - \sum_{i=x_u^*}^{x_o^*} \binom{n}{i} P^i Q^{n-i}$

Bemerkungen:

1. Vorgehen nach Tab. C3/8 für $n\,P_0\,(1-P_0) \leq 9$ bzw. $n\,P\,(1-P) \leq 9$, ansonsten mit Normalapproximation und Stetigkeitskorrektur
2. x_o so, daß
$$\sum_{i=0}^{x_o-1} \binom{n}{i} P_0^i\,(1-P_0)^{n-i} < 1-\alpha \leq \sum_{i=0}^{x_o} \binom{n}{i} P_0^i\,(1-P_0)^{n-i}\,.$$
3. x_u so, daß
$$\sum_{i=0}^{x_u-1} \binom{n}{i} P_0^i\,(1-P_0)^{n-i} \leq \alpha < \sum_{i=0}^{x_u} \binom{n}{i} P_0^i\,(1-P_0)^{n-i}\,.$$
4. Für die Bestimmung von x_o^* und x_u^* ist wie vorstehend zu verfahren, nachdem jeweils α durch $\alpha/2$ ersetzt worden ist.

3.2.4 Tests zum Vergleich von Anteilswerten

1. Fall: Vergleich der P-Werte zweier Binomialverteilungen

Das exakte Vorgehen für kleine Stichproben n_1 und n_2 (Fisher-Yates-Test) ist bei Graf/Henning/Stange/Wilrich (1987; p. 182/3) zu finden. Das in Tab. C3/9 beschriebene, auf einer Normalapproximation beruhende Verfahren ist zulässig, wenn

a) $n_1 + n_2 > 40$ oder

b) $20 < n_1 + n_2 \leq 40$ und keine der vier Größen
$$n_1\,\widehat{P},\; n_2\,\widehat{P},\; n_1\,(1-\widehat{P}),\; n_2\,(1-\widehat{P})$$
kleiner als 5 ist. Dabei gilt:
$$\widehat{P} = \frac{X_{n_1}^T + X_{n_2}^T}{n_1+n_2} \quad - \quad \text{gepoolter Anteilsschätzer}$$

Tab. C3/9: Vergleich von P_1 und P_2 zweier Binomialverteilungen

H_0	H_1	Prüfgröße	Ablehnbereich
$P_1 \leq P_2$	$P_1 > P_2$	$\frac{X_{n_1}^T}{n_1} - \frac{X_{n_2}^T}{n_2}$	$\left(u_{1-\alpha}\sqrt{\widehat{P}(1-\widehat{P})\left(\frac{1}{n_1}+\frac{1}{n_2}\right)}\,;\,1\right)$
$P_1 \geq P_2$	$P_1 < P_2$	$\frac{X_{n_1}^T}{n_1} - \frac{X_{n_2}^T}{n_2}$	$\left(-1\,;-u_{1-\alpha}\sqrt{\widehat{P}(1-\widehat{P})\left(\frac{1}{n_1}+\frac{1}{n_2}\right)}\right)$
$P_1 = P_2$	$P_1 \neq P_2$	$\left\lvert\frac{X_{n_1}^T}{n_1} - \frac{X_{n_2}^T}{n_2}\right\rvert$	$\left(u_{1-\alpha/2}\sqrt{\widehat{P}(1-\widehat{P})\left(\frac{1}{n_1}+\frac{1}{n_2}\right)}\,;\,1\right)$

2. Fall: Vergleich der P-Werte von $k > 2$ Binomialverteilungen

$H_0 : P_1 = P_2 = \ldots = P_k = P$

$H_1 : P_i \neq P_j$ für mindestens ein Indexpaar $i \neq j$

Aus den k Stichproben mit den Umfängen n_j $(j = 1, \ldots, k)$ und den Erfolgszahlen $X_{n_j}^T$ $(j = 1, \ldots, k)$ berechne man

$\widehat{P}_j = X_{n_j}^T / n_j$ – Anteil in der j-ten Stichprobe

$n = \sum_{j=1}^{k} n_j$ – Umfang aller Stichproben zusammen

$\widehat{P} = \frac{1}{n} \sum_{j=1}^{k} X_{n_j}^T$ – Schätzer für das hypothetische gemeinsame P in den k Gesamtheiten

H_0 ist abzulehnen, wenn

$$\frac{1}{\widehat{P}(1-\widehat{P})} \sum_{j=1}^{k} n_j \, (\widehat{P}_j - \widehat{P})^2 > \chi^2_{k-1;1-\alpha} \, .$$

Das ist im Prinzip ein χ^2-Homogenitätstest (vgl. Abs. C3.3.3), der anwendbar ist, wenn

a) keine der $2\,k$ Größen $n_j \, \widehat{P}$ und $n_j(1-\widehat{P})$ kleiner als 1 ist und

b) höchstens 20% dieser $2\,k$ Größen kleiner als 5 ausfallen.

3.2.5 Tests für eine Varianz

Tab. C3/10: Test von Hypothesen über σ^2 einer Normalverteilung bei bekanntem μ

H_0	H_1	Prüfgröße	Ablehnbereich	Gütefunktion
$\sigma^2 \leq \sigma_0^2$	$\sigma^2 > \sigma_0^2$	$n\,\tilde{S}_n^2/\sigma_0^2$	$(\chi^2_{n;1-\alpha}; \infty)$	Berechnung über
$\sigma^2 \geq \sigma_0^2$	$\sigma^2 < \sigma_0^2$	$n\,\tilde{S}_n^2/\sigma_0^2$	$[0; \chi^2_{n;\alpha})$	die nicht-zentrale
$\sigma^2 = \sigma_0^2$	$\sigma^2 \neq \sigma_0^2$	$n\,\tilde{S}_n^2/\sigma_0^2$	$[0; \chi^2_{n;\alpha/2}) \cup (\chi^2_{n;1-\alpha/2}; \infty)$	χ^2-Verteilung

Bemerkungen:

1. $\tilde{S}_n^2 = \frac{1}{n} \sum_{i=1}^{n} (X_i - \mu)^2$

2. Die Halbierung von α für den unteren und oberen Teil des Ablehnbereichs im Falle $H_1 : \sigma^2 \neq \sigma_0^2$ führt bei kleinem n zu einem leicht verfälschten Test. Das Minimum der Gütefunktion liegt nicht bei $\sigma^2 = \sigma_0^2$, sondern bei $\sigma^2 < \sigma_0^2$.

Tab. C3/11: Test von Hypothesen über σ^2 einer Normalverteilung bei unbekanntem μ

H_0	H_1	Prüfgröße	Ablehnbereich	Gütefunktion
$\sigma^2 \leq \sigma_0^2$	$\sigma^2 > \sigma_0^2$	$(n-1)\,S_n^2/\sigma_0^2$	$(\chi^2_{n-1;1-\alpha};\,\infty)$	Berechnung über
$\sigma^2 \geq \sigma_0^2$	$\sigma^2 < \sigma_0^2$	$(n-1)\,S_n^2/\sigma_0^2$	$[0;\chi^2_{n-1;\alpha})$	die nicht-zentrale
$\sigma^2 = \sigma_0^2$	$\sigma^2 \neq \sigma_0^2$	$(n-1)\,S_n^2/\sigma_0^2$	$[0;\chi^2_{n-1;\alpha/2}) \cup$ $\cup\,(\chi^2_{n-1;1-\alpha/2};\infty)$	χ^2-Verteilung

Bemerkungen:

1. $S_n^2 = \dfrac{1}{n-1}\sum\limits_{i=1}^{n}(X_i - \overline{X}_n)^2$
2. vgl. Bem. 2 zu Tab. C3/10

3.2.6 Tests zum Vergleich von Varianzen

1. Fall Vergleich der Varianzen σ_1^2 und σ_2^2 von **zwei** Normalverteilungen

$$X_{1i} \sim No(\mu_1;\sigma_1^2);\ i = 1,2,\ldots,n_1$$
$$\overline{X}_1 := \frac{1}{n_1}\sum_{i=1}^{n_1} X_{1i};\quad S_1^2 := \frac{1}{n_1-1}\sum_{i=1}^{n_1}(X_{1i}-\overline{X}_1)^2$$
$$X_{2j} \sim No(\mu_2;\sigma_2^2);\ j = 1,2,\ldots,n_2$$
$$\overline{X}_2 := \frac{1}{n_2}\sum_{j=1}^{n_2} X_{2j};\quad S_2^2 := \frac{1}{n_2-1}\sum_{j=1}^{n_2}(X_{2j}-\overline{X}_2)^2$$

Tab. C3/12: F - Test (Hypothesen über σ_1^2 und σ_2^2 zweier Normalverteilungen)

H_0	H_1	Prüfgröße	Ablehnbereich	Gütefunktion
$\sigma_1^2 \leq \sigma_2^2$	$\sigma_1^2 > \sigma_2^2$	S_1^2/S_2^2	$(F_{n_1-1;n_2-1;1-\alpha};\,\infty)$	Berechnung über
$\sigma_1^2 \geq \sigma_2^2$	$\sigma_1^2 < \sigma_2^2$	S_1^2/S_2^2	$[0;F_{n_1-1;n_2-1;\alpha})$	die nicht-zentrale
$\sigma_1^2 = \sigma_2^2$	$\sigma_1^2 \neq \sigma_2^2$	S_1^2/S_2^2	$[0;F_{n_1-1;n_2-1;\alpha/2}) \cup$ $\cup\,(F_{n_1-1;n_2-1;1-\alpha/2};\infty)$	F-Verteilung

2. Fall: Vergleich der Varianzen von $k > 2$ Normalverteilungen (BARTLETT-Test)

$H_0 : \sigma_1^2 = \sigma_2^2 = \ldots = \sigma_k^2 = \sigma^2$

$H_1 : \sigma_i^2 \neq \sigma_j^2$ für mindestens ein Indexpaar $i \neq j$

Voraussetzung für Anwendung der folgenden Testprozedur ist, daß $n_j \geq 6 \; \forall \; j$. Zur Symbolik vgl. den 3. Fall in Abs. C3.2.2. H_0 wird verworfen, wenn

$$\chi^2 > \chi^2_{f;1-\alpha}$$

mit

$$f = k - 1$$

$$\chi^2 = -\frac{\sum\limits_{j=1}^{k} (n_j - 1)\left[\,\ln S_j^2 - \ln \widehat{S^2}\,\right]}{c}$$

$$\widehat{S^2} = \frac{\sum\limits_{j=1}^{k} (n_j - 1)\, S_j^2}{n - k} \quad - \quad \begin{cases} \text{Schätzer für die hypothetisch} \\ \text{gleiche, gemeinsame Varianz } \sigma^2 \end{cases}$$

$$c = 1 + \frac{1}{3(k-1)} \left[\sum_{j=1}^{k} \frac{1}{n_j - 1} - \frac{1}{n - k} \right]$$

3.2.7 Tests für Korrelationskoeffizienten

Die Wertepaare (X_i, Y_i); $i = 1, 2, \ldots, n$; entstammen einer zweidimensionalen Normalverteilung (vgl. Abs. B3.7.3). Der Stichprobenkorrelationskoeffizient ist

$$R = \frac{\sum\limits_{i=1}^{n} X_i Y_i - n \overline{X}_n \overline{Y}_n}{\sqrt{\left[\sum X_i^2 - n\overline{X}_n^2\right]\left[\sum Y_i^2 - n\overline{Y}_n^2\right]}}\,.$$

Tab. C3/13: Test auf Unkorreliertheit in einer zweidimensionalen Normalverteilung

H_0	H_1	Prüfgröße	Ablehnbereich
$\rho = 0$	$\rho > 0$	$R\sqrt{n-2}/\sqrt{1-R^2}$	$(t_{n-2;\,1-\alpha}; \infty)$
$\rho = 0$	$\rho < 0$	$R\sqrt{n-2}/\sqrt{1-R^2}$	$(-\infty; -t_{n-2;\,1-\alpha})$
$\rho = 0$	$\rho \neq 0$	$\lvert R\rvert\sqrt{n-2}/\sqrt{1-R^2}$	$(t_{n-2;\,1-\alpha/2}; \infty)$

Tab. C3/14: Test von Hypothesen über beliebiges ρ_0 einer zweidimensionalen Normalverteilung

H_0	H_1	Prüfgröße	Ablehnbereich
$\rho \leq \rho_0$	$\rho > \rho_0$	$[z(R) - \zeta(\rho_0)]\sqrt{n-3}$	$(u_{1-\alpha}; \infty)$
$\rho \geq \rho_0$	$\rho < \rho_0$	$[z(R) - \zeta(\rho_0)]\sqrt{n-3}$	$(-\infty; -u_{1-\alpha})$
$\rho = \rho_0$	$\rho \neq \rho_0$	$\lvert z(R) - \zeta(\rho_0)\rvert\sqrt{n-3}$	$(u_{1-\alpha/2}; \infty)$

Bemerkungen:

1. Unter $z(R)$ versteht man die sog. Areatangens-Transformation:

$$Z := z(R) = 0,5\ \ln\left[\frac{1+R}{1-R}\right] .$$

2. Für $n \geq 25$ ist Z approximativ normalverteilt mit

$$\zeta(\rho) := E(Z) = 0,5\ \ln\left[\frac{1+\rho}{1-\rho}\right] + \frac{\rho}{2(n-1)}, \quad V(Z) = \frac{1}{n-3} .$$

3.2.8 Ausreißertests bei Normalverteilung

Ausreißer sind – grob gesprochen – Beobachtungen, die sehr weit von der überwiegenden Zahl der Beobachtungen entfernt liegen und mit hoher Wahrscheinlichkeit nicht aus derselben Verteilung – hier: Normalverteilung – stammen wie das Gros der Stichprobe. Es wird getestet:

$H_0 : X_{<n>} := \max\limits_{i=1,\dots,n} \{X_i\}$ bzw. $X_{<1>} := \min\limits_{i=1,\dots,n} \{X_i\}$ ist kein Ausreißer.

gegen

$H_1 : X_{<n>}$ bzw. $X_{<1>}$ ist ein Ausreißer.

Wird H_0 verworfen, so kann der betreffende Extremwert $X_{<n>}$ bzw. $X_{<1>}$ aus der Stichprobe entfernt werden und die Hypothesenprüfung mit $n \Leftarrow n-1$ fortgeführt werden, bis keine Ausreißer mehr feststellbar sind.

Test 1: μ und σ^2 der Grundgesamtheit sind bekannt

Prüfgröße: $U = \dfrac{X_{<n>} - \mu}{\sigma}$ bzw. $U = \dfrac{\mu - X_{<1>}}{\sigma}$

Ablehnbereich: $(u_P; \infty)$ mit $P = \sqrt[n]{1-\alpha}$

Test 2: μ und σ^2 der Grundgesamtheit sind unbekannt (GRUBBS-Test)

Prüfgröße: $G = \dfrac{X_{<n>} - \overline{X}_n}{S_n}$ bzw. $G = \dfrac{\overline{X}_n - X_{<1>}}{S_n}$

Ablehnbereich: $(g_{n;\alpha}; \infty)$ mit $g_{n;\alpha}$ aus Tab. C3/15

Tab. C3/15: Kritische Werte $g_{n;\alpha}$ des Ausreißertests von GRUBBS

	$g_{n;\alpha}$			$g_{n;\alpha}$	
n	$\alpha = 0,01$	$\alpha = 0,05$	n	$\alpha = 0,01$	$\alpha = 0,05$
1	–	–	51	3,345	2,964
2	–	–	52	3,353	2,971
3	1,155	1,153	53	3,361	2,978
4	1,492	1,463	54	3,368	2,986
5	1,749	1,672	55	3,376	2,992
6	1,944	1,822	56	3,383	3,000
7	2,097	1,938	57	3,391	3,006
8	2,221	2,032	58	3,397	3,013
9	2,323	2,110	59	3,405	3,019
10	2,410	2,176	60	3,411	3,025
11	2,485	2,234	61	3,418	3,032
12	2,550	2,285	62	3,424	3,037
13	2,607	2,331	63	3,430	3,044
14	2,659	2,371	64	3,437	3,049
15	2,705	2,409	65	3,442	3,055
16	2,747	2,443	66	3,449	3,061
17	2,785	2,475	67	3,454	3,066
18	2,821	2,504	68	3,460	3,071
19	2,854	2,532	69	3,466	3,076
20	2,884	2,557	70	3,471	3,082
21	2,912	2,580	71	3,476	3,087
22	2,939	2,603	72	3,482	3,092
23	2,963	2,624	73	3,487	3,098
24	2,987	2,644	74	3,492	3,102
25	3,009	2,663	75	3,496	3,107
26	3,029	2,681	76	3,502	3,111
27	3,049	2,698	77	3,507	3,117
28	3,068	2,714	78	3,511	3,121
29	3,085	2,730	79	3,516	3,125
30	3,103	2,745	80	3,521	3,130
31	3,119	2,759	81	3,525	3,134
32	3,135	2,773	82	3,529	3,139
33	3,150	2,786	83	3,534	3,143
34	3,164	2,799	84	3,539	3,147
35	3,178	2,811	85	3,543	3,151
36	3,191	2,823	86	3,547	3,155
37	3,204	2,835	87	3,551	3,160
38	3,216	2,846	88	3,555	3,163
39	3,228	2,857	89	3,559	3,167
40	3,240	2,866	90	3,563	3,171
41	3,251	2,877	91	3,567	3,174
42	3,261	2,887	92	3,570	3,179
43	3,271	2,896	93	3,575	3,182
44	3,282	2,905	94	3,579	3,186
45	3,292	2,914	95	3,582	3,189
46	3,302	2,923	96	3,586	3,193
47	3,310	2,931	97	3,589	3,196
48	3,319	2,940	98	3,593	3,201
49	3,329	2,948	99	3,597	3,204
50	3,336	2,956	100	3,600	3,207

Quelle: GRUBBS, F. E./BECK, G.: Extension of Sample Sizes and Percentage Points...; Technometrics (1972), Vol. 14, p. 848/9

Test 3: μ und σ^2 der Grundgesamtheit sind unbekannt (Wölbungstest)

Bei einer Normalverteilung nimmt bekanntlich das Wölbungsmaß α_4 den Wert 3 an. Ein weiterer Ausreißertest, der sich vor allem zur Aufdeckung maskierter Ausreißer eignet, verwendet als Prüfgröße die Stichprobenwölbung

$$W := \frac{n}{(n-1)^2} \sum_{i=1}^{n} \left(\frac{X_i - \overline{X}_n}{S_n} \right)^4 .$$

Die Testdurchführung ist folgende:

1. Wenn
$$W > w_{n;\alpha} ,$$
wobei $w_{n;\alpha}$ der kritische Wert laut Tab. C3/16 ist, gilt der Meßwert mit dem größten Abstand von $\overline{X}_n$ als signifikanter Ausreißer.
2. Wenn
$$W \leq w_{n;\alpha} ,$$
kann der Meßwert mit dem größten Abstand von $\overline{X}_n$ nicht als Ausreißer angesehen werden.

Tab. C3/16: Kritische Werte $w_{n;\alpha}$ des Wölbungstests auf Ausreißer ($\alpha = 0,01$)

n	$w_{n;\alpha}$	n	$w_{n;\alpha}$	n	$w_{n;\alpha}$
7	4,23	15	5,30	23	5,33
8	4,53	16	5,32	24	5,32
9	4,82	17	5,34	25	5,30
10	5,00	18	5,35	26	5,28
11	5,13	19	5,36	27	5,26
12	5,20	20	5,36	28	5,25
13	5,25	21	5,35	29	5,23
14	5,28	22	5,34	30	5,21

Quelle: **PEARSON, E. S./HARTLEY, H. O. (1976): Biometrika Tables for Statisticians; Vol. I, 3rd ed.**

Hinweis: Für $n > 30$ verwende man die Näherung

$$w_{n;0,01} \approx 3 + 2,3263 \sqrt{\frac{24}{n}} + \frac{45,3862}{n} - \frac{2425,288}{n^2} + \frac{48840,7}{n^3} - \frac{400979}{n^4} .$$

3.3 Verteilungsfreie Testverfahren

Wie die Zahl der verteilungsgebundenen Testverfahren ist auch die der verteilungsfreien Prozeduren sehr groß, so daß nur eine kleine Auswahl vorgestellt werden kann.

3.3.1 Tests auf Zufälligkeit

Es sei X_i; $i = 1, 2, \ldots, n$; eine Folge von Stichprobendaten in der Reihenfolge ihrer Beobachtung. Oft stellt sich die Frage, ob die Reihenfolge der Beobachtungen zufällig oder systematisch (etwa zyklisch oder tendenziell steigend/fallend) ist. Ohne Rückgriff auf zeitreihenanalytische Verfahren läßt sich

H_0 : Die Reihenfolge der Daten ist zufällig.

gegen

H_1 : Die Reihenfolge der Daten ist nicht zufällig.

mit einem Iterations- oder Run-Test überprüfen. Dazu sind die n Beobachtungswerte wie folgt am Stichprobenmedian $\widetilde{X}_n$ zu dichotomisieren:

$$X_i > \widetilde{X}_n \ \Rightarrow \ „+“; \ n_1 = \text{Anzahl der positiven Vorzeichen}\,,$$

$$X_i < \widetilde{X}_n \ \Rightarrow \ „-“; \ n_2 = \text{Anzahl der negativen Vorzeichen}\,.$$

Dann wird die Anzahl der **Runs** (syn.: **Iterationen**), It, ermittelt. Ein Run ist eine Folge gleichartiger Vorzeichen. Eine niedrige Zahl von Iterationen weist auf einen Trend oder lange Wellen hin, eine hohe Zahl auf kurze Wellen.

Tab. C3/17: Run-Test auf Zufälligkeit

H_0	H_1	Prüfgröße	Ablehnbedingung
Die Reihenfolge der Daten ist zufällig.	Vorzeichenwechsel zu häufig.	It	$It > r_{n_1;n_2;1-\alpha}$
	Vorzeichenwechsel zu selten.	It	$It < r_{n_1;n_2;\alpha}$
	Vorzeichenwechsel zu häufig oder zu selten.	It	$It < r_{n_1;n_2;\alpha/2}$ oder $It > r_{n_1;n_2;1-\alpha/2}$

Exakte Schwellenwerte $r_{n_1;n_2;P}$ findet man bei GRAF/HENNING/STANGE/WILRICH (1987, p. 125 ff.). Für $n_1 > 20$ oder $n_2 > 20$ gilt approximativ:

$$r_{n_1;n_2;P} \approx \frac{2\,n_1\,n_2}{n_1+n_2} + 1 + u_P\sqrt{\frac{2\,n_1\,n_2\,(2\,n_1\,n_2 - n_1 - n_2)}{(n_1+n_2)^2\,(n_1+n_2-1)}}\,.$$

3.3.2 Tests auf Unabhängigkeit

Man testet

H_0: Die beiden Zufallsvariablen X und Y sind stochastisch unabhängig, d. h. $F(x, y) = F_X(x)\, F_Y(y)\ \forall\ x, y$.

gegen

H_1: X und Y sind stochastisch abhängig, d. h. $F(x^*, y^*) \neq F_X(x^*)\, F_Y(y^*)$ für mindestens ein Paar (x^*, y^*).

in folgenden Schritten:

1. Man bilde die zweidimensionale Häufigkeitstabelle der n_{ij} mit den Randhäufigkeiten $n_{i.}$ und $n_{.j}$ (vgl. Abs. A3.1), wobei so zu gruppieren ist, daß $n_{ij} \geq 10\ \forall\ i, j$.
2. Man berechne die Unabhängigkeitszahlen
$$u_{ij} := \frac{n_{i.}\, n_{.j}}{n}\ \forall\ i, j\,.$$
Kein u_{ij} soll kleiner als 1, höchstens 20% sollen kleiner als 5 sein.
3. Man berechne die Prüfgröße
$$\begin{aligned} \chi^2 &= \sum_{i=1}^{k} \sum_{j=1}^{m} \frac{(n_{ij} - u_{ij})^2}{u_{ij}} \\ &= n \left(\sum_{i=1}^{k} \sum_{j=1}^{m} \frac{n_{ij}^2}{n_{i.}\, n_{.j}} - 1 \right). \end{aligned}$$
4. Man lehne H_0 auf dem Signifikanzniveau α ab, wenn
$$\chi^2 > \chi^2_{(k-1)(m-1);1-\alpha}\,.$$

3.3.3 Homogenitätstests

Mit einem Homogenitätstest wird

H_0: m (≥ 2) Stichproben stammen aus derselben Verteilung.

gegen

H_1: Die m Stichproben kommen aus mindestens zwei unterschiedlichen Verteilungen.

getestet.

1. Test: χ^2-Homogenitätstest

Dieser Test ist für den Vergleich von $m \geq 2$ Stichproben anwendbar. Der Typ der Zufallsvariablen (diskret, stetig) ist beliebig. Voraussetzung sind allerdings große Stichprobenumfänge. Der Ablauf umfaßt folgende Schritte:

1. Die m Stichproben werden in einer zweidimensionalen Häufigkeitstabelle (vgl. Tab. C3/18) nach den Realisationen bzw. den Klassen von Realisationen der Zufallsvariablen geordnet. Es ist so zu gruppieren, daß $n_{ij} \geq 10 \; \forall \; i, j$.
2. Aus der Randverteilung von Tab. C3/18 schätze man die Wahrscheinlichkeit P_i für eine Beobachtung in der Klasse i der unterstellten gleichen gemeinsamen Verteilung als:

$$\widehat{P}_i = \frac{n_{i.}}{n}.$$

Tab. C3/18: Häufigkeitstabelle für den χ^2-Homogenitätstest

X \ Stichprobe	1	2	...	m	Summe
x_1	n_{11}	n_{12}	...	n_{1m}	$n_{1.}$
x_2	n_{21}	n_{22}	...	n_{2m}	$n_{2.}$
⋮	⋮	⋮	⋮	⋮	⋮
x_k	n_{k1}	n_{k2}	...	n_{km}	$n_{k.}$
Summe	$n_{.1}$	$n_{.2}$	...	$n_{.m}$	n

3. Man berechne die Prüfgröße

$$\chi^2 = \sum_{i=1}^{k} \sum_{j=1}^{m} \frac{(n_{ij} - E_{ij})^2}{E_{ij}}$$

mit $E_{ij} := n_{.j} \, P_i$ (erwartete Besetzungszahl).

4. Man lehne H_0 auf dem Signifikanzniveau α ab, wenn

$$\chi^2 > \chi^2_{(k-1)(m-1);1-\alpha}.$$

2. Test: KOLMOGOROV-SMIRNOV-Homogenitätstest

Dieser Test ist für den Vergleich von $m = 2$ Stichproben geeignet, deren Umfänge klein sein können. Es werden zwei stetige Zufallsvariablen[8] X_1 und X_2 mit Verteilungsfunktionen $F_1(x)$ und $F_2(x)$ betrachtet, wobei $H_0 : F_1(x) = F_2(x)$. Je nach Alternativhypothese wird aus der Ordinatendifferenz der beiden empirischen Verteilungsfunktionen $\widehat{F}_1(x)$ und $\widehat{F}_2(x)$ eine andere Prüfgröße gebildet, vgl. Tab. C3/19. Die Vorgehensweise im zweiseitigen Fall ist in Abb. C3/6 dargestellt.

[8] Sind die beiden Zufallsvariablen diskret, so ist der Test auch anwendbar. Er arbeitet dann aber konservativ, d. h. das Signifikanzniveau verringert sich gegenüber der Vorgabe α.

Tab. C3/19: KOLMOGOROV-SMIRNOV-Homogenitätstest

H_0	H_1	Prüfgröße	Ablehnbedingung
$F_1(x) = F_2(x)$	$F_1(x) > F_2(s)$	$D^+_{n_1;n_2} = \sup_x \{\widehat{F}_1(x) - \widehat{F}_2(x)\}$	$D^+_{n_1;n_2} > \Delta_{n_1;n_2;1-\alpha}$
$F_1(x) = F_2(x)$	$F_1(x) < F_2(x)$	$D^-_{n_1;n_2} = \inf_x \{\widehat{F}_1(x) - \widehat{F}_2(x)\}$	$D^-_{n_1;n_2} < -\Delta_{n_1;n_2;1-\alpha}$
$F_1(x) = F_2(x)$	$F_1(x) \neq F_2(x)$	$D_{n_1;n_2} = \sup_x \lvert\widehat{F}_1(x) - \widehat{F}_2(x)\rvert$	$D_{n_1;n_2} > \Delta_{n_1;n_2;1-\alpha/2}$

Bemerkungen:

1. Im Falle $F_1(x) > F_2(x)$ heißt X_1 [mit $F_1(x)$] **stochastisch kleiner** als X_2; im Falle $F_1(x) < F_2(x)$ heißt X_1 **stochastisch größer** als X_2.
2. Die kritischen Werte ergeben sich aus den Schwellenwerten $\Delta_{n;P}$ in Tabelle VIII des Anhangs wie folgt:

$$\Delta_{n_1;n_2;P} = \Delta_{n;P} \quad \text{mit} \quad n = \left[\frac{n_1 n_2}{n_1 + n_2}\right]; \; [\cdot] - \text{GAUSS-Klammer}.$$

Abb. C3/6: Skizze zum KOLMOGOROV-SMIRNOV-Homogenitätstest (zweiseitiger Fall)

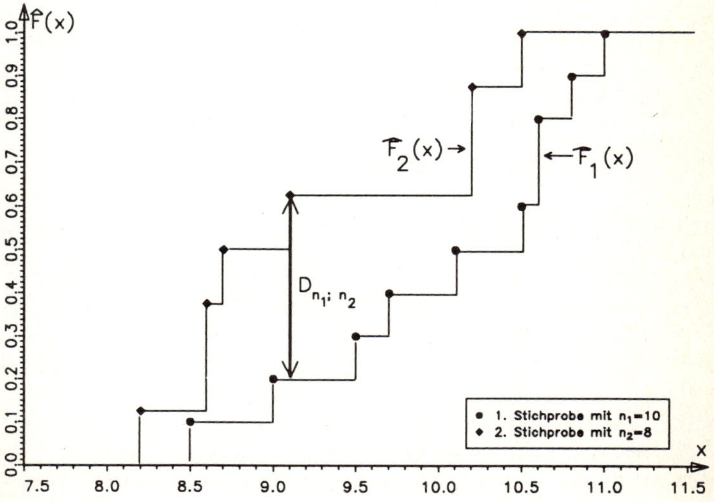

3.3.4 Anpassungstests

Mit einem Anpassungstest wird geprüft, ob eine Stichprobe aus einer unterstellten theoretischen Verteilung stammt, d. h. durch ein bestimmtes Verteilungsmodell angepaßt werden kann.

1. Test: χ^2-Anpassungstest

Dieser Test verlangt eine große Stichprobe. Er kann auf **voll-** und auf **teilspezifizierte** Verteilungshypothesen angewendet werden, wobei die Zufallsvariable diskret oder stetig sein kann.

Fall 1: Vollspezifizierte Verteilungshypothese $H_0 : F_X(x) = F_0(x|\boldsymbol{\Theta})$, wobei $\boldsymbol{\Theta}$ bekannt ist.

Der Test umfaßt fünf Schritte:

1. Man stelle aus der Stichprobe die empirische Häufigkeitsverteilung mit den Klassenbesetzungszahlen n_i; $i = 1, 2, \ldots, k$; auf, wobei $n_i \geq 10$ verlangt wird. Durch Zusammenfassung benachbarter Klassen läßt sich $n_i \geq 10$ erreichen.
2. Aus der hypothetischen Verteilung errechne man für jede Klasse die Wahrscheinlichkeit P_i, eine Beobachtung in dieser Klasse zu realisieren.
3. Man berechne die erwartete Häufigkeit:

   $$E_i := n\,P_i\,.$$

   Kein E_i sollte kleiner als 1, höchstens 20% kleiner als 5 sein. Gegebenenfalls sind, um dies zu erfüllen, weitere Klassen zusammenzufassen, oder es ist ganz anders zu gruppieren.
4. Man berechne die Prüfgröße

   $$\chi^2 = \sum_{i=1}^{k} \frac{(n_i - E_i)^2}{E_i}\,.$$

   Dabei ist $k \geq 2$ die Anzahl der – nach evtl. Zusammenfassung – verbliebenen Klassen.
5. Man lehne H_0 auf dem Signifikanzniveau α zugunsten von $H_1 : F_X(x) \neq F_0(x|\boldsymbol{\Theta})$ ab, wenn

   $$\chi^2 > \chi^2_{k-1;1-\alpha}\,.$$

Fall 2: Teilspezifizierte Verteilungshypothese $H_0 : F_X(x) = F_0(x|\boldsymbol{\Theta})$, wobei alle oder einige Parameter des Verktors $\boldsymbol{\Theta}$ unbekannt sind.

In diesem Fall werden aus dem Schritt 2 von Fall 1 zwei Teilschritte:

2a. Die numerisch nicht festgelegten $z \geq 1$ Parameter $\Theta_1, \Theta_2, \ldots, \Theta_z$ sind aus der Stichprobe zu schätzen, entweder nach der χ^2-Minimum-Methode oder – was meistens geschieht – nach der Maximum-Likelihood-Methode (vgl. Abs. C2.1.2).

2b. Aus der Verteilung mit den geschätzten Parametern sind dann für die P_i Schätzwerte $\widehat{P}_i$ zu berechnen.

In Schritt 5 berechnet sich jetzt der Ablehnbereich mit einem modifizierten Schwellenwert als

$$\chi^2 > \chi^2_{k-z-1;1-\alpha}.$$

2. Test: KOLMOGOROV-SMIRNOV-Anpassungstest

Es ist $H_0 : F_X(x) = F_0(x)$ gegen $H_1 : F_X(x) \neq F_0(x)$ zu testen, wobei $F_0(x)$ die vollspezifizierte Verteilung einer stetigen Zufallsvariablen ist.[9] Der Test umfaßt folgende Schritte:

1. Man bilde die Rangwertreihe

$$x_{<1>} \leq x_{<2>} \leq \ldots \leq x_{<n>}$$

aus den Stichprobenrealisationen x_i; $i = 1, 2, \ldots, n$.

2. Man berechne die empirische Verteilungsfunktion $F_n(x)$:

$$F_n(x) = \begin{cases} 0 & \text{für} \quad x < x_{<1>} \\ i/n & \text{für} \quad x_{<i>} \leq x < x_{<i+1>};\ i = 1, 2, \ldots, n-1 \\ 1 & \text{für} \quad x \geq x_{<n>} \end{cases}$$

3. Prüfgröße ist

$$D_n := \sup_x \left| F_n(x) - F_0(x) \right|.$$

Praktisch bestimmt man D_n als

$$D_n := \max_{i=1,\ldots,n} \left\{ \left| F_n(x_{<i>}) - F_0(x_{<i>}) \right|;\ \left| F_n(x_{<i-1>}) - F_0(x_{<i>}) \right| \right\}$$

mit

$$F_n(x_{<0>}) := 0.$$

4. Man lehne H_0 auf dem Signifikanzniveau α ab, wenn

$$D_n > \Delta_{n;1-\alpha/2}.$$

Die Schwellenwerte $\Delta_{n;1-\alpha/2}$ stehen in Tab. VIII des Anhangs.

[9] Wendet man den Test bei einer diskreten und/oder teilspezifizierten Verteilung unter H_0 an, ist der Test konservativ, d. h. das Signifikanzniveau ist kleiner als α.

Abb. C3/7 zeigt die Vorgehensweise für den Test auf eine Normalverteilung mit $\mu = 8$, $\sigma = 2$ bei $n = 8$.

Abb. C3/7: / Skizze zum KOLMOGOROV-SMIRNOV-Anpassungstest

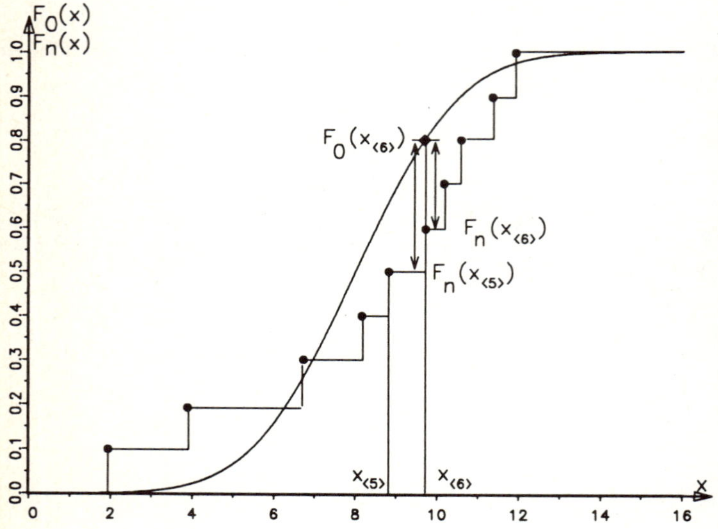

3.3.5 Vorzeichentest und Test für den Median

Der vermutlich älteste Test in der Statistik und zugleich einer der verdienstvollsten ist der folgende, fast ohne jede Rechnung auskommende **Vorzeichentest**. Bei einer Vielzahl von Testproblemen stellt sich heraus, daß die Prüfgröße X unter H_0 binomialverteilt ist mit n und $P = 0,5$.

Beispiel: Von zwei Sonnenschutzcremes L und R wird behauptet, sie seien gleich wirksam (H_0). Es werden n Personen auf dem linken Arm mit L und auf dem rechten Arm mit R eingecremt. Danach werden diese n Personen für t Stunden der Sonne ausgesetzt. Bei jeder Person wird anschließend verglichen, ob der linke Arm stärker gerötet ist als der rechte ($\Rightarrow$ „ + “) oder nicht ($\Rightarrow$ „ − “).[10] Bei gleicher Wirksamkeit der Cremes ist die Anzahl der „+ “-Zeichen (bzw. der „−“-Zeichen) mit n und $P = 0,5$ binomialverteilt.

[10] Fälle gleicher Rötung werden einfach gestrichen, so daß n die Anzahl der verbliebenen Personen mit unterschiedlicher Rötung links und rechts ist.

Der Hypothesentest läuft dann einfach darauf hinaus festzustellen, ob der realisierte Wert x von X (die Anzahl eines bestimmten Vorzeichens) in der Binomialverteilung mit $P = 0,5$ extrem liegt. Auf dem Signifikanzniveau α ist abzulehnen, wenn $X \in K_\alpha$ mit

$$K_\alpha = \{0, 1, \ldots, c\} \cup \{d, d+1, \ldots, n\},$$

und

$$\sum_{i=0}^{c} \binom{n}{i} 0,5^n \leq \frac{\alpha}{2} < \sum_{i=0}^{c+1} \binom{n}{i} 0,5^n; \quad \sum_{i=d}^{n} \binom{n}{i} 0,5^n \leq \frac{\alpha}{2} < \sum_{i=d-1}^{n} \binom{n}{i} 0,5^n .$$

Hat man die Verteilungsfunktion der Binomialverteilung verfügbar, sei es als Tabelle oder über ein Rechnerprogramm, so bietet sich folgendes Vorgehen an:

1. mit n^+ bzw. n^- sei die Anzahl der positiven bzw. der negativen Vorzeichen symbolisiert, $n = n^+ + n^-$.
2. Man setze $k = \min\{n^+;\ n^-\}$.
3. Man ermittele per Programm oder aus der Tabelle
$$\sum_{i=0}^{k} \binom{n}{i} 0,5^n =: \alpha^*/2 .$$
4. Man lehne H_0 auf dem Signifikanzniveau α ab, wenn $\alpha^*/2 < \alpha/2$.

Auch die Verwandtschaft zwischen der Binomial- und der F-Verteilung (vgl. Abs. B3.7.6) läßt sich zur praktischen Durchführung des Vorzeichentests heranziehen. Ist für $k := \min\{n^+;\ n^-\}$ und $n = n^+ + n^-$

$$\frac{k}{n-k+1} \geq F_{2(n-k+1);2k;1-\alpha/2}$$

oder

$$\frac{n-k}{k+1} \geq F_{2(k+1);2(n-k);1-\alpha/2}$$

erfüllt, hat man H_0 auf dem Signifikanzniveau α abzulehnen.

Nach vorstehendem Prinzip läßt sich auch eine Hypothese über den **Median** $x_{0,5}$ in einer beliebigen, aber stetigen Verteilung testen. Aus der Stichprobe streiche man zunächst alle Beobachtungswerte X_i, die mit dem hypothetischen Median $x_{0,5}^0$ zusammenfallen. Die verbleibende Anzahl der Meßwerte sei wiederum mit n bezeichnet. Mit Z wird die Anzahl jener Einzelwerte bezeichnet, für die $X_i < x_{0,5}^0$ gilt. Das Verfahren läuft wie in Tab. C3/20 dargestellt.

Tab. C3/20: Verteilungsfreier Median-Test

H_0	H_1	Prüfgröße	Ablehnbereich
$x_{0,5} \leq x^0_{0,5}$	$x_{0,5} > x^0_{0,5}$	Z	$\{0, \ldots, k_{n;\alpha}\}$
$x_{0,5} \geq x^0_{0,5}$	$x_{0,5} < x^0_{0,5}$	$n - Z$	$\{0, \ldots, k_{n;\alpha}\}$
$x_{0,5} = x^0_{0,5}$	$x_{0,5} \neq x^0_{0,5}$	Z oder $n - Z$	$\{0, \ldots, k_{n;\alpha/2}\}$

Bemerkungen:

1. Den Schwellenwert $k_{n;P}$ bestimme man so, daß

$$\sum_{i=0}^{k_{n;P}} \binom{n}{i} 0,5^n \leq P < \sum_{i=0}^{k_{n;P}+1} \binom{n}{i} 0,5^n .$$

2. Die Testabwicklung kann auch über die Berechnung des empirischen Signifikanzniveaus oder über die F-Verteilung (vgl. oben) erfolgen.

Kapitel 4

Klassische lineare Regressionstheorie

In Fortsetzung der in Abs. A3.4.2 und A4.4 behandelten deskriptiven Regressionsrechnung sollen hier für das Modell der klassischen linearen Regression die Inferenzaussagen nachgetragen werden.

4.1 Einfachregression

Zunächst wird der Fall der Einfachregression vorgestellt, bei der man ohne Matrizenkalkül auskommt. In Abs. C4.2 erfolgt dann die Übertragung auf den multiplen Fall mit zwei oder mehr Regressoren.

4.1.1 Annahmen des klassischen Regressionsmodells

Zwischen einer Zufallsvariablen Y (Regressand) und einer Variablen X (Regressor), die deterministisch oder stochastisch sein kann, wird eine lineare Funktion der Form

$$Y = \beta_0 + \beta_1 X + U$$

postuliert, wobei U eine unbeobachtbare Zufallsvariable (latente Variable) ist. Es liegt eine Stichprobe des Umfangs n mit den Beobachtungspaaren $(x_i; y_i)$; $i = 1, 2, \ldots, n$; vor. Es ist y_i eine Realisation der bedingten Zufallsvariablen

$$Y_i := Y|x_i,$$

so daß gilt

$$Y_i = \beta_0 + \beta_1 x_i + U_i; \; i = 1, 2, \ldots, n.$$

Es ist U_i die auf dem Niveau x_i von X sich einstellende Störvariable.

Für die Schätzung der Modellparameter β_0 und β_1 werden die folgenden **Annahmen des klassischen Regressionsmodells** getroffen:

1. Annahme: Sofern i ein Zeitindex ist (Längsschnittregression), soll X nicht die verzögerte Y-Variable sein, d. h. es wird **keine Autoregressionsfunktion** für Y geschätzt.

2. Annahme: Die Werte x_i sind bei deterministischem X vorgegeben, während bei stochastischem X bestimmte Parameter der bedingten Zufallsvariablen

$$U_i := U|x_i$$

nicht von x_i abhängen sollen, vgl. die folgenden Annahmen 3 und 4.

3. Annahme:

$$E(U_i) = 0 \quad \forall\, i$$

Aus dieser Annahme folgen:

a) $$E(Y_i) = E(\beta_0 + \beta_1\, x_i + U_i) = \beta_0 + \beta_1\, x_i$$
Man nennt $\beta_0 + \beta_1\, x_i$ den **systematischen Teil** (linearer Teil, bedingter Erwartungswert) von Y und U_i den **stochastischen Teil** von Y, der im Mittel Null ist.

b) $$\rho(U, X) = 0,$$
sofern X stochastisch ist, d. h. U und X sollen linear unabhängig sein.

4. Annahme: Dies ist eine Doppelannahme mit:

a) $$V(U_i) = E(U_i^2) =: \sigma_U^2 \quad \forall\, i$$
Es wird **Homoskedastizität (Streuungsgleichheit)** der U_i gefordert.

b) $$E(U_i\, U_j) = Cov(U_i, U_j) = 0 \quad \forall\, i \neq j$$
Die Störvariablen U_i und U_j auf verschiedenem X-Niveau sollen nicht korreliert sein (**fehlende Autokorrelation der latenten Variablen**).

5. Annahme: $$n > 2$$

Damit ein Schätzproblem (für die zwei Parameter β_0 und β_1) besteht, müssen mehr als zwei Beobachtungspaare $(x_i; y_i)$ vorliegen, sonst hätte man eine perfekte Geradenanpassung (bei $n = 2$) oder eine Unterbestimmtheit (bei $n = 1$).

6. Annahme: $$s_X^2 = \frac{1}{n-1} \sum_{i=1}^{n} (x_i - \bar{x})^2 > 0$$

Diese Annahme verlangt, daß die Beobachtungen an verschiedenen Stellen x_i gemacht werden.

7. Annahme:

Für Intervallschätzungen und Tests benötigt man eine **Verteilungsannahme** über die U_i. Man unterstellt

$$U_i \sim No(0; \sigma_U^2) \quad \forall\, i\,.$$

Wegen Annahme 4*b*) ist der Spaltenvektor

$$\boldsymbol{U} := \begin{pmatrix} U_1 \\ \vdots \\ U_n \end{pmatrix}$$

n-dimensional-normalverteilt (vgl. Abs. B3.7.3)

$$\boldsymbol{U} \sim Nm(\boldsymbol{\mu}; \boldsymbol{\Sigma})$$

mit

$$\boldsymbol{\mu} = \begin{pmatrix} 0 \\ \vdots \\ 0 \end{pmatrix} \quad \text{und} \quad \boldsymbol{\Sigma} = \sigma_U^2 \, \boldsymbol{I}_n,$$

wobei $\boldsymbol{I}_n$ die n-reihige Einheitsmatrix ist.

Die Erfüllung der Annahmen 1 bis 4 garantiert, daß die Methode der kleinsten Quadrate Schätzfunktionen mit günstigen statistischen Eigenschaften liefert. Nach dem GAUSS-MARKOV-Theorem haben in diesem Fall die KQ-Schätzer die BLU-Eigenschaft (vgl. Abs. C2.1.1).

4.1.2 Schätzfunktionen der Modellparameter und deren Eigenschaften

Im Modell der klassischen linearen Einfachregression sind drei Parameter zu schätzen, β_0 und β_1 nach der KQ-Methode (vgl. Abs. A3.4.2) und σ_U^2 als mittleres Residualquadrat.

$$\widehat{\beta}_0 = \frac{\sum y_i \sum x_i^2 - \sum y_i x_i \sum x_i}{n \sum x_i^2 - (\sum x_i)^2} = \bar{y} - \widehat{\beta}_1 \, \bar{x}$$

$$\widehat{\beta}_1 = \frac{n \sum y_i x_i - \sum x_i \sum y_i}{n \sum x_i^2 - (\sum x_i)^2} = \frac{s_{XY}}{s_X^2} = r(X,Y) \, \frac{s_Y}{s_X}$$

mit

$$s_{XY} = \frac{1}{n-1} [\sum x_i y_i - n \, \bar{x} \, \bar{y}]$$

$$s_Y^2 = \frac{1}{n-1} [\sum y_i^2 - n \, \bar{y}^2], \quad s_X^2 = \frac{1}{n-1} \sum_{i=1}^{n} (x_i - \bar{x})^2$$

$$r(X,Y) = \frac{s_{XY}}{s_X \, s_Y}$$

$$\widehat{\sigma_U^2} = \frac{1}{n-2} \sum_{i=1}^{n} (y_i - \widehat{y}_i)^2 = \frac{1}{n-2} \sum_{i=1}^{n} \left(y_i - \widehat{\beta}_0 - \widehat{\beta}_1 x_i\right)^2$$

$$= \frac{1}{n-2} \left[\sum y_i^2 - \widehat{\beta}_0 \sum y_i - \widehat{\beta}_1 \sum x_i \, y_i\right]$$

Eigenschaften der Schätzer:

1. **Linearität** in Y

$$\left.\begin{aligned} \widehat{\beta}_1 &= \sum w_i y_i \\ \widehat{\beta}_0 &= \sum \left(\frac{1}{n} - \bar{x}\, w_i\right) y_i \end{aligned}\right\} \quad w_i := \frac{x_i - \bar{x}}{\sum_{j=1}^{n} (x_j - \bar{x})^2}$$

2. **Erwartungstreue**

$$\begin{aligned} E(\widehat{\beta}_0) &= \beta_0 \\ E(\widehat{\beta}_1) &= \beta_1 \\ E(\widehat{\sigma_U^2}) &= \sigma_U^2 \end{aligned}$$

3. **Varianzen, Kovarianz, Korrelation**

$$V(\widehat{\beta}_0) = \frac{\sigma_U^2}{n} \, \frac{\sum x_i^2}{\sum (x_i - \bar{x})^2}$$

$$V(\widehat{\beta}_1) = \frac{\sigma_U^2}{\sum (x_i - \bar{x})^2}$$

$$Cov(\widehat{\beta}_0, \widehat{\beta}_1) = -\, \sigma_U^2 \, \frac{\bar{x}}{\sum (x_i - \bar{x})^2}$$

$$\rho(\widehat{\beta}_0, \widehat{\beta}_1) = -\frac{\sum x_i}{\sqrt{n \sum x_i^2}}$$

Verwendet man die Normalverteilungsannahme 7) der U_i, so erhält man wegen

$$u_i = y_i - \beta_0 - \beta_1 x_i$$

die Likelihoodfunktion

$$L(\beta_0; \beta_1; \sigma_U^2) = \frac{1}{(2\,\pi\,\sigma_U^2)^{n/2}} \, \exp\left\{ -\frac{\sum (y_i - \beta_0 - \beta_1 x_i)^2}{2\,\sigma_U^2} \right\}$$

Die resultierenden ML-Schätzer für β_0 und β_1 sind mit den obigen KQ-Schätzern $\widehat{\beta}_0$ und $\widehat{\beta}_1$ identisch und haben dieselben Eigenschaften und sind als Linearkombinationen normalverteilter Zufallsvariablen ebenfalls normalverteilt. Der ML-Schätzer für σ_U^2 ist – nach Behebung des Bias - mit dem obigen KQ-Schätzer $\widehat{\sigma_U^2}$ identisch.

4.1.3 Prüfung der Modellannahmen

Bevor man die geschätzte Regressionsfunktion für Prognosezwecke (vgl. Abs. C4.1.5) verwendet, ist zu testen, ob die Annahmen des klassischen linearen Regressionsmodells erfüllt sind. Nur dann macht man keine systematischen Prognosefehler mit den KQ-Schätzern.

Test auf Linearität

Der lineare Einfluß von X auf Y ist statistisch gesichert (bei einer Irrtumswahrscheinlichkeit von α), wenn

$$H_0 : \beta_1 = 0 \text{ zugunsten von } H_1 : \beta_1 \neq 0$$

verworfen werden kann. Die Prüfgröße ist

$$F = \frac{\widehat{\beta}_1^2 \sum(x_i - \bar{x})^2}{\widehat{\sigma_U^2}}$$

und die Ablehnbedingung für H_0

$$F > F_{1;n-2;1-\alpha}.$$

Test auf Autokorrelationsfreiheit der U_i

Laut Annahme 4b) sollen die U_i frei von Autokorrelation sein. Man begnügt sich i. d. R. mit dem Test von

$$H_0 : \rho_1 := \rho(U_i, U_{i-1}) = 0; \; i = 2, 3, \ldots, n;$$

d. h. man prüft nur auf Freiheit von Autokorrelation erster Ordnung. Die Prüfgröße ist der DURBIN-WATSON-Koeffizient

$$d := \frac{\sum_{i=2}^{n}(\widehat{u}_i - \widehat{u}_{i-1})^2}{\sum_{i=1}^{n}\widehat{u}_i^2}; \quad \widehat{u}_i = y_i - \widehat{y}_i.$$

In Tabelle IX findet man für $\alpha = 0,05$ zwei von n und r ($\widehat{=}$ Anzahl der geschätzten Regressionskoeffizienten inkl. $\widehat{\beta}_0$) abhängende Schwellenwerte $d_u(n, r)$ und $d_o(n, r)$. Mit diesen gilt folgende Entscheidungsregel:

1) Es ist $H_0 : \rho_1 = 0$ gegen $H_1 : \rho_1 > 0$ zu testen.

1.1) Ist $d < d_u(n,2)$, so wird H_0 zugunsten von H_1 verworfen.

1.2) Ist $d > d_o(n,2)$, so kann H_0 nicht verworfen werden.

1.3) Gilt $d_u(n,2) < d < d_o(n,2)$, so liefert der Test keine Entscheidung über H_0 und H_1.

2) Es ist $H_0 : \rho_1 = 0$ gegen $H_1 : \rho_1 < 0$ zu testen.

2.1) Ist $d > 4 - d_u(n,2)$, so wird H_0 zugunsten von H_1 verworfen.

2.2) Ist $d < 4 - d_o(n,2)$, so kann H_0 nicht verworfen werden.

2.3) Gilt $4-d_o(n,2) < d < 4-d_u(n,2)$, so liefert der Test keine Entscheidung über H_0 und H_1.

Test auf Homoskedastizität

Vermutet man, daß sich in zwei Teilbereichen $[x_1, x_2, \ldots, x_{n_1}]$ und $[x_{n_1+1}, x_{n_1+2}, \ldots, x_n]$ des gesamten Stützbereichs $[x_1, \ldots, x_n]$ die Varianzen der latenten Variablen (σ_1^2 im ersten Teilbereich, σ_2^2 im zweiten Teilbereich) unterscheiden, so wird für jeden Teilbereich eine lineare Regressionsfunktion nebst zugehörigem $\widehat{\sigma_j^2}$ $(j = 1, 2)$ geschätzt. Die Prüfgröße für den Test von

$$H_0 : \sigma_1^2 = \sigma_2^2 \quad \text{gegen} \quad H_1 : \sigma_1^2 \neq \sigma_2^2$$

ist

$$F = \frac{\widehat{\sigma_1^2}}{\widehat{\sigma_2^2}}.$$

Die Ablehnbedingung für H_0 bei gegebenem α lautet

$$F < F_{n_1-2;n-n_1-2;\alpha/2} \ \vee \ F > F_{n_1-2;n-n_1-2;1-\alpha/2}.$$

Test auf Strukturkonstanz

Unter Strukturkonstanz (H_0) wird die Unveränderlichkeit von β_0 und β_1 im gesamten Stützbereich $[x_1, \ldots, x_n]$ bei konstantem σ_U^2 verstanden. Unter der Gegenhypothese H_1 wird behauptet, daß sich die Regressionskoeffizienten in zwei Teilbereichen (bzgl. der Notation vgl. unter Test auf Homoskedastizität) unterscheiden. Zwecks Test von H_0 gegen H_1 wird außer der Regressionsschätzung für den gesamten Stützbereich und Berechnung der Residualquadratsumme $\sum_{i=1}^{n} \widehat{u}_i^2$ auch für jeden Teilbereich eine Regressionsschätzung nebst Berechnung der zugehörigen Residualquadratsummen

$$\sum_{i=1}^{n_1} \widehat{u}_{1i}^2 \text{ für den ersten Teilbereich}$$

$$\sum_{i=n_1+1}^{n} \widehat{u}_{2i}^2 \text{ für den zweiten Teilbereich}$$

durchgeführt. Die Prüfgröße ist

$$F = \frac{n-4}{2} \frac{\sum_{i=1}^{n} \widehat{u}_i^2 - \left[\sum_{i=1}^{n_1} \widehat{u}_{1i}^2 + \sum_{i=n_1+1}^{n} \widehat{u}_{2i}^2\right]}{\sum_{i=1}^{n_1} \widehat{u}_{1i}^2 + \sum_{i=n_1+1}^{n} \widehat{u}_{2i}^2}.$$

Die Ablehnbedingung für H_0 (Strukturkonstanz) ist:

$$F > F_{2;n-4;1-\alpha}.$$

4.1.4 Inferenzaussagen über die Modellparameter

Aussagen über β_0

$$\left(\widehat{\beta}_0 - \beta_0\right) \sqrt{\frac{n \sum (x_i - \bar{x})^2}{\widehat{\sigma_U^2} \sum x_i}} \sim t(n-2)$$

Zweiseitiges Konfidenzintervall zum Konfidenzniveau $1-\alpha$:

$$\widehat{\beta}_0 - t_{n-2;1-\alpha/2} \sqrt{\frac{\widehat{\sigma_U^2} \sum x_i^2}{n \sum (x_i - \bar{x})^2}} \leq \beta_0 \leq \widehat{\beta}_0 + t_{n-2;1-\alpha/2} \sqrt{\frac{\widehat{\sigma_U^2} \sum x_i^2}{n \sum (x_i - \bar{x})^2}}$$

Ablehnbedingung für $H_0 : \beta_0 = \beta_0^{(0)}$ gegen $H_1 : \beta_0 \neq \beta_0^{(0)}$

$$\left|\widehat{\beta}_0 - \beta_0^{(0)}\right| > t_{n-2;1-\alpha/2} \sqrt{\frac{\widehat{\sigma_U^2} \sum x_i^2}{n \sum (x_i - \bar{x})^2}}$$

Aussagen über β_1

$$\left(\widehat{\beta}_1 - \beta_1\right) \sqrt{\frac{\sum (x_i - \bar{x})^2}{\widehat{\sigma_U^2}}} \sim t(n-2)$$

Berechnung von Konfidenz- und Ablehnbereich wie vorstehend.

Gemeinsame Aussagen über β_0 und β_1

$$F := \frac{n(\beta_0 - \widehat{\beta}_0)^2 + 2(\beta_0 - \widehat{\beta}_0)(\beta_1 - \widehat{\beta}_1)\sum x_i + (\beta_1 - \widehat{\beta}_1)^2 \sum x_i^2}{\sum \widehat{u}_i^2} \sim Fi(2; n-2)$$

Die Beziehung

$$F \leq F_{2;n-2;1-\alpha}$$

liefert bei gegebenen Schätzwerten $\widehat{\beta}_0, \widehat{\beta}_1$ und aufgelöst nach β_0 und β_1 den gemeinsamen Konfidenzbereich für (β_0, β_1) zum Niveau $1 - \alpha$. Dieser Bereich ist eine Ellipse (Konfidenzellipse) in der (β_0, β_1) – Ebene. Mit der obigen Beziehung kann man auch eine gemeinsame Hypothese

$$H_0 : \beta_0 = \beta_0^{(0)} \wedge \beta_1 = \beta_1^{(0)} \text{ gegen } H_1 : \beta_0 \neq \beta_0^{(0)} \wedge \beta_1 \neq \beta_1^{(0)}$$

testen, indem man feststellt, ob die mit den Schätzwerten $\widehat{\beta}_0$ und $\widehat{\beta}_1$ sowie den hypothetischen Werten $\beta_0^{(0)}$ für β_0 und $\beta_1^{(0)}$ für $\widehat{\beta}_1$ ausgewertete Ungleichung erfüllt ist ($\rightarrow$ keine Ablehnung von H_0) oder nicht ($\rightarrow$ Ablehnung von H_0).

Aussagen über σ_U^2

$$\frac{(n-2)\,\widehat{\sigma_U^2}}{\sigma_U^2} \sim \chi^2(n-2)$$

Konfidenzintervalle für σ_U^2 werden daraus gemäß Abs. C2.2.2 konstruiert und Tests von Hypothesen über σ_U^2 wie in Abs. C3.2.5 durchgeführt.

4.1.5 Prognosen

Die Auswertung der geschätzten Regressionsfunktion an einer Stelle $X = x$ nennt man Prognose für Y. Ist $x = x_i$; $i = 1, \ldots, n$; d. h. eine der Stützstellen, so spricht man von einer **Ex-Post-Prognose** (unechte Prognose), während man für $x \neq x_i$ von einer **Ex-Ante-Prognose** (echte Prognose) spricht. Es ist ferner zu unterscheiden, was man prognostizieren will:

- den **bedingten Erwartungswert** $E(Y|x)$ oder
- den **bedingten Individualwert** $Y|x$,

und in welcher Form man die Prognoseaussage trifft, als

- **Punktprognose** oder
- **Intervallprognose**.

Prognose des bedingten Erwartungswertes

Eine erwartungstreue Punktprognose für $E(Y|x)$ ist:

$$\widehat{E(Y|x)} = \widehat{\beta}_0 + \widehat{\beta}_1 x,$$

während die Intervallprognose zur Sicherheit $1-\alpha$ lautet:

$$\widehat{E(Y|x)} - t_{n-2;1-\alpha/2}\,\widehat{\sigma_U}\sqrt{\frac{1}{n} + \frac{(x-\bar{x})^2}{\sum(x_i-\bar{x})^2}} \;\le\; E(Y|x) \;\le$$

$$\le\; \widehat{E(Y|x)} + t_{n-2;1-\alpha/2}\,\widehat{\sigma_U}\sqrt{\frac{1}{n} + \frac{(x-\bar{x})^2}{\sum(x_i-\bar{x})^2}}\,.$$

Man vgl. Abb. C4/1. Dort sind eingezeichnet: die wahre Regressionsgerade, die zufällig realisierten Beobachtungspaare $(x_i; y_i)$, die geschätzte Regressionsgerade mit den zugehörigen Ex-Post-Prognosewerten und das eng um diese geschätzte Regressionsgerade liegende, nicht-lineare Kurvenpaar, das die obigen Konfidenzgrenzen darstellt. Die engsten Konfidenzgrenzen stellen sich für die Prognose an der Stelle $x = \bar{x}$ ein. Mit wachsender Entfernung von $x = \bar{x}$ nimmt die Prognoseungenauigkeit zu. Der Konfidenzbereich überdeckt mit Wahrscheinlichkeit $1-\alpha$ die wahre Regressionsgerade, was in Abb. C4.1 eingetreten ist.

Prognose des bedingten Individualwertes

Die beste Punktprognose (erwartungstreu mit minimaler Varianz) für eine Realisation der bedingten Zufallsvariablen $Y|x$ ist

$$\widehat{Y|x} = \widehat{\beta}_0 + \widehat{\beta}_1\, x,$$

die mit der Punktprognose des bedingten Erwartungswertes identisch ist. Die Varianz des Prognosefehlers ist hier aber um σ_U^2 größer als die des bedingten Erwartungswertes, so daß sich das Konfidenzintervall zur Sicherheit $1-\alpha$ ergibt als

$$\widehat{Y|x} - t_{n-2;1-\alpha/2}\,\widehat{\sigma_U}\sqrt{1 + \frac{1}{n} + \frac{(x-\bar{x})^2}{\sum(x_i-\bar{x})^2}} \;\le\; Y|x \;\le$$

$$\le\; \widehat{Y|x} + t_{n-2;1-\alpha/2}\,\widehat{\sigma_U}\sqrt{1 + \frac{1}{n} + \frac{(x-\bar{x})^2}{\sum(x_i-\bar{x})^2}}\,.$$

Die Konfidenzgrenzen liegen – vgl. Abb. C4.1 – weiter als die für den bedingten Erwartungswert.

Abb. C4/1: Lineare Einfachregression – Punkt- und Intervallschätzung für bedingte Erwartungs- und Individualwerte

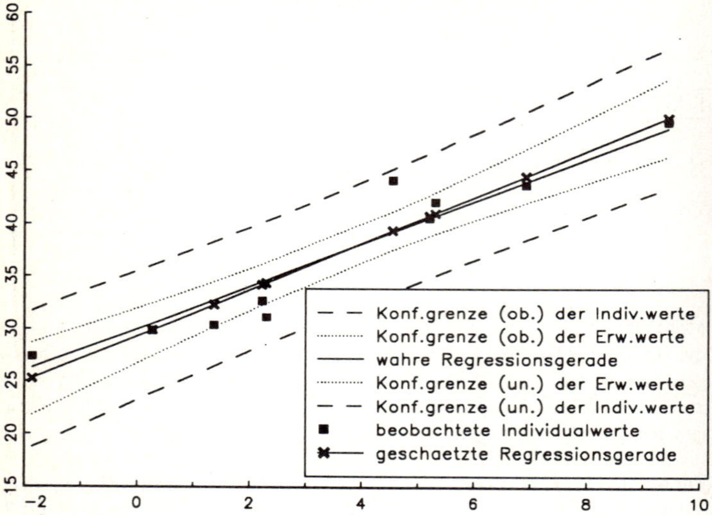

4.2 Multiple Regression

Bezüglich der Matrizennotation in diesem Fall sei auf Abs. A4.4 verwiesen. Hier werden die in Abs. C4.1 aufgestellten Aussagen und Formeln auf den multiplen Fall mit $m \geq 3$ Regressoren erweitert.[1] Angaben erfolgen nur, wenn sich unterschiedliche Formeln zu denen in Abs. C4.1 ergeben.

Annahmen

Aus Annahme 4 wird:

$$E(\boldsymbol{uu}'|\boldsymbol{X}) = \sigma_U^2\,\boldsymbol{I}_n$$

Aus Annahme 5 wird:

$$\text{Rang}(\boldsymbol{X}) = m < n,$$

d. h. die Designmatrix soll vollen Spaltenrang haben, die Regressoren sollen also linear unabhängig sein, und es sollen mehr Beobachtungstupel (n) vorliegen als Regressionskoeffizienten (m) zu schätzen sind.

[1]Unter X_1 wird hier die Pseudovariable verstanden, die stets den Wert 1 annimmt; $X_2, \ldots, X_m$ sind die echten Regressorvariablen.

Aus Annahme 6 wird:

$$\lim_{n\to\infty} \frac{1}{n} \boldsymbol{X}'\boldsymbol{X} \text{ existiert und ist sicher regulär.}$$

Mit dieser Annahme wird die Konsistenz der KQ-Schätzer gesichert.

Schätzfunktionen der Modellparameter

$\widehat{\boldsymbol{\beta}} = (\boldsymbol{X}'\boldsymbol{X})^{-1}\boldsymbol{X}'\boldsymbol{y}$ $\leftarrow$ KQ-Schätzer ($\widehat{=}$ ML-Schätzer bei Normalverteilung)

$$\widehat{\sigma_U^2} = \frac{1}{n-m}\,\widehat{\boldsymbol{u}}'\widehat{\boldsymbol{u}} \quad \text{mit} \quad \begin{cases} \widehat{\boldsymbol{u}} = \boldsymbol{y} - \widehat{\boldsymbol{y}} = \boldsymbol{y} - \boldsymbol{X}\widehat{\boldsymbol{\beta}} \text{ oder} \\ \widehat{\boldsymbol{u}}'\widehat{\boldsymbol{u}} = \boldsymbol{y}'\boldsymbol{y} - \widehat{\boldsymbol{\beta}}'\boldsymbol{X}'\boldsymbol{y} \end{cases}$$

Varianz-Kovarianz-Matrix der $\widehat{\beta}_k$; $k = 1, 2, \ldots, m$

$$\left.\begin{aligned} \boldsymbol{S} &= \sigma_U^2\,(\boldsymbol{X}'\boldsymbol{X})^{-1} \\ \widehat{\boldsymbol{S}} &= \widehat{\sigma_U^2}\,(\boldsymbol{X}'\boldsymbol{X})^{-1} \end{aligned}\right\} \text{positiv definite Matrix}$$

$\widehat{s}_{kk} = \widehat{V}(\widehat{\beta}_k)$ – geschätzte Varianz von $\widehat{\beta}_k$; Diagonalelement von $\widehat{\boldsymbol{S}}$

$\widehat{s}_{k\ell} = \widehat{s}_{\ell k} = \widehat{Cov}(\widehat{\beta}_k, \widehat{\beta}_\ell)$ – geschätzte Kovarianz von $\widehat{\beta}_k$ und $\widehat{\beta}_\ell$; Nicht-Diagonalelement von $\widehat{\boldsymbol{S}}$

Verteilungen der Schätzer

$$\frac{\widehat{\boldsymbol{u}}'\widehat{\boldsymbol{u}}}{\sigma_U^2} = \frac{(n-m)\,\widehat{\sigma_U^2}}{\sigma_U^2} \sim \chi^2(n-m)$$

$$(\widehat{\boldsymbol{\beta}} - \boldsymbol{\beta})'\,\boldsymbol{X}'\boldsymbol{X}\,(\widehat{\boldsymbol{\beta}} - \boldsymbol{\beta})\,/\,\sigma_U^2 \sim \chi^2(m)$$

$$\frac{(\widehat{\boldsymbol{\beta}} - \boldsymbol{\beta})'\,\boldsymbol{X}'\boldsymbol{X}\,(\widehat{\boldsymbol{\beta}} - \boldsymbol{\beta})/m}{\widehat{\boldsymbol{u}}'\widehat{\boldsymbol{u}}/(n-m)} = \frac{(\widehat{\boldsymbol{\beta}} - \boldsymbol{\beta})'\,\boldsymbol{X}'\boldsymbol{X}\,(\widehat{\boldsymbol{\beta}} - \boldsymbol{\beta})}{m\,\widehat{\sigma_U^2}} \sim Fi(m; n-m)$$

$$\frac{\widehat{\beta}_k - \beta_k}{\sqrt{\widehat{s}_{kk}}} \sim t(n-m)$$

Test auf Linearität

Es seien:

$$\widehat{\boldsymbol{\beta}}_1 := \begin{pmatrix} \widehat{\beta}_2 \\ \vdots \\ \widehat{\beta}_m \end{pmatrix} \text{ – Regressionskoeffizienten außer dem absoluten Glied}$$

$\widehat{\boldsymbol{S}}_1$ – Varianz-Kovarianz-Matrix von $\widehat{\boldsymbol{\beta}}_1$. Sie ergibt sich durch Streichen der ersten Zeile und ersten Spalte der Matrix $\widehat{\boldsymbol{S}}$.

Der Einfluß der Regressoren $(X_2, \ldots, X_m)$ auf Y ist **insgesamt** gesichert, wenn

$$F := \frac{1}{m-1} \widehat{\boldsymbol{\beta}}_1' \, \widehat{\boldsymbol{S}}_1^{-1} \, \widehat{\boldsymbol{\beta}}_1 \;>\; F_{m-1;n-m;1-\alpha} \, .$$

Test auf Homeskedastizität

Die Prüfgröße $F = \widehat{\sigma_1^2} \,/\, \widehat{\sigma_2^2}$ ist verteilt als $Fi(n_1 - m; n - n_1 - m)$.

Test auf Strukturkonstanz

Die Prüfgröße lautet:

$$F = \frac{n-2m}{2} \; \frac{\sum\limits_{i=1}^{n} \widehat{u}_i^2 - \left[\sum\limits_{i=1}^{n_1} \widehat{u}_{1i}^2 + \sum\limits_{i=n_1+1}^{n} \widehat{u}_{2i}^2 \right]}{\sum\limits_{i=1}^{n_1} \widehat{u}_{1i}^2 + \sum\limits_{i=n_1+1}^{n} \widehat{u}_{2i}^2} \;\sim\; Fi(2; n-2m) \, .$$

Aussagen über einen einzelnen Regressionskoeffizienten

Z. B. ein zweiseitiges Konfidenzintervall mit $1 - \alpha$:

$$\widehat{\beta}_k - t_{n-m;1-\alpha/2} \sqrt{\widehat{s}_{kk}} \;\leq\; \beta_k \;\leq\; \widehat{\beta}_k + t_{n-m;1-\alpha/2} \sqrt{\widehat{s}_{kk}}$$

Prognosen

Sei $\boldsymbol{x}^{*\prime} = (1, x_2^*, x_3^*, \ldots, x_m^*)$ die Stelle, für die Y zu prognostizieren ist.

$$\widehat{E(Y|\boldsymbol{x}^*)} = \boldsymbol{x}^{*\prime} \widehat{\boldsymbol{\beta}}$$

Zugehöriges Konfidenzintervall:

$$\boldsymbol{x}^{*\prime} \widehat{\boldsymbol{\beta}} - t_{n-m;1-\alpha/2} \sqrt{\boldsymbol{x}^{*\prime} \, \widehat{\boldsymbol{S}} \, \boldsymbol{x}^*} \;\leq\; E(Y|\boldsymbol{x}^*) \leq$$

$$\leq\; \boldsymbol{x}^{*\prime} \widehat{\boldsymbol{\beta}} + t_{n-m;1-\alpha/2} \sqrt{\boldsymbol{x}^{*\prime} \, \widehat{\boldsymbol{S}} \, \boldsymbol{x}^*}$$

$$\widehat{Y|\boldsymbol{x}*} = \boldsymbol{x}^{*\prime} \widehat{\boldsymbol{\beta}}$$

Zugehöriges Konfidenzintervall:

$$\boldsymbol{x}^{*\prime} \widehat{\boldsymbol{\beta}} - t_{n-m;1-\alpha/2} \sqrt{\widehat{\sigma_U^2} + \boldsymbol{x}^{*\prime} \, \widehat{\boldsymbol{S}} \, \boldsymbol{x}^*} \;\leq\; Y|\boldsymbol{x}^* \;\leq$$

$$\leq\; \boldsymbol{x}^{*\prime} \widehat{\boldsymbol{\beta}} + t_{n-m;1-\alpha/2} \sqrt{\widehat{\sigma_U^2} + \boldsymbol{x}^{*\prime} \, \widehat{\boldsymbol{S}} \, \boldsymbol{x}^*}$$

Teil D

Tabellen und Verzeichnisse

1. Tabellen

Tab. I: Fakultäten

n	$n!$
0	1
1	1
2	2
3	6
4	24
5	120
6	720
7	5.040
8	40.320
9	362.880
10	3.628.800
11	39.916.800
12	479.001.600
13	6.227.020.800
14	87.178.291.200
15	1.307.674.368.000
16	20.922.789.888.000
17	355.687.428.096.000
18	6.402.373.705.728.000
19	121.645.100.408.832.000
20	2.432.902.008.176.640.000

$n! = \prod_{i=1}^{n}$

$0! := 1$

$n! \approx \left(\frac{n}{e}\right)^n \sqrt{2\pi n}$ – STIRLING-Approximation[1]

[1] JAMES STIRLING, 1692 – 1770

Tab. II: Binomialkoeffizienten

n \ m	0	1	2	3	4	5	6	7	8	9	10	11	12	13
0	1													
1	1	1												
2	1	2	1											
3	1	3	3	1										
4	1	4	6	4	1									
5	1	5	10	10	5	1								
6	1	6	15	20	15	6	1							
7	1	7	21	35	35	21	7	1						
8	1	8	28	56	70	56	28	8	1					
9	1	9	36	84	126	126	84	36	9	1				
10	1	10	45	120	210	252	210	120	45	10	1			
11	1	11	55	165	330	462	462	330	165	55	11	1		
12	1	12	66	220	495	792	924	792	495	220	66	12	1	
13	1	13	78	286	715	1.287	1.716	1.716	1.287	715	286	78	13	1
14	1	14	91	364	1.001	2.002	3.003	3.432	3.003	2.002	1.001	364	91	14
15	1	15	105	455	1.365	3.003	5.005	6.435	6.435	5.005	3.003	1.365	455	105
16	1	16	120	560	1.820	4.368	8.008	11.440	12.870	11.440	8.008	4.368	1.820	560
17	1	17	136	680	2.380	6.188	12.376	19.448	24.310	24.310	19.448	12.376	6.188	2.380
18	1	18	153	816	3.060	8.568	18.564	31.825	43.758	48.620	43.758	31.824	18.564	8.568
19	1	19	171	969	3.876	11.628	27.132	50.388	75.582	92.378	92.378	75.582	50.388	27.132
20	1	20	190	1.140	4.845	15.504	38.760	77.520	125.970	167.960	184.756	167.960	125.970	77.520
21	1	21	210	1.330	5.985	20.349	54.264	116.280	203.490	293.930	352.716	352.716	293.930	203.490
22	1	22	231	1.540	7.315	26.334	74.613	170.540	319.770	497.420	646.646	705.432	646.646	497.420
23	1	23	253	1.771	8.855	33.649	100.974	245.157	490.314	817.190	1.144.066	1.352.078	1.352.078	1.144.066
24	1	24	276	2.024	10.622	42.504	134.596	346.104	735.471	1.307.504	1.961.256	2.496.156	2.704.156	2.496.144
25	1	25	300	2.300	12.650	53.130	177.100	480.700	1.081.575	2.042.975	3.268.760	4.457.400	5.200.300	5.200.300

$$\binom{n}{m} = \frac{n!}{m!\,(n-m)!} \quad \text{mit} \quad n, m \in \mathbb{N}_0 \wedge n \geq m; \qquad \binom{n}{m} = \binom{n}{n-m}$$

Tab. III: Verteilungsfunktion $\Phi(u)$ der Standardnormalverteilung

$\Phi(u)$ für $0 \leq u < 3,0$

u	,00	,01	,02	,03	,04	,05	,06	,07	,08	,09
0,0	,500000	,503989	,507978	,511966	,515953	,519939	,523922	,527903	,531881	,535856
0,1	,539828	,543795	,547758	,551717	,555670	,559618	,563559	,567495	,571424	,575345
0,2	,579260	,583166	,587064	,590954	,594835	,598706	,602568	,606420	,610261	,614092
0,3	,617911	,621720	,625516	,629300	,633072	,636831	,640576	,644309	,648027	,651732
0,4	,655422	,659097	,662757	,666402	,670031	,673645	,677242	,680822	,684386	,687933
0,5	,691462	,694974	,698468	,701944	,705401	,708840	,712260	,715661	,719043	,722405
0,6	,725747	,729069	,732371	,735653	,738914	,742154	,745373	,748571	,751748	,754903
0,7	,758036	,761148	,764238	,767305	,770350	,773373	,776373	,779350	,782305	,785236
0,8	,788145	,791030	,793892	,796731	,799546	,802337	,805105	,807850	,810570	,813267
0,9	,815940	,818589	,821214	,823814	,826391	,828944	,831472	,833977	,836457	,838913
1,0	,841345	,843752	,846136	,848495	,850830	,853141	,855428	,857690	,859929	,862143
1,1	,864334	,866500	,868643	,870762	,872857	,874928	,876976	,879000	,881000	,882977
1,2	,884930	,886861	,888768	,890651	,892512	,894350	,896165	,897958	,899727	,901475
1,3	,903200	,904902	,906582	,908241	,909877	,911492	,913085	,914657	,916207	,917736
1,4	,919243	,920730	,922196	,923641	,925066	,926471	,927855	,929219	,930563	,931888
1,5	,933193	,934478	,935745	,936992	,938220	,939429	,940620	,941792	,942947	,944083
1,6	,945201	,946301	,947384	,948449	,949497	,950529	,951543	,952540	,953521	,954486
1,7	,955435	,956367	,957284	,958185	,959070	,959941	,960796	,961636	,962462	,963273
1,8	,964070	,964852	,965620	,966375	,967116	,967843	,968557	,969258	,969946	,970621
1,9	,971283	,971933	,972571	,973197	,973810	,974412	,975002	,975581	,976148	,976705
2,0	,977250	,977784	,978308	,978822	,979325	,979818	,980301	,980774	,981237	,981691
2,1	,982136	,982571	,982997	,983414	,983823	,984222	,984614	,984997	,985371	,985738
2,2	,986097	,986447	,986791	,987126	,987455	,987776	,988089	,988396	,988696	,988989
2,3	,989276	,989556	,989830	,990097	,990358	,990613	,990863	,991106	,991344	,991576
2,4	,991802	,992024	,992240	,992451	,992656	,992857	,993053	,993244	,993431	,993613
2,5	,993790	,993963	,994132	,994297	,994457	,994614	,994766	,994915	,995060	,995201
2,6	,995339	,995473	,995604	,995731	,995855	,995975	,996093	,996207	,996319	,996427
2,7	,996533	,996636	,996736	,996833	,996928	,997020	,997110	,997197	,997282	,997365
2,8	,997445	,997523	,997599	,997673	,997744	,997814	,997882	,997948	,998012	,998074
2,9	,998134	,998193	,998250	,998305	,998359	,998411	,998462	,998511	,998559	,998605

$\Phi(u)$ für $3,0 \leq u < 5,0$

u	,00	,05	0,10	,15	,20	,25	,30	,35	,40	,45
3,0	,998650	,998856	,999032	,999184	,999313	,999423	,999517	,999596	,999663	,999720
3,5	,999767	,999807	,999841	,999869	,999892	,999912	,999928	,999941	,999952	,999961
4,0	,999968	,999974	,999979	,999983	,999987	,999989	,999991	,999993	,999995	,999996
4,5	,999997	,999997	,999998	,999998	,999999	,999999	,999999	,999999	1,000000	1,000000

Hinweis: $\Phi(-u) = 1 - \Phi(u)$

Tab. IV: Perzentile u_P der Standardnormalverteilung

u_p für $0,00 \leq P \leq 0,99$

P	,00	,01	,02	,03	,04	,05	,06	,07	,08	,09
0,0	$-\infty$	-2,327	-2,054	-1,881	-1,751	-1,645	-1,555	-1,476	-1,405	-1,341
0,1	-1,282	-1,227	-1,175	-1,126	-1,080	-1,036	-0,994	-0,954	-0,915	-0,878
0,2	-0,841	-0,806	-0,772	-0,739	-0,706	-0,674	-0,643	-0,612	-0,582	-0,553
0,3	-0,524	-0,495	-0,467	-0,439	-0,412	-0,385	-0,358	-0,331	-0,305	-0,279
0,4	-0,253	-0,227	-0,202	-0,176	-0,151	-0,125	-0,100	-0,075	-0,050	-0,025
0,5	0,000	0,025	0,050	0,075	0,100	0,125	0,151	0,176	0,202	0,227
0,6	0,253	0,279	0,305	0,331	0,358	0,385	0,412	0,439	0,467	0,495
0,7	0,524	0,553	0,582	0,612	0,643	0,674	0,706	0,739	0,772	0,806
0,8	0,841	0,878	0,915	0,954	0,994	1,036	1,080	1,126	1,175	1,227
0,9	1,282	1,341	1,405	1,476	1,555	1,645	1,751	1,881	2,054	2,326

u_P für $0,970 \leq P \leq 0,999$

P	,000	,001	,002	,003	,004	,005	,006	,007	,008	,009
0,97	1,881	1,896	1,911	1,927	1,943	1,960	1,977	1,995	2,014	2,034
0,98	2,054	2,075	2,097	2,120	2,144	2,170	2,197	2,226	2,257	2,290
0,99	2,326	2,366	2,409	2,457	2,512	2,576	2,652	2,748	2,878	3,090

u_P für $0,9990 \leq P \leq 0,9999$

P	,0000	,0001	,0002	,0003	,0004	,0005	,0006	,0007	,0008	,0009
0,999	3,090	3,121	3,156	3,195	3,239	3,291	3,353	3,432	3,540	3,719

Hinweis: $u_{1-P} = -u_P$

. V: Perzentile $\chi^2_{f;P}$ der χ^2-Verteilung

\ P	0,005	0,010	0,025	0,050	0,100	0,250	0,750	0,900	0,950	0,975	0,990	0,995
1	0,000	0,000	0,001	0,004	0,016	0,102	1,323	2,706	3,841	5,024	6,635	7,879
2	0,010	0,020	0,051	0,103	0,211	0,575	2,773	4,605	5,991	7,378	9,210	10,597
3	0,072	0,115	0,216	0,352	0,584	1,213	4,108	6,251	7,815	9,348	11,345	12,838
4	0,207	0,297	0,484	0,711	1,064	1,923	5,385	7,779	9,488	11,143	13,277	14,860
5	0,412	0,554	0,831	1,145	1,610	2,675	6,626	9,236	11,071	12,833	15,086	16,750
6	0,676	0,872	1,237	1,635	2,204	3,455	7,841	10,645	12,592	14,449	16,812	18,548
7	0,989	1,239	1,690	2,167	2,833	4,255	9,037	12,017	14,067	16,013	18,475	20,278
8	1,344	1,646	2,180	2,733	3,490	5,071	10,219	13,362	15,507	17,535	20,090	21,955
9	1,735	2,088	2,700	3,325	4,168	5,899	11,389	14,684	16,919	19,023	21,666	23,589
10	2,156	2,558	3,247	3,940	4,865	6,737	12,549	15,987	18,307	20,483	23,209	25,188
11	2,603	3,053	3,816	4,575	5,578	7,584	13,701	17,275	19,675	21,920	24,725	26,757
12	3,074	3,571	4,404	5,226	6,304	8,438	14,845	18,549	21,026	23,337	26,217	28,299
13	3,565	4,107	5,009	5,892	7,041	9,299	15,984	19,812	22,362	24,736	27,688	29,819
14	4,075	4,660	5,629	6,571	7,790	10,165	17,117	21,064	23,685	26,119	29,141	31,319
15	4,601	5,229	6,262	7,261	8,547	11,037	18,245	22,307	24,996	27,488	30,578	32,801
16	5,142	5,812	6,908	7,962	9,312	11,912	19,369	23,542	26,296	28,845	32,000	34,267
17	5,697	6,408	7,564	8,672	10,085	12,792	20,489	24,769	27,587	30,191	33,408	35,718
18	6,265	7,015	8,231	9,390	10,865	13,675	21,605	25,989	28,869	31,526	34,805	37,156
19	6,844	7,633	8,907	10,117	11,651	14,562	22,718	27,204	30,144	32,852	36,191	38,582
20	7,434	8,260	9,591	10,851	12,443	15,452	23,828	28,412	31,410	34,169	37,567	39,997
21	8,034	8,897	10,283	11,591	13,240	16,344	24,935	29,615	32,671	35,479	38,932	41,401
22	8,643	9,543	10,982	12,338	14,042	17,240	26,039	30,813	33,924	36,781	40,289	42,796
23	9,260	10,196	11,689	13,090	14,848	18,137	27,141	32,007	35,173	38,076	41,638	44,181
24	9,886	10,856	12,401	13,848	15,659	19,037	28,241	33,196	36,415	39,364	42,980	45,559
25	10,520	11,524	13,120	14,611	16,473	19,939	29,339	34,382	37,652	40,646	44,314	46,928
26	11,160	12,198	13,844	15,379	17,292	20,843	30,435	35,563	38,885	41,923	45,642	48,290
27	11,808	12,879	14,573	16,151	18,114	21,749	31,528	36,741	40,113	43,194	46,963	49,645
28	12,461	13,565	15,308	16,928	18,939	22,657	32,621	37,916	41,337	44,461	48,278	50,993
29	13,121	14,256	16,047	17,708	19,768	23,567	33,711	39,087	42,557	45,722	49,588	52,336
30	13,787	14,953	16,791	18,493	20,599	24,478	34,800	40,256	43,773	46,979	50,892	53,672
32	15,134	16,362	18,291	20,072	22,271	26,304	36,973	42,585	46,194	49,480	53,485	56,328
34	16,501	17,789	19,806	21,664	23,952	28,136	39,141	44,903	48,602	51,966	56,061	58,964
36	17,887	19,233	21,336	23,269	25,643	29,973	41,304	47,212	50,998	54,437	58,619	61,581
38	19,289	20,691	22,878	24,884	27,343	31,815	43,462	49,513	53,384	56,896	61,162	64,181
40	20,707	22,164	24,433	26,509	29,051	33,660	45,616	51,805	55,758	59,342	63,691	66,766
42	22,138	23,650	25,999	28,144	30,765	35,510	47,766	54,090	58,124	61,777	66,206	69,336
44	23,584	25,148	27,575	29,787	32,487	37,363	49,913	56,368	60,481	64,202	68,709	71,893
46	25,041	26,657	29,160	31,439	34,215	39,220	52,056	58,641	62,830	66,616	71,201	74,437
48	26,511	28,177	30,755	33,098	35,949	41,079	54,196	60,907	65,171	69,023	73,683	76,969
50	27,991	29,707	32,357	34,764	37,689	42,942	56,334	63,167	67,505	71,420	76,154	79,490
60	35,534	37,485	40,482	43,188	46,459	52,294	66,981	74,397	79,082	83,297	88,380	91,952
70	43,275	45,442	48,758	51,739	55,329	61,698	77,577	85,527	90,531	95,023	100,43	104,22
80	51,172	53,540	57,153	60,391	64,278	71,144	88,130	96,578	101,88	106,63	112,33	116,32
90	59,196	61,754	65,647	69,126	73,291	80,625	98,650	107,57	113,15	118,14	124,12	128,30
100	67,328	70,065	74,222	77,930	82,358	90,133	109,14	118,50	124,34	129,56	135,81	140,17
110	75,550	78,458	82,867	86,792	91,471	99,666	119,61	129,39	135,48	140,92	147,41	151,95
120	83,852	86,923	91,573	95,705	100,62	109,22	130,06	140,23	146,57	152,21	158,95	163,65
130	92,223	95,451	100,33	104,66	109,81	118,79	140,48	151,05	157,61	163,45	170,42	175,28
140	100,66	104,03	109,14	113,66	119,03	128,38	150,89	161,83	168,61	174,65	181,84	186,85
150	109,14	112,67	117,99	122,69	128,28	137,98	161,29	172,58	179,58	185,80	193,21	198,36
200	152,24	156,43	162,73	168,28	174,84	186,17	213,10	226,02	233,99	241,06	249,45	255,26
300	240,66	245,97	253,91	260,88	269,07	283,14	316,14	331,79	341,40	349,87	359,91	366,84
400	330,90	337,16	346,48	354,64	364,21	380,58	418,70	436,65	447,63	457,31	468,72	476,61
500	422,30	429,39	439,94	449,15	459,93	478,32	520,95	540,93	553,13	563,85	576,49	585,21
1000	888,56	898,91	914,26	927,59	943,13	969,48	1029,8	1057,7	1074,7	1089,5	1107,0	1119,0

Tab. VI: Perzentile $t_{f;P}$ der t-Verteilung

$f \setminus P$	0,75	0,90	0,95	0,975	0,99	0,995
1	1,0000	3,0777	6,3138	12,7062	31,8207	63,6574
2	0,8165	1,8856	2,9200	4,3072	6,9646	9,9248
3	0,7649	1,6377	2,3534	3,1824	4,5407	5,8409
4	0,7407	1,5332	2,1318	2,7764	3,7469	4,6041
5	0,7267	1,4759	2,0150	2,5706	3,3649	4,0322
6	0,7167	1,4398	1,9432	2,4469	3,1427	3,7044
7	0,7111	1,4149	1,8946	2,3646	2,9980	3,4995
8	0,7064	1,3968	1,8595	2,3060	2,8965	3,3554
9	0,7027	1,3839	1,8331	2,2622	2,8214	3,2498
10	0,6998	1,3722	1,8125	2,2281	2,7638	3,1693
11	0,6974	1,3634	1,7959	2,2010	2,7181	3,1058
12	0,6955	1,3562	1,7832	2,1788	2,6810	3,0545
13	0,6938	1,3502	1,7709	2,1604	2,6503	3,0123
14	0,6924	1,3450	1,7613	2,1448	2,6245	2,9768
15	0,6912	1,3406	1,7531	2,1315	2,6025	2,9467
16	0,6901	1,3368	1,7459	2,1199	2,5835	2,9208
17	0,6892	1,3334	1,7396	2,1098	2,5669	2,8982
18	0,6884	1,3304	1,7341	2,1009	2,5524	2,8784
19	0,6876	1,3277	1,7291	2,0930	2,5395	2,8609
20	0,6870	1,3253	1,7247	2,0860	2,5280	2,8453
21	0,6864	1,3232	1,7207	2,0796	2,5177	2,8314
22	0,6858	1,3212	1,7171	2,0739	2,5083	2,8188
23	0,6853	1,3195	1,7139	2,0687	2,4999	2,8073
24	0,6848	1,3178	1,7109	2,0639	2,4922	2,7969
25	0,6844	1,3163	1,7081	2,0595	2,4851	2,7874
26	0,6840	1,3150	1,7056	2,0555	2,4786	2,7787
27	0,6837	1,3137	1,7033	2,0518	2,4727	2,7707
28	0,6834	1,3125	1,7011	2,0484	2,4671	2,7633
29	0,6830	1,3114	1,6991	2,0452	2,4620	2,7564
30	0,6828	1,3104	1,6973	2,0423	2,4573	2,7500
32	0,6822	1,3086	1,6939	2,0369	2,4487	2,7385
34	0,6818	1,3070	1,6909	2,0322	2,4411	2,7284
36	0,6814	1,3055	1,6883	2,0281	2,4345	2,7195
38	0,6810	1,3042	1,6860	2,0244	2,4286	2,7116
40	0,6807	1,3031	1,6839	2,0211	2,4233	2,7045
42	0,6804	1,3020	1,6820	2,0181	2,4185	2,6981
44	0,6801	1,3011	1,6802	2,0154	2,4141	2,6923
46	0,6799	1,3002	1,6787	2,0129	2,4102	2,6870
48	0,6796	1,2994	1,6772	2,0106	2,4066	2,6822
50	0,6794	1,2987	1,6759	2,0086	2,4033	2,6778

Hinweis: $t_{f;1-P} = -t_{f;P}$

Tab. VI: Perzentile $t_{f;P}$ der t-Verteilung (Fortsetzung)

$f \setminus P$	0,75	0,90	0,95	0,975	0,99	0,995
55	0,6790	1,2971	1,6730	2,0040	2,3961	2,6682
60	0,6786	1,2958	1,6706	2,0003	2,3901	2,6603
65	0,6783	1,2947	1,6686	1,9971	2,3851	2,6536
70	0,6780	1,2938	1,6669	1,9944	2,3808	2,6479
75	0,6778	1,2929	1,6654	1,9921	2,3771	2,6430
80	0,6776	1,2922	1,6641	1,9901	2,3739	2,6387
85	0,6774	1,2916	1,6630	1,9883	2,3710	2,6349
90	0,6772	1,2910	1,6620	1,9867	2,3685	2,6316
95	0,6771	1,2905	1,6611	1,9853	2,3662	2,6286
100	0,6770	1,2901	1,6602	1,9840	2,3642	2,6259
105	0,6768	1,2897	1,6595	1,9828	2,3634	2,6235
110	0,6767	1,2893	1,6588	1,9818	2,3607	2,6213
115	0,6766	1,2890	1,6582	1,9808	2,3592	2,6193
120	0,6765	1,2886	1,6577	1,9799	2,3578	2,6174
125	0,6765	1,2884	1,6571	1,9791	2,3566	2,6157
130	0,6764	1,2881	1,6567	1,9784	2,3554	2,6142
135	0,6763	1,2879	1,6562	1,9777	2,3543	2,6127
140	0,6762	1,2876	1,6558	1,9771	2,3533	2,6114
145	0,6762	1,2874	1,6554	1,9765	2,3523	2,6102
150	0,6761	1,2872	1,6551	1,9759	2,3515	2,6090
155	0,6761	1,2870	1,6547	1,9754	2,3506	2,6079
160	0,6760	1,2869	1,6544	1,9749	2,3499	2,6069
165	0,6760	1,2867	1,6541	1,9744	2,3492	2,6060
170	0,6759	1,2866	1,6539	1,9740	2,3485	2,6051
175	0,6759	1,2864	1,6536	1,9736	2,3478	2,6042
180	0,6759	1,2863	1,6534	1,9732	2,3472	2,6034
185	0,6758	1,2861	1,6531	1,9729	2,3467	2,6027
190	0,6758	1,2860	1,6529	1,9725	2,3461	2,6020
195	0,6757	1,2859	1,6527	1,9722	2,3456	2,6013
200	0,6757	1,2858	1,6525	1,9719	2,3451	2,6006
300	0,6753	1,2844	1,6499	1,9679	2,3388	2,5923
400	0,6751	1,2837	1,6487	1,9659	2,3357	2,5882
500	0,6750	1,2832	1,6479	1,9647	2,3338	2,5857
1000	0,6747	1,2824	1,6464	1,9623	2,3301	2,5808
∞	0,6745	1,2816	1,6449	1,9600	2,3263	2,5758

Hinweis: $t_{f;1-P} = -t_{f;P}$

Tab. VII: Perzentile $F_{f_1;f_2;P}$ der F-Verteilung

$P = 0,5$

$f_2 \setminus f_1$	1	2	3	4	5	7	10	15	20	30	50	100	200	500	∞
1	1,00	1,50	1,71	1,82	1,89	1,98	2,04	2,09	2,12	2,15	2,17	2,18	2,19	2,19	2,20
2	0,67	1,00	1,13	1,21	1,25	1,30	1,35	1,38	1,39	1,41	1,42	1,43	1,44	1,44	1,44
3	0,59	0,88	1,00	1,06	1,10	1,15	1,18	1,21	1,23	1,24	1,25	1,26	1,26	1,27	1,27
4	0,55	0,83	0,94	1,00	1,04	1,08	1,11	1,14	1,15	1,16	1,18	1,18	1,19	1,19	1,19
5	0,53	0,80	0,91	0,96	1,00	1,04	1,07	1,10	1,11	1,12	1,13	1,14	1,15	1,15	1,15
7	0,51	0,77	0,87	0,93	0,96	1,00	1,03	1,05	1,07	1,08	1,09	1,10	1,10	1,10	1,10
10	0,49	0,74	0,85	0,90	0,93	0,97	1,00	1,02	1,03	1,05	1,06	1,06	1,07	1,07	1,07
15	0,48	0,73	0,83	0,88	0,91	0,95	0,98	1,00	1,01	1,02	1,03	1,04	1,04	1,04	1,05
20	0,47	0,72	0,82	0,87	0,90	0,94	0,97	0,99	1,00	1,01	1,02	1,03	1,03	1,03	1,03
30	0,47	0,71	0,81	0,86	0,89	0,93	0,96	0,98	0,99	1,00	1,01	1,02	1,02	1,02	1,02
50	0,46	0,70	0,80	0,85	0,88	0,92	0,95	0,97	0,98	0,99	1,00	1,01	1,01	1,01	1,01
100	0,46	0,70	0,79	0,84	0,88	0,91	0,94	0,96	0,97	0,98	0,99	1,00	1,00	1,01	1,01
200	0,46	0,70	0,79	0,84	0,87	0,91	0,94	0,96	0,97	0,98	0,99	1,00	1,00	1,00	1,00
500	0,46	0,69	0,79	0,84	0,87	0,91	0,93	0,96	0,97	0,98	0,99	0,99	1,00	1,00	1,00
∞	0,46	0,69	0,79	0,84	0,87	0,91	0,93	0,96	0,97	0,98	0,99	0,99	1,00	1,00	1,00

$P = 0,9$

$f_2 \setminus f_1$	1	2	3	4	5	7	10	15	20	30	50	100	200	500	∞
1[2]	3,99	4,95	5,36	5,58	5,72	5,89	6,02	6,12	6,17	6,23	6,27	6,31	6,32	6,33	6,33
2	8,53	9,00	9,16	9,24	9,29	9,35	9,39	9,42	9,44	9,46	9,47	9,48	9,49	9,49	9,49
3	5,54	5,46	5,39	5,34	5,31	5,27	5,23	5,20	5,18	5,17	5,15	5,14	5,14	5,14	5,14
4	4,54	4,32	4,19	4,11	4,05	3,98	3,92	3,87	3,84	3,82	3,80	3,78	3,77	3,76	3,76
5	4,06	3,78	3,62	3,52	3,45	3,37	3,30	3,24	3,21	3,17	3,15	3,13	3,12	3,11	3,11
7	3,59	3,26	3,07	2,96	2,88	2,78	2,70	2,63	2,59	2,56	2,52	2,50	2,48	2,48	2,47
10	3,28	2,92	2,73	2,61	2,52	2,41	2,32	2,24	2,20	2,16	2,12	2,09	2,07	2,06	2,06
15	3,07	2,70	2,49	2,36	2,27	2,16	2,06	1,97	1,92	1,87	1,83	1,79	1,77	1,76	1,76
20	2,97	2,59	2,38	2,25	2,16	2,04	1,94	1,84	1,79	1,74	1,69	1,65	1,63	1,62	1,61
30	2,88	2,49	2,28	2,14	2,05	1,93	1,82	1,72	1,67	1,61	1,55	1,51	1,48	1,47	1,46
50	2,81	2,41	2,20	2,06	1,97	1,84	1,73	1,63	1,57	1,50	1,44	1,39	1,36	1,34	1,33
100	2,76	2,36	2,14	2,00	1,91	1,78	1,66	1,56	1,49	1,42	1,35	1,29	1,26	1,23	1,21
200	2,73	2,33	2,11	1,97	1,88	1,75	1,63	1,52	1,46	1,38	1,31	1,24	1,20	1,17	1,14
500	2,71	2,31	2,09	1,96	1,86	1,73	1,61	1,50	1,44	1,36	1,28	1,21	1,16	1,12	1,09
∞	2,71	2,30	2,08	1,95	1,85	1,72	1,60	1,49	1,42	1,34	1,26	1,18	1,13	1,08	1,00

[2]Die Zahlen in dieser Zeile ($f_2 = 1$) sind mit 10 zu multiplizieren.

Tab. VII: Perzentile $F_{f_1;f_2;P}$ der F-Verteilung (Fortsetzung)

$P = 0,95$

$f_2 \setminus f_1$	1	2	3	4	5	7	10	15	20	30	50	100	200	500	∞
1	161	200	216	225	230	237	242	246	248	250	252	253	254	254	254
2	18,5	19,0	19,2	19,2	19,3	19,4	19,4	19,4	19,4	19,5	19,5	19,5	19,5	19,5	19,5
3	10,1	9,55	9,28	9,12	9,01	8,89	8,79	8,70	8,66	8,62	8,58	8,55	8,54	8,53	8,53
4	7,71	6,94	6,59	6,39	6,26	6,09	5,96	5,86	5,80	5,75	5,70	5,66	5,65	5,64	5,63
5	6,61	5,79	5,41	5,19	5,05	4,88	4,74	4,62	4,56	4,50	4,44	4,41	4,39	4,37	4,37
7	5,59	4,74	4,35	4,12	3,97	3,79	3,64	3,51	3,44	3,38	3,32	3,27	3,25	3,24	3,23
10	4,96	4,10	3,71	3,48	3,33	3,14	2,98	2,85	2,77	2,70	2,64	2,59	2,56	2,55	2,54
15	4,54	3,68	3,29	3,06	2,90	2,71	2,54	2,40	2,33	2,25	2,18	2,12	2,10	2,08	2,07
20	4,35	3,49	3,10	2,87	2,71	2,51	2,35	2,20	2,12	2,04	1,97	1,91	1,88	1,86	1,84
30	4,17	3,32	2,92	2,69	2,53	2,33	2,16	2,01	1,93	1,84	1,76	1,70	1,66	1,64	1,62
50	4,03	3,18	2,79	2,56	2,40	2,20	2,03	1,87	1,78	1,69	1,60	1,52	1,48	1,46	1,44
100	3,94	3,09	2,70	2,46	2,31	2,10	1,93	1,77	1,68	1,57	1,48	1,39	1,34	1,31	1,28
200	3,89	3,04	2,65	2,42	2,26	2,06	1,88	1,72	1,62	1,52	1,41	1,32	1,26	1,22	1,19
500	3,86	3,01	2,62	2,39	2,23	2,03	1,85	1,69	1,59	1,48	1,38	1,28	1,21	1,16	1,11
∞	3,84	3,00	2,60	2,37	2,21	2,01	1,83	1,67	1,57	1,46	1,35	1,24	1,17	1,11	1,00

$P = 0,975$

$f_2 \setminus f_1$	1	2	3	4	5	7	10	15	20	30	50	100	200	500	∞
1	648	800	864	900	922	948	969	985	993	1001	1008	1013	1016	1017	1018
2	38,5	39,0	39,2	39,2	39,3	39,4	39,4	39,4	39,4	39,5	39,5	39,5	39,5	39,5	39,5
3	17,4	16,0	15,4	15,1	14,9	14,6	14,4	14,3	14,2	14,1	14,0	14,0	13,9	13,9	13,9
4	12,2	10,6	9,98	9,60	9,36	9,07	8,84	8,66	8,56	8,46	8,38	8,32	8,29	8,27	8,26
5	10,0	8,43	7,76	7,39	7,15	6,85	6,62	6,43	6,33	6,23	6,14	6,08	6,05	6,03	6,02
7	8,07	6,54	5,89	5,52	5,29	4,99	4,76	4,57	4,47	4,36	4,28	4,21	4,18	4,16	4,14
10	6,94	5,46	4,83	4,47	4,24	3,95	3,72	3,52	3,42	3,31	3,22	3,15	3,12	3,09	3,08
15	6,20	4,77	4,15	3,80	3,58	3,29	3,06	2,86	2,76	2,64	2,55	2,47	2,44	2,41	2,40
20	5,87	4,46	3,86	3,51	3,29	3,01	2,77	2,57	2,46	2,35	2,25	2,17	2,13	2,10	2,09
30	5,57	4,18	3,59	3,25	3,03	2,75	2,51	2,31	2,20	2,07	1,97	1,88	1,84	1,81	1,79
50	5,34	3,97	3,39	3,05	2,83	2,55	2,32	2,11	1,99	1,87	1,75	1,66	1,60	1,57	1,55
100	5,18	3,83	3,25	2,92	2,70	2,42	2,18	1,97	1,85	1,71	1,59	1,48	1,42	1,38	1,35
200	5,10	3,76	3,18	2,85	2,63	2,35	2,11	1,90	1,78	1,64	1,51	1,39	1,32	1,27	1,23
500	5,05	3,72	3,14	2,81	2,59	2,31	2,07	1,86	1,74	1,60	1,46	1,34	1,25	1,19	1,14
∞	5,02	3,69	3,12	2,79	2,57	2,29	2,05	1,83	1,71	1,57	1,43	1,30	1,21	1,13	1,00

Tab. VII: Perzentile $F_{f_1;f_2;P}$ der F-Verteilung (Fortsetzung)

$$P = 0,99$$

$f_2 \setminus f_1$	1	2	3	4	5	7	10	15	20	30	50	100	200	500	∞
1[3]	405	500	540	563	576	593	606	616	621	626	630	633	635	636	637
2	98,5	99,0	99,2	99,2	99,3	99,4	99,4	99,4	99,4	99,5	99,5	99,5	99,5	99,5	99,5
3	34,1	30,8	29,5	28,7	28,2	27,7	27,2	26,9	26,7	26,5	26,4	26,2	26,2	26,1	26,1
4	21,2	18,0	16,7	16,0	15,5	15,0	14,5	14,2	14,0	13,8	13,7	13,6	13,5	13,5	13,5
5	16,3	13,3	12,1	11,4	11,0	10,5	10,1	9,72	9,55	9,38	9,24	9,13	9,08	9,04	9,02
7	12,2	9,55	8,45	7,85	7,46	6,99	6,62	6,31	6,16	5,99	5,86	5,75	5,70	5,67	5,65
10	10,0	7,56	6,55	5,99	5,64	5,20	4,85	4,56	4,41	4,25	4,12	4,01	3,96	3,93	3,91
15	8,68	6,36	5,42	4,89	4,56	4,14	3,81	3,52	3,37	3,21	3,08	2,98	2,92	2,89	2,87
20	8,09	5,85	4,94	4,43	4,10	3,70	3,37	3,09	2,94	2,78	2,64	2,54	2,48	2,44	2,42
30	7,56	5,39	4,51	4,02	3,70	3,30	2,98	2,70	2,55	2,39	2,24	2,13	2,07	2,03	2,01
50	7,17	5,06	4,20	3,72	3,41	3,02	2,70	2,42	2,27	2,10	1,95	1,82	1,76	1,71	1,68
100	6,89	4,82	3,98	3,51	3,21	2,82	2,50	2,22	2,07	1,89	1,74	1,60	1,52	1,47	1,43
200	6,76	4,71	3,88	3,41	3,11	2,73	2,41	2,13	1,97	1,79	1,63	1,48	1,39	1,33	1,28
500	6,69	4,65	3,82	3,36	3,05	2,68	2,36	2,07	1,92	1,74	1,56	1,41	1,31	1,23	1,16
∞	6,63	4,61	3,78	3,32	3,02	2,64	2,32	2,04	1,88	1,70	1,52	1,36	1,25	1,15	1,00

$$P = 0,995$$

$f_2 \setminus f_1$	1	2	3	4	5	7	10	15	20	30	50	100	200	500	∞
1[4]	162	200	216	225	231	237	242	246	248	250	252	253	254	254	255
2	198	199	199	199	199	199	199	199	199	199	199	199	199	200	200
3	55,6	49,8	47,5	46,2	45,4	44,4	43,7	43,1	42,8	42,5	42,2	42,0	41,9	41,9	41,8
4	31,3	26,3	24,3	23,2	22,5	21,6	21,0	20,4	20,2	19,9	19,7	19,5	19,4	19,4	19,3
5	22,8	18,3	16,5	15,6	14,9	14,2	13,6	13,1	12,9	12,7	12,5	12,3	12,2	12,2	12,1
7	16,2	12,4	10,9	10,0	9,52	8,89	8,38	7,97	7,75	7,53	7,35	7,22	7,15	7,10	7,08
10	12,8	9,43	8,08	7,34	6,87	6,30	5,85	5,47	5,27	5,07	4,90	4,77	4,71	4,67	4,64
15	10,8	7,70	6,48	5,80	5,37	4,85	4,42	4,07	3,88	3,69	3,52	3,39	3,33	3,29	3,26
20	9,94	6,99	5,82	5,17	4,76	4,26	3,85	3,50	3,32	3,12	2,96	2,83	2,76	2,72	2,69
30	9,18	6,35	5,24	4,62	4,23	3,74	3,34	3,01	2,82	2,63	2,46	2,32	2,25	2,21	2,18
50	8,62	5,90	4,83	4,23	3,85	3,38	2,99	2,65	2,47	2,27	2,10	1,95	1,87	1,82	1,79
100	8,24	5,59	4,54	3,96	3,59	3,13	2,74	2,41	2,23	2,02	1,84	1,68	1,59	1,53	1,49
200	8,05	5,44	4,41	3,84	3,47	3,01	2,63	2,30	2,11	1,91	1,71	1,54	1,44	1,37	1,31
500	7,95	5,36	4,33	3,76	3,40	2,94	2,56	2,23	2,04	1,84	1,64	1,46	1,35	1,26	1,18
∞	7,88	5,30	4,28	3,72	3,35	2,90	2,52	2,19	2,00	1,79	1,59	1,40	1,28	1,17	1,00

[3] Die Zahlen in dieser Zeile ($f_2 = 1$) sind mit 10 zu multiplizieren.
[4] Die Zahlen in dieser Zeile ($f_2 = 1$) sind mit 100 zu multiplizieren.

Tab. VIII: Schwellenwerte $\Delta_{n;P}$ für den KOLMOGOROV-SMIRNOV-Test

$n \setminus P$	0,900	0,950	0,975	0,990	0,995
1	0,90000	0,95000	0,97500	0,99000	0,99500
2	0,68377	0,77639	0,84189	0,90000	0,92929
3	0,56481	0,63604	0,70760	0,78456	0,82900
4	0,49265	0,56522	0,62394	0,68887	0,73424
5	0,44698	0,50945	0,56328	0,62718	0,66853
6	0,41037	0,46799	0,51926	0,57741	0,61661
7	0,38148	0,43607	0,48342	0,53844	0,57581
8	0,35831	0,40962	0,45427	0,50654	0,54179
9	0,33910	0,38746	0,43001	0,47960	0,51332
10	0,32260	0,36866	0,40925	0,45662	0,48893
11	0,30829	0,35242	0,39122	0,43670	0,46770
12	0,29577	0,33815	0,37543	0,41918	0,44905
13	0,28470	0,32549	0,36143	0,40362	0,43247
14	0,27481	0,31417	0,34890	0,38970	0,41762
15	0,26588	0,30397	0,33760	0,37713	0,40420
16	0,25778	0,29472	0,32733	0,36571	0,39201
17	0,25039	0,28627	0,31796	0,35528	0,38086
18	0,24360	0,27851	0,30936	0,34569	0,37062
19	0,23735	0,27136	0,30143	0,33685	0,36117
20	0,23156	0,26473	0,29408	0,32866	0,35241
21	0,22617	0,25858	0,28724	0,32104	0,34427
22	0,22115	0,25283	0,28087	0,31394	0,33666
23	0,21645	0,24746	0,27490	0,30728	0,32954
24	0,21205	0,24242	0,26931	0,30104	0,32286
25	0,20790	0,23768	0,26404	0,29516	0,31657
26	0,20399	0,23320	0,25907	0,28962	0,31064
27	0,20030	0,22898	0,25438	0,28438	0,30502
28	0,19680	0,22497	0,24993	0,27942	0,29971
29	0,19348	0,22117	0,24571	0,27471	0,29466
30	0,19032	0,21756	0,24170	0,27023	0,28987
31	0,18732	0,21412	0,23788	0,26596	0,28530
32	0,18445	0,21085	0,23424	0,26189	0,28094
33	0,18171	0,20771	0,23076	0,25801	0,27677
34	0,17909	0,20472	0,22743	0,25429	0,27279
35	0,17659	0,20185	0,22425	0,25073	0,26897
36	0,17418	0,19910	0,22119	0,24732	0,26532
37	0,17188	0,19646	0,21826	0,24404	0,26180
38	0,16966	0,19392	0,21544	0,24089	0,25843
39	0,16753	0,19148	0,21273	0,23786	0,25518
40	0,16547	0,18913	0,21012	0,23494	0,25205
41	0,16349	0,18687	0,20760	0,23213	0,24904
42	0,16158	0,18468	0,20517	0,22941	0,24613
43	0,15974	0,18257	0,20283	0,22679	0,24332
44	0,15796	0,18053	0,20056	0,22426	0,24060
45	0,15623	0,17856	0,19837	0,22181	0,23798
46	0,15457	0,17665	0,19625	0,21944	0,23544
47	0,15295	0,17481	0,19420	0,21715	0,23298
48	0,15139	0,17302	0,19221	0,21493	0,23059
49	0,14987	0,17128	0,19028	0,21277	0,22828
50	0,14840	0,16959	0,18841	0,21068	0,22604

Quelle: MILLER, L. H.: Table of the Percentage Points of the Kolmogorov Statistics; Journal of the American Statistical Association, Vol. 51, 1956, p. 113/115

Tab. VIII: Schwellenwerte $\Delta_{n;P}$ für den KOLMOGOROV-SMIRNOV-Test (Fortsetzung)

$n \setminus P$	0,900	0,950	0,975	0,990	0,995
51	0,14697	0,16796	0,18659	0,20864	0,22386
52	0,14558	0,16637	0,18482	0,20667	0,22174
53	0,14423	0,16483	0,18311	0,20475	0,21968
54	0,14292	0,16332	0,18144	0,20289	0,21768
55	0,14164	0,16186	0,17981	0,20107	0,21574
56	0,14040	0,16044	0,17823	0,19930	0,21384
57	0,13919	0,15906	0,17669	0,19758	0,21199
58	0,13801	0,15771	0,17519	0,19590	0,21019
59	0,13686	0,15639	0,17373	0,19427	0,20844
60	0,13573	0,15511	0,17231	0,19267	0,20673
61	0,13464	0,15385	0,17091	0,19112	0,20506
62	0,13357	0,15263	0,16956	0,18960	0,20343
63	0,13253	0,15144	0,16823	0,18812	0,20184
64	0,13151	0,15027	0,16693	0,18667	0,20029
65	0,13052	0,14913	0,16567	0,18525	0,19877
66	0,12954	0,14802	0,16443	0,18387	0,19729
67	0,12859	0,14693	0,16322	0,18252	0,19584
68	0,12766	0,14587	0,16204	0,18119	0,19442
69	0,12675	0,14483	0,16088	0,17990	0,19303
70	0,12586	0,14381	0,15975	0,17863	0,19167
71	0,12499	0,14281	0,15864	0,17739	0,19034
72	0,12413	0,14183	0,15755	0,17618	0,18903
73	0,12329	0,14087	0,15649	0,17498	0,18776
74	0,12247	0,13993	0,15544	0,17382	0,18650
75	0,12167	0,13901	0,15442	0,17268	0,18528
76	0,12088	0,13811	0,15342	0,17155	0,18408
77	0,12011	0,13723	0,15244	0,17045	0,18290
78	0,11935	0,13636	0,15147	0,16938	0,18174
79	0,11860	0,13551	0,15052	0,16832	0,18060
80	0,11787	0,13467	0,14960	0,16728	0,17949
81	0,11716	0,13385	0,14868	0,16626	0,17840
82	0,11645	0,13305	0,14779	0,16526	0,17732
83	0,11576	0,13226	0,14691	0,16428	0,17627
84	0,11508	0,13148	0,14605	0,16331	0,17523
85	0,11442	0,13072	0,14520	0,16236	0,17421
86	0,11376	0,12997	0,14437	0,16143	0,17321
87	0,11311	0,12923	0,14355	0,16051	0,17223
88	0,11248	0,12850	0,14274	0,15961	0,17126
89	0,11186	0,12779	0,14195	0,15873	0,17031
90	0,11125	0,12709	0,14117	0,15786	0,16938
91	0,11064	0,12640	0,14040	0,15700	0,16846
92	0,11005	0,12572	0,13965	0,15616	0,16755
93	0,10947	0,12506	0,13891	0,15533	0,16666
94	0,10889	0,12440	0,13818	0,15451	0,16579
95	0,10833	0,12375	0,13746	0,15371	0,16493
96	0,10777	0,12312	0,13675	0,15291	0,16408
97	0,10722	0,12249	0,13606	0,15214	0,16324
98	0,10668	0,12187	0,13537	0,15137	0,16242
99	0,10615	0,12126	0,13469	0,15061	0,16161
100	0,10563	0,12067	0,13403	0,14987	0,16081
$n > 100$	$\frac{1,0730}{\sqrt{n}}$	$\frac{1,2239}{\sqrt{n}}$	$\frac{1,3581}{\sqrt{n}}$	$\frac{1,5174}{\sqrt{n}}$	$\frac{1,6276}{\sqrt{n}}$

Tab. IX: Schwellenwerte des DURBIN-WATSON-Tests ($\alpha = 0,05$)

	$r=2$		$r=3$		$r=4$		$r=5$		$r=6$	
n	d_u	d_o	d_u	d_o	d_u	d_o	d_u	d_o	d_u	d_o
15	1,08	1,36	0,95	1,54	0,82	1,75	0,69	1,97	0,56	2,21
16	1,10	1,37	0,98	1,54	0,86	1,73	0,74	1,93	0,62	2,15
17	1,13	1,38	1,02	1,54	0,90	1,71	0,78	1,90	0,67	2,10
18	1,16	1,39	1,05	1,53	0,93	1,69	0,82	1,87	0,71	2,06
19	1,18	1,40	1,08	1,53	0,97	1,68	0,86	1,85	0,75	2,02
20	1,20	1,41	1,10	1,54	1,00	1,68	0,90	1,83	0,79	1,99
21	1,22	1,42	1,13	1,54	1,03	1,67	0,93	1,81	0,83	1,96
22	1,24	1,43	1,15	1,54	1,05	1,66	0,96	1,80	0,86	1,94
23	1,26	1,44	1,17	1,54	1,08	1,66	0,99	1,79	0,90	1,92
24	1,27	1,45	1,19	1,55	1,10	1,66	1,01	1,78	0,93	1,90
25	1,29	1,45	1,21	1,55	1,12	1,66	1,04	1,77	0,95	1,89
26	1,30	1,46	1,22	1,55	1,14	1,65	1,06	1,76	0,98	1,88
27	1,32	1,47	1,24	1,56	1,16	1,65	1,08	1,76	1,01	1,86
28	1,33	1,48	1,26	1,56	1,18	1,65	1,10	1,75	1,03	1,85
29	1,34	1,48	1,27	1,56	1,20	1,65	1,12	1,74	1,05	1,84
30	1,35	1,49	1,28	1,57	1,21	1,65	1,14	1,74	1,07	1,83
31	1,36	1,50	1,30	1,57	1,23	1,65	1,16	1,74	1,09	1,83
32	1,37	1,50	1,31	1,57	1,24	1,65	1,18	1,73	1,11	1,82
33	1,38	1,51	1,32	1,58	1,26	1,65	1,19	1,73	1,13	1,81
34	1,39	1,51	1,33	1,58	1,27	1,65	1,21	1,73	1,15	1,81
35	1,40	1,52	1,34	1,58	1,28	1,65	1,22	1,73	1,16	1,80
36	1,41	1,52	1,35	1,59	1,29	1,65	1,24	1,73	1,18	1,80
37	1,42	1,53	1,36	1,59	1,31	1,66	1,25	1,72	1,19	1,80
38	1,43	1,54	1,37	1,59	1,32	1,66	1,26	1,72	1,21	1,79
39	1,43	1,54	1,38	1,60	1,33	1,66	1,27	1,72	1,22	1,79
40	1,44	1,54	1,39	1,60	1,34	1,66	1,29	1,72	1,23	1,79
45	1,48	1,57	1,43	1,62	1,38	1,67	1,34	1,72	1,29	1,78
50	1,50	1,59	1,46	1,63	1,42	1,67	1,38	1,72	1,34	1,77
55	1,53	1,60	1,49	1,64	1,45	1,68	1,41	1,72	1,38	1,77
60	1,55	1,62	1,51	1,65	1,48	1,69	1,44	1,73	1,41	1,77
65	1,57	1,63	1,54	1,66	1,50	1,70	1,47	1,73	1,44	1,77
70	1,58	1,64	1,55	1,67	1,52	1,70	1,49	1,74	1,46	1,77
75	1,60	1,65	1,57	1,68	1,54	1,71	1,51	1,74	1,49	1,77
80	1,61	1,66	1,59	1,69	1,56	1,72	1,53	1,74	1,51	1,77
85	1,62	1,67	1,60	1,70	1,57	1,72	1,55	1,75	1,52	1,77
90	1,63	1,68	1,61	1,70	1,59	1,73	1,57	1,75	1,54	1,78
95	1,64	1,69	1,62	1,71	1,60	1,73	1,58	1,75	1,56	1,78
100	1,65	1,69	1,63	1,72	1,61	1,74	1,59	1,76	1,57	1,78

Quelle: HUANG, D. S.: Regression and Econometric Methods; New York, 1970

2. Abbildungsverzeichnis

3. Tabellenverzeichnis

4. Literaturverzeichnis

A

AFFLERBACH, L. (1987)
Statistik-Praktikum mit dem PC (mit Disketten). Teubner-Verlag, Stuttgart.

ANDERSON / POPP / SCHAFFRANEK / STEINMETZ / STENGER (1976)
Schätzen und Testen (Eine Einführung in die Wahrscheinlichkeitstheorie und schließende Statistik). Springer-Verlag, Berlin etc.

ANDREWS, D. F. (1972)
Plots of high-dimensional data. *Biometrics*, Vol. 28, p. 125 – 136.

B

BAMBERG, G. / BAUR, F. (1992)
Statistik Arbeitsbuch. 3. Aufl., Oldenbourg-Verlag, München/Wien.

BAMBERG, G. / BAUR, F. (1993)
Statistik. 8. Aufl., Oldenbourg-Verlag, München/Wien.

BARNETT, V. / LEWIS, T. (1994)
Outliers in Statistical Data. 3rd ed., Wiley, Chichester etc.

BARTH, F. / HALLER, R. (1983)
Stochastik-Leistungskurs. Ehrenwirt-Verlag, München.

BARTH, F. / HALLER, R. (1984)
Stochastik-Leistungskurs (Lösungen). Ehrenwirt-Verlag, München.

BASLER, H. (1975)
Aufgabensammlung zur statistischen Methodenlehre und Wahrscheinlichkeitsrechnung. Physica-Verlag, Würzburg/Wien.

BASLER, H. (1986)
Grundbegriffe der Wahrscheinlichkeitsrechnung und statistischen Methodenlehre. 9. Aufl., Physica-Verlag, Heidelberg/Wien.

BENNINGHAUS, H. / SCHENCK, E. / SAHNER, H. (1974)
Statistik für Soziologen, Teil 1 – Deskriptive Statistik. Teubner-Verlag, Stuttgart.

BIHN, W. R. / BOMSDORF, E. / GRÖHN, E. / SCHÄFFER, K.-A. (1992)
Statistik-Training für Wirtschaftswissenschaftler. J. C. Witsch-Verlag, Köln.

BIHN, W. R. / SCHÄFFER, K. A. (1982)
Formeln und Tabellen zur Grundausbildung in Statistik für Wirtschaftswissenschaftler. J. C. Witsch-Verlag, Köln.

BLAICH, J. (1977)
Deskriptive Statistik. SRA Verlag, Stuttgart etc.

BLEYMÜLLER, J. / GEHLERT, G. (1985)
Statistische Formeln, Tabellen und Programme. 3. Aufl., Verlag Vahlen, München.

BLEYMÜLLER, J. / GEHLERT, G. / GÜLICHER, H. (1988)
Statistik für Wirtschaftswissenschaftler. 5. Aufl., Verlag Vahlen, München.

BÖKER, F. (1989)
Statistik lernen am PC (mit Disketten). Verlag Vandenhoeck & Ruprecht, Göttingen.

BÖKER, F. (1991)
Mehr Statistik lernen am PC (mit Disketten). Verlag Vandenhoeck & Ruprecht, Göttingen.

BOHLEY, P. (1992)
Formeln, Rechenregeln und Tabellen zur Statistik. 5. Aufl., Oldenbourg-Verlag, München/Wien.

BOHLEY, P. (1992)
Statistik (Einführendes Lehrbuch für Wirtschafts- und Sozialwissenschaftler). 5. Aufl., Oldenbourg-Verlag, München/Wien.

BOMSDORF, E. (1985)
Deskriptive Statistik. Verlag Josef Eul, Bergisch Gladbach/Köln.

BOMSDORF, E. (1989)
Induktive Statistik. 4. Aufl., Verlag Josef Eul, Bergisch Gladbach/Köln.

BOSCH, K. / JORDAN-ENGEL, G. / KLOTZ, G. (1977)
Statistik. 2. Aufl., Vieweg-Verlag, Braunschweig/Wiesbaden.

BOSCH, K. (1983)
Aufgaben und Lösungen zur angewandten Statistik. Vieweg-Verlag, Braunschweig/Wiesbaden.

BOSCH, K. (1987)
Formelsammlung Statistik. Oldenbourg-Verlag, München/Wien.

BRANDT, S. (1992)
Datenanalyse. 3. Aufl., Bibliographisches Institut, Mannheim.

BRUCKMANN, G. (1977, Hrsg.)
Langfristige Prognosen – Möglichkeiten und Methoden der Langfristprognostik komplexer Systeme. 2. Aufl., Physica-Verlag, Würzburg/Wien.

BUTTLER, G. / STROH, R. (1992)
Einführung in die Statistik. Überarb. und erw. Aufl., Rowohlt Taschenbuchverlag, Reinbek.

C

CHAMBERS / CLEVELAND / KLEINER / TUKEY (1983)
Graphical Methods for Data Analysis. Wadsworth, Belmont/California.

CHERNOFF, H. (1973)
Using Faces to Represent Points in k-dimensional Space Graphically. *Journal of the American Statistical Association*, Vol. 68, p. 361 – 368.

CLAUSS / FINZE / PARTZSCH (1994)
Statistik für Soziologen, Pädagogen, Psychologen und Mediziner – Bd. 1, Grundlagen. Verlag Harri Deutsch, Frankfurt a. M./Thun.

CLEVELAND, W. S. (1993)
Visualizing Data. Hobart, Summit/New Jersey.

D

DEUTLER, T. / SCHAFFRANEK, M. / STEINMETZ, D. (1984)
Statistik-Übungen im wirtschaftswissenschaftlichen Grundstudium. Springer-Verlag, Berlin etc.

E

ELPELT, B. / HARTUNG, J. (1992)
Grundkurs Statistik (Lehr- und Übungsbuch der angewandten Statistik). 2. Aufl., Oldenbourg-Verlag, München/Wien.

F

FAHRMEIR, L. / HAMERLE, A. (1984)
Multivariate Verfahren. De Gruyter-Verlag, Berlin/ New York.

FERSCHL, F. (1978)
Deskriptive Statistik. Physica-Verlag, Würzburg/Wien.

FLURY, B. / RIEDWYL, H. (1981)
Graphical Representation of Multivariate Data by Means of Asymmetrical Faces. *Journal of the American Statistical Association*, Vol. 76, p. 757 – 765.

G

GINI, C. (1914)
Sulla misura delle concentrazione e della variabilita dei caratteri. *Atti del R. Instituto Veneto*, Bd. 27, 1913-14, p. 1203 – 1248.

GOODMAN, L. A. / KRUSKAL, W. H. (1954)
Measures of Association for Cross Classification. *Journal of the American Statistical Association*, Vol. 49, p. 732 – 764.

GRAF, U. / HENNING, H.-J. / STANGE, K. / WILRICH, P.-TH. (1987)
Formeln und Tabellen der angewandten mathematischen Statistik. 3. Aufl., Springer-Verlag, Berlin etc.

GUTTMANN (1941)
What is not what in Statistics. *The Statistician*, Vol. 26/2, p. 81 – 107.

H

HACKL, P. / KATZENBEISSER, W. / PANNY, W. (1990)
Statistik. 8. Aufl., Oldenbourg-Verlag, München/Wien.

HÄRTTER, E. (1974)
Wahrscheinlichkeitsrechnung für Wirtschafts- und Naturwissenschaftler. Verlag Vandenhoeck & Ruprecht, Göttingen.

HÄRTTER, E. (1987)
Wahrscheinlichkeitsrechnung, Statistik und mathematische Grundlagen – Begriffe, Definitionen und Formeln. Verlag Vandenhoeck & Ruprecht, Göttingen.

HANSEN, G. (1985)
Methodenlehre der Statistik. 3. Aufl., Verlag Vahlen, München.

HARTUNG, J. (1991)
Statistik. 8. Aufl., Oldenbourg-Verlag, München/Wien.

HARTUNG, J. / ELPELT, B. (1992)
Multivariate Statistik. 4. Aufl., Oldenbourg-Verlag, München/Wien.

HARTUNG, J. / ELPELT, B. / KLÖSENER, K.-H. (1989)
Statistik (Lehr- und Handbuch der angewandten Statistik). 7. Aufl., Oldenbourg-Verlag, München/Wien.

HARTUNG, J. / HEINE, B. (1990)
Statistik-Übungen (Induktive Statistik). 2. Aufl., Oldenbourg-Verlag, München/Wien.

HARTUNG, J. / HEINE, B. (1993)
Statistik-Übungen (Deskriptive Statistik). 4. Aufl., Oldenbourg-Verlag, München/Wien.

HAUSER, S. (1979)
Wahrscheinlichkeitstheorie und schließende Statistik. Kohlhammer-Verlag, Stuttgart.

HEILER, S. / MICHELS, P. (1994)
Deskriptive und Explorative Datenanalyse. Oldenbourg-Verlag, München/ Wien.

HERFINDAHL, O. (1950)
Concentration in the Steel Industry. Dissertation, Columbia University.

HILDENBRAND, W. / PASCHEN, H. (1964)
Ein axiomatisch begründetes Konzentrationsmaß. *Statistische Informationen,* Jg. 1964, Nr. 3, p. 53 – 57 ff.

HOCHSTÄDTER, D. (1991)
Statistische Methodenlehre – Ein Lehrbuch für Wirtschafts- und Sozialwissenschaftler. 7. Aufl., Harri Deutsch Verlag, Frankfurt a. M./Thun.

J

JOHNSON, N. L. / KOTZ, S.
Distributions in Statistics
- Discrete Distributions, 2nd ed., 1992
- Continuous Univariate Distributions 1, 1970
- Continuous Univariate Distributions 2, 1970
- Continuous Multivariate Distributions, 1972
alle vier Bände im Wiley-Verlag, New York etc.

K

KENDALL, M. G. / GIBBONS, J. D. (1990)
Rank Correlation Methods. 5th ed., Edmund Arnold, London/Melbourne.

KENDALL, M. G. / ORD, J. K. (1990)
Time Series. 3rd ed., Oxford University Press, New York.

KNÜSEL, L. (1989)
Computergestützte Berechnung statistischer Verteilungen. Oldenbourg-Verlag, München/Wien.

KOTZ, S. / JOHNSON, N. L. / READ, C. B. (1982-89, eds.)
Encyclopedia of Statistical Sciences. Vol. I – IX, Supplement Volume, Wiley-Verlag, New York etc.

KRÄMER, W. (1991)
So lügt man mit Statistik. Campus-Verlag, Frankfurt a.M./New York.

KRAFT, M. / LANDES, T. / BRAUN, K. (1992)
Statistische Methoden. 2. Aufl., Physica-Verlag, Heidelberg.

KREIENBROCK, L. (1993)
Einführung in die Stichprobenverfahren. 2. Aufl., Oldenbourg-Verlag, München/Wien.

KREYSZIG, E. (1982)
Statistische Methoden und ihre Anwendungen. Nachdruck der 7. Aufl., Verlag Vandenhoeck & Ruprecht, Göttingen.

L

LAATZ, W. (1993)
Empirische Methoden - Ein Lehrbuch für Sozialwissenschaftler. Verlag Harri Deutsch, Frankfurt a. M./Thun.

LASPEYRES, E. L. E. (1871)
Die Berechnung einer mittleren Waarenpreissteigerung. *Jahrbücher für Nationalökonomie und Statistik*, 16. Bd., p. 296 ff.

LEHN, J. / WEGMANN, H. / RETTIG, S. (1988)
Aufgabensammlung zur Einführung in die Statistik. Teubner-Verlag, Stuttgart.

LEINER, B. (1992)
Einführung in die Statistik. 6. Aufl., Oldenbourg-Verlag, München/Wien.

LIPPE, P. V. D. (1992)
Klausurtraining Statistik. 4. Aufl., Oldenbourg-Verlag, München/Wien.

LIPPE, P. V. D. (1992)
Deskriptive Statistik – Formel- und Aufgabensammlung. Westarp Wissenschaften, Essen.

LIPPE, P. V. D. (1993)
Deskriptive Statistik. G. Fischer Verlag, Stuttgart/Jena.

LORENZ, M. O. (1904)
Methods of Measuring the Concentration of Wealth. *Journal of the American Statistical Association*, Vol. 9, p. 209 – 219.

M

MAASS, S. (1983)
Statistik für Wirtschafts- und Sozialwissenschaftler I – Wahrscheinlichkeitstheorie. Springer-Verlag, Berlin etc.

MAASS, S. / MÜRDTER, H. / RIESS, H. (1983)
Statistik für Wirtschafts- und Sozialwissenschaftler II – Induktive Statistik. Springer-Verlag, Berlin etc.

MARRIOTT, F. H. C. (1990)
A Dictionary of Statistical Terms. Longman-Verlag, London.

MENGES, G. (1961)
Ökonometrie. Gabler-Verlag, Wiesbaden.

MENGES, G. (1982)
Die Statistik – Die zwölf Stationen des statistischen Arbeitens. Gabler-Verlag, Wiesbaden.

MISSONG, M. (1993)
Aufgabensammlung zur deskriptiven Statistik. Oldenbourg-Verlag, München/Wien.

MONTGOMERY, D. C. / JOHNSON, L. A. (1976)
Forecasting and Time Series Analysis. New York.

MÜNZNER, H. (1963)
Probleme der Konzentrationsmessung. *Allgemeines Statistisches Archiv*, Bd. 47, 1963, p. 1 – 9.

O

OBERHOFER, W. (1984)
Wahrscheinlichkeitstheorie. 2. Aufl., Oldenbourg-Verlag, München/Wien.

P

PAASCHE, H. (1874)
Über die Preisentwicklung der letzten Jahre nach den Hamburger Börsennotierungen. *Jahrbücher für Nationalökonomie und Statistik*, 1874, p. 168 – 178.

PATEL, J. K. / KAPADIA, C. H. / OWEN, D. B. (1976)
Handbook of Statistical Distributions. Marcel Dekker Verlag, New York/Basel.

PAWLOWSKI, Z. (1971)
Einführung in die mathematische Statistik. Verlag Harri Deutsch, Frankfurt a.M./Thun.

PFANZAGL, J. (1972)
Allgemeine Methodenlehre der Statistik I. 5. Aufl., De Gruyter-Verlag, Berlin/New York.

PFANZAGL, J. (1978)
Allgemeine Methodenlehre der Statistik II. 4. Aufl., De Gruyter-Verlag, Berlin/New York.

PFANZAGL, J. (1988)
Elementare Wahrscheinlichkeitsrechnung. De Gruyter-Verlag, Berlin/New York.

PIESCH, W. (1975)
Statistische Konzentrationsmaße. Mohr-Verlag, Tübingen.

R

REICHHARDT, H. (1976)
Statistische Methodenlehre für Wirtschaftswissenschaftler. 6. Aufl., Westdeutscher Verlag, Opladen.

RICCI, U. (1916)
L'Indice di variabilitá e la curve dei redditi. Roma.

RINNE, H. (1976)
Ökonometrie. Kohlhammer-Verlag, Stuttgart.

RINNE, H. / ICKLER, G. (1986)
Grundstudium Statistik. 2. Aufl., Verlag für Wirtschaftsskripten, München.

ROSENBLUTH, G. (1961)
Round-Table-Gespräch über Messung der industriellen Konzentration. In: NEUMARK, F. (Hrsg.): *Die Konzentraton in der Wirtschaft*, Schriften des Vereins für Socialpolitik, N. F. Bd. 22, Berlin, p. 391 – 394.

RÜGER, B. (1988)
Induktive Statistik (Einführung für Wirtschafts- und Sozialwissenschaftler). 2. Aufl., Oldenbourg-Verlag, München/Wien.

RUTSCH, M. (1986)
Statistik 1 – Mit Daten umgehen. Birkhäuser-Verlag, Basel etc.

RUTSCH, M. (1987)
Statistik 2 – Daten modellieren. Birkhäuser-Verlag, Basel etc.

S

SCHAICH, E. (1977)
Schätz- und Testmethoden für Sozialwissenschaftler. Verlag Vahlen, München.

SCHAICH, E. et al. (1979)
Statistik I für Volkswirte, Betriebswirte und Soziologen. 2. Aufl., Verlag Vahlen, München.

SCHAICH, E. et al. (1982)
Statistik II für Volkswirte, Betriebswirte und Soziologen. 2. Aufl., Verlag Vahlen, München.

SCHLITTGEN, R. (1993)
Einführung in die Statistik – Analyse und Modellierung von Daten. 4. Aufl., Oldenbourg-Verlag, München/Wien.

SCHLITTGEN, R. / STREITBERG, B. H. J. (1991)
Zeitreihenanalyse. 4. Aufl., Oldenbourg-Verlag, München/Wien.

SCHNEIDER, W. / KORNRUMPF, J. / MOHR, W. (1993)
Statistische Methodenlehre (Definitions- und Formelsammlung mit Erläuterungen). Oldenbourg-Verlag, München/Wien.

SCHULZE, P. M. (1994)
Beschreibende Statistik. 2. Aufl., Oldenbourg-Verlag, München/Wien.

SCHUTZ, R. R. (1951)
On the Measurement of Income Inequality. *The American Economic Review*, Vol. 41, p. 107 – 122.

SCHWARZE, J. (1992)
Grundlagen der Statistik – Beschreibende Verfahren. 6. Aufl., Verlag Neue Wirtschaftsbriefe, Herne/Berlin.

SCHWARZE, J. (1993)
Grundlagen der Statistik – Wahrscheinlichkeitsrechnung und induktive Statistik. 5. Aufl., Verlag Neue Wirtschaftsbriefe, Herne/Berlin.

SEBER, G. A. F. (1984)
Multivariate Observations. Wiley, New York etc.

SHISKIN, L. / YOUNG, A. H. / MUSGRAVE, J. C. (1967)
The X-11 Variant of the Census Method II Seasonal Adjustment Procedure. (Technical Paper 15), U. S. Department of Commerce (Bureau of the Census), Washington D. C.

SPEARMAN, C. (1904)
General Intelligence – Objectively Determined and Measured. *Journal of Psychology*, Vol. 115, p. 201 – 292.

STRECKER, H. (1980)
Model for the Decomposition of Errors in Statistical Data into Components, and the Ascertainment of Respondent Errors by Means of Accuracy Checks. *Jahrbücher für Nationalökonomie und Statistik*, Vol. 195/5, p. 385 – 420.

T

TUKEY, I. W. (1977)
Exploratory Data Analysis. Addison-Wesley, Reading/Mass.

U

UEBE, G. / SCHÄFER, M. (1991)
Einführung in die Statistik für Wirtschaftswissenschaftler. Oldenbourg-Verlag, München/Wien.

V

VOGEL, F. (1992)
Beschreibende und schließende Statistik – Aufgaben und Beispiele. 4. Aufl., Oldenbourg-Verlag, München/Wien.

VOGEL, F. (1992)
Beschreibende und schließende Statistik – Formeln, Definitionen, Erläuterungen, Stichwörter und Tabellen. 7. Aufl., Oldenbourg-Verlag, München/Wien.

W

WINTERS, P. R. (1960)
Forecasting Sales by Exponentially Weighted Moving Averages. *Management Science*, Vol. 6, p. 324 – 342.

5. Stichwortverzeichnis

S S S

SCH SCH SCH

ST ST ST

U U U